PROBABILITY STATISTICS AND STOCHASTIC PROCESSES

概率统计与随机过程

第3版

石爱菊 丁秀梅 孔告化 等◎编

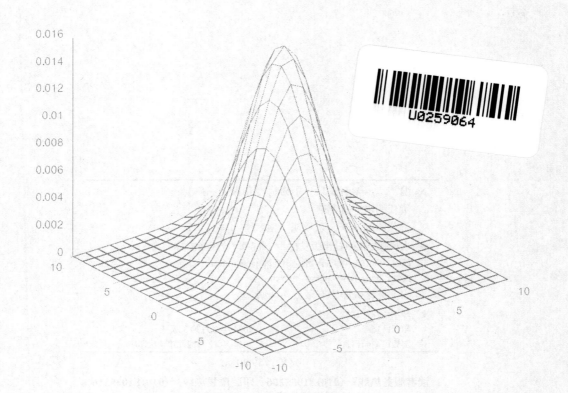

人民邮电出版社

北京

图书在版编目（CIP）数据

概率统计与随机过程 / 石爱菊等编. -- 3版. -- 北
京：人民邮电出版社，2024.2
ISBN 978-7-115-62887-9

Ⅰ．①概… Ⅱ．①石… Ⅲ．①概率论②随机过程
Ⅳ．①0211

中国国家版本馆CIP数据核字(2023)第192040号

内 容 提 要

本书共 11 章，第 1 章至第 5 章是概率论部分，包括随机事件及其概率、随机变量及其分布、多维随机变量及其分布、随机变量的数字特征、大数定律与中心极限定理；第 6 章至第 8 章是数理统计部分，包括样本及抽样分布、参数估计、假设检验；第 9 章至第 11 章是随机过程部分. 包括随机过程引论、马尔可夫链、平稳随机过程. 各章均选配了适量的习题，并附有参考答案. 此外，本书还提供了三个附录，包括重要分布表、几种常用的概率分布、2011 年至 2023 年全国硕士研究生入学统一考试真题.

本书可作为工科、理科（非数学）等相关专业的概率统计课程的教材，也可作为研究生入学考试的参考书.

◆ 编　　　　石爱菊　丁秀梅　孔告化 等
　　责任编辑　孙燕燕
　　责任印制　李 东　胡 南
◆ 人民邮电出版社出版发行　　北京市丰台区成寿寺路 11 号
　　邮编　100164　电子邮件　315@ptpress.com.cn
　　网址　https://www.ptpress.com.cn
　　固安县铭成印刷有限公司印刷
◆ 开本：787×1092　1/16
　　印张：16　　　　　　　　　　2024 年 2 月第 3 版
　　字数：434 千字　　　　　　　2024 年 12 月河北第 4 次印刷

定价：59.80 元

读者服务热线：(010)81055256　印装质量热线：(010)81055316
反盗版热线：(010)81055315
广告经营许可证：京东市监广登字 20170147 号

前　　言

概率论、数理统计与随机过程作为现代数学的重要分支，在自然科学、社会科学和工程技术的各个领域都具有极为广泛的应用. 特别是近 30 年来，随着信息技术的快速发展，概率统计与随机过程在通信、计算机、材料、经济、管理、生物等方面的应用更是得到了长足的发展，在众多的学科中也得到了越来越广泛的应用，成为各类专业读者的最重要的数学课程之一.

在编写本书的过程中，编者参照近几年的《全国硕士研究生入学统一考试数学考试大纲》要求，根据 20 余年的教学经验，吸收国内外优秀教材的优点，结合通信与信息技术、电气工程及其自动化、电子信息工程、计算机科学与技术、物联网工程、遥感科学与技术，测绘工程等专业的特点以及后续课程在教学等方面的需要，对教材内容做了精选。在选材和叙述上，本书尽量做到联系这些工科专业的特点，通过实例引出基本概念，并注意揭示实例的直观背景和实际意义；在内容的处理上，本书由具体到一般，由直观到抽象，内容讲解由浅入深、循序渐进；本书所选的例题和习题既具有启发性，又具有广泛的应用性，以此赋能教学；本书提供 2011 年至 2023 年全国硕士研究生入学统一考试真题，通过充分练习而帮助读者深化其对概率统计与随机过程知识的理解.

在学时限制下，本书有些内容可以不学. 这些内容是独立的，删除不学不会影响读者对其他内容的学习，它们具体是：非正态总体参数的区间估计；假设检验与置信区间的关系；非参数假设检验.

本书由石爱菊、丁秀梅、孔告化执笔，金栩和王雪红分别参与第 7 章和

第 8 章的修改工作，全书由石爱菊和孔告化统一整理、修改定稿．在编写本书的过程中，编者得到了南京邮电大学教务处及理学院领导的关心与支持，在此表示衷心感谢．

由于编者水平有限，书中难免存在不妥之处，恳请广大读者批评指正．

编　者

2024 年 1 月

目 录

第 1 章 随机事件及其概率

在自然界和社会中发生的现象是多种多样的，这些现象一般可分为两种类型. 一类是在一定条件下必然要发生的现象，如在标准大气压下，水温达到100℃时水就要沸腾；太阳每天都从东方升起；向上抛一个石子它必然下落；等等. 我们称这类现象为**确定性现象**或**必然现象**. 另一类现象则与此不同，如抛一枚硬币，落地时，它可能"正面"朝上，也可能"反面"朝上，事先无法准确预知哪一面朝上；在单位时间内，某市"110"收到的呼叫次数，事先也无法准确预知；某人多次掷一枚骰子，每次向上的点数不尽相同，且在每次掷骰子前不能准确预知向上的点数；等等. 我们称这类现象为**随机现象**. 当我们大量重复观察随机现象的时候，就会发现随机现象呈现出某种规律性，这种规律性称为统计规律性. 概率论与数理统计就是研究和揭示随机现象所具有的统计规律性的一门数学学科.

1.1 随机事件

1.1.1 随机试验与样本空间

为了叙述方便，在本书中，我们将试验作为一个含义广泛的术语，它包括各种各样的实验、试验和检验，甚至对某些特征的观察也认为是一种试验. 在概率论中，我们将具有以下三个特征的试验称为**随机试验**（**random trial**），简称**试验**.

（1）试验可以在相同的条件下重复进行（重复性）；

（2）试验的可能结果不止一个，并且一切可能的结果都已知（多样性）；

（3）在每次试验前，不能确定哪一个结果会出现（随机性）.

以后我们所提到的试验都指的是随机试验，随机试验一般用大写英文字母 E 表示. 下面列举一些随机试验的例子.

例 1.1 E_1：抛一枚硬币，观察其出现正面 H、反面 T 的情况.

E_2：掷一枚骰子，观察其出现的点数.

E_3：记录某市"110"一昼夜收到的呼叫次数.

E_4：从一批产品中任意抽检 5 件，观察其中的次品数.

E_5：在一批灯泡中任取一个，测试它的寿命.

E_6：在单位圆内任取一点，记录它的坐标.

随机试验中出现的各种可能结果称为试验的**基本结果**. 显然，随机试验具有两个或两个以上的基本结果，而且事先不知哪个基本结果会在试验中出现.

随机试验的基本结果可以按不同的方法来定义，这取决于试验的目的. 例如，从一批产品中任意抽检一件产品是一个随机试验，如果抽检的目的仅是检查产品是正品还是次品，那么试验就只有两个基本结果（产品是正品和产品是次品）；如果抽检的目的是检查产品是一等品、二等品，还是等外品，则试验就有三个基本结果.

定义 1.1 随机试验 E 的所有基本结果组成的集合称为试验的**样本空间**（**sample space**），记为 S. 样本空间中的元素，即 E 的每个基本结果，称为**样本点**（**sample point**）.

下面列出例 1.1 中试验 $E_k(k = 1,2,\cdots,6)$ 的样本空间 S_k：

$$S_1 = \{\mathrm{H},\mathrm{T}\};\qquad\qquad S_2 = \{1,2,3,4,5,6\};$$
$$S_3 = \{0,1,2,\cdots\};\qquad S_4 = \{0,1,2,3,4,5\};$$
$$S_5 = \{t \mid t \geqslant 0\};\qquad\quad S_6 = \{(x,y) \mid x^2 + y^2 < 1\}.$$

1.1.2　随机事件

现在利用样本空间的概念，给出随机事件的定义.

定义 1.2　称随机试验 E 的样本空间 S 的子集为 E 的**随机事件**（**random event**），简称**事件**.

随机事件通常利用大写英文字母如 A,B,C 等来表示. 在一次试验中，当且仅当这一子集（事件）中的某个样本点出现时，这一事件发生.

特别地，将只含有一个样本点的事件称为**基本事件**；样本空间 S 包含所有的样本点，它在每次试验中都发生，称 S 为**必然事件**；事件 $\varnothing(\varnothing \subset S)$ 不包含任何样本点，它在每次试验中都不发生，称 $\varnothing$ 为**不可能事件**.

下面列举一些随机事件的例子.

例 1.2　在例 1.1 的 E_2 中，事件 A_1："出现奇数点"，即
$$A_1 = \{1,3,5\}.$$
在例 1.1 的 E_3 中，事件 A_2："一昼夜收到的呼叫次数不超过 100"，即
$$A_2 = \{0,1,2,\cdots,100\}.$$
在例 1.1 的 E_5 中，事件 A_3："寿命小于 1000h"，即
$$A_3 = \{t \mid 0 \leqslant t < 1000\}.$$

1.1.3　随机事件间的运算及关系

在随机试验中，有的随机事件比较简单，有的比较复杂. 为了从简单的随机事件出发来研究一些复杂的随机事件，需要讨论随机事件之间的运算与关系. 由于随机事件是样本空间的子集，因此随机事件的运算和关系与集合的运算和关系是一致的. 下面分别给出这些运算和关系在概率论中的含义.

设随机试验 E 的样本空间为 S，而 $A,B,C,A_i(i = 1,2,\cdots)$ 是 S 的子集.

1. 事件的运算

（1）**事件的和**：称事件 $A \cup B = \{x \mid x \in A \text{ 或 } x \in B\}$ 为事件 A 与事件 B 的**和事件**. 事件 $A \cup B$ 发生意味着事件 A 发生或事件 B 发生，即事件 A 与事件 B 至少有一个发生.

类似地，称 $\bigcup\limits_{i=1}^{n} A_i$ 为 n 个事件 $A_1,A_2,\cdots,A_n$ 的和事件，称 $\bigcup\limits_{i=1}^{\infty} A_i$ 为可列个事件 $A_1,A_2,\cdots$ 的和事件.

（2）**事件的积**：称事件 $A \cap B = \{x \mid x \in A \text{ 且 } x \in B\}$ 为事件 A 与事件 B 的**积事件**. 事件 $A \cap B$ 发生意味着事件 A 发生且事件 B 发生，即事件 A 与事件 B 都发生. $A \cap B$ 可以简记为 AB.

类似地，称 $\bigcap\limits_{i=1}^{n} A_i$ 为 n 个事件 $A_1,A_2,\cdots,A_n$ 的积事件，称 $\bigcap\limits_{i=1}^{\infty} A_i$ 为可列个事件 $A_1,A_2,\cdots$ 的积事件.

（3）**事件的差**：称事件 $A - B = \{x \mid x \in A \text{ 且 } x \notin B\}$ 为事件 A 与事件 B 的**差事件**. 事件 $A - B$ 发生意味着事件 A 发生且事件 B 不发生.

2. 事件的关系

（1）**包含关系**：若 $B \subset A$，则称事件 A 包含事件 B，也称事件 B 含在事件 A，它表示：事件 B 发生必导致事件 A 发生.

（2）**相等关系**：若 $B \subset A$ 且 $A \subset B$，则称事件 A 与事件 B 相等，记为 $A = B$.

（3）**互不相容关系**（**互斥关系**）：若 $A \cap B = \varnothing$，则称事件 A 与事件 B **互不相容**，又称事件 A 与事件 B **互斥**. 事件 A 与 B 互不相容意味着事件 A 与 B 不可能同时发生.

（4）**互逆关系**（**对立关系**）：若 $A \cup B = S$ 且 $A \cap B = \varnothing$，则称事件 A 与事件 B **互为逆事件**，又称事件 A 与事件 B **互为对立事件**，记为 $A = \bar{B}$ 或 $B = \bar{A}$.

在讨论随机事件的运算与关系时，常借助维恩（Venn）图来帮助理解，它显得直观、简洁. 我们用图 1.1 来表示上述事件间的运算与关系. 矩形表示样本空间 S，椭圆 A 与 B 表示事件 A 与 B.

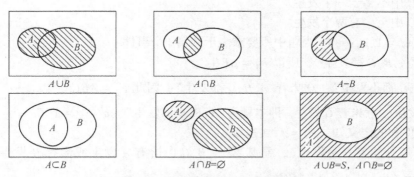

图 1.1　事件的运算和关系维恩图

3. 事件运算的规律

交换律：$A \cup B = B \cup A$；$A \cap B = B \cap A$.

结合律：$A \cup (B \cup C) = (A \cup B) \cup C$；
　　　　　$A \cap (B \cap C) = (A \cap B) \cap C$.

分配律：$A \cup (B \cap C) = (A \cup B) \cap (A \cup C)$；
　　　　　$A \cap (B \cup C) = (A \cap B) \cup (A \cap C)$.

对偶律：$\overline{A \cup B} = \bar{A} \cap \bar{B}$，$\overline{A \cap B} = \bar{A} \cup \bar{B}$.

分配律与对偶律可以推广到有限个事件或可列个事件，如：

$$A \cup \left(\bigcap_i B_i \right) = \bigcap_i (A \cup B_i), \ A \cap \left(\bigcup_i B_i \right) = \bigcup_i (A \cap B_i);$$

$$\overline{\bigcup_i A_i} = \bigcap_i \bar{A}_i, \ \overline{\bigcap_i A_i} = \bigcup_i \bar{A}_i.$$

例 1.3　在电路图中，经常出现两种电路：并联电路（见图 1.2）与串联电路（见图 1.3）. 令 $A_i = \{a_i$ 连通$\}$（$i = 1, 2, 3$），$B = \{MN$ 连通$\}$. 试分别就并联与串联两种情况，利用 A_i（$i = 1, 2, 3$）表示 B.

解　并联：由于 a_1, a_2, a_3 只要有一个连通，则 MN 就连通，所以

$$B = A_1 \cup A_2 \cup A_3.$$

串联：由于 a_1, a_2, a_3 要同时连通，MN 才能连通，所以

$$B = A_1 \cap A_2 \cap A_3.$$

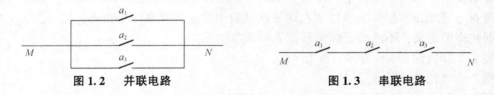

图 1.2　并联电路　　　　　　　　　　　图 1.3　串联电路

例 1.4　设 A,B,C 是三个事件，试用 A,B,C 的运算及关系表示下列事件：

(1) A,B,C 都发生.

(2) A,B,C 都不发生.

(3) A,B 都发生，而 C 不发生.

(4) A,B,C 中至少有一个发生.

(5) A,B,C 中恰有一个发生.

(6) A,B,C 中不多于两个发生.

(7) A,B,C 中不多于一个发生.

(8) A,B,C 中至少有两个发生.

解　记 $F_i(i=1,2,\cdots,8)$ 为题中所要求表示的第 i 个事件.

(1) 因为"A,B,C 都发生"，所以 $F_1 = ABC$.

(2) "A,B,C 都不发生"，意味着"$\bar{A},\bar{B},\bar{C}$ 都发生"，因此 $F_2 = \bar{A}\bar{B}\bar{C}$.

(3) C 不发生，意味着 $\bar{C}$ 发生. 即本题为"$A,B,\bar{C}$ 都发生"，故 $F_3 = AB\bar{C}$.

(4) 由事件和的定义知，$F_4 = A \cup B \cup C$.

(5) "A,B,C 中恰有一个发生"，意味着"A,B,C 中恰有 A 发生或恰有 B 发生或恰有 C 发生"，所以 $F_5 = A\bar{B}\bar{C} \cup \bar{A}B\bar{C} \cup \bar{A}\bar{B}C$.

(6) "A,B,C 中不多于两个发生"，即"A,B,C 这三个都发生"的逆事件，故

$$F_6 = \overline{ABC}.$$

(7) "A,B,C 中不多于一个发生"表示"A,B,C 都不发生或恰有一个发生"，从而

$$F_7 = \bar{A}\,\bar{B}\,\bar{C} \cup A\bar{B}\bar{C} \cup \bar{A}B\bar{C} \cup \bar{A}\bar{B}C.$$

(8) "A,B,C 中至少有两个发生"表示"A,B,C 都发生或恰有两个发生"，因此

$$F_8 = ABC \cup AB\bar{C} \cup A\bar{B}C \cup \bar{A}BC.$$

又因为"A,B,C 中至少有两个发生"意味着"A,B,C 中有 A,B 发生或有 A,C 发生或有 B,C 发生"，所以又有 $F_8 = AB \cup AC \cup BC$.

1.2　随机事件的概率

对于一个随机事件(不可能事件与必然事件除外)来说，在一次试验中，它可能发生，也可能不发生. 另外，在随机试验中，有的随机事件在试验中发生的可能性较大，而有的随机事件在试验中发生的可能性较小. 我们希望找到一个数量指标，来表征随机事件在试验中发生的可能性大小. 下面先从频率讲起，从而引出这一数量指标，即随机事件发生的概率.

1.2.1　频率

定义 1.3　在相同的条件下，将一个试验重复进行 n 次，在这 n 次试验中，记事件 A 发生的次数为 N_A，称比值 N_A/n 为事件 A 在这 n 次试验中发生的**频率**(**frequency**)，记为 $f_n(A)$.

根据频率的定义，不难验证频率具有下列基本性质：

性质 1　非负性：$0 \leqslant f_n(A) \leqslant 1$.

性质 2　规范性：$f_n(S) = 1$.

性质 3　可加性：如果事件 $A_1,A_2,\cdots,A_k$ 两两互不相容，则

$$f_n(A_1 \cup A_2 \cup \cdots \cup A_k) = f_n(A_1) + f_n(A_2) + \cdots + f_n(A_k).$$

人们经过长期的实践发现,虽然一个随机事件在一次试验中可能发生,也可能不发生,但在大量的重复试验中,一个随机事件发生的频率具有稳定的特性.

具体地说,经过大量的试验证实,在 n 次试验中,事件 A 发生了 N_A 次,则当 n 很大时,事件 A 发生的频率 $f_n(A) = N_A/n$ 总是稳定地在某个数值附近摆动. 当重复试验的次数 n 逐渐增大时,频率 $f_n(A)$ 呈现出稳定性,并逐渐稳定于某个常数,这个常数称为事件 A 的概率. 这种稳定性就是我们通常所说的"统计规律性".

例如,投掷一枚质地均匀的硬币,观察出现的是正面还是反面. 随着试验次数的增大,出现"正面"这一事件的频率总是稳定在 0.5 附近. 这种试验历史上有许多人做过(读者也可以自己做一做),掷硬币试验数据如表 1.1 所示.

表 1.1 掷硬币试验数据

试验者	投掷次数	出现正面的次数	出现正面的频率
德·摩根	2048	1061	0.5181
蒲丰	4040	2048	0.5069
皮尔逊	12000	6019	0.5016
皮尔逊	24000	12012	0.5005
维尼	30000	14994	0.4998

再如,考虑某种油菜种子发芽率的试验. 从一大批该种油菜种子中抽取 8 批,分 8 次做发芽率试验. 随着试验中种子数的增大,种子的发芽率总是稳定在 0.900 附近. 油菜种子发芽率试验数据如表 1.2 所示.

表 1.2 油菜种子发芽率试验数据

试验批次	种子数	发芽种子数	种子发芽率
1	10	8	0.800
2	100	87	0.870
3	250	229	0.916
4	400	364	0.910
5	700	638	0.911
6	1500	1342	0.895
7	2000	1792	0.896
8	3000	2712	0.904

从以上试验可以看出,一个事件 A 在 n 次重复试验中发生的频率 $f_n(A)$ 具有随机波动性. 当试验的次数 n 较小时,随机波动的幅度较大;当试验的次数 n 较大时,随机波动的幅度较小. 而且,当重复试验的次数 n 逐渐增大时,频率 $f_n(A)$ 呈现出稳定性,逐渐稳定于某个常数. 从理论上说,我们可以将试验重复大量的次数,然后计算出事件 A 发生的频率 $f_n(A)$,并以它来表征事件 A 在试验中发生的可能性大小. 但是在实际生活中,我们不可能也没有必要对每一个事件都做大量的试验,然后计算出事件发生的频率,并以它来表征事件 A 在试验中发生的可能性大小,同时这样做也不便于理论研究. 为此,我们从频率的稳定性和频率的性质出发,给出表征随机事件发生的可能性大小的数量指标,即随机事件发生的概率.

1.2.2 概率的公理化定义及性质

定义 1.4 设 S 是随机试验 E 的样本空间. 按照某种方法,对随机试验 E 的每一个事件 A 赋

予一个实数 $P(A)$，且满足 3 个条件：

（1）非负性：对任意事件 A，有 $P(A) \geqslant 0$.

（2）规范性：对必然事件 S，有 $P(S) = 1$.

（3）可列可加性：对于两两互不相容的可列个事件 $A_1, A_2, \cdots, A_k, \cdots$，有

$$P(A_1 \cup A_2 \cup \cdots \cup A_k \cup \cdots) = P(A_1) + P(A_2) + \cdots + P(A_k) + \cdots. \tag{1.2.1}$$

则称实数 $P(A)$ 为事件 A 的**概率**（**probability**）.

在第 5 章中，将证明当试验的次数 $n \to \infty$ 时，事件 A 发生的频率 $f_n(A)$ 在一定意义下接近于事件 A 发生的概率 $P(A)$. 基于这一事实，我们有理由利用事件 A 发生的概率 $P(A)$ 来表征随机事件 A 发生的可能性大小.

概率的公理化定义是前苏联数学家科尔莫戈罗夫（Kolmogorov，1903—1987 年）在 1933 年提出的，它迅速获得"举世公认"，从此概率论有了坚实的理论基础，并得到了迅速发展，它的出现是概率论发展史上的一个里程碑.

利用概率的定义，可以推出概率具有以下重要性质：

性质 1　对不可能事件 $\varnothing$，有 $P(\varnothing) = 0$.

证明　设 $A_k = \varnothing (k = 1, 2, \cdots)$，于是 $\bigcup\limits_{k=1}^{\infty} A_k = \varnothing$，且 $A_i A_j = \varnothing$，$1 \leqslant i < j < \infty$，由概率的可列可加性得

$$P(\varnothing) = P(A_1 \cup A_2 \cup \cdots \cup A_k \cup \cdots) = P(A_1) + P(A_2) + \cdots + P(A_k) + \cdots$$
$$= P(\varnothing) + P(\varnothing) + \cdots + P(\varnothing) + \cdots.$$

再结合概率的非负性知，$P(\varnothing) = 0$.

性质 2　设 $A_1, A_2, \cdots, A_n$ 是两两互不相容的 n 个事件，则有

$$P(A_1 \cup A_2 \cup \cdots \cup A_n) = P(A_1) + P(A_2) + \cdots + P(A_n). \tag{1.2.2}$$

称（1.2.2）式为概率的有限可加性.

证明　设 $A_k = \varnothing (k = n+1, n+2, \cdots)$，于是有 $A_i A_j = \varnothing$，$1 \leqslant i < j < \infty$，由概率的可列可加性得

$$P(A_1 \cup A_2 \cup \cdots \cup A_n) = P(\bigcup\limits_{k=1}^{\infty} A_k) = \sum_{k=1}^{\infty} P(A_k)$$
$$= \sum_{k=1}^{n} P(A_k) + 0 = P(A_1) + P(A_2) + \cdots + P(A_n).$$

性质 3　对任意事件 A，有 $P(A) = 1 - P(\bar{A})$. $\tag{1.2.3}$

证明　因为 $A\bar{A} = \varnothing$，且 $A \cup \bar{A} = S$，由（1.2.2）式得

$$1 = P(S) = P(A \cup \bar{A}) = P(A) + P(\bar{A}),$$

所以

$$P(A) = 1 - P(\bar{A}).$$

性质 4　设 A, B 是两个事件，且 $B \subset A$，则有

$$P(A - B) = P(A) - P(B), \tag{1.2.4}$$
$$P(B) \leqslant P(A). \tag{1.2.5}$$

证明　因为 $B \subset A$，所以 $A = B \cup (A - B)$，且 $B \cap (A - B) = \varnothing$，由（1.2.2）式得

$$P(A) = P(B \cup (A - B)) = P(B) + P(A - B),$$

从而

$$P(A - B) = P(A) - P(B).$$

又由概率的非负性知

$$P(A - B) = P(A) - P(B) \geqslant 0,$$

所以
$$P(B) \leqslant P(A).$$

性质 5 对任意事件 A，有 $P(A) \leqslant 1$.

证明 因为 $A \subset S$，由(1.2.5)式知

$$P(A) \leqslant P(S) = 1.$$

性质 6 对任意两个事件 A, B，有

$$P(A \cup B) = P(A) + P(B) - P(AB). \tag{1.2.6}$$

证明 因为 $A \cup B = A \cup (B - AB)$，且 $A \cap (B - AB) = \varnothing$，由(1.2.2)式知

$$P(A \cup B) = P(A) + P(B - AB), \tag{1.2.7}$$

又 $AB \subset B$，由(1.2.4)式知

$$P(B - AB) = P(B) - P(AB). \tag{1.2.8}$$

从而，由(1.2.7)式及(1.2.8)式得

$$P(A \cup B) = P(A) + P(B) - P(AB).$$

称(1.2.6)式为概率的**加法公式**，它可以推广到多个事件. 例如，设有 A_1, A_2, A_3 这 3 个事件，则有

$$P(A_1 \cup A_2 \cup A_3) = P(A_1) + P(A_2) + P(A_3) - P(A_1A_2) - P(A_1A_3) - P(A_2A_3) + P(A_1A_2A_3).$$

一般地，对任意 n 个事件 $A_1, A_2, \cdots, A_n$，利用数学归纳法不难证明下列公式

$$P(A_1 \cup A_2 \cup \cdots \cup A_n) = \sum_{i=1}^{n} P(A_i) - \sum_{1 \leqslant i < j \leqslant n} P(A_iA_j) +$$
$$\sum_{1 \leqslant i < j < k \leqslant n} P(A_iA_jA_k) + \cdots + (-1)^{n-1} P(A_1A_2 \cdots A_n).$$

例 1.5 设 A, B 是两个事件，已知 $P(A) = 0.7, P(B) = 0.2$，试在下列两种情形下，分别求出 $P(A - B)$ 和 $P(\overline{A}B)$.

(1) 事件 A, B 互不相容.

(2) 事件 A, B 有包含关系.

解 (1) 事件 A, B 互不相容，即 $AB = \varnothing$，所以

$$P(A - B) = P(A - AB) = P(A) - P(AB) = 0.7 - P(\varnothing) = 0.7 - 0 = 0.7,$$
$$P(\overline{A}B) = P((S - A)B) = P(B) - P(AB) = 0.2 - P(\varnothing) = 0.2 - 0 = 0.2.$$

(2) 因为事件 A, B 有包含关系，且 $P(B) < P(A)$，所以 $B \subset A$，于是 $AB = B$. 从而

$$P(A - B) = P(A - AB) = P(A) - P(AB) = 0.7 - P(B) = 0.7 - 0.2 = 0.5,$$
$$P(\overline{A}B) = P((S - A)B) = P(B) - P(AB) = P(B) - P(B) = 0.2 - 0.2 = 0.$$

例 1.6 某网店开展送货上门服务，服务质量的优劣，按照网店是否能按期交货以及是否能准确交货来评价. 根据统计资料，已知其能按期交货(记为事件 A)的概率为 0.9，能准确交货(记为事件 B)的概率为 0.95，既能按期交货又能准确交货的概率为 0.88. 问：(1) 既不能按期交货又不能准确交货的概率是多少？(2) 服务质量不好的概率是多少？

解 由题意知，$P(A) = 0.9, P(B) = 0.95, P(AB) = 0.88$.

(1) 事件"既不能按期交货又不能准确交货"可表示为 $\overline{A}\,\overline{B}$. 所以

$$P(\overline{A}\,\overline{B}) = P(\overline{A \cup B}) = 1 - P(A \cup B)$$
$$= 1 - P(A) - P(B) + P(AB)$$
$$= 1 - 0.9 - 0.95 + 0.88 = 0.03.$$

（2）不能按期交货或不能准确交货，均意味着服务质量不好，因此事件"服务质量不好"可表示为 $\bar{A} \cup \bar{B}$. 于是，所求概率为

$$P(\bar{A} \cup \bar{B}) = P(\overline{AB}) = 1 - P(AB) = 1 - 0.88 = 0.12.$$

1.3　古典概率模型

有很多简单的随机试验，它们具有以下两个共同的特点：

（1）试验的样本空间只含有有限个样本点，即基本事件数有限；

（2）在每一次试验中，每个基本事件发生的可能性都相同.

前面例 1.1 中的随机试验 E_1 "抛硬币" 和随机试验 E_2 "掷骰子" 都具有以上两个特点. 这种具有以上两个特点的随机试验是概率论早期研究的主要对象，称为**古典概率模型**（classical probability model），简称**古典概型**，又称为**等可能概率模型**.

下面，我们来推导计算古典概率模型中随机事件发生的概率的公式.

设随机试验的样本空间为

$$S = \{e_1, e_2, \cdots, e_n\} = \{e_1\} \cup \{e_2\} \cup \cdots \cup \{e_n\},$$

随机事件为

$$A = \{e_{i_1}, e_{i_2}, \cdots, e_{i_k}\} \subset S.$$

如何求 $P(A)$?

事实上，因为每个基本事件发生的可能性相同，所以有

$$P(\{e_1\}) = P(\{e_2\}) = \cdots = P(\{e_n\}). \tag{1.3.1}$$

又因为

$$1 = P(S) = P(\{e_1\} \cup \{e_2\} \cup \cdots \cup \{e_n\}) = P(\{e_1\}) + P(\{e_2\}) + \cdots + P(\{e_n\}), \tag{1.3.2}$$

由（1.3.1）式和（1.3.2）式得

$$nP(\{e_i\}) = 1, \ i = 1, 2, \cdots, n,$$

即

$$P(\{e_i\}) = 1/n, \ i = 1, 2, \cdots, n.$$

从而有

$$P(A) = P(\{e_{i_1}, e_{i_2}, \cdots, e_{i_k}\}) = P(\{e_{i_1}\} \cup \{e_{i_2}\} \cup \cdots \cup \{e_{i_k}\})$$

$$= P(\{e_{i_1}\}) + P(\{e_{i_2}\}) + \cdots + P(\{e_{i_k}\}) = k/n.$$

所以，事件 A 发生的概率为

$$P(A) = \frac{k}{n} = \frac{A \text{ 包含的基本事件数}}{S \text{ 包含的基本事件总数}}. \tag{1.3.3}$$

在计算古典概率模型中事件 A 发生的概率时，会遇到计算基本事件个数的问题，这些计算需要利用一些排列与组合的知识.

例 1.7　某密码锁上有 6 个拨盘，每个拨盘上有 10 个数字（0, 1, 2, $\cdots$, 9）. 该密码锁设定了一个 6 位数字的密码（首位数字可以是 0），只有拨对密码时，才能将锁打开. 如果某人不知道密码，问他一次就能将锁打开的概率是多少？

解　设 A 表示事件"一次就能将锁打开".

由题意知，样本空间所含的基本事件总数 $n = 10^6$，事件 A 包含的基本事件数 $k = 1$. 所以

$$P(A) = \frac{1}{10^6} = 0.000001.$$

这个数字很小,说明在不知道开锁密码的情况下,一次就将锁打开几乎是不可能的. 当某一事件发生的概率接近于 0 时,这样的事件称为**小概率事件**. 人们在长期的生产实践中总结出**实际推断原理**:概率很小的事件在一次试验中几乎是不发生的.

例 1.8 一个袋中装有黑、白两色的球 n 个,其中有 n_1 个黑球和 n_2 个白球. 现从中任取 m 个球,问所取的球中恰好含有 m_1 个黑球和 m_2 个白球的概率是多少?

解 设 A 表示事件"所取的球中恰好含有 m_1 个黑球和 m_2 个白球". 样本空间包含的基本事件总数为 C_n^m. 又因为在 n_1 个黑球中任取 m_1 个黑球,所有可能的取法有 $C_{n_1}^{m_1}$ 种;在 n_2 个白球中任取 m_2 个白球,所有可能的取法有 $C_{n_2}^{m_2}$ 种,由乘法原理知,所取的球中恰好含有 m_1 个黑球和 m_2 个白球的取法共有 $C_{n_1}^{m_1} \cdot C_{n_2}^{m_2}$ 种,于是

$$P(A) = \frac{C_{n_1}^{m_1} \cdot C_{n_2}^{m_2}}{C_n^m}. \tag{1.3.4}$$

称(1.3.4)式为**超几何分布**的概率公式.

超几何分布的概率公式更一般的提法如下.

一个袋中装有 n 个球,其中 n_1 个球上有数字"1"(不含其他数字,以下类似),n_2 个球上有数字"2",$\cdots$,n_k 个球上有数字"k". 现从中任取 m 个球,求所取的球中恰有 $m_i(i = 1, 2, \cdots, k)$ 个球上有数字"i"的概率 P. 其中 $n = n_1 + n_2 + \cdots + n_k$, $m = m_1 + m_2 + \cdots + m_k$.

类似于例 1.8,可得

$$P = \frac{C_{n_1}^{m_1} \cdot C_{n_2}^{m_2} \cdot \cdots \cdot C_{n_k}^{m_k}}{C_n^m}.$$

例 1.9 将 100 只同型号的三极管,按电流放大系数进行分类,有 40 只属于甲类,有 60 只属于乙类. 现从中任意抽取 3 只,分别按两种方法抽取:每次抽取 1 只,测试后放回,然后抽取下 1 只(放回抽样);每次抽取 1 只,测试后不放回,然后在剩下的三极管中抽取下 1 只(不放回抽样). 试求:(1) 抽取的 3 只都是乙类的概率;(2) 抽取的 3 只中,2 只是甲类,1 只是乙类的概率.

解 以 A 表示事件"抽取的 3 只都是乙类";以 B 表示事件"抽取的 3 只中,2 只是甲类,1 只是乙类".

(1) 求 $P(A)$.

放回抽样:基本事件总数为 $n = 100 \times 100 \times 100 = 100^3$,事件 A 包含的基本事件数为 $r_A = 60 \times 60 \times 60 = 60^3$. 所以

$$P(A) = \frac{r_A}{n} = \frac{60^3}{100^3} = 0.216.$$

不放回抽样:基本事件总数为 $n = 100 \times 99 \times 98$,事件 A 包含的基本事件数为 $r_A = 60 \times 59 \times 58$. 所以

$$P(A) = \frac{r_A}{n} = \frac{60 \times 59 \times 58}{100 \times 99 \times 98} \approx 0.212.$$

(2) 求 $P(B)$.

放回抽样:基本事件总数为 $n = 100^3$,事件 B 包含的基本事件数为 $r_B = C_3^2 \times 40^2 \times 60$. 所以

$$P(B) = \frac{r_B}{n} = \frac{C_3^2 \times 40^2 \times 60}{100^3} = 0.288.$$

不放回抽样:基本事件总数为 $n = 100 \times 99 \times 98$,事件 B 包含的基本事件数为 $r_B = C_3^2 \times$

$40 \times 39 \times 60$. 所以

$$P(B) = \frac{r_B}{n} = \frac{C_3^2 \times 40 \times 39 \times 60}{100 \times 99 \times 98} \approx 0.289.$$

从例 1.9 可以看出，对同一个随机事件，在放回抽样和不放回抽样这两种情况下，计算出的概率是不相同的，特别在抽取的对象数目不大时更是如此. 但当抽取的对象数目较大时，在这两种情况下，所计算出的结果相差不大. 正因为如此，人们在实际工作中常利用这一点，把抽取对象数目较大时的不放回抽样（如破坏性抽样），当作放回抽样来处理，这样做将便于分析问题和解决问题.

例 1.10　一个袋中装有 a 个白球，b 个彩球，现在从中逐一摸出球，试求第 k 次摸到彩球的概率，其中 $k = 1, 2, \cdots, a + b$.

解　以 $A_k(k = 1, 2, \cdots, a + b)$ 表示事件"第 k 次摸到彩球".

假设每个球因被编号而可分辨，并设摸出的球依次排列在 $a + b$ 个空格内. 于是每一种排列对应着试验的一个结果，共有 $(a + b)!$ 种不同的结果，即基本事件总数为 $n = (a + b)!$.

现在考查事件 A_k：第 k 个空格内可以是 b 个彩球中的任意一个，共有 $C_b^1 = b$ 种结果，其余的 $a + b - 1$ 个球在余下的 $a + b - 1$ 空格内可以任意排列，共有 $(a + b - 1)!$ 种结果，从而由乘法原理知，事件 A_k 包含的基本事件数为 $r_A = b \cdot (a + b - 1)!$，

因此

$$P(A_k) = \frac{b \cdot (a + b - 1)!}{(a + b)!} = \frac{b}{a + b}, \quad k = 1, 2, \cdots, a + b.$$

$P(A_k)$ 的结果与 k 无关，说明无论第几次摸球，摸得彩球的概率都相同，这与我们日常生活经验相符. 如 15 个人分 2 张足球票，采用抽签的方法，每人抽中的机会都一样，与抽签的先后次序无关，所以抽签不必争先恐后.

例 1.11　将 n 个不同的球随机地放入 $N(N > n)$ 个盒子中，每个球放入各个盒子是等可能的. 试求下列事件发生的概率.

A："指定的 n 个盒子中各含有一个球".

B："每个盒子中至多含有一个球".

C："指定的一个盒子中恰含有 $m(m \leqslant n)$ 个球".

解　由于每个球等可能地放入 N 个盒子中的任意一个，因此，由乘法原理可知基本事件总数为 N^n.

（1）事件 A 表示"指定的 n 个盒子中各含有一个球"，由于盒子是指定的，且每个盒子只能放入一个球，因此，事件 A 包含的基本事件数为 $n!$. 所以

$$P(A) = \frac{n!}{N^n}.$$

（2）事件 B 表示"每个盒子中至多含有一个球"，意味着 n 个不同的球随机地放入 n 个盒子中，每个盒子放一个球，且盒子没有指定，所以，可以考虑先从 N 个盒子中选出 n 个盒子，共有 C_N^n 种选法，然后将 n 个球放入选定的 n 个盒子中，共有 $n!$ 种放法，由乘法原理可知事件 B 包含的基本事件数为 $C_N^n \cdot n!$，于是

$$P(B) = \frac{C_N^n \cdot n!}{N^n}.$$

（3）下面我们来求事件 C 包含的基本事件数. 由于事件 C 表示"指定的一个盒子中恰含有 m 个球"，我们可以先选取 m 个球放入指定的那个盒子，共有 C_n^m 种选法，然后将剩下的 $n - m$ 个球任意放入其余的 $N - 1$ 个盒子中，共有 $(N - 1)^{n-m}$ 种放法，由乘法原理可知事件 C 包含的基

本事件数为 $C_n^m(N-1)^{n-m}$，因此

$$P(C) = \frac{C_n^m(N-1)^{n-m}}{N^n}.$$

例 1.12 将 50 个铆钉随机地取来用在 10 个部件上，其中有 3 个铆钉强度太弱. 每个部件用 3 个铆钉. 若将 3 个强度太弱的铆钉都装在一个部件上，则这个部件强度就太弱. 问有一个部件强度太弱的概率是多少？

解 以 $A_i(i=1,2,\cdots,10)$ 表示事件"第 i 个部件强度太弱". 设 A 表示事件"有一个部件强度太弱".

由题意知，当 3 个强度太弱的铆钉同时装在第 i 个部件上时，A_i 才能发生. 由于从 50 个铆钉中任取 3 个装在第 i 个部件上共有 C_{50}^3 种取法，强度太弱的铆钉仅有 3 个，它们都装在第 i 个部件上，只有 $C_3^3 = 1$ 种取法，于是

$$P(A_i) = \frac{1}{C_{50}^3} = \frac{1}{19600}, \quad i = 1,2,\cdots,10.$$

又因为 $A_1, A_2, \cdots, A_{10}$ 两两互不相容，因此所求的概率为

$$P(A) = P(A_1 \cup A_2 \cup \cdots \cup A_{10})$$

$$= P(A_1) + P(A_2) + \cdots + P(A_{10}) = \frac{10}{19600} = \frac{1}{1960}.$$

1.4 条件概率、全概率公式与贝叶斯公式

1.4.1 条件概率

在实际问题中，一般除了要考虑事件 A 发生的概率 $P(A)$ 外，有时还需要考虑在某事件 B 已发生的条件下，事件 A 发生的概率. 在一般情况下，后者发生的概率与前者发生的概率未必相等，区别起见，我们将后者发生的概率称为**条件概率**（**conditional probability**），记为 $P(A \mid B)$，读作在事件 B 发生的条件下，事件 A 发生的条件概率.

下面通过一个例题引出条件概率的定义.

例 1.13 设某学校现有学生 1000 人，男女生各占 50%，男女生中数学成绩优异的分别有 100 人与 90 人. 现从该校中任选一位学生，试问：（1）该学生数学成绩优异的概率是多少？（2）已知选出的是男生，他数学成绩优异的概率是多少？

解 以 A 表示事件"选出的学生数学成绩优异"，B 表示事件"选出的学生为男生".

（1）$P(A) = \dfrac{100 + 90}{1000} = \dfrac{19}{100}$.

（2）$P(A \mid B) = \dfrac{100}{500} = \dfrac{1}{5}$.

显然，在例 1.13 中，$P(A) \neq P(A \mid B)$，但两者之间一定有着某种内在的关系. 我们从例 1.13 入手来分析这种关系，进而启发我们给出条件概率的一般定义.

因为男女生各占 50%，所以 $P(B) = \dfrac{500}{1000}$. 又因为，既是男生又数学成绩优异的学生有 100 位，因此 $P(AB) = \dfrac{100}{1000}$，

从而

$$P(A \mid B) = \frac{100}{500} = \frac{100/1000}{500/1000} = \frac{P(AB)}{P(B)}.$$

此外，我们也可推得关于古典概型的条件概率的一般表达式：设随机试验的基本事件总数为 n，事件 B 所包含的基本事件数为 m_B，事件 AB 所包含的基本事件数为 m_{AB}，则有

$$P(A \mid B) = \frac{m_{AB}}{m_B} = \frac{m_{AB}/n}{m_B/n} = \frac{P(AB)}{P(B)}.$$

受到上式的启发，下面给出条件概率的一般定义.

定义 1.5　设 A 与 B 是两个事件，且 $P(B) > 0$，称

$$P(A \mid B) = \frac{P(AB)}{P(B)} \tag{1.4.1}$$

为在事件 B 发生的条件下，事件 A 发生的**条件概率**.

根据条件概率的定义，可以证明条件概率满足概率定义中的三条性质，如下.

(1) 非负性：对任意事件 A，有 $P(A \mid B) \geqslant 0$.

(2) 规范性：对必然事件 S，有 $P(S \mid B) = 1$.

(3) 可列可加性：如果事件 $A_1, A_2, \cdots, A_k, \cdots$ 两两互不相容，则有

$$P\left(\bigcup_{i=1}^{\infty} A_i \mid B\right) = \sum_{i=1}^{\infty} P(A_i \mid B).$$

证明　(1) 对任意事件 A，显然有 $P(A \mid B) = \dfrac{P(AB)}{P(B)} \geqslant 0$.

(2) 对必然事件 S，有 $P(S \mid B) = \dfrac{P(SB)}{P(B)} = \dfrac{P(B)}{P(B)} = 1$.

(3) 如果事件 $A_1, A_2, \cdots, A_k, \cdots$ 两两互不相容，则 $A_1 B, A_2 B, \cdots, A_k B, \cdots$ 也两两互不相容.

从而

$$P\left(\bigcup_{i=1}^{\infty} A_i \mid B\right) = \frac{P\left(\left(\bigcup_{i=1}^{\infty} A_i\right) B\right)}{P(B)} = \frac{P\left(\bigcup_{i=1}^{\infty} (A_i B)\right)}{P(B)}$$

$$= \frac{\sum\limits_{i=1}^{\infty} P(A_i B)}{P(B)} = \sum_{i=1}^{\infty} \frac{P(A_i B)}{P(B)} = \sum_{i=1}^{\infty} P(A_i \mid B).$$

因为条件概率满足概率定义中的三条性质，所以条件概率具有概率的一切性质. 例如，对于任意事件 A, B, C 有

$$P(A \mid B) = 1 - P(\bar{A} \mid B);$$

$$P(A \cup B \mid C) = P(A \mid C) + P(B \mid C) - P(AB \mid C).$$

例 1.14　设 10 件产品中有 4 件是不合格品，从中任取两件产品. 已知所取的两件产品中至少有一件是不合格品，则另一件也是不合格品的概率是多少？

解　以 A 表示事件"另一件也是不合格品"，B 表示事件"所取的两件产品中至少有一件是不合格品". 则有

$$P(AB) = \frac{C_4^2}{C_{10}^2} = \frac{2}{15}, \quad P(B) = 1 - P(\bar{B}) = 1 - \frac{C_6^2}{C_{10}^2} = \frac{2}{3}.$$

因此，所求的概率为

$$P(A \mid B) = \frac{P(AB)}{P(B)} = \frac{1}{5}.$$

例 1.15 某建筑物按设计要求使用寿命超过 50 年的概率为 0.8, 超过 60 年的概率为 0.6. 问该建筑物经历了 50 年之后, 它将在 10 年内不可用的概率是多少?

解 以 A 表示事件"建筑物使用寿命超过 60 年", B 表示事件"建筑物使用寿命超过 50 年". 由题意和 $P(A) = 0.6$, $P(B) = 0.8$, 且 $A \subset B$.

于是, 所求的概率为

$$P(\bar{A} \mid B) = \frac{P(\bar{A}B)}{P(B)} = \frac{P(B - AB)}{P(B)} = \frac{P(B) - P(AB)}{P(B)} = \frac{P(B) - P(A)}{P(B)}$$

$$= \frac{0.8 - 0.6}{0.8} = 0.25.$$

1.4.2 乘法公式

由条件概率的定义, 可以得到以下乘法公式.

定理 1.1 若 $P(A) > 0$, 则有 $P(AB) = P(A)P(B \mid A)$; (1.4.2)

若 $P(B) > 0$, 则有 $P(AB) = P(B)P(A \mid B)$. (1.4.3)

以上乘法公式, 可以推广到多个事件积的情况.

一般地, 对 $n(n \geqslant 2)$ 个事件 $A_1, A_2, \cdots, A_n$, 若 $P(A_1 A_2 \cdots A_{n-1}) > 0$, 则有

$$P(A_1 A_2 \cdots A_n) = P(A_1)P(A_2 \mid A_1)P(A_3 \mid A_1 A_2) \cdots P(A_n \mid A_1 A_2 \cdots A_{n-1}).$$

例 1.16 某商场出售某种型号的晶体管, 每盒装 100 只, 已知每盒混有 4 只不合格品. 商场采用"坏一赔十"的销售方式: 顾客买一盒晶体管, 如果随机地取一只, 发现是不合格品, 商场要立刻将 10 只合格的晶体管放到盒子中, 不合格的那只晶体管不再放回. 某位顾客在一个盒子中随机地先后取 3 只晶体管进行测试, 试求这 3 只晶体管都是不合格品的概率.

解 以 $A_i (i = 1, 2, 3)$ 表示事件"顾客第 i 次取出的晶体管不合格".

由题意知

$$P(A_1) = \frac{4}{100}, \quad P(A_2 \mid A_1) = \frac{3}{99 + 10} = \frac{3}{109}, \quad P(A_3 \mid A_1 A_2) = \frac{2}{98 + 10 + 10} = \frac{2}{118}.$$

于是, 所求的概率为

$$P(A_1 A_2 A_3) = P(A_1)P(A_2 \mid A_1)P(A_3 \mid A_1 A_2)$$

$$= \frac{4}{100} \times \frac{3}{109} \times \frac{2}{118} \approx 0.000019.$$

例 1.17 据以往资料表明, 某三口之家, 患某种传染病的概率有以下规律: 孩子得病的概率是 0.6; 在孩子得病的情况下, 母亲得病的概率是 0.5; 在孩子及母亲都得病的情况下, 父亲得病的概率是 0.4. 试问孩子及母亲都得病但父亲未得病的概率是多少?

解 以 A_1 表示"孩子得病", A_2 表示"母亲得病", A_3 表示"父亲得病".

由题意知: $P(A_1) = 0.6$, $P(A_2 \mid A_1) = 0.5$, $P(A_3 \mid A_1 A_2) = 0.4$.

从而 $P(\bar{A}_3 \mid A_1 A_2) = 1 - P(A_3 \mid A_1 A_2) = 0.6$.

因此, 所求的概率是

$$P(A_1 A_2 \bar{A}_3) = P(A_1)P(A_2 \mid A_1)P(\bar{A}_3 \mid A_1 A_2)$$

$$= 0.6 \times 0.5 \times 0.6 = 0.18.$$

1.4.3 全概率公式与贝叶斯公式

在现实生活中, 我们往往会遇到一些比较复杂的问题, 解决起来不容易, 但我们可以将这些复杂的问题分解成一些比较容易解决的简单问题, 若将这些比较容易解决的简单问题解决

了，则那些复杂的问题也就随之解决了. 在概率论中也有类似的问题，例如：我们在求事件 A 发生的概率时，引起事件 A 发生的原因有多种，每一种原因对事件 A 的发生都做出了一定的"贡献"，且 A 发生的概率与各种原因的"贡献"的大小有关. 对于这类问题的处理，下面将要介绍的全概率公式起着重要的作用.

下面先介绍样本空间划分的概念.

定义 1.6　设随机试验 E 的样本空间为 S，$B_1,B_2,\cdots,B_n(P(B_i)>0,i=1,2,\cdots,n)$ 是样本空间 S 的一组事件，若满足：

(1) $B_1,B_2,\cdots,B_n$ 两两互不相容，即 $B_i\cap B_j=\varnothing(i\neq j,i,j=1,2,\cdots,n)$；

(2) $S=B_1\cup B_2\cup\cdots\cup B_n$.

则称 $B_1,B_2,\cdots,B_n$ 为样本空间 S 的一个**划分**.

定理 1.2　设随机试验 E 的样本空间为 S，$B_1,B_2,\cdots,B_n$ 是样本空间 S 的一个划分，则对任一事件 A，有

$$P(A)=\sum_{i=1}^{n}P(B_i)P(A\mid B_i)$$
$$=P(B_1)P(A\mid B_1)+P(B_2)P(A\mid B_2)+\cdots+P(B_n)P(A\mid B_n).$$

(1.4.4)

证明　因为 $A=AS=A\cap(B_1\cup B_2\cup\cdots\cup B_n)$
$$=(AB_1)\cup(AB_2)\cup\cdots\cup(AB_n),$$

又因为　　$B_iB_j=\varnothing,\ i\neq j,i,j=1,2,\cdots,n,$

所以　　$(AB_i)(AB_j)=A(B_iB_j)=A\cap\varnothing=\varnothing,\ i\neq j,i,j=1,2,\cdots,n.$

于是，有

$$P(A)=P((AB_1)\cup(AB_2)\cup\cdots\cup(AB_n))$$
$$=P(AB_1)+P(AB_2)+\cdots+P(AB_n)$$
$$=P(B_1)P(A\mid B_1)+P(B_2)P(A\mid B_2)+\cdots+P(B_n)P(A\mid B_n).$$

称 (1.4.4) 式为**全概率**（**total probability**）**公式**. 当定理 1.2 中的划分由可列个事件组成时，全概率公式仍然成立.

利用全概率公式解题，关键是找出样本空间 S 的一个合适的划分. 一般，我们可以依据导致事件发生的不同原因或物体的不同属性等来找划分.

另一个重要公式是下述的**贝叶斯**（**Bayes**）**公式**，它首先出现在英国学者贝叶斯（1702—1761 年）的遗著中（1763 年）.

定理 1.3　设随机试验 E 的样本空间为 S，$B_1,B_2,\cdots,B_n$ 是样本空间 S 的一个划分，A 是一事件，且 $P(A)>0$，则有

$$P(B_i\mid A)=\frac{P(B_i)P(A\mid B_i)}{\sum_{j=1}^{n}P(B_j)P(A\mid B_j)},\ i=1,2,\cdots,n.$$

(1.4.5)

证明　由条件概率的定义及全概率公式 (1.4.4) 式，得

$$P(B_i\mid A)=\frac{P(AB_i)}{P(A)}=\frac{P(B_i)P(A\mid B_i)}{\sum_{j=1}^{n}P(B_j)P(A\mid B_j)},\ i=1,2,\cdots,n.$$

贝叶斯公式具有实际意义. 例如，有一病人高烧到 40℃（记为事件 A），医生要确定他患有何种疾病，则必须考虑病人可能患有的疾病 $B_1,B_2,\cdots,B_n$，假定一个病人不会同时患有几种疾病，即事件 $B_1,B_2,\cdots,B_n$ 互不相容. 医生可凭以往的经验估计出他患有各种疾病的概率 $P(B_i)(i=$

$1,2,\cdots,n$）, 这通常称为**先验概率**(**prior probability**). 进一步要考虑的是一个人高烧到40℃时, 他患有这种病的可能性大小, 即 $P(B_i|A)(i=1,2,\cdots,n)$ 的大小, 它可由贝叶斯公式算得. 这个概率表示在获得新的信息(病人高烧40℃)后, 病人患有 $B_1,B_2,\cdots,B_n$ 这些疾病的可能性的大小, 这通常称为**后验概率**(**posterior probability**), 有了后验概率, 就能为医生的诊断提供重要依据.

若我们把 A 视为观察的"结果", 把 $B_1,B_2,\cdots,B_n$ 理解为"原因", 则贝叶斯公式反映了"因果"的概率规律, 并做出了"由果朔因"的推断.

例 1.18 在数字通信中, 信号是由数字0和1的长序列组成的. 由于随机干扰, 当发出信号0时, 收到的信号为0和1的概率分别是0.8和0.2; 当发出信号1时, 收到的信号为0和1的概率分别是0.1和0.9. 现假设发出0和1的概率分别为0.6和0.4, 试求:

(1) 收到一个信号, 它是1的概率;

(2) 收到信号1时, 发出的信号确实是1的概率.

解 以 A 表示事件"收到的信号是1", 以 $B_i(i=0,1)$ 表示事件"发出的信号是 i", 易知 B_0, B_1 是样本空间 S 的一个划分, 且有

$$P(B_0)=0.6, \quad P(B_1)=0.4, \quad P(A|B_0)=0.2, \quad P(A|B_1)=0.9.$$

(1) 由全概率公式得所求概率为

$$P(A)=P(B_0)P(A|B_0)+P(B_1)P(A|B_1)=0.6\times0.2+0.4\times0.9=0.48.$$

(2) 由贝叶斯公式得所求概率为

$$P(B_1|A)=\frac{P(B_1)P(A|B_1)}{P(A)}=\frac{0.4\times0.9}{0.48}=0.75.$$

例 1.19 某电信服务部库存100部相同型号的电话机待售, 其中60部是甲厂生产的, 30部是乙厂生产的, 10部是丙厂生产的. 已知这3个厂生产的电话机质量不同, 它们的不合格率依次为0.1, 0.2, 0.3. 一位顾客从这批电话机中随机地拿出了一部, 且这部电话机上的厂标已经脱落. 试问:

(1) 顾客拿到不合格电话机的概率是多少?

(2) 顾客试用后发现电话机不合格, 这部电话机是甲厂生产的概率是多少?

解 以 A 表示事件"顾客拿到不合格电话机", 以 B_1,B_2,B_3 分别表示事件"顾客拿到的电话机是甲厂、乙厂、丙厂生产的", 显然 B_1,B_2,B_3 是样本空间 S 的一个划分.

由题意知 $P(B_1)=0.6$, $P(B_2)=0.3$, $P(B_3)=0.1$,

$$P(A|B_1)=0.1, \quad P(A|B_2)=0.2, \quad P(A|B_3)=0.3.$$

(1) 由全概率公式得所求概率为

$$P(A)=P(B_1)P(A|B_1)+P(B_2)P(A|B_2)+P(B_3)P(A|B_3)$$
$$=0.6\times0.1+0.3\times0.2+0.1\times0.3$$
$$=0.15.$$

(2) 由贝叶斯公式得所求概率为

$$P(B_1|A)=\frac{P(B_1)P(A|B_1)}{P(A)}=\frac{0.6\times0.1}{0.15}=0.4.$$

例 1.20 某口袋中有6个红球, 4个白球. 现从袋中随机取出3个球, 然后再从袋中任取一球, 求此球是红球的概率.

解 以 A 表示事件"第二次取出的球是红球", 以 $B_i(i=0,1,2,3)$ 表示事件"第一次取出的3个球中有 i 个红球", 易知 B_0,B_1,B_2,B_3 是样本空间 S 的一个划分, 且有

$$P(B_0) = \frac{C_4^3}{C_{10}^3}, \quad P(B_1) = \frac{C_6^1 C_4^2}{C_{10}^3}, \quad P(B_2) = \frac{C_6^2 C_4^1}{C_{10}^3}, \quad P(B_3) = \frac{C_6^3}{C_{10}^3}.$$

又由题意知

$$P(A \mid B_0) = \frac{C_6^1}{C_7^1}, \quad P(A \mid B_1) = \frac{C_5^1}{C_7^1}, \quad P(A \mid B_2) = \frac{C_4^1}{C_7^1}, \quad P(A \mid B_3) = \frac{C_3^1}{C_7^1}.$$

于是由全概率公式得

$$P(A) = \sum_{i=0}^{3} P(B_i) P(A \mid B_i)$$

$$= \frac{C_4^3}{C_{10}^3} \cdot \frac{C_6^1}{C_7^1} + \frac{C_6^1 C_4^2}{C_{10}^3} \cdot \frac{C_5^1}{C_7^1} + \frac{C_6^2 C_4^1}{C_{10}^3} \cdot \frac{C_4^1}{C_7^1} + \frac{C_6^3}{C_{10}^3} \cdot \frac{C_3^1}{C_7^1}$$

$$= 0.6.$$

例 1.21　在肝癌诊断中有一种血清甲胎蛋白法，用 A 表示事件"用该方法诊断出被检者患有肝癌"，用 B 表示事件"被检者确实患有肝癌". 已知确实患有肝癌者被诊断为患有肝癌的概率 $P(A \mid B) = 0.95$，不是肝癌患者被诊断为患有肝癌的概率 $P(A \mid \bar{B}) = 0.10$. 又根据以往的资料，每一万人中有 4 人患有肝癌，即 $P(B) = 0.0004$. 现有一人不幸被诊断为患有肝癌，试求此人确实患有肝癌的概率.

解　显然 B 与 $\bar{B}$ 构成样本空间 S 的一个划分，所以由贝叶斯公式得

$$P(B \mid A) = \frac{P(B)P(A \mid B)}{P(B)P(A \mid B) + P(\bar{B})P(A \mid \bar{B})} = \frac{0.0004 \times 0.95}{0.0004 \times 0.95 + (1 - 0.0004) \times 0.1} \approx 0.0038.$$

在本例中，$P(B) = 0.0004$ 是先验概率，而 $P(B \mid A) \approx 0.0038$ 是后验概率，此概率很小. 这个结果可能使人吃惊，甚至使人怀疑用这种方法检查是否患肝癌的可信度. 仔细分析一下，之所以出现这样的结果，主要是因为肝癌的患病率很低（万分之四左右），但如果在一个肝癌患病率较高的群体中，使用该方法检查会降低错诊的概率. 因此，在实际中常常先用其他简易的方法排除大量明显不是肝癌的人，然后利用此方法在剩余的可能患肝癌的人中进行检查，这样错诊率会大大降低.

1.5　事件的独立性与伯努利试验

1.5.1　事件的独立性

独立性是概率论中的一个重要概念，下面我们先讨论两个事件的独立性. 设 A, B 是随机试验 E 的两个事件，若 $P(B) > 0$，则可定义条件概率 $P(A \mid B)$，它表示在事件 B 发生的条件下，事件 A 发生的概率. 在一般情况下，$P(A)$ 与 $P(A \mid B)$ 不一定相等. 从直观上看，当 $P(A) \neq P(A \mid B)$ 时，表示事件 B 的发生对事件 A 发生的概率是有影响的. 若 $P(A) = P(A \mid B)$，则表明事件 B 的发生并不影响事件 A 发生的概率，此时，乘法公式 $P(AB) = P(B)P(A \mid B)$ 可简化为 $P(AB) = P(A)P(B)$，我们可以利用该公式来描述事件的独立性.

定义 1.7　设 A, B 是随机试验 E 的两个事件，如果有

$$P(AB) = P(A)P(B), \tag{1.5.1}$$

则称事件 A 与事件 B **相互独立**（**independent of each other**）.

我们需要注意的是，在实际问题中，常常不是根据以上定义来判断事件的独立性，而是依

据独立性的实际意义, 即一个事件的发生并不影响另一个事件发生的概率来判断两个事件的相互独立性.

由上述定义, 不难得到以下定理.

定理 1.4 如果 $P(B) > 0$, 则事件 A 与事件 B 相互独立的充分必要条件是

$$P(A) = P(A \mid B).$$

证明 必要性: 因为 A 与 B 相互独立, 所以有 $P(AB) = P(A)P(B)$,

又由乘法公式得 $P(AB) = P(B)P(A \mid B)$,

因此
$$P(A) = P(A \mid B).$$

充分性: 由乘法公式及 $P(A) = P(A \mid B)$ 得

$$P(AB) = P(B)P(A \mid B) = P(A)P(B).$$

所以, 事件 A 与事件 B 相互独立.

定理 1.5 如果事件 A 与事件 B 相互独立, 则 A 与 $\bar{B}$、$\bar{A}$ 与 B、$\bar{A}$ 与 $\bar{B}$ 也相互独立.

证明 这里只证明 A 与 $\bar{B}$ 相互独立, 其他可运用此结论得到(也可类似地证明).

由 $P(AB) = P(A)P(B)$ 得

$$\begin{aligned}
P(A\bar{B}) &= P(A - AB) = P(A) - P(AB) \\
&= P(A) - P(A)P(B) = P(A)(1 - P(B)) \\
&= P(A)P(\bar{B}).
\end{aligned}$$

所以, 事件 A 与 $\bar{B}$ 相互独立.

例 1.22 设随机事件 A 与 B 相互独立, 且已知"A 与 B 都不发生"的概率为 $\dfrac{1}{9}$, "A 发生 B 不发生"与"B 发生 A 不发生"的概率相等. 求事件 A 发生的概率.

解 由题意知 $P(\bar{A}\bar{B}) = P(\bar{A})P(\bar{B}) = \dfrac{1}{9}$, $P(A\bar{B}) = P(\bar{A}B)$.

于是有

$$P(A) - P(AB) = P(B) - P(AB), \ 即 \ P(A) = P(B).$$

所以由 $P(\bar{A})P(\bar{B}) = (1 - P(A))(1 - P(B)) = \dfrac{1}{9}$, 得 $1 - P(A) = \dfrac{1}{3}$.

因此, 事件 A 发生的概率为 $P(A) = \dfrac{2}{3}$.

例 1.23 甲、乙两枚防空导弹各自同时向一敌机发射, 已知甲击中敌机的概率为 0.9, 乙击中敌机的概率为 0.8, 试求敌机被击中的概率.

解 设 A 表示事件"甲击中敌机", B 表示事件"乙击中敌机". 由题意可知事件 A 与事件 B 相互独立, 且有

$$P(A) = 0.9, \ P(B) = 0.8, \ P(AB) = P(A)P(B) = 0.9 \times 0.8 = 0.72.$$

于是, 所求概率为

$$P(A \cup B) = P(A) + P(B) - P(AB) = 0.9 + 0.8 - 0.72 = 0.98.$$

关于事件的独立性, 可以推广到多个事件的情形, 下面先给出三个事件相互独立的定义.

定义 1.8 设 A, B, C 是随机试验 E 的三个事件, 如果有

$$\begin{aligned}
P(AB) &= P(A)P(B), \\
P(AC) &= P(A)P(C), \\
P(BC) &= P(B)P(C), \\
P(ABC) &= P(A)P(B)P(C),
\end{aligned}$$

则称事件 A, B, C 相互独立.

由定义 1.8 知，若事件 A,B,C 相互独立，则事件 A,B,C 中任意两个也相互独立，即两两相互独立. 但我们要注意的是：三个事件 A,B,C 两两相互独立，并不能保证这三个事件相互独立. 下面是一个具体的反例.

例 1.24　有 4 张外形完全相同的卡片，其中 3 张卡片上分别标有数字 1、2、3，另一张卡片上同时标有 1、2、3 这 3 个数字. 现在从这 4 张卡片中任意选取一张，并以 $A_i(i=1,2,3)$ 表示事件"取出的卡片上标有数字 i".

显然有 $P(A_1)=P(A_2)=P(A_3)=\dfrac{1}{2}$,

$$P(A_1A_2)=P(A_1A_3)=P(A_2A_3)=P(A_1A_2A_3)=\frac{1}{4}.$$

从而，有

$$P(A_1A_2)=P(A_1)P(A_2),\quad P(A_1A_3)=P(A_1)P(A_3),\quad P(A_2A_3)=P(A_2)P(A_3).$$

但

$$P(A_1A_2A_3)\neq P(A_1)P(A_2)P(A_3).$$

这说明 A_1，A_2，A_3 两两相互独立，但 A_1，A_2，A_3 不是相互独立的.

以下是 $n(n\geqslant 2)$ 个事件相互独立的定义.

定义 1.9　设 $A_1,A_2,\cdots,A_n(n\geqslant 2)$ 是 n 个事件，对其中任意 $k(2\leqslant k\leqslant n)$ 个事件 $A_{i_1},A_{i_2},\cdots,A_{i_k}(1\leqslant i_1<i_2<\cdots<i_k\leqslant n)$，都有

$$P(A_{i_1}A_{i_2}\cdots A_{i_k})=P(A_{i_1})P(A_{i_2})\cdots P(A_{i_k}),\tag{1.5.2}$$

则称 $A_1,A_2,\cdots,A_n$ 相互独立.

类似于定理 1.5，有以下结论.

若 $n(n\geqslant 2)$ 个事件 $A_1,A_2,\cdots,A_n$ 相互独立，则将 $A_1,A_2,\cdots,A_n$ 中任意多个事件换成它们各自的逆事件后，所得的 n 个事件仍然相互独立.

例 1.25　设甲、乙、丙 3 个人各自去破译一个密码，他们能破译出密码的概率分别为 $\dfrac{1}{5}$，$\dfrac{1}{3}$，$\dfrac{1}{4}$. 试求：(1) 恰有一人破译出密码的概率；(2) 密码能被破译的概率.

解　以 A 表示事件"恰有一人破译出密码"，以 B 表示事件"密码能被破译"，并令 B_1 表示事件"甲破译出密码"，B_2 表示事件"乙破译出密码"，B_3 表示事件"丙破译出密码".

(1) 显然 B_1,B_2,B_3 相互独立，且有 $A=B_1\bar{B_2}\bar{B_3}\cup\bar{B_1}B_2\bar{B_3}\cup\bar{B_1}\bar{B_2}B_3$. 所以

$$
\begin{aligned}
P(A)&=P(B_1\bar{B_2}\bar{B_3}\cup\bar{B_1}B_2\bar{B_3}\cup\bar{B_1}\bar{B_2}B_3)\\
&=P(B_1\bar{B_2}\bar{B_3})+P(\bar{B_1}B_2\bar{B_3})+P(\bar{B_1}\bar{B_2}B_3)\\
&=P(B_1)P(\bar{B_2})P(\bar{B_3})+P(\bar{B_1})P(B_2)P(\bar{B_3})+P(\bar{B_1})P(\bar{B_2})P(B_3)\\
&=\frac{1}{5}\times\frac{2}{3}\times\frac{3}{4}+\frac{4}{5}\times\frac{1}{3}\times\frac{3}{4}+\frac{4}{5}\times\frac{2}{3}\times\frac{1}{4}\approx 0.4333.
\end{aligned}
$$

(2) 因为 $B=B_1\cup B_2\cup B_3$,

故

$$
\begin{aligned}
P(B)&=P(B_1\cup B_2\cup B_3)=1-P(\overline{B_1\cup B_2\cup B_3})\\
&=1-P(\bar{B_1}\bar{B_2}\bar{B_3})=1-P(\bar{B_1})P(\bar{B_2})P(\bar{B_3})\\
&=1-\frac{4}{5}\times\frac{2}{3}\times\frac{3}{4}=0.6.
\end{aligned}
$$

例 1.26　根据以往记录的数据分析，某船只运输的某种物品损坏的情况共有 3 种：损坏

2%(记这一事件为 A_1),损坏 10%(记这一事件为 A_2),损坏 90%(记这一事件为 A_3),且已知 $P(A_1)=0.8$,$P(A_2)=0.15$,$P(A_3)=0.05$. 现在从已被运输的物品中随机地取 3 件,发现这 3 件都是好的(记这一事件为 B). 试求 $P(A_1 \mid B)$(这里设物品件数很多,取出一件后不影响下一件为好物品的 概率).

解 由题意知:A_1, A_2, A_3 构成样本空间 S 的一个划分,且有

$$P(A_1)=0.8,\ P(A_2)=0.15,\ P(A_3)=0.05,$$

$$P(B \mid A_1)=0.98^3,\ P(B \mid A_2)=0.9^3,\ P(B \mid A_3)=0.1^3.$$

由贝叶斯公式得

$$P(A_1 \mid B)=\frac{P(A_1)P(B \mid A_1)}{P(A_1)P(B \mid A_1)+P(A_2)P(B \mid A_2)+P(A_3)P(B \mid A_3)}$$

$$=\frac{0.8 \times 0.98^3}{0.8 \times 0.98^3+0.15 \times 0.9^3+0.05 \times 0.1^3} \approx 0.8731.$$

1.5.2 伯努利试验

如果在一个试验中我们只关心某事件 A 是否发生,那么称这种试验为**伯努利试验**(**Bernoulli trial**),相应的概率模型称为**伯努利模型**(**Bernoulli model**). 通常记 $P(A)=p$,$0 < p < 1$,于是 $P(\overline{A})=1-p$. 如果把伯努利试验独立地重复做 n 次,那么这 n 次试验合在一起称为 ***n* 重伯努利试验**.

n 重伯努利试验是概率论中广泛讨论的随机试验之一,它虽然比较简单,但有广泛的应用,可以解决许多有意义的实际问题.

在 n 重伯努利试验中,我们主要研究事件 A 发生的次数.

以 B_k 表示事件"在 n 重伯努利试验中事件 A 恰好发生了 k 次". 很容易看出,只有当 $k=0,1,\cdots,n$ 时,求 $P(B_k)$ 才有意义,通常记 $P(B_k)$ 为 $P_n(k)$. 由于 n 次试验是相互独立的,所以事件 A 在指定的 k 次试验中发生,在其余 $n-k$ 次试验中不发生(例如:在前 k 次试验中发生,在后 $n-k$ 次试验中不发生)的概率为

$$\underbrace{p \cdot p \cdots p}_{k \text{个}} \cdot \underbrace{(1-p) \cdot (1-p) \cdots (1-p)}_{n-k \text{个}}=p^k(1-p)^{n-k}.$$

由于这种指定的方式有 C_n^k 种,且它们是两两互不相容的,因此

$$P_n(k)=C_n^k p^k(1-p)^{n-k},\ k=0,1,\cdots,n.$$

于是,有以下定理.

定理 1.6 在 n 重伯努利试验中,设 $P(A)=p$,则事件 A 恰好发生 k 次$(0 \leqslant k \leqslant n)$ 的概率为

$$P_n(k)=C_n^k p^k(1-p)^{n-k},\ k=0,1,\cdots,n. \tag{1.5.3}$$

显然有

$$\sum_{k=0}^{n} P_n(k)=\sum_{k=0}^{n} C_n^k p^k(1-p)^{n-k}=[p+(1-p)]^n=1. \tag{1.5.4}$$

由(1.5.4)式可知,$C_n^k p^k(1-p)^{n-k}$ 恰好是二项式 $[p+(1-p)]^n$ 展开式中的第 $k+1$ 项,因此,我们也常称(1.5.3)式为**二项概率公式**.

例 1.27 某人向同一目标独立重复射击,已知每次射击命中目标的概率都是 $p(0 < p < 1)$. 求此人第 5 次射击时恰好第 3 次命中目标的概率.

解 由于"第 5 次射击时恰好第 3 次命中目标"等价于"前面 4 次射击有两次命中目标且第 5 次射击命中目标". 而"前面 4 次射击有两次命中目标"的概率为 $C_4^2 p^2(1-p)^2$,"第 5 次射击命中目标"的概率为 p. 因此所求概率为

$$C_4^2 p^2(1-p)^2 \cdot p=6p^3(1-p)^2.$$

例 1.28　甲、乙两名围棋手进行比赛，已知甲的实力较强，每局获胜的概率为 0.6. 假定每局的胜负是相互独立的，比赛中不出现和棋. 试在下列 2 种比赛制度下，求甲最终获胜的概率.

（1）采用三局两胜制.

（2）采用五局三胜制.

解　由于每局比赛只有"甲胜"（记为事件 A）与"甲负"（记为事件 $\bar{A}$）两种结果，因此每局比赛均可看成一次伯努利试验，且 $p = P(A) = 0.6$.

（1）采用三局两胜制时，所求的概率为

$$P_3(2) + P_3(3) = C_3^2 0.6^2(1 - 0.6)^1 + C_3^3 0.6^3 = 0.648.$$

（2）采用五局三胜制时，所求的概率为

$$P_5(3) + P_5(4) + P_5(5) = C_5^3 0.6^3(1 - 0.6)^2 + C_5^4 0.6^4(1 - 0.6)^1 + C_5^5 0.6^5 \approx 0.683.$$

例 1.29　某车间有 10 台功率为 7.5kW 的机床，各台机床的使用是相互独立的，且每台机床平均每小时开动 12 分钟. 现因电力紧张，供电部门只为这 10 台机床提供电力 48kW，问这 10 台机床都能正常工作的概率是多少？

解　以 A 表示事件"10 台机床都能正常工作"，并记同时开动的机床数为 X.

由于 $6 \times 7.5 = 45 < 48$，$7 \times 7.5 = 52.5 > 48$，这意味着 48kW 电力仅可同时供 6 台机床开动，因此，同时开动的机床不超过 6 台时就可以正常工作. 由题意知，10 台机床的使用相当于 10 重伯努利试验，且 $p = \dfrac{12}{60} = 0.2$，于是有

$$P(A) = P(X \leqslant 6) = \sum_{k=0}^{6} P_{10}(k) = \sum_{k=0}^{6} C_{10}^k 0.2^k(1 - 0.2)^{10-k} \approx 0.9991.$$

这一结果表明，若供电 48kW，则这 10 台机床的工作基本上不受电力供应的影响.

习　题

1. 写出下列随机试验的样本空间及各随机事件.

（1）将一颗骰子接连抛掷两次，记录两次出现的点数之和. A 表示"两次出现的点数之和小于 6"，B 表示"两次出现的点数之和为 7".

（2）将 a, b 两个球随机地放入甲、乙两个盒子中，观察甲、乙两个盒子中球的个数. A 表示"甲盒中至少有一个球".

（3）记录南京市"110"在一小时内收到的呼叫次数. A 表示南京市"110"在一小时内收到的呼叫次数为 6 ~ 10".

（4）测量一辆汽车通过给定点的速度. A 表示"汽车速度为 60 ~ 80"（单位：km/h）.

2. 指出下列命题中哪些成立，哪些不成立.

（1）$A \cup (A \cap B) = A$.　　　　　　　　（2）$A\bar{B} = A - B$.

（3）若 $B \subset A$，则 $A = A \cup B$.　　　　（4）若 $A \subset B$，则 $B = AB$.

（5）$(AB)(A\bar{B}) = \varnothing$.　　　　　　　（6）若 $A \cup C = B \cup C$，则 $A = B$.

3. 设 A, B 是两个事件，试比较下列概率的大小：

$$P(A),\ P(A \cup B),\ P(AB),\ P(A) + P(B).$$

4. 设 A, B 为任意两个随机事件，则下列式子中正确的是（　　　）.

A. $P(AB) \leqslant P(A)P(B)$　　　　　　　B. $P(AB) \geqslant P(A)P(B)$

C. $P(AB) \leqslant \dfrac{P(A) + P(B)}{2}$　　　　D. $P(AB) \geqslant \dfrac{P(A) + P(B)}{2}$

5. 设 A,B,C 是 3 个事件，且 $P(A) = P(B) = P(C) = \dfrac{1}{4}$，$P(AB) = P(AC) = \dfrac{1}{8}$，$P(BC) = 0$，求 A,B,C 都不发生的概率.

6. 设 A,B 是两个事件，且 $P(A) = 0.7$，$P(A - B) = 0.3$，求 $P(\overline{AB})$.

7. 设 A,B 是两个事件，且 $P(A) = \dfrac{1}{3}$，$P(B) = \dfrac{1}{2}$，试在下列三种情况下，求 $P(A\overline{B})$.

(1) $P(AB) = \dfrac{1}{8}$.

(2) A,B 互不相容.

(3) A,B 有包含关系.

8. 设 A,B,C 是 3 个事件，且 $P(A) = 0.7$，$P(B) = 0.3$，$P(A - B) = 0.5$. 求 $P(A \cup B)$，$P(\overline{A}B)$.

9. 把 10 本不同的书任意放在书架上，求其中指定的 3 本书放在一起的概率.

10. 房间里有 10 个人，分别佩戴从 1 号到 10 号的纪念章，任选 3 个人记录其纪念章的号码.

(1) 求最小号码为 5 的概率.

(2) 求最大号码为 5 的概率.

11. 从 1,2,3,4,5 这 5 个数字中等可能、有放回地连续抽取 3 个数字，试求下列事件发生的概率：
$A = \{3$ 个数字完全不同$\}$；$B = \{3$ 个数字中不含 1 和 5$\}$；
$C = \{3$ 个数字中恰有两个 5$\}$；$D = \{3$ 个数字中恰有一个 5$\}$.

12. 一个口袋中有 5 个红球和 2 个白球，从这个口袋中任取一球看过它的颜色后就放回袋中，然后再从这个口袋中任取一球. 设每次取球时口袋中各个球被取到的可能性相同，求：

(1) 第一次、第二次都取得红球的概率；

(2) 第一次取得红球，第二次取得白球的概率；

(3) 两次取得的球为红球、白球各一个的概率；

(4) 第二次取得红球的概率.

13. 某油漆公司发出 17 桶油漆，其中白漆 10 桶、黑漆 4 桶、红漆 3 桶，在搬运中所有标签脱落，交货人随意将这些油漆交给顾客. 问一个订货白漆 10 桶、黑漆 3 桶、红漆 2 桶的顾客，能按所订颜色如数得到所订货物的概率是多少？

14. 已知 10 只晶体管中有两只是次品，在其中取两次，每次任取一只，进行不放回抽样，求下列事件发生的概率.

(1) 两只都是正品.

(2) 两只都是次品.

(3) 一只是正品，一只是次品.

(4) 第二次取出的是次品.

15. 考虑关于 x 的一元二次方程 $x^2 + Bx + C = 0$，其中 B,C 分别是将一枚骰子接连抛掷两次先后出现的点数，试求该方程有重根的概率.

16. 将 3 个球随机地放入 4 个杯子中，求这 4 个杯子中球的最大个数分别为 1，2，3 的概率.

17. 某人忘记了电话号码的最后一个数字，因而随意地拨号，求他拨号不超过 3 次就接通所需电话的概率是多少？如果最后一个数字是奇数，那么此概率又是多少？

18. 设 A 与 B 是随机事件，且 $0 < P(A) < 1, 0 < P(B) < 1$，如果 $P(A \mid B) = 1$，则有（　　）.

A. $P(\overline{B} \mid \overline{A}) = 1$　　　B. $P(A \mid \overline{B}) = 0$　　　C. $P(A \cup B) = 1$　　　D. $P(B \mid A) = 1$

19. 设 A 与 B 是随机事件，且 $0 < P(A) < 1, 0 < P(B) < 1$，则 $P(A \mid B) > P(A \mid \bar{B})$ 成立的充分必要条件是(　　).

A. $P(B \mid A) > P(B \mid \bar{A})$ 　　　　　　　B. $P(B \mid A) < P(B \mid \bar{A})$

C. $P(\bar{B} \mid A) > P(B \mid \bar{A})$ 　　　　　　D. $P(\bar{B} \mid A) < P(B \mid \bar{A})$

20. 已知 $P(A) = 0.3$，$P(B) = 0.6$，试在下列两种情况下分别求出 $P(A \mid B)$ 与 $P(\bar{A} \mid \bar{B})$.

(1) A 与 B 互不相容.

(2) A 与 B 有包含关系.

21. (1) 已知 $P(\bar{A}) = 0.3$，$P(B) = 0.4$，$P(A\bar{B}) = 0.5$，求 $P(B \mid A \cup \bar{B})$.

(2) 已知 $P(A) = \dfrac{1}{4}$，$P(B \mid A) = \dfrac{1}{3}$，$P(A \mid B) = \dfrac{1}{2}$，求 $P(A \cup B)$.

22. 假设患肺结核的人通过透视胸部能被确诊的概率为 0.95，而未患肺结核的人通过透视胸部被误诊的概率为 0.002. 根据以往资料表明，某单位职工患肺结核的概率为 0.001. 现在该单位有一个职工经过透视被诊断为患肺结核，求这个人确实患肺结核的概率.

23. 已知男性中有 5% 的人是色盲患者，女性中有 0.25% 的人是色盲患者. 今从男女人数相等的人群中随机地挑选一人.

(1) 求此人是色盲患者的概率；

(2) 若此人恰好是色盲患者，问此人是女性的概率是多少？

24. 某微波站配有两套通信电源设备 A 与 B，每套设备单独使用时，A 可靠的概率为 92%，B 可靠的概率为 93%. 在 A 出故障的情况下 B 可靠的概率为 85%. 试求：

(1) 任意时刻，两套设备中至少有一套可靠的概率；

(2) 在 B 出故障的情况下，A 仍可靠的概率.

25. 已知甲袋中装有 a 个红球，b 个白球；乙袋中装有 c 个红球，d 个白球. 试求下列事件发生的概率：

(1) 合并两个口袋，从中随机地取出 1 个球，该球是红球；

(2) 随机地取 1 个口袋，再从该袋中随机地取 1 个球，该球是红球；

(3) 从甲袋中随机地取 1 个球放入乙袋，再从乙袋中随机地取 1 个球，该球是红球.

26. 有两箱同类的零件，第一箱装有 50 个，其中 10 个一等品；第二箱装有 30 个，其中 18 个一等品. 今从两箱中任挑一箱，然后从该箱中取零件两次，每次取一个，进行不放回抽样. 试求：

(1) 第一次取到的零件是一等品的概率；

(2) 在第一次取到的零件是一等品的条件下，第二次取到的零件也是一等品的概率.

27. 某年级有甲、乙、丙 3 个班级，各班人数分别占年级总人数的 $\dfrac{1}{4}, \dfrac{1}{3}, \dfrac{5}{12}$，已知甲、乙、丙 3 个班级中集邮人数分别占该班总人数的 $\dfrac{1}{2}, \dfrac{1}{4}, \dfrac{1}{5}$. 试求：

(1) 从该年级中随机地选取一个人，此人为集邮者的概率；

(2) 从该年级中随机地选取一个人，发现此人为集邮者，此人属于乙班的概率.

28. 有朋友自远方来访，他乘火车来的概率是 $\dfrac{3}{10}$，乘船、乘汽车或乘飞机来的概率分别是 $\dfrac{1}{5}$，$\dfrac{1}{10}, \dfrac{2}{5}$. 如果他乘火车来，迟到的概率是 $\dfrac{1}{4}$；如果乘船或乘汽车来，那么他迟到的概率分别是 $\dfrac{1}{3}, \dfrac{1}{12}$；如果他乘飞机来便不会迟到. 如果他迟到了，试问在此条件下，他乘火车来的概率是多少？

29. 设 $0 < P(A) < 1, 0 < P(B) < 1$，且 $P(B|A) + P(\overline{B}|\overline{A}) = 1$，证明：$A$ 与 B 相互独立.

30. 设随机事件 A 与 B 相互独立，随机事件 A 与 C 也相互独立，且 $BC = \varnothing$. 若 $P(A) = P(B) = \dfrac{1}{2}$，$P(AC|AB \cup C) = \dfrac{1}{4}$，试求概率 $P(C)$.

31. 有甲、乙两批种子，其发芽率分别为 0.8 和 0.7. 在这两批种子中各任取一粒试种. 试求：

(1) 两粒种子都发芽的概率；

(2) 至少有一粒种子发芽的概率；

(3) 恰有一粒种子发芽的概率.

32. 口袋里装有 $a + b$ 枚硬币，其中 b 枚硬币是废品（两面都是正面）. 从口袋中随机地取出 1 枚硬币，并把它独立地抛 n 次，结果发现向上的一面全是正面，试求这枚硬币是废品的概率.

33. 设某工厂生产的每台仪器以概率 0.70 可以直接出厂；以概率 0.30 需要进一步调试，经调试后以概率 0.80 可以出厂，以概率 0.20 定为不合格品不能出厂. 现在该厂生产了 $n(n \geq 2)$ 台仪器. 试求：

(1) 所有仪器都能出厂的概率；

(2) 其中恰好有两台仪器不能出厂的概率.

34. 设有 4 个独立工作的元件 1，2，3，4，它们的可靠性均为 p. 将它们按图 1.4 所示的方式连接，求这个系统的可靠性.

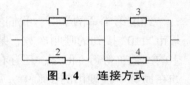

35. 要验收一批（100 件）乐器. 验收方案为：从该批乐器中随机地取 3 件进行测试（设 3 件乐器的测试是相互独立的），如果 3 件中至少有 1 件在测试中被认为音色不纯，则这批乐器就会被

图 1.4　连接方式

拒绝接收. 设一件音色不纯的乐器经测试认为其音色不纯的概率为 0.95；而一件音色纯的乐器经测试被误认为音色不纯的概率为 0.01. 如果已知这 100 件乐器中恰有 4 件是音色不纯的，试问这批乐器被接收的概率是多少？

36. 根据以往记录的数据分析，某船只运输的某种物品损坏的情况有 3 种：损坏 2%（这一事件记为 A_1），损坏 10%（这一事件记为 A_2），损坏 90%（这一事件记为 A_3）. 且知 $P(A_1) = 0.8$，$P(A_2) = 0.15$，$P(A_3) = 0.05$. 现在从已被运输的物品中随机地取 3 件，发现这 3 件都是好的（这一事件记为 B）. 试求条件概率 $P(A_2|B)$（这里设物品数量很多，取出一件后不影响取下一件是好物品的概率）.

37. 设某人每次射击时命中率为 0.2，问他至少需要进行多少次独立射击才能使至少命中一次的概率不小于 0.9？

38. 设某型号灯泡的耐用时数为 1000h 以上的概率为 0.2. 设该型号的 3 个灯泡是相互独立地使用的，求这 3 个灯泡在使用 1000h 以后最多只有 1 个损坏的概率.

39. 进行 4 次独立试验，在每一次试验中事件 A 发生的概率为 0.3. 如果事件 A 不发生，则事件 B 也不发生. 如果事件 A 发生一次，则事件 B 发生的概率为 0.6；如果事件 A 发生不少于两次，则事件 B 发生的概率为 1. 试求事件 B 发生的概率.

第 2 章　随机变量及其分布

在第 1 章中，我们利用随机试验的样本空间研究了随机事件及其概率. 但是，样本空间只是一个一般的集合，随机事件是样本空间的子集，这种表示的方式对分析、研究随机现象的统计规律性有较大的局限性，也不便于利用微积分等数学工具来处理. 本章将引入随机变量的概念，利用随机变量来表示随机事件. 正是由于随机变量的引入，概率的研究工作才可以借助于微积分等数学工具，获得了飞速发展，取得了丰硕成果，更全面地揭示了随机现象的统计规律性，从而使得概率论成为数学领域中的一门重要学科.

2.1　随机变量

2.1.1　随机变量的概念

经过第 1 章的学习，我们发现，许多随机试验的结果都与实数联系密切. 例如，一段时间内某市"110"接到的呼叫次数；某商场一天的营业额；某建筑物的寿命；n 重伯努利试验中事件 A 发生的次数；等等. 但是，还存在许多随机试验，它们的试验结果从表面上看并不与数值相联系，如在抛掷一枚硬币的试验中，每次出现的结果为"正面"（记为 H）或"反面"（记为 T），与数值没有关系. 但是我们可以利用下面的方法使它与数值联系起来，当出现"正面"时对应数 1，出现"反面"时对应数 0，这相当于引入一个定义在样本空间 $S = \{H, T\}$ 上的函数 $X(e)$，且

$$X(e) = \begin{cases} 1, & e = H, \\ 0, & e = T. \end{cases}$$

通过以上的分析，我们知道：一类随机试验的每一个结果自然地对应着一个实数，而另一类随机试验，需要人为地建立一种试验结果与实数的对应关系. 由此可见，无论是哪种情况，我们都可以在试验结果与实数之间建立一种对应关系.

明确起见，我们引入随机变量的定义.

定义 2.1　设 $S = \{e\}$ 为随机试验 E 的样本空间. 如果对于每一个样本点 $e(e \in S)$，都有一个实数 $X(e)$ 与之对应，这样就可得到一个定义在 S 上的实值单值函数 $X(e)$，称 $X(e)$ 为定义在 S 上的一个**随机变量**（**random variable**），简记为 X.

从定义 2.1 中我们知道，随机变量是一个函数，它定义在样本空间 S 上，即函数的自变量是随机试验的结果. 由于随机试验结果的出现具有随机性，也就是说，在一次试验前，我们无法预先知道试验究竟会出现哪一个结果，因此随机变量的取值也具有随机性，这是随机变量与一般函数的最大不同之处. 今后，我们一般用大写字母 X，Y，Z，W，$\cdots$ 表示随机变量，用小写字母 x，y，z，w，$\cdots$ 表示实数.

引入随机变量后，就可以用随机变量 X 描述事件. 例如，我们在前面讨论的抛掷硬币试验，X 取值 1，写成 $\{X = 1\}$，它表示出现"正面"这一事件，类似地，$\{X = 0\}$ 表示出现"反面"这一事件.

由于随机变量 X 的取值依试验的结果而定，而试验的各个结果的出现有一定的概率，因而 X 取各个值也有一定的概率. 例如，在上例中，对于质地均匀的硬币来说，$P(X = 1) = P(\text{正面})$ $= \dfrac{1}{2}, P(X = 0) = P(\text{反面}) = \dfrac{1}{2}$.

一般地, 对实数轴上任意一个集合 L (它不一定是一个区间), 将所有与 L 对应的样本点构成的事件 $\{e \mid X(e) \in L\}$, 简单表示为 $\{X \in L\}$.

2.1.2 随机变量的分类

为了便于研究, 我们根据随机变量的取值情况, 对随机变量进行分类.

定义 2.2   如果一个随机变量 X 的全部可能取值为有限个或可列个, 则称 X 为**离散型随机变量** (**discrete random variable**). X 的可能取值可写成 $x_1, x_2, \cdots, x_k, \cdots$.

例如, 观察抛掷一颗骰子出现的点数、n 重伯努利试验中事件 A 发生的次数、地球上一年内发生 4 级以上地震的次数等, 它们都是离散型随机变量.

在随机变量中除去离散型随机变量外, 就是**非离散型随机变量**, 它们的可能取值无法一一列举出来. 非离散型随机变量种类很多, 而其中最重要、最有实用价值的就是所谓的**连续型随机变量** (**continuous random variable**), 后面将进行详细讨论.

2.2   离散型随机变量的概率分布

2.2.1   离散型随机变量的分布律

对于一个离散型随机变量, 要掌握它的统计规律, 首先要了解它的所有可能取值, 除此之外, 还要掌握它取各个可能值的概率.

定义 2.3   设 X 是离散型随机变量, X 的所有可能取值为 $x_1, x_2, \cdots, x_k, \cdots$, 且 X 取各可能值的概率为

$$P(X = x_k) = p_k, \ k = 1, 2, \cdots. \tag{2.2.1}$$

称 (2.2.1) 式为离散型随机变量 X 的**概率分布** (**probability distribution**) 或**分布律** (**distribution law**).

分布律也可以用表格的形式来表示:

X	x_1	x_2	$\cdots$	x_k	$\cdots$
P	p_1	p_2	$\cdots$	p_k	$\cdots$

其中 P 表示 $P(X = x_k)$.

由概率的定义可知, p_k 满足以下两个基本性质:

(1) $p_k \geqslant 0, \ k = 1, 2, \cdots$.

(2) $\sum\limits_{k=1}^{\infty} p_k = 1$.

例 2.1   设某口袋中有 5 件产品, 其中 4 件是正品, 1 件是次品. 现从该口袋中连续取两次, 每次取 1 件, 设两次取出的次品数为 X. 试分别根据两种抽样方法求 X 的分布律: (1) 放回抽样; (2) 不放回抽样.

解   (1) X 的可能取值为 0, 1, 2, 且有

$$P(X = 0) = \frac{4}{5} \times \frac{4}{5} = 0.64,$$

$$P(X = 1) = \frac{1}{5} \times \frac{4}{5} + \frac{4}{5} \times \frac{1}{5} = 0.32,$$

$$P(X = 2) = \frac{1}{5} \times \frac{1}{5} = 0.04.$$

即 X 的分布律为

X	0	1	2
P	0.64	0.32	0.04

（2）由于取出后不再放回，所以 X 的可能取值为 0,1，且有

$$P(X = 0) = \frac{4}{5} \times \frac{3}{4} = 0.6,$$

$$P(X = 1) = \frac{4}{5} \times \frac{1}{4} + \frac{1}{5} \times \frac{4}{4} = 0.4.$$

即 X 的分布律为

X	0	1
P	0.6	0.4

2.2.2　几种常见离散型随机变量的分布

1.（0 − 1）分布

定义 2.4　若随机变量 X 的所有可能取值为 0 与 1，且它的分布律为

$$P(X = k) = p^k (1 - p)^{1-k}, k = 0,1, \ 0 < p < 1. \tag{2.2.2}$$

则称 X 服从参数为 p 的 **(0 − 1) 分布（0 − 1 distribution）**或**两点分布（two − point distribution）**.

（0 − 1）分布的分布律又可写成

X	0	1
P	$1 - p$	p

（0 − 1）分布既简单又有用. 例如，射击试验中"击中目标"与"未击中目标"、掷硬币试验中"出现正面"与"出现反面"、产品的抽样检验中"抽到的产品为正品"与"抽到的产品为次品"等，都可用（0 − 1）分布描述. 实际上，任何一个只有两种可能结果的随机试验，都可以用一个服从（0 − 1）分布的随机变量来描述.

2. 二项分布

定义 2.5　若随机变量 X 的所有可能取值为 $0,1,2,\cdots,n$，且它的分布律为

$$P(X = k) = C_n^k p^k (1 - p)^{n-k}, \ k = 0,1,\cdots,n, \ 0 < p < 1. \tag{2.2.3}$$

则称 X 服从参数为 n，p 的**二项分布（binomial distribution）**，记为 $X \sim B(n,p)$.

容易验证，二项分布的分布律满足：

（1）$P(X = k) = C_n^k p^k (1 - p)^{n-k} \geqslant 0$;

（2）$\sum_{k=0}^{n} P(X = k) = \sum_{k=0}^{n} C_n^k p^k (1 - p)^{n-k} = [p + (1 - p)]^n = 1.$

在 n 重伯努利试验中，以 X 表示事件 A 发生的次数，则 X 是一个随机变量，它的可能取值为 $0,1,2,\cdots,n$. 且由二项概率公式得

$$P(X = k) = P_n(k) = C_n^k p^k (1 - p)^{n-k}, \ k = 0,1,\cdots,n,$$

即 $X \sim B(n,p)$. 因此，我们常用二项分布来描述可重复进行独立试验的随机现象.

特别地, 对二项分布 $X \sim B(n,p)$, 当参数 $n = 1$ 时, 其分布律为

$$P(X = k) = p^k(1 - p)^{1-k}, \quad k = 0, 1, \quad 0 < p < 1.$$

这就是参数为 p 的 $(0 - 1)$ 分布, 即参数为 p 的 $(0 - 1)$ 分布就是参数为 $1, p$ 的二项分布.

二项分布是离散型随机变量中最重要的分布之一, 它还具有以下两个实用的性质.

性质 1 设 $X \sim B(n,p)$, 则当 $k = [(n + 1)p]$ 时, $P(X = k)$ 取得最大值.

证明 因为

$$\frac{P(X = k)}{P(X = k - 1)} = \frac{C_n^k p^k (1 - p)^{n-k}}{C_n^{k-1} p^{k-1}(1 - p)^{n-k+1}} = 1 + \frac{(n + 1)p - k}{k(1 - p)}.$$

所以, 当 $k < (n + 1)p$ 时, 有

$$P(X = k) > P(X = k - 1), \quad 即 P(X = k) \text{ 单调增加};$$

而当 $k > (n + 1)p$ 时, 有

$$P(X = k) < P(X = k - 1), \quad 即 P(X = k) \text{ 单调减少}.$$

因此, 当 $k = [(n + 1)p]$ 时, $P(X = k)$ 取得最大值.

性质 2 设随机变量 $X_n \sim B(n,p_n)$, 且 $\lim_{n \to \infty} np_n = \lambda$, 其中 $\lambda(\lambda > 0)$ 为常数, 则对任意一个固定的非负整数 k, 有

$$\lim_{n \to \infty} P(X_n = k) = \lim_{n \to \infty} C_n^k p_n^k (1 - p_n)^{n-k} = \frac{\lambda^k e^{-\lambda}}{k!}.$$

证明 记 $np_n = \lambda_n$, 即 $p_n = \dfrac{\lambda_n}{n}$, 得

$$C_n^k p_n^k (1 - p_n)^{n-k} = \frac{n(n - 1) \cdots (n - k + 1)}{k!} \left(\frac{\lambda_n}{n}\right)^k \left(1 - \frac{\lambda_n}{n}\right)^{n-k}$$

$$= \frac{\lambda_n^k}{k!} \cdot \left(1 - \frac{\lambda_n}{n}\right)^n \cdot \left(1 - \frac{\lambda_n}{n}\right)^{-k} \cdot \left[1 \cdot \left(1 - \frac{1}{n}\right) \cdot \cdots \cdot \left(1 - \frac{k - 1}{n}\right)\right].$$

由于

$$\lim_{n \to \infty} \lambda_n^k = \lambda^k, \qquad \lim_{n \to \infty} \left(1 - \frac{\lambda_n}{n}\right)^n = \lim_{n \to \infty} \left(1 - \frac{\lambda_n}{n}\right)^{-\frac{n}{\lambda_n} \cdot (-\lambda_n)} = e^{-\lambda},$$

$$\lim_{n \to \infty} \left(1 - \frac{\lambda_n}{n}\right)^{-k} = 1, \qquad \lim_{n \to \infty} \left[1 \cdot \left(1 - \frac{1}{n}\right) \cdot \cdots \cdot \left(1 - \frac{k - 1}{n}\right)\right] = 1.$$

所以

$$\lim_{n \to \infty} P(X_n = k) = \lim_{n \to \infty} C_n^k p_n^k (1 - p_n)^{n-k} = \frac{\lambda^k e^{-\lambda}}{k!}.$$

性质 2 又称为**泊松 (Poisson) 定理**. 它表明, 若 $X \sim B(n,p)$, 则当 n 比较大而 p 又很小时, 有以下泊松近似计算公式,

$$P(X = k) = C_n^k p^k (1 - p)^{n-k} \approx \frac{\lambda^k e^{-\lambda}}{k!}, \quad k = 0, 1, \cdots, n. \tag{2.2.4}$$

其中 $\lambda = np$.

在实际计算中, 当 $n \geq 20, p \leq 0.05$ 时, 用 $\dfrac{\lambda^k e^{-\lambda}}{k!} (\lambda = np)$ 作为 $C_n^k p^k (1 - p)^{n-k}$ 的近似值效果较好; 当 $n \geq 100, np \leq 10$ 时, 近似效果更好. 当然, 当 n 越大、p 越小, np 大小适中时, 泊松近似计算公式的值就越精确. $\dfrac{\lambda^k e^{-\lambda}}{k!}$ 的值可通过查表 (见附表 1) 得出.

例 2.2　设事件 A 在每一次试验中发生的概率都为 0.3. 当 A 发生不少于 3 次时，指示灯发出信号.

（1）进行 5 次重复独立试验，求指示灯发出信号的概率.

（2）进行 7 次重复独立试验，求指示灯发出信号的概率.

解　（1）设 5 次重复独立试验中 A 发生的次数为 X，则 $X \sim B(5, 0.3)$. 故指示灯发出信号的概率为

$$P(X \geqslant 3) = P(X = 3) + P(X = 4) + P(X = 5)$$
$$= C_5^3 \times 0.3^3 \times (1 - 0.3)^2 + C_5^4 \times 0.3^4 \times (1 - 0.3) + C_5^5 \times 0.3^5 \approx 0.163.$$

（2）设 7 次重复独立试验中 A 发生的次数为 Y，则 $Y \sim B(7, 0.3)$. 故指示灯发出信号的概率为

$$P(Y \geqslant 3) = 1 - P(Y = 0) - P(Y = 1) - P(Y = 2)$$
$$= 1 - C_7^0 \times (1 - 0.3)^7 - C_7^1 \times 0.3^1 \times (1 - 0.3)^6 - C_7^2 \times 0.3^2 \times (1 - 0.3)^5$$
$$\approx 0.353.$$

例 2.3　某人进行射击训练，已知他每次命中目标的概率为 0.02. 现在他独立射击 400 次，试求他至少命中两次目标的概率.

解　设命中目标的次数为 X，则 $X \sim B(400, 0.02)$. 于是

$$P(X = k) = C_{400}^k \times 0.02^k \times 0.98^{400 - k}, \quad k = 0, 1, \cdots, 400.$$

因此所求的概率为

$$P(X \geqslant 2) = 1 - P(X = 0) - P(X = 1) = 1 - 0.98^{400} - C_{400}^1 \times 0.02 \times 0.98^{399}.$$

直接计算的计算量较大，可利用(2.2.4)式计算. 因为 $\lambda = 400 \times 0.02 = 8$，所以

$$P(X \geqslant 2) = 1 - P(X = 0) - P(X = 1) \approx 1 - e^{-8} - 8e^{-8} \approx 0.997.$$

这个概率非常接近于 1，虽然每次射击的命中率很小（0.02），但如果射击的次数很多（例如 400 次），则至少命中两次目标几乎是可以肯定的. 这一事实说明，一个事件尽管在一次试验中发生的概率很小，但是只要试验次数足够多，而且试验是独立地进行的，那么这一事件的发生几乎是肯定的，这也告诉人们决不能轻视小概率事件.

例 2.4　某维修小组负责 10000 部电话的维修工作. 假定每部电话是否报修是相互独立的，且报修的概率都是 0.0004. 另外，1 部电话的维修只需 1 位维修人员来处理. 试问：

（1）该维修小组至少需要配备多少名维修人员，才能使电话报修后能及时得到维修的概率不低于 99%；

（2）如果维修小组现有 4 名维修人员，那么电话报修后不能及时得到维修的概率有多大；

（3）如果 4 名维修人员采用承包的方法，即每两人负责 5000 部电话的维修，那么电话报修后不能及时得到维修的概率又有多大？

解　设同一时刻报修的电话数为 X，则 $X \sim B(10000, 0.0004)$，于是有

$$\lambda = np = 10000 \times 0.0004 = 4.$$

由泊松定理得

$$P(X = k) = C_n^k p^k (1 - p)^{n-k} = C_{10000}^k \cdot 0.0004^k \cdot (1 - 0.0004)^{10000 - k} \approx \frac{4^k e^{-4}}{k!}.$$

（1）设维修小组至少需要配备 n 名维修人员，则

$$P(X \leqslant n) \approx \sum_{k=0}^{n} \frac{4^k e^{-4}}{k!} \geqslant 0.99,$$

查附表 1 得 $n = 9$. 因此，至少需要配备 9 名维修人员.

（2）如果维修小组现有 4 名维修人员，那么电话报修后不能及时得到维修等价于 $X > 4$，

因此，所求的概率为

$$P(X > 4) \approx \sum_{k=5}^{\infty} \frac{4^k e^{-4}}{k!} = 1 - \sum_{k=0}^{4} \frac{4^k e^{-4}}{k!} = 0.3712.$$

（3）以 5000 部电话为 1 组，共 2 组，设 $A_i = \{$第 i 组电话报修后不能及时得到维修$\}$（$i = 1$，2）．易知 A_1, A_2 相互独立，从而

$$P(A_1 \cup A_2) = P(A_1) + P(A_2) - P(A_1)P(A_2).$$

设在同一时刻第 i 组报修的电话数为 Y_i（$i = 1, 2$）．此时 $Y_i \sim B(5000, 0.0004)$，$\lambda = np = 2$．

于是有

$$P(A_1) = P(Y_1 \geqslant 3) \approx 1 - \sum_{k=0}^{2} \frac{2^k e^{-2}}{k!} = 0.3233,$$

$$P(A_2) = P(Y_2 \geqslant 3) \approx 1 - \sum_{k=0}^{2} \frac{2^k e^{-2}}{k!} = 0.3233.$$

因此，所求的概率为

$$P(A_1 \cup A_2) = 0.3233 + 0.3233 - 0.3233 \times 0.3233 \approx 0.5421.$$

比较上例中情况（2）与情况（3）的结果，可见情况（3）的维修效率不及情况（2）．显然这是由于当 $3 \leqslant X \leqslant 4$ 时，在情况（2）中能及时得到维修，而在情况（3）中不一定能及时得到维修．这个例子表明：可以利用概率论来讨论国民经济中的某些问题，以便更有效地使用人力、物力等资源．

产品的抽样检查是经常遇到的一类实际问题．假设在 N 件产品中有 M 件不合格品，则这批产品的不合格率为 $p = \dfrac{M}{N}$．从这批产品中随机地抽取 $n(n \leqslant M)$ 件进行检查，发现有 X 件是不合格品，由例 1.8 知 X 的分布律为

$$P(X = k) = \frac{C_M^k C_{N-M}^{n-k}}{C_N^n}, \quad k = 0, 1, \cdots, n.$$

通常称这个随机变量 X 服从**超几何分布**．我们注意到，这种抽样检查的方法实质上等价于不放回抽样，它在抽样理论中占有重要地位．如果采用有放回抽样的检查方法，那么这是一个 n 重伯努利试验，n 件被检查的产品中不合格品数 X 服从参数为 n, p 的二项分布，即 $X \sim B(n, p)$，其中 $p = \dfrac{M}{N}$．

在实际工作中，一般采用不放回抽样，因此计算时理论上应该用超几何分布．但是，当产品数 N 很大时，超几何分布的计算非常繁琐．在实际应用中，只要产品数 $N \geqslant 10n$（n 为抽出的样品数），超几何分布就可以用二项分布来近似表示，因为可以证明（证明略），当 $p = \lim\limits_{N \to \infty} \dfrac{M}{N}$ 时，有

$$\lim_{N \to \infty} \frac{C_M^k C_{N-M}^{n-k}}{C_N^n} = C_n^k p^k (1-p)^{n-k}, \quad k = 0, 1, 2, \cdots, \min(M, n).$$

例 2.5 某厂生产的产品中，一级品率为 0.90．现从某天生产的 1000 件产品中随机地抽取 20 件进行检查．试求：（1）恰有 18 件一级品的概率；（2）一级品不超过 18 件的概率．

解 设 20 件产品中一级品数为 X，由于 $1000 > 10 \times 20$，因此可以近似地认为 $X \sim B(20, 0.90)$，X 的分布律为 $P(X = k) = C_{20}^k \times 0.9^k \times 0.1^{20-k}$，$k = 0, 1, \cdots, 20$．

（1）所求的概率为

$$P(X = 18) = C_{20}^{18} \times 0.9^{18} \times 0.1^2 \approx 0.285.$$

（2）所求的概率为

$$\begin{aligned} P(X \leqslant 18) &= 1 - P(X > 18) = 1 - P(X = 19) - P(X = 20) \\ &= 1 - C_{20}^{19} \times 0.9^{19} \times 0.1^1 - C_{20}^{20} \times 0.9^{20} \\ &\approx 0.608. \end{aligned}$$

3. 泊松分布

定义 2.6　若随机变量 X 的所有可能取值为一切非负整数，且它的分布律为

$$P(X = k) = \frac{\lambda^k \mathrm{e}^{-\lambda}}{k!}, \ k = 0, 1, 2, \cdots. \qquad (2.2.5)$$

其中 $\lambda > 0$，则称 X 服从参数为 λ 的**泊松分布**（**Poisson distribution**），记为 $X \sim P(\lambda)$.

泊松分布的分布律满足：

（1）$P(X = k) = \dfrac{\lambda^k \mathrm{e}^{-\lambda}}{k!} \geqslant 0, \ k = 0, 1, 2, \cdots$；

（2）$\displaystyle\sum_{k=0}^{\infty} P(X = k) = \sum_{k=0}^{\infty} \frac{\lambda^k \mathrm{e}^{-\lambda}}{k!} = \mathrm{e}^{-\lambda} \sum_{k=0}^{\infty} \frac{\lambda^k}{k!} = \mathrm{e}^{-\lambda} \cdot \mathrm{e}^{\lambda} = 1.$

泊松分布是概率论中最重要的概率分布之一. 一方面，泊松分布是以 n, p_n 为参数的二项分布当 $n \to \infty$（$\lim\limits_{n \to \infty} np_n = \lambda$）时的极限分布，当 n 很大，p_n 很小时，可用泊松分布来进行二项分布的近似计算（泊松定理）；另一方面，在各种服务系统中大量出现泊松分布. 例如，某交通道口中午 1 小时内汽车的流量，我国一年内发生 3 级以上地震的次数，1 本书中每页的印刷错误数，某地区一段时间内发生火灾的次数、发生交通事故的次数，在一段时间内某种放射性物质发出的、经过计数器的 ∂ 粒子数，等等，都近似地服从泊松分布. 泊松分布具有以下性质.

性质　设 $X \sim P(\lambda)$，则当 $k = [\lambda]$ 时，$P(X = k)$ 取得最大值.

证明　因为

$$\frac{P(X = k)}{P(X = k - 1)} = \frac{\lambda^k \mathrm{e}^{-\lambda}}{k!} \cdot \frac{(k-1)!}{\lambda^{k-1} \mathrm{e}^{-\lambda}} = \frac{\lambda}{k},$$

所以，当 $k < \lambda$ 时，有

$$P(X = k) > P(X = k - 1)，即 P(X = k) \ 单调增加；$$

而当 $k > \lambda$ 时，有

$$P(X = k) < P(X = k - 1)，即 P(X = k) \ 单调减少.$$

因此，当 $k = [\lambda]$ 时，$P(X = k)$ 取得最大值.

例 2.6　某打字员平均每页打错 2 个字符. 假定每页打错的字符数服从参数 $\lambda = 2$ 的泊松分布，求该打字员打印一个 2 页的文件而不出现错误的概率.

解　设第 i 页打错的字符数为 $X_i (i = 1, 2)$，则 $X_i \sim P(2)$.

所以

$$P(X_i = k) = \frac{2^k \mathrm{e}^{-2}}{k!}, \ i = 1, 2, \ k = 0, 1, \cdots.$$

于是，所求的概率为

$$P(X_1 = 0) \cdot P(X_2 = 0) = \left(\frac{2^0 \mathrm{e}^{-2}}{0!} \right)^2 = \mathrm{e}^{-4}.$$

例 2.7　某市 "110" 在时间间隔为 t（单位：h）的时间段中，收到的呼叫次数服从参数为 $3t$ 的泊松分布，且与时间间隔的起点无关，试求：

（1）某天 9:00—11:00 至少收到 1 次呼叫的概率；

（2）某天 9:00—13:00 没有收到呼叫的概率.

解　设在时间间隔为 t 的时间段中，收到的呼叫次数为 X.

（1）因为 $t = 11 - 9 = 2$，所以 $X \sim P(6)$.

故所求概率为

$$P(X \geqslant 1) = 1 - P(X = 0) = 1 - \frac{6^0 \mathrm{e}^{-6}}{0!} = 1 - \mathrm{e}^{-6}.$$

（2）因为 $t = 13 - 9 = 4$，所以 $X \sim P(12)$.

故所求概率为

$$P(X = 0) = \frac{12^0 e^{-12}}{0!} = e^{-12}.$$

例 2.8　已知每天进入某商场的顾客数 X 是一个随机变量，它服从参数为 λ 的泊松分布. 设每个进入商场的顾客购买商品的概率是 p，且顾客之间购买商品与否相互独立. 试求该商场每天购买商品的顾客数的概率分布.

解　设购买商品的顾客数为 Y. 由题意知，在 $X = i (i = 0, 1, 2, \cdots)$ 的条件下，$Y \sim B(i, p)$，即

$$P(Y = k \mid X = i) = C_i^k p^k (1 - p)^{i-k}, \ k = 0, 1, \cdots, i.$$

于是，由全概率公式得

$$P(Y = k) = \sum_{i=0}^{\infty} P(X = i) P(Y = k \mid X = i) = \sum_{i=k}^{\infty} P(X = i) P(Y = k \mid X = i)$$

$$= \sum_{i=k}^{\infty} \frac{\lambda^i e^{-\lambda}}{i!} \cdot C_i^k p^k (1 - p)^{i-k} = \sum_{i=k}^{\infty} \frac{\lambda^i e^{-\lambda}}{i!} \cdot \frac{i!}{k! \ (i-k)!} p^k (1 - p)^{i-k}$$

$$= \frac{(\lambda p)^k e^{-\lambda}}{k!} \sum_{i=k}^{\infty} \frac{(\lambda(1 - p))^{i-k}}{(i-k)!} = \frac{(\lambda p)^k e^{-\lambda}}{k!} e^{\lambda(1-p)}$$

$$= \frac{(\lambda p)^k e^{-\lambda p}}{k!}, \ k = 0, 1, 2, \cdots.$$

这说明 $Y \sim P(\lambda p)$，即该商场每天购买商品的顾客数服从参数为 λp 的泊松分布.

4. 几何分布

定义 2.7　若随机变量 X 的所有可能取值为正整数，且它的分布律为

$$P(X = k) = (1 - p)^{k-1} p, \ k = 1, 2, 3, \cdots. \tag{2.2.6}$$

其中 $0 < p < 1$，则称 X 服从参数为 p 的**几何分布**（**geometric distribution**），记为 $X \sim G(p)$.

几何分布的分布律满足：

（1）$P(X = k) = (1 - p)^{k-1} p \geqslant 0, \ k = 1, 2, 3, \cdots$；

（2）$\displaystyle\sum_{k=1}^{\infty} P(X = k) = \sum_{k=1}^{\infty} (1 - p)^{k-1} p = \frac{p}{1 - (1 - p)} = 1.$

在重复独立试验中，考查事件 A 发生与否，且 $P(A) = p$. 以 X 表示事件 A 首次发生时的试验次数，则 X 是一个随机变量，它的可能取值为 $1, 2, 3, \cdots$，且有

$$P(X = k) = (1 - p)^{k-1} p, \ k = 1, 2, 3, \cdots,$$

即 $X \sim G(p)$.

例 2.9　某人向一目标射击，直到命中目标为止，已知每次命中的概率为 0.3，试求射击次数不超过 3 的概率.

解　设射击次数为 X，则 $X \sim G(0.3)$.

于是，所求概率为

$$P(X \leqslant 3) = P(X = 1) + P(X = 2) + P(X = 3)$$

$$= 0.3 + (1 - 0.3) \times 0.3 + (1 - 0.3)^2 \times 0.3 = 0.657.$$

2.3　分布函数

2.3.1　随机变量的分布函数

在 2.2 节中，我们讨论了离散型随机变量，对于离散型随机变量，可利用分布律来完整地描

述. 但对于非离散型随机变量 X, 由于其可能的取值不能一一地列举出来, 因而不能像离散型随机变量那样用分布律来描述它. 另外, 在许多实际问题中, 对于这样的随机变量, 我们常常关心的不是它取某个值的概率, 而是它落在某个区间内的概率. 例如, 学生在考试前一般并不关心考 95 分(或其他一个具体的分数) 的概率, 而是关心他考 80 分(或其他一个具体的分数) 以上的概率. 因而我们需要研究随机变量所取的值落在某区间 $(x_1, x_2]$ 内的概率 $P(x_1 < X \leq x_2)$.

可由 $\{X \leq x_1\} \subset \{X \leq x_2\}$ 推得

$$P(x_1 < X \leq x_2) = P(X \leq x_2) - P(X \leq x_1).$$

因此, 对任意实数 x, 已知 $P(X \leq x)$ 的值时, 由上式就可得 $P(x_1 < X \leq x_2)$ 的值. 为此引入分布函数的定义.

定义 2.8　设 X 是一个随机变量, x 是任意实数, 则称函数

$$F(x) = P(X \leq x)$$

为随机变量 X 的**分布函数**(**distribution function**), 有时也记为 $F_X(x)$.

由定义可知, 随机变量 X 落在任一区间 $(x_1, x_2]\, (x_1 < x_2)$ 内的概率为

$$P(x_1 < X \leq x_2) = P(X \leq x_2) - P(X \leq x_1) = F(x_2) - F(x_1). \tag{2.3.1}$$

例 2.10　设随机变量 X 的分布函数为

$$F(x) = \begin{cases} 0, & x < 1, \\ \ln x, & 1 \leq x < \mathrm{e}, \\ 1, & x \geq \mathrm{e}. \end{cases}$$

求 $P(X \leq \frac{1}{2})$, $P(X > \frac{\mathrm{e}}{2})$, $P(2 < X \leq \frac{7}{2})$.

解　由分布函数的定义及 (2.3.1) 式得

$$P\left(X \leq \frac{1}{2}\right) = F\left(\frac{1}{2}\right) = 0,$$

$$P\left(X > \frac{\mathrm{e}}{2}\right) = 1 - P\left(X \leq \frac{\mathrm{e}}{2}\right) = 1 - F\left(\frac{\mathrm{e}}{2}\right) = 1 - (1 - \ln 2) = \ln 2,$$

$$P\left(2 < X \leq \frac{7}{2}\right) = F\left(\frac{7}{2}\right) - F(2) = 1 - \ln 2.$$

分布函数 $F(x)$ 具有以下基本性质:

(1) $0 \leq F(x) \leq 1$.

(2) $F(x)$ 是单调不减函数, 即对任意 $x_1 < x_2$, 有 $F(x_1) \leq F(x_2)$.

(3) $F(-\infty) = \lim\limits_{x \to -\infty} F(x) = 0$, $F(+\infty) = \lim\limits_{x \to +\infty} F(x) = 1$.

(4) $F(x)$ 是右连续的, 即对于任意实数 x, 有 $F(x+0) = F(x)$.

证明　(1) 因为 $F(x)$ 是事件 $\{X \leq x\}$ 发生的概率, 所以

$$0 \leq F(x) \leq 1.$$

(2) 对任意 $x_1 < x_2$, 因为 $P(x_1 < X \leq x_2) = F(x_2) - F(x_1) \geq 0$,

所以

$$F(x_2) \geq F(x_1).$$

故 $F(x)$ 是单调不减函数.

(3) 我们不进行严格证明, 只进行一些简单说明. 当 $x \to -\infty$ 时, 事件 $\{X \leq x\}$ 越来越趋于不可能事件, 故其概率 $P(X \leq x)$, 也就是 $F(x)$ 趋向于不可能事件发生的概率, 即 $\lim\limits_{x \to -\infty} F(x) = 0$; 当 $x \to +\infty$ 时, 事件 $\{X \leq x\}$ 越来越趋于必然事件, 故其概率 $P(X \leq x)$, 也就是 $F(x)$ 趋向于必然事件发生的概率, 即 $\lim\limits_{x \to +\infty} F(x) = 1$.

(4) 证明超出了本书的要求, 故略去.

另外, 可以证明: 如果某一实值函数 $F(x)$ 满足以上 4 条性质, 则 $F(x)$ 一定可以作为某个随机变量的分布函数. 因此, 以上四条性质完全刻画了分布函数的本质特性.

现在来考查分布函数在连续点处的概率性质.

定理 2.1 对于任意一个随机变量 X, 如果 X 的分布函数 $F(x)$ 在 $x = x_0$ 处连续, 则 $P(X = x_0) = 0$.

证明 对任意 $\varepsilon > 0$, 有

$$0 \leqslant P(X = x_0) \leqslant P(x_0 - \varepsilon < X \leqslant x_0) = F(x_0) - F(x_0 - \varepsilon).$$

在上式中令 $\varepsilon \to 0^+$, 并注意到 $F(x)$ 在 $x = x_0$ 处连续, 得上式右端极限为 0,
所以
$$P(X = x_0) = 0.$$

例 2.11 设随机变量 X 的分布函数为 $F(x) = \begin{cases} a + be^{-\frac{x^2}{2}}, & x > 0, \\ 0, & x \leqslant 0. \end{cases}$ 试求常数 a 与 b.

解 由 $F(+\infty) = 1$ 得

$$F(+\infty) = \lim_{x \to +\infty} F(x) = \lim_{x \to +\infty} \left(a + be^{-\frac{x^2}{2}} \right) = a = 1,$$

又由 $F(0 + 0) = F(0)$ 得

$$\lim_{x \to 0^+} F(x) = \lim_{x \to 0^+} \left(a + be^{-\frac{x^2}{2}} \right) = a + b = F(0) = 0,$$

所以
$$a = 1, \quad b = -a = -1.$$

2.3.2 离散型随机变量的分布函数

设离散型随机变量 X 的分布律为

$$P(X = x_k) = p_k, \quad k = 1, 2, \cdots.$$

则由概率的可列可加性得, X 的分布函数为

$$F(x) = P(X \leqslant x) = \sum_{x_k \leqslant x} P(X = x_k),$$

即
$$F(x) = \sum_{x_k \leqslant x} p_k. \tag{2.3.2}$$

这里的和式用于对所有满足 $x_k \leqslant x$ 的 p_k 求和 (如果这样的 x_k 不存在, 则规定 $F(x) = 0$).
$F(x)$ 的图形呈阶梯形状, 间断点 $x_1, x_2, \cdots$ 都是第一类间断点中的跳跃间断点, 在 x_k 处的跳跃值为 $p_k = P(X = x_k)$.

例 2.12 设随机变量 X 的分布律为

X	0	1	2
P	$\dfrac{1}{3}$	$\dfrac{1}{6}$	$\dfrac{1}{2}$

求: (1) X 的分布函数 $F(x)$;

(2) $P\left(X \leqslant \dfrac{1}{2}\right)$, $P\left(1 < X \leqslant \dfrac{3}{2}\right)$, $P\left(1 \leqslant X \leqslant \dfrac{3}{2}\right)$, $P\left(1 \leqslant X < \dfrac{3}{2}\right)$.

解 (1) $F(x) = P(X \leqslant x) = \sum_{x_k \leqslant x} P(X = x_k)$

$$= \begin{cases} 0, & x < 0, \\ \dfrac{1}{3}, & 0 \leqslant x < 1, \\ \dfrac{1}{3} + \dfrac{1}{6}, & 1 \leqslant x < 2, \\ \dfrac{1}{3} + \dfrac{1}{6} + \dfrac{1}{2}, & x \geqslant 2. \end{cases}$$

即

$$F(x) = \begin{cases} 0, & x < 0, \\ \dfrac{1}{3}, & 0 \leqslant x < 1, \\ \dfrac{1}{2}, & 1 \leqslant x < 2, \\ 1, & x \geqslant 2. \end{cases}$$

$F(x)$ 的图形如图 2.1 所示，它是一条阶梯形的曲线，在 $x = 0$，

1，2 处有跳跃点，跳跃值分别为 $\dfrac{1}{3}$，$\dfrac{1}{6}$，$\dfrac{1}{2}$．

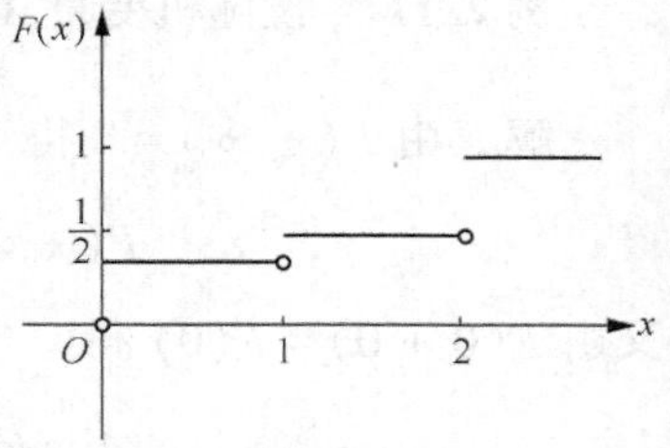

(2) $P\left(X \leqslant \dfrac{1}{2}\right) = F\left(\dfrac{1}{2}\right) = \dfrac{1}{3}$，

$P\left(1 < X \leqslant \dfrac{3}{2}\right) = F\left(\dfrac{3}{2}\right) - F(1) = \dfrac{1}{2} - \dfrac{1}{2} = 0$，

$P\left(1 \leqslant X \leqslant \dfrac{3}{2}\right) = P\left(1 < X \leqslant \dfrac{3}{2}\right) + P(X = 1) = 0 + \dfrac{1}{6} = \dfrac{1}{6}$，

$P\left(1 \leqslant X < \dfrac{3}{2}\right) = P\left(1 < X \leqslant \dfrac{3}{2}\right) + P(X = 1) - P\left(X = \dfrac{3}{2}\right) = 0 + \dfrac{1}{6} - 0 = \dfrac{1}{6}$．

图 2.1

2.4　连续型随机变量及其分布

2.4.1　连续型随机变量的概率密度

对于非离散型随机变量，其中有一类重要且常见的随机变量，就是所谓的连续型随机变量，这类随机变量的值域是一个区间（或几个区间的并）．

先来考查一个例子．

例 2.13　设随机变量 X 在区间 $[0,2]$ 上取值，当 $0 \leqslant x \leqslant 2$ 时，概率 $P(0 \leqslant X \leqslant x)$ 与 x^2 成正比，试求 X 的分布函数 $F(x)$：

解　当 $x < 0$ 时，

$$F(x) = P(X \leqslant x) = P(\varnothing) = 0;$$

当 $x > 2$ 时，

$$F(x) = P(X \leqslant x) = P(S) = 1;$$

当 $0 \leqslant x \leqslant 2$ 时，

$$F(x) = P(X \leqslant x) = P(X < 0) + P(0 \leqslant X \leqslant x) = kx^2.$$

又由 $F(2) = 1$，得到 $k = \dfrac{1}{4}$．

因此，X 的分布函数为

$$F(x) = \begin{cases} 0, & x < 0, \\ \dfrac{1}{4}x^2, & 0 \leqslant x \leqslant 2, \\ 1, & x > 2. \end{cases}$$

显然，这个随机变量 X 的分布函数处处连续，且由高等数学知识知道，函数 $F(x)$ 可以通过一个广义积分表示出来：

$$F(x) = \int_{-\infty}^{x} f(x)\,\mathrm{d}x, \quad \text{其中} f(x) = \begin{cases} \dfrac{x}{2}, & 0 < x < 2, \\ 0, & \text{其他.} \end{cases}$$

在这种情况下，我们称 X 是连续型随机变量，下面给出它的一般定义.

定义 2.9 设随机变量 X 的分布函数为 $F(x)$，如果存在非负函数 $f(x)$，使得对任意实数 x，有

$$F(x) = \int_{-\infty}^{x} f(x)\,\mathrm{d}x. \tag{2.4.1}$$

则称 X 为**连续型随机变量**（**continuous random variable**），称 $f(x)$ 为 X 的**概率密度函数**（**probability density function**），简称**概率密度**（或**密度函数**、**分布密度**）.

概率密度函数 $f(x)$ 的图形称为分布曲线. 由于 $f(x)$ 非负，故分布曲线位于 x 轴的上方，由高等数学知识可知，分布函数 $F(x)$ 的几何意义是分布曲线 $f(x)$ 下面、$(-\infty, x]$ 上面的曲边梯形的面积.

与离散型随机变量的分布律类似，容易从以上定义及分布函数的性质得到，连续型随机变量的概率密度函数 $f(x)$ 具有以下基本性质：

(1) $f(x) \geqslant 0$.

(2) $\displaystyle\int_{-\infty}^{+\infty} f(x)\,\mathrm{d}x = 1$.

(3) 对任意实数 $x_1, x_2(x_1 < x_2)$ 有

$$P(x_1 < X \leqslant x_2) = F(x_2) - F(x_1) = \int_{x_1}^{x_2} f(x)\,\mathrm{d}x.$$

(4) 若 $f(x)$ 在点 x 处连续，则有 $F'(x) = f(x)$.

由性质(2)可知，曲线 $y = f(x)$ 与 x 轴所围平面图形的面积为 1（见图 2.2）；由性质(3)可知，X 的取值落在区间 $(x_1, x_2]$ 上的概率等于由曲线 $y = f(x)$ 与直线 $x = x_1, x = x_2$ 及 x 轴所围曲边梯形的面积（见图 2.3）.

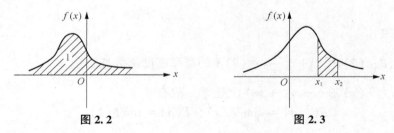

图 2.2   图 2.3

由性质(3)可知，

$$f(x) = \lim_{\Delta x \to 0^+} \frac{F(x + \Delta x) - F(x)}{\Delta x} = \lim_{\Delta x \to 0^+} \frac{P(x < X \leqslant x + \Delta x)}{\Delta x}.$$

因此，当 Δx 充分小时，有

$$P(x < X \leqslant x + \Delta x) \approx f(x)\Delta x.$$

这说明 $f(x)$ 虽然不是概率，但 $f(x)$ 的值确定了 X 在区间 $(x, x + \Delta x]$ 上概率的大小. 也就是说，$f(x)$ 的值确定了 X 在点 x 附近的概率的"疏密度"，故称 $f(x)$ 为概率密度函数.

另外，性质(3)的一般表示形式为：对于实数轴上任意一个集合 D，

$$P(X \in D) = \int_{x \in D} f(x) \, \mathrm{d}x,$$

这里 D 可以是若干个区间的并.

可以证明：如果某一函数 $f(x)$ 满足性质(1)与(2)，则 $f(x)$ 就可以作为某个连续型随机变量的概率密度函数，因此，性质(1)与(2)完全刻画了概率密度函数的本质特性. 有关这个问题的详细讨论超出了本书讨论的范围，有兴趣的读者可参考有关图书.

由于连续型随机变量 X 的分布函数 $F(x)$ 处处连续，因此由定理 2.1 可得以下定理.

定理 2.2　设 X 为连续型随机变量，则对任意实数 x_0，都有 $P(X = x_0) = 0$.

由定理 2.2 可知，在计算连续型随机变量落在某一区间的概率时，不必区分该区间是开区间、闭区间或半开半闭区间. 例如，有

$$P(x_1 < X < x_2) = P(x_1 \leqslant X < x_2) = P(x_1 < X \leqslant x_2) = P(x_1 \leqslant X \leqslant x_2).$$

例 2.14　设随机变量 X 的概率密度函数为 $f(x) = \begin{cases} k\mathrm{e}^{-3x}, & x \geqslant 0, \\ 0, & x < 0, \end{cases}$ 试确定常数 k，并求 $P(X > 0.1)$.

解　由 $\int_{-\infty}^{+\infty} f(x) \, \mathrm{d}x = 1$，得

$$\int_0^{+\infty} k\mathrm{e}^{-3x} \, \mathrm{d}x = \frac{k}{3} = 1, \quad \text{即 } k = 3.$$

于是，X 的概率密度函数为

$$f(x) = \begin{cases} 3\mathrm{e}^{-3x}, & x \geqslant 0, \\ 0, & x < 0. \end{cases}$$

从而

$$P(X > 0.1) = \int_{0.1}^{+\infty} f(x) \, \mathrm{d}x = \int_{0.1}^{+\infty} 3\mathrm{e}^{-3x} \, \mathrm{d}x \approx 0.7408.$$

例 2.15　设连续型随机变量 X 的分布函数为

$$F(x) = \begin{cases} 0, & x < -a, \\ A + B\arcsin \dfrac{x}{a}, & -a \leqslant x < a, \\ 1, & x \geqslant a. \end{cases}$$

其中 $a > 0$，试求：

(1) 常数 A, B；(2) $P\left(|X| < \dfrac{a}{2}\right)$；(3) X 的概率密度函数 $f(x)$.

解　(1) 因为 $F(x)$ 在 $(-\infty, +\infty)$ 上连续，故有

$$F(-a) = \lim_{x \to -a^-} F(x), \quad F(a) = \lim_{x \to a^-} F(x),$$

即

$$A - \frac{\pi}{2}B = 0, \quad 1 = A + \frac{\pi}{2}B.$$

解得

$$A = \frac{1}{2}, \quad B = \frac{1}{\pi}.$$

(2) $P\left(|X| < \dfrac{a}{2}\right) = P\left(-\dfrac{a}{2} < X < \dfrac{a}{2}\right) = F\left(\dfrac{a}{2}\right) - F\left(-\dfrac{a}{2}\right)$

$$= \left(\frac{1}{2} + \frac{1}{\pi}\arcsin\frac{1}{2} \right) - \left(\frac{1}{2} - \frac{1}{\pi}\arcsin\frac{1}{2} \right)$$

$$= \frac{2}{\pi}\arcsin\frac{1}{2} = \frac{1}{3}.$$

(3) X 的概率密度函数为

$$f(x) = F'(x) = \begin{cases} \dfrac{1}{\pi\sqrt{a^2 - x^2}}, & |x| < a, \\ 0, & |x| \geqslant a. \end{cases}$$

2.4.2 几种常见连续型随机变量的分布

1. 均匀分布

定义 2.10 若随机变量 X 的概率密度函数为

$$f(x) = \begin{cases} \dfrac{1}{b - a}, & a < x < b, \\ 0, & 其他. \end{cases}$$

则称 X 在 (a,b) 上服从**均匀分布**（**uniform distribution**），记为 $X \sim U(a,b)$.

容易验证概率密度函数 $f(x)$ 满足：

(1) $f(x) \geqslant 0$;

(2) $\displaystyle\int_{-\infty}^{+\infty} f(x)\mathrm{d}x = 1$.

X 的分布函数为

$$F(x) = \int_{-\infty}^{x} f(x)\mathrm{d}x = \begin{cases} 0, & x \leqslant a, \\ \dfrac{x - a}{b - a}, & a < x < b, \\ 1, & x \geqslant b. \end{cases}$$

X 的概率密度函数 $f(x)$ 及分布函数 $F(x)$ 的图形，分别如图 2.4 和图 2.5 所示.

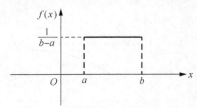

图 2.4

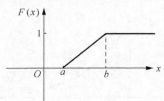

图 2.5

设 $X \sim U(a,b)$，若 $(c, c + l) \subset (a,b)$，则有

$$P(c < X < c + l) = \int_{c}^{c+l} \frac{1}{b - a}\mathrm{d}x = \frac{l}{b - a}.$$

上式表明：X 落在 (a,b) 中任一子区间 $(c, c + l)$ 内的概率仅与子区间的长度成正比，而与子区间的位置无关，这说明 X 落在两个长度相等的子区间内的概率是相等的.

例 2.16 设电阻 R（单位：Ω）是一个随机变量，它在区间 $(900, 1100)$ 上服从均匀分布.

(1) 写出 R 的概率密度函数；(2) 求 R 落在区间 $(960, 1060)$ 内的概率.

解 (1) 由题意知，R 的概率密度函数为 $f(r) = \begin{cases} \dfrac{1}{200}, & 900 < r < 1100, \\ 0, & 其他. \end{cases}$

(2) R 落在区间 $(960,1060)$ 内的概率为

$$P(960 < R < 1060) = \int_{960}^{1060} \frac{1}{200} dr = 0.5.$$

例 2.17　某长途汽车每天有两班，发车时间分别为 11:30 和 12:00，某乘客在 11：00—12：00 间的任意时刻到达候车地点是等可能的，试求该乘客候车时间不超过 10 分钟的概率.

解　设乘客到达候车地点的时间是 11 点 X 分，乘客候车的时间为 Y，

则由题意知 $X \sim U(0,60)$，其概率密度函数为 $f(x) = \begin{cases} \dfrac{1}{60}, & 0 < x < 60, \\ 0, & 其他. \end{cases}$

乘客候车时间不超过 10 分钟 $(Y \leqslant 10)$ 当且仅当 $20 < X \leqslant 30$ 或 $50 < X \leqslant 60$ 时成立，于是所求概率为

$$P(Y \leqslant 10) = P(20 < X \leqslant 30) + P(50 < X \leqslant 60) = \int_{20}^{30} \frac{1}{60} dx + \int_{50}^{60} \frac{1}{60} dx = \frac{1}{3}.$$

2. 指数分布

定义 2.11　若随机变量 X 的概率密度函数为

$$f(x) = \begin{cases} \lambda e^{-\lambda x}, & x > 0, \\ 0, & x \leqslant 0. \end{cases}$$

其中常数 $\lambda > 0$，则称 X 服从参数为 λ 的**指数分布**（**exponential distribution**），记为 $X \sim E(\lambda)$.

容易验证概率密度函数 $f(x)$ 满足：

(1) $f(x) \geqslant 0$；

(2) $\int_{-\infty}^{+\infty} f(x) dx = 1$.

X 的分布函数为

$$F(x) = \int_{-\infty}^{x} f(x) dx = \begin{cases} 1 - e^{-\lambda x}, & x > 0, \\ 0, & x \leqslant 0. \end{cases}$$

X 的概率密度函数 $f(x)$ 及分布函数 $F(x)$ 的图形，分别如图 2.6 和图 2.7 所示.

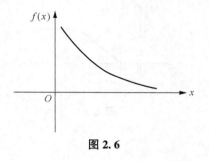

图 2.6　　　　　　　　　　　　　　　　图 2.7

指数分布有重要的应用，经常用来刻画各种"寿命"，如电子元件的寿命、动植物的寿命等. 它在排队论和可靠性理论等领域也有着广泛的应用.

服从指数分布的随机变量 X 具有以下有趣的性质（又称无记忆性）.

对任意 $t_1, t_2 > 0$，有

$$P(X > t_1 + t_2 \mid X > t_1) = P(X > t_2).$$

事实上

$$P(X > t_1 + t_2 \mid X > t_1) = \frac{P(X > t_1 \cap X > t_1 + t_2)}{P(X > t_1)}$$

$$= \frac{P(X > t_1 + t_2)}{P(X > t_1)} = \frac{1 - F(t_1 + t_2)}{1 - F(t_1)}$$

$$= \frac{e^{-\lambda(t_1 + t_2)}}{e^{-\lambda t_1}} = e^{-\lambda t_2}$$

$$= P(X > t_2).$$

例 2.18 设 X 服从参数 $\lambda = 1$ 的指数分布，求方程 $4x^2 + 4Xx + X + 2 = 0$（此方程是关于 x 的一元二次方程）无实根的概率.

解 方程无实根当且仅当 $\Delta = (4X)^2 - 4 \times 4 \times (X + 2) < 0$,

即 $$(X + 1)(X - 2) < 0,$$

解得 $$-1 < X < 2.$$

又由于 X 的概率密度函数为

$$f(x) = \begin{cases} e^{-x}, & x \geqslant 0, \\ 0, & x < 0. \end{cases}$$

因此所求的概率为

$$P(-1 < X < 2) = \int_{-1}^{0} f(x)\,dx + \int_{0}^{2} f(x)\,dx = \int_{0}^{2} e^{-x}\,dx = 1 - e^{-2} \approx 0.8647.$$

3. 正态分布

定义 2.12 若随机变量 X 的概率密度函数为

$$f(x) = \frac{1}{\sqrt{2\pi}\sigma} e^{-\frac{(x-\mu)^2}{2\sigma^2}}, \quad -\infty < x < +\infty.$$

其中 $\mu, \sigma (\sigma > 0)$ 为常数，则称 X 服从参数为 μ, σ^2 的**正态分布（normal distribution）**，又称**高斯分布（Gauss distribution）**，记为 $X \sim N(\mu, \sigma^2)$.

下面来证明概率密度函数 $f(x)$ 满足:

(1) $f(x) \geqslant 0$;

(2) $\int_{-\infty}^{+\infty} f(x)\,dx = 1$.

证明 (1) $f(x) \geqslant 0$ 显然成立.

(2) 令 $\dfrac{x - \mu}{\sigma} = t$, 得

$$\int_{-\infty}^{+\infty} f(x)\,dx = \int_{-\infty}^{+\infty} \frac{1}{\sqrt{2\pi}\sigma} e^{-\frac{(x-\mu)^2}{2\sigma^2}}\,dx = \int_{-\infty}^{+\infty} \frac{1}{\sqrt{2\pi}} e^{-\frac{t^2}{2}}\,dt.$$

于是，只要证明 $I = \displaystyle\int_{-\infty}^{+\infty} \frac{1}{\sqrt{2\pi}} e^{-\frac{x^2}{2}}\,dx = 1$ 即可.

因为

$$I^2 = \left(\int_{-\infty}^{+\infty} \frac{1}{\sqrt{2\pi}} e^{-\frac{x^2}{2}}\,dx\right)^2 = \int_{-\infty}^{+\infty} \frac{1}{\sqrt{2\pi}} e^{-\frac{x^2}{2}}\,dx \cdot \int_{-\infty}^{+\infty} \frac{1}{\sqrt{2\pi}} e^{-\frac{y^2}{2}}\,dy$$

$$= \frac{1}{2\pi} \int_{-\infty}^{+\infty} \int_{-\infty}^{+\infty} e^{-\frac{x^2+y^2}{2}}\,dx\,dy,$$

利用极坐标将以上二重积分化为累次积分，得

$$I^2 = \frac{1}{2\pi} \int_{0}^{2\pi} d\theta \int_{0}^{+\infty} e^{-\frac{r^2}{2}} r\,dr = \int_{0}^{+\infty} e^{-\frac{r^2}{2}} r\,dr = 1.$$

所以
$$I = \int_{-\infty}^{+\infty} \frac{1}{\sqrt{2\pi}} \mathrm{e}^{-\frac{x^2}{2}} \mathrm{d}x = 1.$$

正态分布的分布函数为
$$F(x) = \frac{1}{\sqrt{2\pi}\,\sigma} \int_{-\infty}^{x} \mathrm{e}^{-\frac{(x-\mu)^2}{2\sigma^2}} \mathrm{d}x, \quad -\infty < x < +\infty.$$

X 的概率密度函数 $f(x)$ 及分布函数 $F(x)$ 的图形, 分别如图 2.8 和图 2.9 所示.

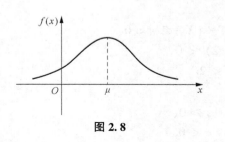

图 2.8

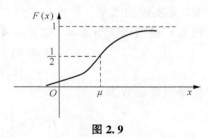

图 2.9

利用高等数学的知识, 不难证明正态分布的概率密度函数 $f(x)$ 具有以下性质:

(1) $f(x)$ 的图形关于 $x = \mu$ 对称.

(2) $x = \mu$ 时, $f(x)$ 取得最大值 $f(\mu) = \dfrac{1}{\sqrt{2\pi}\,\sigma}$.

(3) 在 $x = \mu \pm \sigma$ 处有拐点.

(4) 概率密度函数曲线 $y = f(x)$ 以 x 轴为渐近线.

正态分布中的两个参数 μ, σ 有着非常重要的意义. 若固定 σ, 改变 μ 的值, 则 $f(x)$ 的图形沿 x 轴平行移动, 而不改变形状, 可见 μ 反映的是分布的中心位置(见图 2.10), 称 μ 为位置参数. 若固定 μ, 改变 σ 的值, 由于 $f(x)$ 的最大值为 $f(\mu) = \dfrac{1}{\sqrt{2\pi}\,\sigma}$, 可知当 σ 变小时, 最大值就会变大, 又由于分布曲线下的面积要保持为 1, 这时图形就变得"集中""高""瘦"; 当 σ 变大时, 最大值就会变小, 图形就变得"分散""矮""胖", 可见 σ 反映的是分布的分散程度(见图 2.11), 称 σ 为形状参数. 在第 4 章中我们还将进一步讨论 μ, σ 的意义.

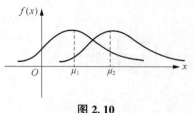

图 2.10

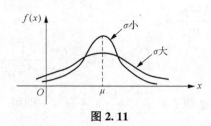

图 2.11

特别地, 当 $\mu = 0, \sigma = 1$ 时, 称 X 服从**标准正态分布**, 记为 $X \sim N(0,1)$. 其概率密度函数和分布函数分别用 $\varphi(x)$ 和 $\Phi(x)$ 表示, 即
$$\varphi(x) = \frac{1}{\sqrt{2\pi}} \mathrm{e}^{-\frac{x^2}{2}}, \quad -\infty < x < +\infty,$$
$$\Phi(x) = \frac{1}{\sqrt{2\pi}} \int_{-\infty}^{x} \mathrm{e}^{-\frac{t^2}{2}} \mathrm{d}t, \quad -\infty < x < +\infty.$$

$\Phi(x)$ 有如下性质:

$$\Phi(-x) = 1 - \Phi(x).$$

事实上

$$\Phi(-x) = \int_{-\infty}^{-x} \varphi(t)\,\mathrm{d}t = 1 - \int_{-x}^{+\infty} \varphi(t)\,\mathrm{d}t,$$

令 $s = -t$, 得

$$\Phi(-x) = 1 - \int_{-\infty}^{x} \varphi(s)\,\mathrm{d}s = 1 - \Phi(x).$$

$\Phi(x)(x > 0)$ 的函数值已编制成表(见附表 2), 以供查找.

在一般情况下, 若 $X \sim N(\mu, \sigma^2)$, 只要通过一个线性变换就能将它化为标准正态分布.

定理 2.3 若 $X \sim N(\mu, \sigma^2)$, 则 $Z = \dfrac{X - \mu}{\sigma} \sim N(0,1)$.

证明 $Z = \dfrac{X - \mu}{\sigma}$ 的分布函数为

$$P(Z \leqslant x) = P\left(\frac{X - \mu}{\sigma} \leqslant x\right) = P(X \leqslant \sigma x + \mu) = \frac{1}{\sqrt{2\pi}\,\sigma} \int_{-\infty}^{\mu + \sigma x} \mathrm{e}^{-\frac{(t - \mu)^2}{2\sigma^2}}\,\mathrm{d}t.$$

令 $s = \dfrac{t - \mu}{\sigma}$, 得

$$P(Z \leqslant x) = \frac{1}{\sqrt{2\pi}} \int_{-\infty}^{x} \mathrm{e}^{-\frac{s^2}{2}}\,\mathrm{d}s = \Phi(x).$$

因此

$$Z = \frac{X - \mu}{\sigma} \sim N(0,1).$$

由定理 2.3 知, 若 $X \sim N(\mu, \sigma^2)$, 则有

$$F(x) = P(X \leqslant x) = P\left(\frac{X - \mu}{\sigma} \leqslant \frac{x - \mu}{\sigma}\right) = \Phi\left(\frac{x - \mu}{\sigma}\right). \tag{2.4.2}$$

因此, 若 $X \sim N(\mu, \sigma^2)$, 则有

$$P(x_1 < X \leqslant x_2) = F(x_2) - F(x_1) = \Phi\left(\frac{x_2 - \mu}{\sigma}\right) - \Phi\left(\frac{x_1 - \mu}{\sigma}\right).$$

例 2.19 设 $X \sim N(\mu, \sigma^2)$, λ 为一常数, 证明 X 落在区间 $(\mu - \lambda\sigma, \mu + \lambda\sigma)$ 内的概率仅与 λ 有关, 而与 μ, σ 无关.

证明 因为 $P(\mu - \lambda\sigma < X < \mu + \lambda\sigma) = F(\mu + \lambda\sigma) - F(\mu - \lambda\sigma)$
$$= \Phi(\lambda) - \Phi(-\lambda) = 2\Phi(\lambda) - 1,$$
所以, X 落在区间 $(\mu - \lambda\sigma, \mu + \lambda\sigma)$ 内的概率仅与 λ 有关, 而与 μ, σ 无关.

特别地, 当 $\lambda = 1, 2, 3$ 时,
$$P(\mu - \sigma < X < \mu + \sigma) = 2\Phi(1) - 1 = 0.6826,$$
$$P(\mu - 2\sigma < X < \mu + 2\sigma) = 2\Phi(2) - 1 = 0.9544,$$
$$P(\mu - 3\sigma < X < \mu + 3\sigma) = 2\Phi(3) - 1 = 0.9974.$$

由以上讨论可知: 若 $X \sim N(\mu, \sigma^2)$, 尽管 X 的取值范围是 $(-\infty, +\infty)$, 但 X 落在区间 $(\mu - 3\sigma, \mu + 3\sigma)$ 内的概率为 99.74%, 只有 0.26% 的概率落在区间 $(\mu - 3\sigma, \mu + 3\sigma)$ 外. 因此, 我们可以相当有把握地认为, 正态随机变量的取值就在区间 $(\mu - 3\sigma, \mu + 3\sigma)$ 内. 这种近似的说法就是人们所说的"3σ 原则", 使用"3σ 原则"时发生错误的概率为 0.26%. "3σ 原则" 在标准制度、质量管理等许多方面有着广泛的应用.

例 2.20 设 $X \sim N(1.5, 4)$,

(1) 试求 $P(X < -4)$, $P(|X| < 3)$.

(2) 试确定 c, 使得 $P(X > c) = P(X \leqslant c)$.

解　(1) $P(X < -4) = F(-4) = \Phi(\dfrac{-4-1.5}{2})$

$$= \Phi(-2.75) = 1 - \Phi(2.75) = 0.0030,$$

$$P(|X| < 3) = P(-3 < X < 3) = P(-3 < X \leqslant 3)$$

$$= \Phi(\dfrac{3-1.5}{2}) - \Phi(\dfrac{-3-1.5}{2}) = \Phi(0.75) - \Phi(-2.25)$$

$$= \Phi(0.75) + \Phi(2.25) - 1 = 0.7612.$$

(2) 因为 $\qquad\qquad P(X > c) = 1 - P(X \leqslant c) = P(X \leqslant c),$

所以

$$P(X \leqslant c) = 0.5,$$

即

$$P(X \leqslant c) = \Phi(\dfrac{c-1.5}{2}) = 0.5,$$

从而

$$\dfrac{c-1.5}{2} = 0,$$

因此

$$c = 1.5.$$

例 2.21　设 $X \sim N(\mu, \sigma^2)$, 且已知 $P(X \leqslant -5) = 0.045$, $P(X \leqslant 3) = 0.618$, 求 μ 及 σ.

解　由 $P(X \leqslant -5) = \Phi(\dfrac{-5-\mu}{\sigma}) = 1 - \Phi(\dfrac{5+\mu}{\sigma}) = 0.045$, 得

$$\Phi(\dfrac{5+\mu}{\sigma}) = 0.955,$$

查附表 2 得

$$\dfrac{5+\mu}{\sigma} = 1.7. \qquad\qquad (2.4.3)$$

又由 $P(X \leqslant 3) = \Phi(\dfrac{3-\mu}{\sigma}) = 0.618$, 查附表 2 得

$$\dfrac{3-\mu}{\sigma} = 0.3. \qquad\qquad (2.4.4)$$

由 (2.4.3) 式和 (2.4.4) 式, 解得

$$\mu = 1.8, \quad \sigma = 4.$$

例 2.22　公共汽车车门的高度是按男子与车门顶部碰头的概率不超过 0.01 来设计的, 设男子身高 $X \sim N(\mu, \sigma^2)$, 其中 $\mu = 170\text{cm}$, $\sigma = 6\text{cm}$, 即 $X \sim N(170, 6^2)$. 问车门的高度应如何确定?

解　设车门的高度为 H, 由设计要求

$$P(X \geqslant H) \leqslant 0.01, \quad 即 P(X < H) \geqslant 0.99,$$

可得

$$P(X < H) = P(X \leqslant H) = \Phi(\dfrac{H-170}{6}) \geqslant 0.99,$$

查附表 2 得

$$\dfrac{H-170}{6} \geqslant 2.33,$$

即

$$H \geqslant 170 + 2.33 \times 6 \approx 184.$$

所以, 车门的高度应设计为 184cm.

2.5 随机变量函数的分布

若随机变量 Y 是 X 的函数，即 $Y = g(X)$（$g(\cdot)$ 是已知的连续函数），如何由 X 的概率分布来求出 Y 的概率分布？这个问题不论是在理论上还是在实践中都是很重要的. 例如，在无线电接收机中，某时刻收到的信号是一个随机变量 X，若把这个信号通过平方检波器，则输出信号 $Y = X^2$ 也是一个随机变量，这时就需要依据 X 的概率分布求出 Y 的概率分布.

2.5.1 离散型随机变量函数的分布

设 X 是离散型随机变量，其分布律为 $P(X = x_k) = p_k$，$k = 1,2,\cdots$，即

X	x_1	x_2	$\cdots$	x_k	$\cdots$
$P(X = x_k)$	p_1	p_2	$\cdots$	p_k	$\cdots$

易知，$Y = g(X)$ 的可能取值是 $g(x_1), g(x_2), \cdots, g(x_k), \cdots$.

若 $g(x_k)(k = 1,2,\cdots)$ 互不相等，则 Y 的分布律为

Y	$g(x_1)$	$g(x_2)$	$\cdots$	$g(x_k)$	$\cdots$
$P(Y = g(x_k))$	p_1	p_2	$\cdots$	p_k	$\cdots$

若 $g(x_1), g(x_2), \cdots, g(x_k), \cdots$ 中有相等的，则应该把那些相等的值分别合并，并根据概率的加法公式把相应的概率相加，这样就可得到 Y 的分布律.

例 2.23 设 X 的分布律为

X	0	1	2	3	4	5
$P(X = x_k)$	$\dfrac{1}{12}$	$\dfrac{1}{6}$	$\dfrac{1}{3}$	$\dfrac{1}{12}$	$\dfrac{2}{9}$	$\dfrac{1}{9}$

试求 $Y = 2(X - 2)^2$ 的分布律.

解 先列出下表

X	0	1	2	3	4	5
$2(X - 2)^2$	8	2	0	2	8	18
$P(X = x_k)$	$\dfrac{1}{12}$	$\dfrac{1}{6}$	$\dfrac{1}{3}$	$\dfrac{1}{12}$	$\dfrac{2}{9}$	$\dfrac{1}{9}$

所以，$Y = 2(X - 2)^2$ 的分布律为

Y	0	2	8	18
P	$\dfrac{1}{3}$	$\dfrac{1}{4}$	$\dfrac{11}{36}$	$\dfrac{1}{9}$

例 2.24　设随机变量 X 的分布律为

$$P(X = k) = \frac{1}{2^k}, \ k = 1, 2, \cdots.$$

试求 $Y = \sin(\frac{\pi}{2}X)$ 的分布律.

解　因为

$$\sin(\frac{k\pi}{2}) = \begin{cases} 1, & k = 4n - 3, \\ 0, & k = 2n, \\ -1, & k = 4n - 1. \end{cases} \quad n = 1, 2, \cdots.$$

所以 $Y = \sin(\frac{\pi}{2}X)$ 的所有可能取值为 $-1, 0, 1$，且其取值的概率分别为

$$P(Y = 1) = P(\bigcup_{n=1}^{\infty}(X = 4n - 3)) = \sum_{n=1}^{\infty} P(X = 4n - 3) = \sum_{n=1}^{\infty}\frac{1}{2^{4n-3}} = \frac{8}{15},$$

$$P(Y = 0) = P(\bigcup_{n=1}^{\infty}(X = 2n)) = \sum_{n=1}^{\infty} P(X = 2n) = \sum_{n=1}^{\infty}\frac{1}{2^{2n}} = \frac{1}{3},$$

$$P(Y = -1) = P(\bigcup_{n=1}^{\infty}(X = 4n - 1)) = \sum_{n=1}^{\infty} P(X = 4n - 1) = \sum_{n=1}^{\infty}\frac{1}{2^{4n-1}} = \frac{2}{15}.$$

因此 $Y = \sin(\frac{\pi}{2}X)$ 的分布律为

Y	-1	0	1
P	$\dfrac{2}{15}$	$\dfrac{1}{3}$	$\dfrac{8}{15}$

2.5.2　连续型随机变量函数的分布

设 X 为连续型随机变量，其概率密度函数为 $f_X(x)$，怎样求 $Y = g(X)$ 的概率密度函数 $f_Y(y)$？一般，我们采用先求分布函数，再求概率密度函数的方法，其步骤如下：

(1) 求出 $Y = g(X)$ 的分布函数 $F_Y(y)$；

(2) 由关系式 $f_Y(y) = F_Y'(y)$，求出 $f_Y(y)$.

下面我们通过一些具体的例题加以说明.

例 2.25　设随机变量 $X \sim U(0, \pi)$，试求 $Y = \sin X$ 的概率密度函数.

解　由于 $X \sim U(0, \pi)$，即 X 只能在区间 $(0, \pi)$ 内取值，故 $Y = \sin X$ 只可能在 $(0, 1]$ 中取值.

当 $y \leqslant 0$ 时，$F_Y(y) = P(Y \leqslant y) = 0$；

当 $y \geqslant 1$ 时，$F_Y(y) = P(Y \leqslant y) = 1$；

当 $0 < y < 1$ 时，$F_Y(y) = P(Y \leqslant y) = P(\sin X \leqslant y)$

$$= P(0 \leqslant X \leqslant \arcsin y) + P(\pi - \arcsin y \leqslant X \leqslant \pi)$$

$$= \int_0^{\arcsin y}\frac{1}{\pi}\mathrm{d}x + \int_{\pi-\arcsin y}^{\pi}\frac{1}{\pi}\mathrm{d}x = \frac{2}{\pi}\arcsin y.$$

所以，$Y = \sin X$ 的概率密度函数为

$$f_Y(y) = F_Y'(y) = \begin{cases} \dfrac{2}{\pi} \cdot \dfrac{1}{\sqrt{1 - y^2}}, & 0 < y < 1, \\ 0, & \text{其他.} \end{cases}$$

例2.26 设随机变量 $X \sim N(\mu, \sigma^2)$，求 $Y = aX + b(a \neq 0)$ 的概率密度函数.

解 先求 $Y = aX + b$ 的分布函数：

$$F_Y(y) = P(Y \leq y) = P(aX + b \leq y) = P(aX \leq y - b).$$

当 $a > 0$ 时，

$$F_Y(y) = P(X \leq \frac{y - b}{a}) = \int_{-\infty}^{\frac{y-b}{a}} f_X(x)\,\mathrm{d}x,$$

从而

$$f_Y(y) = F_Y'(y) = \frac{1}{a} f_X(\frac{y - b}{a}),\quad -\infty < y < +\infty; \tag{2.5.1}$$

当 $a < 0$ 时，

$$F_Y(y) = P(X \geq \frac{y - b}{a}) = \int_{\frac{y-b}{a}}^{+\infty} f_X(x)\,\mathrm{d}x,$$

从而

$$f_Y(y) = F_Y'(y) = -\frac{1}{a} f_X(\frac{y - b}{a}),\quad -\infty < y < +\infty. \tag{2.5.2}$$

由(2.5.1)式和(2.5.2)式，得

$$f_Y(y) = \frac{1}{|a|} f_X(\frac{y - b}{a}) = \frac{1}{|a|\sqrt{2\pi}\,\sigma} e^{-\frac{(\frac{y-b}{a} - \mu)^2}{2\sigma^2}}$$

$$= \frac{1}{\sqrt{2\pi}\,\sigma |a|} e^{-\frac{[y - (a\mu + b)]^2}{2a^2\sigma^2}},\quad -\infty < y < +\infty,$$

即

$$Y = aX + b \sim N(a\mu + b, a^2\sigma^2).$$

例2.27 设随机变量 X 的概率密度函数为 $f_X(x)(-\infty < x < +\infty)$，求 $Y = X^2$ 的概率密度函数.

解 由于 $Y = X^2 \geq 0$，故当 $y \leq 0$ 时，$F_Y(y) = P(Y \leq y) = 0$.

当 $y > 0$ 时，

$$F_Y(y) = P(Y \leq y) = P(X^2 \leq y)$$
$$= P(-\sqrt{y} \leq X \leq \sqrt{y}) = F_X(\sqrt{y}) - F_X(-\sqrt{y}).$$

所以，$Y = X^2$ 的概率密度函数为

$$f_Y(y) = F_Y'(y) = \begin{cases} \frac{1}{2\sqrt{y}}[f_X(\sqrt{y}) + f_X(-\sqrt{y})], & y > 0, \\ 0, & y \leq 0. \end{cases}$$

例如，设 $X \sim N(0,1)$，其概率密度函数为

$$\varphi(x) = \frac{1}{\sqrt{2\pi}} e^{-\frac{x^2}{2}},\quad -\infty < x < +\infty.$$

则 $Y = X^2$ 的概率密度函数为

$$f_Y(y) = \begin{cases} \frac{1}{\sqrt{2\pi}} y^{-\frac{1}{2}} e^{-\frac{y}{2}}, & y > 0, \\ 0, & y \leq 0. \end{cases}$$

此时，称 Y 服从自由度为 1 的 χ^2 分布.

上述3个例题解题的关键一步在"$Y \leq y$"中，即在"$g(X) \leq y$"中解出 X，从而得到一个与"$g(X) \leq y$"等价的 X 的不等式，并以后者代替"$g(X) \leq y$". 一般来说，我们可以用这样的方法求连续型随机变量函数的分布函数或概率密度函数. 下面我们仅对 $Y = g(X)$，且其中 $g(\cdot)$ 是严格单调函数的简单情况，给出一般的结果.

定理2.4 设随机变量 X 具有概率密度函数 $f_X(x)(-\infty < x < +\infty)$，又设函数 $g(x)$ 处处可

导且恒有 $g'(x) > 0$(或恒有 $g'(x) < 0$),则 $Y = g(X)$ 是连续型随机变量,其概率密度函数为

$$f_Y(y) = \begin{cases} f_X(h(y)) \, |h'(y)|, & \alpha < y < \beta, \\ 0, & 其他. \end{cases}$$

其中 $\alpha = \min(g(-\infty), g(+\infty))$, $\beta = \max(g(-\infty), g(+\infty))$, $h(y)$ 是 $y = g(x)$ 的反函数.

证明　先不妨设 $g'(x) > 0$,则 $y = g(x)$ 的反函数 $x = h(y)$ 存在,且严格单调增加,此时随机变量 $Y = g(X)$ 的可能取值落在区间 $(\alpha = g(-\infty), \beta = g(+\infty))$ 内,所以 Y 的分布函数 $F_Y(y)$ 为:

当 $y \leqslant \alpha$ 时,

$$F_Y(y) = P(Y \leqslant y) = 0.$$

当 $\alpha < y < \beta$ 时,

$$F_Y(y) = P(Y \leqslant y) = P(g(X) \leqslant y) = P(X \leqslant h(y)) = \int_{-\infty}^{h(y)} f_X(x)\,\mathrm{d}x.$$

当 $y \geqslant \beta$ 时,

$$F_Y(y) = P(Y \leqslant y) = 1.$$

因此,随机变量 $Y = g(X)$ 的概率密度函数为

$$f_Y(y) = F_Y'(y) = \begin{cases} f_X(h(y)) h'(y), & \alpha < y < \beta, \\ 0, & 其他. \end{cases} \tag{2.5.3}$$

同理,可证明当 $g'(x) < 0$ 时,有

$$f_Y(y) = \begin{cases} f_X(h(y))(-h'(y)), & \alpha < y < \beta, \\ 0, & 其他. \end{cases} \tag{2.5.4}$$

由 (2.5.3) 式和 (2.5.4) 式,得 $Y = g(X)$ 的概率密度函数为

$$f_Y(y) = \begin{cases} f_X(h(y)) \, |h'(y)|, & \alpha < y < \beta, \\ 0, & 其他. \end{cases}$$

若 $f(x)$ 在有限区间 $[a,b]$ 以外等于 0,则只需假设在 $[a,b]$ 上恒有 $g'(x) > 0$ (或者恒有 $g'(x) < 0$),此时 $\alpha = \min(g(a), g(b))$, $\beta = \max(g(a), g(b))$.

例2.28　设电流 I 是一个随机变量,它均匀分布在 $9 \sim 11\text{A}$ 内. 若此电流通过 2Ω 的电阻,在其上消耗的功率 $W = 2I^2$,求 W 的概率密度函数.

解　$W = g(I) = 2I^2$ 在 $(9,11)$ 上恒有 $W'(i) = 4i > 0$,且有反函数 $i = h(w) = \sqrt{\dfrac{w}{2}}$, $h'(w) = \dfrac{1}{2\sqrt{2}} w^{-\frac{1}{2}}$, $g(9) = 162$, $g(11) = 242$,

又因为 I 的概率密度函数为 $f_I(i) = \begin{cases} \dfrac{1}{2}, & 9 < i < 11, \\ 0, & 其他. \end{cases}$

所以,$W = 2I^2$ 的概率密度函数为

$$f_W(w) = \begin{cases} \dfrac{1}{2}\left(\dfrac{1}{2\sqrt{2}} w^{-\frac{1}{2}}\right), & 162 < w < 242, \\ 0, & 其他. \end{cases}$$

即

$$f_W(w) = \begin{cases} \dfrac{1}{4\sqrt{2w}}, & 162 < w < 242, \\ 0, & 其他. \end{cases}$$

最后，我们要注意到，连续型随机变量 X 的函数 $Y = g(X)$ 不一定是连续型随机变量. 例如，已知连续型随机变量 X 服从参数为 1 的指数分布，若令 $Y = \begin{cases} 1, & X \geqslant \ln2 \\ 0, & X < \ln2 \end{cases}$，则此时的随机变量 Y 不是连续型随机变量，而是离散型随机变量，且有

$$P(Y = 1) = P(X \geqslant \ln2) = 1 - F_X(\ln2) = \mathrm{e}^{-\ln2} = \frac{1}{2},$$

$$P(Y = 0) = P(X < \ln2) = F_X(\ln2) = 1 - \mathrm{e}^{-\ln2} = \frac{1}{2}.$$

故 Y 的分布律为

Y	0	1
P	$\dfrac{1}{2}$	$\dfrac{1}{2}$

习 题

1. 一个口袋中有 6 个球，在这 6 个球上分别标有数字 $-3, -3, 1, 1, 1, 2$. 现在从这个口袋中任取一球，求取得的球上所标数字 X 的分布律及分布函数.

2. 从一个含有 4 个红球、2 个白球的口袋中一个一个地取球，共取了 5 次，每次取出球后：(1) 立即放回袋中，再取下一个球；(2) 不放回袋中，接着取下一个球. 分别在这两种取球方式下，求取得的红球个数 X 的分布律.

3. 一个袋中有 6 个红球和 4 个白球，从中任取 3 个，设 X 为取到的红球的个数，求 X 的分布律.

4. 把一个表面涂有红色的立方体等分成 1000 个小立方体，从这些小立方体中随机地取一个，记它有 X 个面涂有红色，试求 X 的分布律.

5. 进行重复独立试验，设每次试验成功的概率为 $p(0 < p < 1)$，失败的概率为 $1 - p$. 将试验进行到出现 r 次成功为止，以 X 表示所需的试验次数，求 X 的分布律(此时称 X 服从参数为 r, p 的巴斯卡分布).

6. (1) 设随机变量 X 的分布律为

$$P(X = k) = \frac{a\lambda^k}{k!}, \quad k = 0, 1, 2, \cdots.$$

其中 $\lambda > 0$，且 λ 为常数，试确定常数 a.

(2) 设随机变量 Y 的分布律为

$$P(Y = k) = \frac{b}{N}, \quad k = 1, 2, \cdots, N.$$

其中 N 为正整数，试确定常数 b.

7. 有甲、乙两种味道、口感和色泽都极为相似的酒各 4 杯. 如果从中挑 4 杯，能将甲种酒全部挑出来，算试验成功一次.

(1) 某人随机地猜，问他一次试验成功的概率是多少？

(2) 某人声称他通过品尝能区分两种酒，他连续试验 10 次，成功 3 次. 试推断他是猜对的，还是他确有区分的能力(设各次试验是相互独立的).

8. 已知随机变量 $X \sim B(n, p)$，且 $P(X = 1) = P(X = n - 1)$，试求 p 与 $P(X = 2)$.

9. 已知随机变量 X 服从泊松分布，且 $P(X=1)=P(X=2)$，试求 $P(X=4)$.

10. 一大楼装有 5 个同类型的供水设备. 调查表明在任一时刻 t，每个设备被使用的概率为 0.1. 问在同一时刻：

（1）恰有 2 个设备被使用的概率是多少；

（2）至多有 3 个设备被使用的概率是多少；

（3）至少有 1 个设备被使用的概率是多少？

11. 设南京市"110"每小时接到的呼叫次数服从参数 $\lambda=3$ 的泊松分布，求：

（1）每小时恰有 5 次呼叫的概率；

（2）1 小时内呼叫不超过 5 次的概率.

12. 有一繁忙的汽车站，每天有大量的汽车通过，设每辆汽车在一天的某段时间内出事故的概率为 0.0001，在某天的该段时间内有 1000 辆汽车通过，问出事故的次数不小于 2 的概率是多少？（利用泊松近似计算公式）.

13. 某公安局在 t 时间间隔内收到的紧急呼叫次数 X 服从参数为 $\dfrac{t}{2}$ 的泊松分布，而与时间间隔的起点无关（时间以 h 为单位）.

（1）求某一天中午 12 时至下午 3 时没有收到紧急呼叫的概率.

（2）求某一天中午 12 时至下午 5 时至少收到一次紧急呼叫的概率.

14. 设 1h 内，从某放射源释放出的粒子数 $X \sim P(\lambda)$. 已知仪器在记录时有漏记的可能，且每一个粒子被漏记的概率为 p. 求在 1h 内被记录的粒子数 Y 的概率分布.

15. 从学校乘汽车到火车站需要通过 3 个均设有信号灯的路口，每个信号灯之间是相互独立的，且红绿两种信号灯显示的时间分别为 $\dfrac{1}{3}$、$\dfrac{2}{3}$. 以 X 表示汽车首次停车时已通过的路口个数，求 X 的分布律及分布函数.

16. 设随机变量 X 的分布函数为 $F(x)=\begin{cases} 0, & x<-1, \\ \dfrac{1}{4}, & -1 \leqslant x<0, \\ \dfrac{3}{4}, & 0 \leqslant x<1, \\ 1, & x \geqslant 1. \end{cases}$

求 X 的分布律.

17. 设随机变量 X 的分布函数为 $F(x)=\begin{cases} 0, & x<1, \\ \ln x, & 1 \leqslant x<\mathrm{e}, \\ 1, & x \geqslant \mathrm{e}. \end{cases}$

（1）求 $P(X<2)$，$P(0<X \leqslant 3)$，$P(2<X<\dfrac{5}{2})$. （2）求概率密度函数 $f_X(x)$.

18. 设随机变量 X 的概率密度函数为

（1）$f(x)=\begin{cases} \dfrac{2}{\pi}\sqrt{1-x^2}, & -1 \leqslant x \leqslant 1, \\ 0, & \text{其他}. \end{cases}$ （2）$f(x)=\begin{cases} x, & 0 \leqslant x<1, \\ 2-x, & 1 \leqslant x<2, \\ 0, & \text{其他}. \end{cases}$

求 X 的分布函数 $F(x)$.

19. 设某种元件寿命 X(以 h 为单位)的概率密度函数为

$$f(x) = \begin{cases} \dfrac{1000}{x^2}, & x \geqslant 1000, \\ 0, & \text{其他.} \end{cases}$$

一台设备中装有 3 个这样的元件, 各元件的寿命相互独立. 在最初的 1500h 内, 试问:

(1) 没有一个元件损坏的概率是多少;

(2) 只有一个元件损坏的概率是多少?

20. 轰炸机共带 3 颗炸弹去轰炸敌方的铁路. 如果炸弹落在铁路两旁 40m 以内, 就可以使铁路交通遭到破坏. 已知在一定投弹准确度下炸弹落点与铁路距离 X 的概率密度函数为

$$f(x) = \begin{cases} \dfrac{100 + x}{10000}, & -100 < x \leqslant 0, \\ \dfrac{100 - x}{10000}, & 0 < x < 100, \\ 0, & |x| \geqslant 100. \end{cases}$$

如果 3 颗炸弹全部被使用, 问敌方铁路交通被破坏的概率是多少?

21. 向某一目标发射炮弹, 设弹着点到目标的距离 X(单位: m) 的概率密度函数为

$$f(x) = \begin{cases} \dfrac{1}{1250} x e^{-\frac{x^2}{2500}}, & x > 0, \\ 0, & x \leqslant 0. \end{cases}$$

如果弹着点到目标的距离小于 50m, 即可以摧毁目标. 现在向这一目标连发两枚炮弹, 求目标被摧毁的概率.

22. 设随机变量 X 在 $[2,5]$ 上服从均匀分布, 现在对 X 进行 3 次独立观测, 试求至少有一次观测值大于 3 的概率.

23. 设某类日光灯管的使用寿命 X(单位: h) 服从参数 $\lambda = \dfrac{1}{3000}$ 的指数分布.

(1) 任取一根这种灯管, 求能正常使用 3000h 以上的概率.

(2) 有一根这种灯管, 已经正常使用了 1000h, 求还能使用 2000h 以上的概率.

24. 设顾客在某银行的窗口等候服务的时间 X(以分钟为单位) 服从指数分布, 其概率密度函数为

$$f(x) = \begin{cases} \dfrac{1}{5} e^{-\frac{x}{5}}, & x > 0, \\ 0, & x \leqslant 0. \end{cases}$$

某顾客在窗口等候服务, 若超过 10 分钟, 他就离开. 他一个月要到银行 5 次, 以 Y 表示一个月内他未等到服务而离开窗口的次数, 试求 Y 的分布律及 $P(Y \geqslant 1)$.

25. 设随机变量 $X \sim E(\lambda)$, 且 $P(X \geqslant 1) = P(X < 1)$. 试求 $\displaystyle\sum_{k=1}^{\infty} P(X \geqslant k)$.

26. 设 X 在 $(0,5)$ 上服从均匀分布, 求关于 x 的一元二次方程 $4x^2 + 4Xx + X + 2 = 0$ 有实根的概率.

27. 设 $X \sim N(3, 2^2)$.

(1) 求 $P(-4 < X < 10)$, $P(|X| \geqslant 2)$.

(2) 确定 c 使得 $P(X > c) = P(X \leqslant c)$.

(3) 设 d 满足 $P(X > d) \geqslant 0.9$, 问 d 至多为多少?

28. 设 $f_1(x)$ 为标准正态分布的概率密度函数, $f_2(x)$ 为 $(-1,3)$ 上均匀分布的概率密度函数, 如果 $f(x) = \begin{cases} af_1(x), & x \leqslant 0, \\ f_2(x), & x > 0. \end{cases}$ $(a > 0)$ 为某随机变量的概率密度函数, 试求常数 a.

29. 在电源电压低于 200V、位于正常电压 200 ~ 240V 和高于 240V 这 3 种情况下, 某种电子元件损坏的概率分别为 0.1、0.01 和 0.1. 假设电源电压服从正态分布 $N(220, 25^2)$. 试求:

(1) 该电子元件损坏的概率;

(2) 该电子元件损坏时, 电源电压位于正常电压 200 ~ 240V 的概率.

30. 假设考生的数学成绩服从正态分布 $N(\mu, \sigma^2)$, 已知平均成绩为 $\mu = 72$ 分, 96 分以上的考生占考生总数的 2.3%. 试求考生的数学成绩在 60 ~ 84 分的概率.

31. 由某机器生产的螺栓的长度(单位: cm)服从参数 $\mu = 10.05, \sigma = 0.06$ 的正态分布, 规定长度在范围 10.05cm ± 0.1cm 内为合格品. 现任取一螺栓, 求它是不合格品的概率.

32. 设 X 的分布律为

X	-2	-1	0	1	3
P	0.2	0.25	0.2	0.3	0.05

试求: $(1) Y = X^2$ 的分布律; $(2) Z = e^{2X+1}$ 的分布律.

33. 设随机变量 X 在 $(0,1)$ 上服从均匀分布. 试求:

(1) $Y = e^X$ 的概率密度函数;

(2) $Z = -2\ln X$ 的概率密度函数.

34. 设随机变量 $X \sim N(0,1)$. 试求:

(1) $Y = e^X$ 的概率密度函数;

(2) $Z = 2X^2 + 1$ 的概率密度函数;

(3) $W = |X|$ 的概率密度函数.

35. 设随机变量 X 的概率密度函数为 $f(x) = \begin{cases} e^{-x}, & x > 0, \\ 0, & x \leqslant 0. \end{cases}$ 求 $Y = X^2$ 的概率密度函数.

36. 设连续型随机变量 X 的分布函数为 $F(x)$, 求 $Y = F(X)$ 的概率密度函数.

37. 设随机变量 X 的概率密度函数为 $f(x) = \begin{cases} \dfrac{2x}{\pi^2}, & 0 < x < \pi, \\ 0, & 其他. \end{cases}$ 求 $Y = \sin X$ 的概率密度函数.

38. 设电压 $V = A\sin\Theta$, 其中 $A > 0$, 是一个已知的常数, 相角 Θ 是一个随机变量, 在区间 $\left(-\dfrac{\pi}{2}, \dfrac{\pi}{2}\right)$ 上服从均匀分布, 试求电压 V 的概率密度函数.

39. 设随机变量 X 的概率密度函数为 $f_X(x) = \begin{cases} \dfrac{1}{2}, & -1 < x < 0, \\ \dfrac{1}{4}, & 0 \leqslant x < 2, \\ 0, & 其他. \end{cases}$ 求 $Y = X^2$ 的概率密度函数.

第3章 多维随机变量及其分布

在第2章中,我们讨论了一维随机变量及其分布,但在实际问题中,我们常常需要同时用两个或两个以上的随机变量才能比较好地描述某一随机试验的结果.例如,在调查某地区新生儿的身体发育状况时,需要考虑新生儿的身高与体重等指标;在进行天气预报时,需要同时考虑气温、气压、温度等多个指标,它们都是随机变量.当然,对于描述同一随机试验的多个随机变量 $X_1, X_2, \cdots, X_n$,我们可以一个一个地研究,但是这些随机变量之间有着某些内在的联系,而且这些联系对要研究的问题有着重要的影响和意义,因此有必要将这些随机变量作为一个整体 $(X_1, X_2, \cdots, X_n)$ 来研究.

在本章中,我们主要讨论二维随机变量.从二维随机变量到 $n(n \geqslant 3)$ 维随机变量的推广是直接的、形式上的,并无实质性困难,本章不进行太多讨论.

3.1 二维随机变量及其分布函数

3.1.1 二维随机变量的分布函数

定义 3.1 设 $S = \{e\}$ 为随机试验 E 的样本空间. $X = X(e)$,$Y = Y(e)$ 是定义在 S 上的两个随机变量,则称有序组 (X, Y) 为**二维随机变量**(**2 – dimensional random variable**)或**二维随机向量**(**2 – dimensional random vector**).

方便起见,我们约定:对于二维随机变量 (X, Y),事件 $\{X = x_i\}$ 与事件 $\{Y = y_j\}$ 的积表示为 $\{X = x_i, Y = y_j\}$,即 $\{X = x_i, Y = y_j\} = \{X = x_i\} \cap \{Y = y_j\}$.类似约定 $\{X \leqslant x_i, Y \leqslant y_j\} = \{X \leqslant x_i\} \cap \{Y \leqslant y_j\}$.

定义 3.2 设 (X, Y) 是一个二维随机变量,对于任意实数 x, y,称二元函数

$$F(x, y) = P(X \leqslant x, Y \leqslant y) \tag{3.1.1}$$

为 (X, Y) 的**分布函数**,或 X 与 Y 的**联合分布函数**(**joint distribution function**).

如果将二维随机变量 (X, Y) 的可能取值 (x, y) 作为 xOy 平面上点的坐标,则其分布函数 $F(x, y)$ 的函数值,就是 (X, Y) 的可能值落在点 (x, y) 左下方的无穷矩形区域内(见图 3.1)的概率.

与一维随机变量的分布函数类似, (X, Y) 的分布函数 $F(x, y)$ 具有以下基本性质.

(1) $0 \leqslant F(x, y) \leqslant 1$.

(2) $F(x, y)$ 对每个自变量都是单调不减函数,即

固定 y,对任意 $x_1 < x_2$,有 $F(x_1, y) \leqslant F(x_2, y)$;

固定 x,对任意 $y_1 < y_2$,有 $F(x, y_1) \leqslant F(x, y_2)$.

(3) 对任意实数 x 和 y,有

$F(-\infty, y) = F(x, -\infty) = F(-\infty, -\infty) = 0$,

$F(+\infty, +\infty) = 1$.

(4) $F(x, y)$ 对每个自变量都是右连续的,即对于任意实数 x 和 y,有

$F(x + 0, y) = F(x, y)$, $F(x, y + 0) = F(x, y)$.

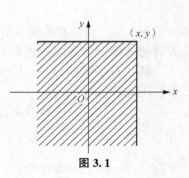

图 3.1

(5) 对任意实数 $x_1 < x_2$ 和 $y_1 < y_2$，有

$$P(x_1 < X \leqslant x_2, y_1 < Y \leqslant y_2) = F(x_2, y_2) - F(x_1, y_2) - F(x_2, y_1) + F(x_1, y_1) \geqslant 0.$$

证明　(1) ~ (3) 的证明类似于一维随机变量分布函数性质(1) ~ (3) 的证明.

(4) 的证明超出了本书的要求，故略去.

(5) 由 (X, Y) 的分布函数 $F(x, y)$ 的定义，得

$$\begin{aligned}
P(x_1 < X \leqslant x_2, y_1 < Y \leqslant y_2) &= P(x_1 < X \leqslant x_2, Y \leqslant y_2) - P(x_1 < X \leqslant x_2, Y \leqslant y_1) \\
&= [P(X \leqslant x_2, Y \leqslant y_2) - P(X \leqslant x_1, Y \leqslant y_2)] \\
&\quad - [P(X \leqslant x_2, Y \leqslant y_1) - P(X \leqslant x_1, Y \leqslant y_1)] \\
&= F(x_2, y_2) - F(x_1, y_2) - F(x_2, y_1) + F(x_1, y_1).
\end{aligned}$$

再结合概率的非负性知，性质(5) 成立.

3.1.2　二维离散型随机变量

定义 3.3　如果二维随机变量 (X, Y) 的全部可能取值为有限个或可列个，则称 (X, Y) 为**二维离散型随机变量**（**2 - dimensional discrete random variable**）.

事实上，当且仅当 X 与 Y 都是一维离散型随机变量时，(X, Y) 为二维离散型随机变量.

定义 3.4　设二维离散型随机变量 (X, Y) 的全部可能取值为 $(x_i, y_j)(i, j = 1, 2, \cdots)$，则称

$$P(X = x_i, Y = y_j) = p_{ij}, \quad i, j = 1, 2, \cdots. \tag{3.1.2}$$

为二维离散型随机变量 (X, Y) 的**分布律**，或 X 与 Y 的**联合分布律**（**joint distribution law**）.

二维离散型随机变量 (X, Y) 的分布律，也常用表格的形式来表示：

X	Y				
	y_1	y_2	$\cdots$	y_j	$\cdots$
x_1	p_{11}	p_{12}	$\cdots$	p_{1j}	$\cdots$
x_2	p_{21}	p_{22}	$\cdots$	p_{2j}	$\cdots$
$\vdots$	$\vdots$	$\vdots$		$\vdots$	
x_i	p_{i1}	p_{i2}	$\cdots$	p_{ij}	$\cdots$
$\vdots$	$\vdots$	$\vdots$		$\vdots$	

由概率的定义可知，(X, Y) 的分布律 $p_{ij}(i, j = 1, 2, \cdots)$ 具有以下两个基本性质.

(1) $p_{ij} \geqslant 0, \ i, j = 1, 2, \cdots$.

(2) $\displaystyle\sum_{i=1}^{\infty} \sum_{j=1}^{\infty} p_{ij} = 1$.

二维离散型随机变量 (X, Y) 的分布函数与分布律之间具有以下关系.

$$F(x, y) = \sum_{x_i \leqslant x} \sum_{y_j \leqslant y} P(X = x_i, Y = y_j) = \sum_{x_i \leqslant x} \sum_{y_j \leqslant y} p_{ij}. \tag{3.1.3}$$

例 3.1　设随机变量 X 在数 1，2，3，4 中等可能地取一个值，另一个随机变量 Y 在 $1 \sim X$ 等可能地取一个整数，试求二维随机变量 (X, Y) 的分布律.

解　对于事件 $\{X = i, Y = j\}$，i 在 1，2，3，4 中等可能地取值，j 在 $1 \sim i$ 等可能地取一个整数，因此有

$$P(X = i, Y = j) = P(X = i) P(Y = j \mid X = i)$$

$$= \frac{1}{4} \times \frac{1}{i} = \frac{1}{4i}, \ i = 1, 2, 3, 4, \ j \leqslant i.$$

于是，(X, Y) 的分布律为

X	Y			
	1	2	3	4
1	$\dfrac{1}{4}$	0	0	0
2	$\dfrac{1}{8}$	$\dfrac{1}{8}$	0	0
3	$\dfrac{1}{12}$	$\dfrac{1}{12}$	$\dfrac{1}{12}$	0
4	$\dfrac{1}{16}$	$\dfrac{1}{16}$	$\dfrac{1}{16}$	$\dfrac{1}{16}$

例 3.2　设随机变量 Y 服从参数 $\lambda = 1$ 的指数分布，令

$$X_1 = \begin{cases} 1, & Y > 1, \\ 0, & Y \leqslant 1. \end{cases} \qquad X_2 = \begin{cases} 1, & Y > 2, \\ 0, & Y \leqslant 2. \end{cases}$$

试求二维随机变量 (X_1, X_2) 的分布律.

解　因为 Y 服从参数 $\lambda = 1$ 的指数分布，所以 Y 的分布函数为

$$F(y) = \begin{cases} 1 - \mathrm{e}^{-y}, & y > 0, \\ 0, & y \leqslant 0. \end{cases}$$

从而有

$$P(X_1 = 0, X_2 = 0) = P(Y \leqslant 1, Y \leqslant 2) = P(Y \leqslant 1) = F(1) = 1 - \mathrm{e}^{-1}.$$

$$P(X_1 = 0, X_2 = 1) = P(Y \leqslant 1, Y > 2) = P(\varnothing) = 0.$$

$$P(X_1 = 1, X_2 = 0) = P(Y > 1, Y \leqslant 2) = P(1 < Y \leqslant 2) = F(2) - F(1) = \mathrm{e}^{-1} - \mathrm{e}^{-2}.$$

$$P(X_1 = 1, X_2 = 1) = P(Y > 1, Y > 2) = P(Y > 2) = 1 - F(2) = \mathrm{e}^{-2}.$$

于是，(X_1, X_2) 的分布律为

X_1	X_2	
	0	1
0	$1 - \mathrm{e}^{-1}$	0
1	$\mathrm{e}^{-1} - \mathrm{e}^{-2}$	e^{-2}

3.1.3　二维连续型随机变量

定义 3.5　设二维随机变量 (X, Y) 的分布函数为 $F(x, y)$，如果存在非负函数 $f(x, y)$，使得对任意实数 x, y，有

$$F(x, y) = \int_{-\infty}^{x} \int_{-\infty}^{y} f(u, v) \,\mathrm{d}u\mathrm{d}v, \tag{3.1.4}$$

则称 (X, Y) 为**二维连续型随机变量**（**2 - dimensional continuous random variable**），称 $f(x, y)$ 为 (X, Y) 的**概率密度函数**，也称 $f(x, y)$ 为 X 与 Y 的**联合概率密度函数**（**joint probability density function**）.

与一维连续型随机变量类似，二维连续型随机变量 (X, Y) 的概率密度函数 $f(x, y)$ 具有以下基本性质：

（1）$f(x, y) \geqslant 0$.

（2）$\displaystyle\int_{-\infty}^{+\infty} \int_{-\infty}^{+\infty} f(x, y) \,\mathrm{d}x\mathrm{d}y = 1$.

(3) 设 D 是 xOy 平面上的区域，则有

$$P((X,Y) \in D) = \iint\limits_{D} f(x,y)\mathrm{d}x\mathrm{d}y.$$

(4) 若 $f(x,y)$ 在点 (x,y) 处连续，则有

$$\frac{\partial^2 F(x,y)}{\partial x \partial y} = f(x,y).$$

证明　(1) 由定义 3.5 知 $f(x,y) \geqslant 0$.

(2) $\int_{-\infty}^{+\infty} \int_{-\infty}^{+\infty} f(x,y)\mathrm{d}x\mathrm{d}y = F(+\infty, +\infty) = 1.$

(3) 一般的证明要用到较多的数学知识，这里不进行介绍. 下面仅就 D 为有界矩形区域加以证明.

设 $D = \{(x,y) \mid x_1 < x \leqslant x_2, y_1 < y \leqslant y_2\}$，则有

$$
\begin{aligned}
P((X,Y) \in D) &= P(x_1 < X \leqslant x_2, y_1 < Y \leqslant y_2) \\
&= F(x_2,y_2) - F(x_1,y_2) - F(x_2,y_1) + F(x_1,y_1) \\
&= \int_{-\infty}^{x_2}\mathrm{d}x\int_{-\infty}^{y_2} f(x,y)\mathrm{d}y - \int_{-\infty}^{x_1}\mathrm{d}x\int_{-\infty}^{y_2} f(x,y)\mathrm{d}y - \\
&\quad \int_{-\infty}^{x_2}\mathrm{d}x\int_{-\infty}^{y_1} f(x,y)\mathrm{d}y + \int_{-\infty}^{x_1}\mathrm{d}x\int_{-\infty}^{y_1} f(x,y)\mathrm{d}y \\
&= \int_{x_1}^{x_2}\mathrm{d}x\int_{-\infty}^{y_2} f(x,y)\mathrm{d}y - \int_{x_1}^{x_2}\mathrm{d}x\int_{-\infty}^{y_1} f(x,y)\mathrm{d}y \\
&= \int_{x_1}^{x_2}\mathrm{d}x\int_{y_1}^{y_2} f(x,y)\mathrm{d}y \\
&= \iint\limits_{D} f(x,y)\mathrm{d}x\mathrm{d}y.
\end{aligned}
$$

(4) 由高等数学中变上限积分的性质即知.

可以证明：如果某一个二元函数 $f(x,y)$ 满足性质 (1) 与 (2)，则 $f(x,y)$ 就可以作为某个二维连续型随机变量的概率密度函数，因此，性质 (1) 与 (2) 完全刻画了概率密度函数的本质特性. 有关这个问题的详细讨论超出了本书讨论的范围，有兴趣的读者可参考有关图书.

在几何上，$z = f(x,y)$ 表示空间中的一个曲面. 由性质 (2) 可知，介于它和 xOy 平面的空间区域的体积为 1；由性质 (3) 可知，二维连续型随机变量 (X,Y) 落在平面区域 D 内的概率，在数值上等于以区域 D 为底面，以曲面 $z = f(x,y)$ 为顶面的曲顶柱体的体积.

例 3.3　设二维随机变量 (X,Y) 的概率密度函数为

$$f(x,y) = \begin{cases} k\mathrm{e}^{-2x-3y}, & x > 0, y > 0, \\ 0, & \text{其他}. \end{cases}$$

试求：(1) 常数 k；

(2) (X,Y) 的分布函数；

(3) 概率 $P(X + 2Y \leqslant 1)$.

解　(1) 由 $\int_{-\infty}^{+\infty} \int_{-\infty}^{+\infty} f(x,y)\mathrm{d}x\mathrm{d}y = 1$，得

$$\int_0^{+\infty}\mathrm{d}x\int_0^{+\infty} k\mathrm{e}^{-2x-3y}\mathrm{d}y = \frac{k}{6} = 1, \text{ 所以 } k = 6.$$

(2) 由定义知，有

$$F(x,y) = \int_{-\infty}^{x}\int_{-\infty}^{y} f(u,v)\,\mathrm{d}u\mathrm{d}v = \begin{cases} \int_{0}^{x}\mathrm{d}u\int_{0}^{y} 6\mathrm{e}^{-2u-3v}\mathrm{d}v, & x>0, y>0, \\ 0, & \text{其他}. \end{cases}$$

$$= \begin{cases} (1-\mathrm{e}^{-2x})(1-\mathrm{e}^{-3y}), & x>0, y>0, \\ 0, & \text{其他}. \end{cases}$$

（3）$X+2Y \leqslant 1$ 当且仅当 (X,Y) 落在如图 3.2 的阴影部分时成立，于是所求概率为

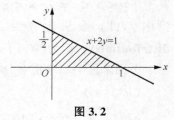

$$P(X+2Y \leqslant 1) = \iint\limits_{x+2y\leqslant 1} f(x,y)\,\mathrm{d}x\mathrm{d}y = \int_{0}^{1}\mathrm{d}x\int_{0}^{\frac{1-x}{2}} 6\mathrm{e}^{-2x-3y}\mathrm{d}y$$

$$= 1 + 3\mathrm{e}^{-2} - 4\mathrm{e}^{-\frac{3}{2}} \approx 0.5135.$$

图 3.2

3.1.4 二维连续型随机变量的常用分布

下面介绍两个常用分布.

1. 二维均匀分布

定义 3.6 设 D 是 xOy 平面上的有界区域，其面积为 S_D. 若二维随机变量 (X,Y) 的概率密度函数为

$$f(x,\ y) = \begin{cases} \dfrac{1}{S_D}, & (x,y) \in D, \\ 0, & \text{其他}. \end{cases}$$

则称 (X,Y) 在区域 D 上服从**二维均匀分布**（**2 - dimensional uniform distribution**）.

容易验证概率密度函数 $f(x,y)$ 满足：

（1）$f(x,y) \geqslant 0$.

（2）$\displaystyle\int_{-\infty}^{+\infty}\int_{-\infty}^{+\infty} f(x,y)\,\mathrm{d}x\mathrm{d}y = 1$.

若区域 G 是区域 D 的子区域，其面积为 S_G，则有

$$P((X,Y) \in G) = \iint\limits_{G} f(x,y)\,\mathrm{d}x\mathrm{d}y = \iint\limits_{G} \frac{1}{S_D}\mathrm{d}x\mathrm{d}y = \frac{S_G}{S_D}.$$

由上式可见，此概率与 G 在 D 内的位置、形状无关，仅与 G 的面积有关，这就是均匀分布中"均匀"的含义.

例 3.4 设 (X,Y) 在圆域 $x^2+y^2 \leqslant 4$ 上服从均匀分布，区域 G 是由直线 $x=0, y=0$ 和 $x+y=1$ 围成的三角形区域，试求 (X,Y) 落在区域 G 内的概率.

解 圆域 $x^2+y^2 \leqslant 4$ 的面积 $S = 4\pi$，因此 (X,Y) 的概率密度函数为

$$f(x,y) = \begin{cases} \dfrac{1}{4\pi}, & x^2+y^2 \leqslant 4, \\ 0, & \text{其他}. \end{cases}$$

又因为区域 G 包含在圆域 $x^2+y^2 \leqslant 4$ 内（见图 3.3），于是所求概率为

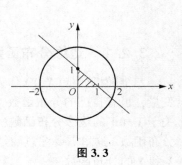

$$P((X,Y) \in G) = \iint\limits_{G} \frac{1}{4\pi}\mathrm{d}x\mathrm{d}y$$

$$= \int_{0}^{1}\mathrm{d}x\int_{0}^{1-x} \frac{1}{4\pi}\mathrm{d}y = \frac{1}{8\pi}.$$

图 3.3

2. 二维正态分布

定义 3.7 若二维随机变量 (X,Y) 的概率密度函数为

$$f(x,y) = \frac{1}{2\pi\sigma_1\sigma_2\sqrt{1-\rho^2}}\exp\left\{\frac{-1}{2(1-\rho^2)}\left[\frac{(x-\mu_1)^2}{\sigma_1^2} - 2\rho\frac{(x-\mu_1)(y-\mu_2)}{\sigma_1\sigma_2} + \frac{(y-\mu_2)^2}{\sigma_2^2}\right]\right\},$$

其中 $-\infty < x < +\infty$，$-\infty < y < +\infty$，而 $\mu_1,\mu_2,\sigma_1,\sigma_2,\rho$ 为常数，且 $\sigma_1 > 0,\sigma_2 > 0$，$|\rho| < 1$，则称 (X,Y) 服从参数为 $\mu_1,\mu_2,\sigma_1^2,\sigma_2^2,\rho$ 的**二维正态分布**（**2 – dimensional normal distribution**），记为 $(X,Y) \sim N(\mu_1,\mu_2;\sigma_1^2,\sigma_2^2;\rho)$.

下面来证明二维正态分布的概率密度函数 $f(x,y)$ 满足：

（1）$f(x,y) \geqslant 0$.

（2）$\int_{-\infty}^{+\infty}\int_{-\infty}^{+\infty}f(x,y)\,\mathrm{d}x\mathrm{d}y = 1$.

证明 （1）$f(x,y) \geqslant 0$ 显然成立.

（2）令 $\dfrac{x-\mu_1}{\sigma_1} = u, \dfrac{y-\mu_2}{\sigma_2} = v$，则有

$$\int_{-\infty}^{+\infty}f(x,y)\,\mathrm{d}y = \frac{1}{2\pi\sigma_1\sqrt{1-\rho^2}}\int_{-\infty}^{+\infty}\exp\left\{\frac{-1}{2(1-\rho^2)}(u^2 - 2\rho uv + v^2)\right\}\mathrm{d}v$$

$$= \frac{1}{\sqrt{2\pi}\,\sigma_1}\int_{-\infty}^{+\infty}\frac{1}{\sqrt{2\pi(1-\rho^2)}}\exp\left\{\frac{-1}{2(1-\rho^2)}[(v-\rho u)^2 + (1-\rho^2)u^2]\right\}\mathrm{d}v$$

$$= \frac{1}{\sqrt{2\pi}\,\sigma_1}\mathrm{e}^{-\frac{u^2}{2}}\int_{-\infty}^{+\infty}\frac{1}{\sqrt{2\pi(1-\rho^2)}}\exp\left\{\frac{-(v-\rho u)^2}{2(1-\rho^2)}\right\}\mathrm{d}v$$

$$= \frac{1}{\sqrt{2\pi}\,\sigma_1}\mathrm{e}^{-\frac{u^2}{2}}\int_{-\infty}^{+\infty}\frac{1}{\sqrt{2\pi}}\mathrm{e}^{-\frac{t^2}{2}}\mathrm{d}t \quad \left(\diamondsuit\, t = \frac{v-\rho u}{\sqrt{1-\rho^2}}\right)$$

$$= \frac{1}{\sqrt{2\pi}\,\sigma_1}\mathrm{e}^{-\frac{u^2}{2}} = \frac{1}{\sqrt{2\pi}\,\sigma_1}\mathrm{e}^{-\frac{(x-\mu_1)^2}{2\sigma_1^2}}. \tag{3.1.5}$$

于是

$$\int_{-\infty}^{+\infty}\int_{-\infty}^{+\infty}f(x,y)\,\mathrm{d}x\mathrm{d}y = \int_{-\infty}^{+\infty}\mathrm{d}x\int_{-\infty}^{+\infty}f(x,y)\,\mathrm{d}y$$

$$= \int_{-\infty}^{+\infty}\frac{1}{\sqrt{2\pi}\,\sigma_1}\mathrm{e}^{-\frac{(x-\mu_1)^2}{2\sigma_1^2}}\mathrm{d}x = 1.$$

3.2 边缘分布

3.2.1 边缘分布函数

二维随机变量 (X,Y) 作为一个整体，具有分布函数 $F(x,y)$，但其分量 X 与 Y 都是一维随机变量，也有自己的分布函数，将它们分别记为 $F_X(x)$ 和 $F_Y(y)$，依次称为二维随机变量 (X,Y) 关于 X 和 Y 的**边缘分布函数**（**marginal distribution function**），而将 $F(x,y)$ 称为 X 和 Y 的联合分布函数. 这里需要注意的是，(X,Y) 关于 X 和 Y 的边缘分布函数，本质上就是一维随机变量 X 和 Y 的分布函数.

(X,Y) 关于 X 和 Y 的边缘分布函数 $F_X(x)$ 和 $F_Y(y)$ 完全由 (X,Y) 的分布函数确定.
事实上,

$$F_X(x) = P(X \leqslant x) = P(X \leqslant x, Y < +\infty) = F(x, +\infty), \tag{3.2.1}$$
$$F_Y(y) = P(Y \leqslant y) = P(X < +\infty, Y \leqslant y) = F(+\infty, y). \tag{3.2.2}$$

3.2.2　二维离散型随机变量的边缘分布律

设二维离散型随机变量 (X,Y) 的分布律为

$$P(X = x_i, Y = y_j) = p_{ij}, \ i,j = 1,2,\cdots.$$

由 (3.2.1) 式和 (3.1.3) 式, 得

$$F_X(x) = F(x, +\infty) = \sum_{x_i \leqslant x, y_j < +\infty} p_{ij} = \sum_{x_i \leqslant x} \sum_{j=1}^{\infty} p_{ij}.$$

又因为

$$F_X(x) = P(X \leqslant x) = \sum_{x_i \leqslant x} P(X = x_i),$$

所以, X 的分布律为

$$P(X = x_i) = \sum_{j=1}^{\infty} p_{ij}, \ i = 1,2,\cdots.$$

类似可得 Y 的分布律为

$$P(Y = y_j) = \sum_{i=1}^{\infty} p_{ij}, \ j = 1,2,\cdots.$$

记

$$p_{i\cdot} = P(X = x_i) = \sum_{j=1}^{\infty} p_{ij}, \ i = 1,2,\cdots, \tag{3.2.3}$$

$$p_{\cdot j} = P(Y = y_j) = \sum_{i=1}^{\infty} p_{ij}, \ j = 1,2,\cdots. \tag{3.2.4}$$

分别称 $p_{i\cdot}(i = 1,2,\cdots)$ 和 $p_{\cdot j}(j = 1,2,\cdots)$ 为随机变量 (X,Y) 关于 X 和 Y 的**边缘分布律**(**marginal distribution law**).

一般可以用以下表格来表示二维离散型随机变量 (X,Y) 的分布律及边缘分布律.

X	Y					$p_{i\cdot}$
	y_1	y_2	$\cdots$	y_j	$\cdots$	
x_1	p_{11}	p_{12}	$\cdots$	p_{1j}	$\cdots$	$p_{1\cdot}$
x_2	p_{21}	p_{22}	$\cdots$	p_{2j}	$\cdots$	$p_{2\cdot}$
$\vdots$	$\vdots$	$\vdots$		$\vdots$		$\vdots$
x_i	p_{i1}	p_{i2}	$\cdots$	p_{ij}	$\cdots$	$p_{i\cdot}$
$\vdots$	$\vdots$	$\vdots$		$\vdots$		$\vdots$
$p_{\cdot j}$	$p_{\cdot 1}$	$p_{\cdot 2}$	$\cdots$	$p_{\cdot j}$	$\cdots$	

例 3.5　将一枚硬币掷 3 次, 以 X 表示前 2 次中出现正面(H)的次数, 以 Y 表示前 3 次中出现正面(H)的次数. 试求 (X,Y) 的分布律及边缘分布律.

解　试验的样本空间及 X、Y 取值如表 3.1 所示.

表 3.1　样本空间及 X、Y 取值

样本点	HHH	HHT	HTH	THH	HTT	THT	TTH	TTT
X 的值	2	2	1	1	1	1	0	0
Y 的值	3	2	2	2	1	1	1	0

X 的所有可能取值为 0，1，2；Y 的所有可能取值为 0，1，2，3. 由于试验属于等可能概型，容易得到 (X,Y) 取 $(i,j)(i=0,1,2;j=0,1,2,3)$ 的概率，例如

$$P(X=0,Y=0)=\frac{1}{8},\ P(X=0,Y=3)=\frac{0}{8}=0,$$

$$P(X=2,Y=3)=\frac{1}{8},\ P(X=1,Y=2)=\frac{2}{8}=\frac{1}{4}.$$

于是，(X,Y) 的分布律及边缘分布律如下

\ X	\ Y 0	1	2	3	$p_{i\cdot}$
0	$\frac{1}{8}$	$\frac{1}{8}$	0	0	$\frac{1}{4}$
1	0	$\frac{1}{4}$	$\frac{1}{4}$	0	$\frac{1}{2}$
2	0	0	$\frac{1}{8}$	$\frac{1}{8}$	$\frac{1}{4}$
$p_{\cdot j}$	$\frac{1}{8}$	$\frac{3}{8}$	$\frac{3}{8}$	$\frac{1}{8}$	

边缘分布律依次为

X	0	1	2
P	$\frac{1}{4}$	$\frac{1}{2}$	$\frac{1}{4}$

Y	0	1	2	3
P	$\frac{1}{8}$	$\frac{3}{8}$	$\frac{3}{8}$	$\frac{1}{8}$

例 3.6　已知随机变量 X 和 Y 的分布律分别为

X	0	1
P	0.5	0.5

Y	-1	0	1
P	0.25	0.5	0.25

且 $P(XY=0)=1$，试求二维随机变量 (X,Y) 的分布律.

解　由 $P(XY=0)=1$，可得 $P(XY\neq0)=0$.
于是有　　　　　　　　$P(X=1,Y=-1)=P(X=1,Y=1)=0.$
再结合题设条件得

\ X	\ Y -1	0	1	$p_{i\cdot}$
0	p_{11}	p_{12}	p_{13}	0.5
1	0	p_{22}	0	0.5
$p_{\cdot j}$	0.25	0.5	0.25	

又由 (X,Y) 的分布律与边缘分布律的关系得

$$P(Y = -1) = p_{11} + 0 = 0.25, \quad P(Y = 1) = p_{13} + 0 = 0.25,$$

$$P(X = 1) = 0 + p_{22} + 0 = 0.5, \quad P(Y = 0) = p_{12} + p_{22} = 0.5.$$

由以上 4 个等式解得

$$p_{11} = 0.25, \quad p_{13} = 0.25, \quad p_{22} = 0.5, \quad p_{12} = 0.$$

所以, (X,Y) 的分布律为

X	Y		
	-1	0	1
0	0.25	0	0.25
1	0	0.5	0

3.2.3　二维连续型随机变量的边缘概率密度

设二维连续型随机变量 (X,Y) 的概率密度函数为 $f(x,y)$, X 和 Y 的概率密度函数分别为 $f_X(x)$ 和 $f_Y(y)$.

由 (3.2.1) 式和 (3.1.4) 式, 得

$$F_X(x) = F(x, +\infty) = \int_{-\infty}^{x} \int_{-\infty}^{+\infty} f(u,v) \, du dv = \int_{-\infty}^{x} \left[\int_{-\infty}^{+\infty} f(u,v) \, dv \right] du.$$

又因为

$$F_X(x) = P(X \le x) = \int_{-\infty}^{x} f_X(u) \, du,$$

所以

$$f_X(u) = \int_{-\infty}^{+\infty} f(u,v) \, dv.$$

故 X 的概率密度函数为

$$f_X(x) = \int_{-\infty}^{+\infty} f(x,y) \, dy. \tag{3.2.5}$$

类似可得 Y 的概率密度函数为

$$f_Y(y) = \int_{-\infty}^{+\infty} f(x,y) \, dx. \tag{3.2.6}$$

分别称 $f_X(x)$ 和 $f_Y(y)$ 为随机变量 (X,Y) 关于 X 和 Y 的**边缘概率密度函数** (**marginal probability density function**).

例 3.7　设 (X,Y) 在单位圆域 $x^2 + y^2 < 1$ 上服从均匀分布. 试求 (X,Y) 关于 X 和 Y 的边缘概率密度函数.

解　因为 (X,Y) 在单位圆域 $x^2 + y^2 < 1$ 上服从均匀分布, 所以 (X,Y) 的概率密度函数为

$$f(x,y) = \begin{cases} \dfrac{1}{\pi}, & x^2 + y^2 < 1, \\ 0, & \text{其他}. \end{cases}$$

于是, (X,Y) 关于 X 的边缘概率密度函数为

$$f_X(x) = \int_{-\infty}^{+\infty} f(x,y) \, dy = \begin{cases} \displaystyle\int_{-\sqrt{1-x^2}}^{\sqrt{1-x^2}} \dfrac{1}{\pi} \, dy, & -1 < x < 1, \\ 0, & \text{其他}. \end{cases}$$

$$= \begin{cases} \dfrac{2}{\pi} \sqrt{1-x^2}, & -1 < x < 1, \\ 0, & \text{其他}. \end{cases}$$

同理可得，(X,Y) 关于 Y 的边缘概率密度函数为

$$f_Y(y) = \begin{cases} \dfrac{2}{\pi}\sqrt{1-y^2}, & -1 < y < 1, \\ 0, & \text{其他.} \end{cases}$$

例 3.8　设 $(X,Y) \sim N(\mu_1, \mu_2; \sigma_1^2, \sigma_2^2; \rho)$，试求 (X,Y) 关于 X 和 Y 的边缘概率密度函数.

解　由 (3.2.5) 式并结合 (3.1.5) 式，得

$$f_X(x) = \int_{-\infty}^{+\infty} f(x,y)\mathrm{d}y = \frac{1}{\sqrt{2\pi}\,\sigma_1}\mathrm{e}^{-\frac{(x-\mu_1)^2}{2\sigma_1^2}}.$$

同理可得

$$f_Y(y) = \frac{1}{\sqrt{2\pi}\,\sigma_2}\mathrm{e}^{-\frac{(y-\mu_2)^2}{2\sigma_2^2}}.$$

由此可见，当 $(X,Y) \sim N(\mu_1, \mu_2; \sigma_1^2, \sigma_2^2; \rho)$ 时，有

$$X \sim N(\mu_1, \sigma_1^2),\quad Y \sim N(\mu_2, \sigma_2^2).$$

二维正态分布的边缘分布与参数 ρ 无关，在其他参数不变的条件下，对不同的参数 ρ，(X,Y) 关于 X 和 Y 的边缘分布是相同的. 这说明，即使已知 X 和 Y 的分布，我们也不能完全确定 (X,Y) 的分布，这也从一个侧面说明研究多维随机变量的必要性. 下面的例题将说明，当 X 和 Y 都服从正态分布时，(X,Y) 并不服从二维正态分布.

例 3.9　设二维随机变量 (X,Y) 的概率密度函数为

$$f(x,y) = \frac{1}{2\pi}\mathrm{e}^{-\frac{x^2+y^2}{2}}(1 + \sin x \sin y),\quad -\infty < x, y < +\infty.$$

求边缘概率密度函数 $f_X(x)$ 和 $f_Y(y)$.

解　由 (3.2.5) 式，得

$$\begin{aligned} f_X(x) &= \int_{-\infty}^{+\infty} f(x,y)\mathrm{d}y = \int_{-\infty}^{+\infty} \frac{1}{2\pi}\mathrm{e}^{-\frac{x^2+y^2}{2}}(1 + \sin x \sin y)\mathrm{d}y \\ &= \frac{1}{2\pi}\mathrm{e}^{-\frac{x^2}{2}}\int_{-\infty}^{+\infty} \mathrm{e}^{-\frac{y^2}{2}}\mathrm{d}y = \frac{1}{\sqrt{2\pi}}\mathrm{e}^{-\frac{x^2}{2}}. \end{aligned}$$

同理可得

$$f_Y(y) = \frac{1}{\sqrt{2\pi}}\mathrm{e}^{-\frac{y^2}{2}}.$$

显然，$X \sim N(0,1)$，$Y \sim N(0,1)$，但是 (X,Y) 并不服从二维正态分布.

3.3　二维随机变量的条件分布

在 1.4 节中，我们讨论了随机事件的条件概率. 在本节中我们仿照条件概率的定义，按离散型随机变量和连续型随机变量分别给出条件分布的概念.

3.3.1　离散型随机变量的条件分布

设 (X,Y) 是二维离散型随机变量，其分布律为

$$P(X = x_i, Y = y_j) = p_{ij},\quad i,j = 1,2,\cdots.$$

(X,Y) 关于 X 和 Y 的边缘分布律为

$$p_{i\cdot} = P(X = x_i) = \sum_{j=1}^{\infty} p_{ij}, \ i = 1, 2, \cdots,$$

$$p_{\cdot j} = P(Y = y_j) = \sum_{i=1}^{\infty} p_{ij}, \ j = 1, 2, \cdots.$$

当 $p_{\cdot j} > 0$ 时, 在事件 $\{Y = y_j\}$ 已经发生的条件下, 事件 $\{X = x_i\}$ 发生的概率为

$$P(X = x_i \mid Y = y_j) = \frac{P(X = x_i, Y = y_j)}{P(Y = y_j)} = \frac{p_{ij}}{p_{\cdot j}}, \ i = 1, 2, \cdots.$$

显然有:

(1) $P(X = x_i \mid Y = y_j) \geqslant 0$;

(2) $\sum_{i=1}^{\infty} P(X = x_i \mid Y = y_j) = \sum_{i=1}^{\infty} \frac{p_{ij}}{p_{\cdot j}} = \frac{1}{p_{\cdot j}} \sum_{i=1}^{\infty} p_{ij} = 1.$

于是, 我们可以引入下列定义.

定义 3.8 设 (X, Y) 是二维离散型随机变量, 对固定的 j, 若 $P(Y = y_j) > 0$, 则称

$$P(X = x_i \mid Y = y_j) = \frac{P(X = x_i, Y = y_j)}{P(Y = y_j)} = \frac{p_{ij}}{p_{\cdot j}}, \ i = 1, 2, \cdots. \tag{3.3.1}$$

为在条件 $Y = y_j$ 下, 随机变量 X 的**条件分布律**(conditional distribution law).

同样, 当 $P(X = x_i) > 0$ 时, 在条件 $X = x_i$ 下, 随机变量 Y 的条件分布律为

$$P(Y = y_j \mid X = x_i) = \frac{P(X = x_i, Y = y_j)}{P(X = x_i)} = \frac{p_{ij}}{p_{i\cdot}}, \ j = 1, 2, \cdots. \tag{3.3.2}$$

根据定义, 在条件 $Y = y_j$ 下, 随机变量 X 的**条件分布函数**(conditional distribution function) 可表示为

$$F_{X \mid Y}(x \mid y_j) = P(X \leqslant x \mid Y = y_j) = \sum_{x_i \leqslant x} P(X = x_i \mid Y = y_j) = \frac{1}{p_{\cdot j}} \sum_{x_i \leqslant x} p_{ij}.$$

同理, 在条件 $X = x_i$ 下, 随机变量 Y 的条件分布函数可表示为

$$F_{Y \mid X}(y \mid x_i) = P(Y \leqslant y \mid X = x_i) = \sum_{y_j \leqslant y} P(Y = y_j \mid X = x_i) = \frac{1}{p_{i\cdot}} \sum_{y_j \leqslant y} p_{ij}.$$

例 3.10 一射手进行射击, 他每次击中目标的概率都为 $p(0 < p < 1)$, 射击进行到击中目标两次为止. 第一次击中目标时所进行的射击次数记为 X, 总共进行的射击次数记为 Y. 试求 (X, Y) 的分布律及条件分布律.

解 (1) 由题意知, 事件 $\{X = m, Y = n\}$ 表示该射手只在第 m 次和第 $n(n > m)$ 次击中目标, 因此 (X, Y) 的分布律为

$$P(X = m, Y = n) = p^2(1 - p)^{n-2}, \ n = 2, 3, \cdots; \ m = 1, 2, \cdots, n - 1.$$

(2) 因为

$$P(X = m) = \sum_{n=m+1}^{\infty} P(X = m, Y = n) = \sum_{n=m+1}^{\infty} p^2(1 - p)^{n-2}$$

$$= \frac{p^2(1 - p)^{m-1}}{1 - (1 - p)} = p(1 - p)^{m-1}, \ m = 1, 2, \cdots,$$

$$P(Y = n) = \sum_{m=1}^{n-1} P(X = m, Y = n) = \sum_{m=1}^{n-1} p^2(1 - p)^{n-2}$$

$$= (n - 1)p^2(1 - p)^{n-2}, \ n = 2, 3, \cdots.$$

于是, 所求的条件分布律依次为

当 $n = 2,3,\cdots$ 时,

$$P(X = m \mid Y = n) = \frac{p^2(1-p)^{n-2}}{(n-1)p^2(1-p)^{n-2}} = \frac{1}{n-1}, \quad m = 1,2,\cdots,n-1;$$

当 $m = 1,2,\cdots$ 时,

$$P(Y = n \mid X = m) = \frac{p^2(1-p)^{n-2}}{p(1-p)^{m-1}} = p(1-p)^{n-m-1}, \quad n = m+1, m+2, \cdots.$$

3.3.2 连续型随机变量的条件分布

设 (X,Y) 是二维连续型随机变量,这时由于对任意 x,y 都有 $P(X = x) = 0$, $P(Y = y) = 0$,因此不能直接用条件概率引入"条件分布函数"了.

设 (X,Y) 的概率密度函数为 $f(x,y)$,关于 Y 的边缘概率密度函数为 $f_Y(y)$. 给定 y,对于任意固定的 $\varepsilon > 0$ 及任意 x,考虑条件概率 $P(X \le x \mid y < Y \le y + \varepsilon)$.

设 $P(y < Y \le y + \varepsilon) > 0$,则有

$$P(X \le x \mid y < Y \le y + \varepsilon) = \frac{P(X \le x, y < Y \le y + \varepsilon)}{P(y < Y \le y + \varepsilon)} = \frac{\int_{-\infty}^{x} \left[\int_{y}^{y+\varepsilon} f(x,y)\,\mathrm{d}y \right] \mathrm{d}x}{\int_{y}^{y+\varepsilon} f_Y(y)\,\mathrm{d}y}.$$

在某些条件下,当 ε 很小时,上式右端分子、分母分别近似于 $\varepsilon\int_{-\infty}^{x} f(x,y)\,\mathrm{d}x$ 和 $\varepsilon f_Y(y)$. 于是当 ε 很小时,有

$$P(X \le x \mid y < Y \le y + \varepsilon) \approx \frac{\varepsilon\int_{-\infty}^{x} f(x,y)\,\mathrm{d}x}{\varepsilon f_Y(y)} = \int_{-\infty}^{x} \frac{f(x,y)}{f_Y(y)}\,\mathrm{d}x.$$

依据一维连续型随机变量概率密度函数与分布函数的关系(见 (2.4.1) 式),我们给出以下定义.

定义 3.9 设二维连续型随机变量 (X,Y) 的概率密度函数为 $f(x,y)$,(X,Y) 关于 Y 的边缘概率密度函数为 $f_Y(y)$. 若对于固定的 y,$f_Y(y) > 0$,则称 $\dfrac{f(x,y)}{f_Y(y)}$ 为在条件 $Y = y$ 下 X 的**条件概率密度**(**conditional probability density**),记为

$$f_{X \mid Y}(x \mid y) = \frac{f(x,y)}{f_Y(y)}. \tag{3.3.3}$$

称 $\int_{-\infty}^{x} f_{X \mid Y}(x \mid y)\,\mathrm{d}x = \int_{-\infty}^{x} \dfrac{f(x,y)}{f_Y(y)}\,\mathrm{d}x$ 为在条件 $Y = y$ 下 X 的**条件分布函数**,记为 $F_{X \mid Y}(x \mid y)$,即

$$F_{X \mid Y}(x \mid y) = P(X \le x \mid Y = y) = \int_{-\infty}^{x} \frac{f(x,y)}{f_Y(y)}\,\mathrm{d}x.$$

类似地,可以定义

$$f_{Y \mid X}(y \mid x) = \frac{f(x,y)}{f_X(x)}. \tag{3.3.4}$$

和

$$F_{Y \mid X}(y \mid x) = \int_{-\infty}^{y} \frac{f(x,y)}{f_X(x)}\,\mathrm{d}y.$$

例 3.11 设随机变量 X 在区间 $(0,1)$ 上随机地取值,当 $X = x\,(0 < x < 1)$ 时,数 Y 在区间 $(x, 1)$ 上随机地取值,求 Y 的概率密度函数 $f_Y(y)$.

解 由题意知,X 的概率密度函数为

$$f_X(x) = \begin{cases} 1, & 0 < x < 1, \\ 0, & 其他. \end{cases}$$

对于任意 $x(0 < x < 1)$，在条件 $X = x$ 下 Y 的条件概率密度函数为

$$f_{Y\,|\,X}(y\,|\,x) = \begin{cases} \dfrac{1}{1-x}, & x < y < 1, \\ 0, & \text{其他}. \end{cases}$$

由(3.3.4)式得(X,Y)的概率密度函数为

$$f(x,y) = f_X(x)f_{Y\,|\,X}(y\,|\,x) = \begin{cases} \dfrac{1}{1-x}, & 0 < x < y < 1, \\ 0, & \text{其他}. \end{cases}$$

于是，Y 的概率密度函数为

$$f_Y(y) = \int_{-\infty}^{+\infty} f(x,y)\,\mathrm{d}x = \begin{cases} \displaystyle\int_0^y \dfrac{1}{1-x}\,\mathrm{d}x = -\ln(1-y), & 0 < y < 1, \\ 0, & \text{其他}. \end{cases}$$

例 3.12 已知随机变量(X,Y)，当 $0 < y < 1$ 时，在条件 $Y = y$ 下 X 的条件概率密度函数为

$$f_{X\,|\,Y}(x\,|\,y) = \begin{cases} \dfrac{3x^2}{y^3}, & 0 < x < y, \\ 0, & \text{其他}. \end{cases}$$

且随机变量 Y 的概率密度函数为 $f_Y(y) = \begin{cases} 5y^4, & 0 < y < 1, \\ 0, & \text{其他}. \end{cases}$

试求概率密度函数 $f_X(x)$ 和概率 $P(X > 0.5)$。

解 由(3.3.3)式得(X,Y)概率密度函数为

$$f(x,y) = f_Y(y)f_{X\,|\,Y}(x\,|\,y) = \begin{cases} 15x^2 y, & 0 < x < y < 1, \\ 0, & \text{其他}. \end{cases}$$

于是，X 的概率密度函数为

$$f_X(x) = \int_{-\infty}^{+\infty} f(x,y)\,\mathrm{d}y = \begin{cases} \displaystyle\int_x^1 15x^2 y\,\mathrm{d}y, & 0 < x < 1, \\ 0, & \text{其他}. \end{cases} = \begin{cases} \dfrac{15}{2}x^2(1-x^2), & 0 < x < 1, \\ 0, & \text{其他}. \end{cases}$$

故有

$$P(X > 0.5) = \int_{0.5}^{+\infty} f_X(x)\,\mathrm{d}x = \int_{0.5}^1 \dfrac{15}{2}x^2(1-x^2)\,\mathrm{d}x = \dfrac{47}{64}.$$

3.4 随机变量的独立性

我们已经知道，二维随机变量(X,Y)的分布函数或概率密度函数不仅描述 X 与 Y 各自的统计规律性，而且包含 X 与 Y 相互关系的信息。当随机变量 X 与 Y 取值的规律互不影响时，称 X 与 Y 独立，这是本节将要讨论的重点。

在第 1 章中，我们讨论了随机事件的相互独立性，现在我们借助于两个随机事件的独立性，引入随机变量相互独立的概念。

定义 3.10 设 $F(x,y)$ 是二维随机变量(X,Y)的分布函数，$F_X(x)$ 和 $F_Y(y)$ 为边缘分布函数，若对任意实数 x,y，都有

$$F(x,y) = F_X(x)F_Y(y), \tag{3.4.1}$$

则称随机变量 X 与 Y **相互独立**。

由分布函数的定义知，（3.4.1）式可以写成

$$P(X \leqslant x, Y \leqslant y) = P(X \leqslant x)P(Y \leqslant y).$$

因此，随机变量 X 与 Y 相互独立是指对任意实数 x,y，随机事件 $\{X \leqslant x\}$ 和 $\{Y \leqslant y\}$ 相互独立. 随机变量的独立性是概率论中的重要概念之一.

依据以上定义，可得以下定理.

定理 3.1 （1）若 (X,Y) 是二维离散型随机变量，则随机变量 X 与 Y 相互独立的充分必要条件为：对任意的 $i,j(i,j=1,2,\cdots)$ 都有

$$P(X = x_i, Y = y_i) = P(X = x_i)P(Y = y_j), \quad i,j = 1,2,\cdots,$$

即

$$p_{ij} = p_{i\cdot}p_{\cdot j}, \quad i,j = 1,2,\cdots. \tag{3.4.2}$$

（2）若 (X,Y) 是二维连续型随机变量，设其概率密度函数为 $f(x,y)$，边缘概率密度函数为 $f_X(x)$ 和 $f_Y(y)$，则随机变量 X 与 Y 相互独立的充分必要条件为：对任意的实数 x,y，以下等式几乎处处成立.

$$f(x,y) = f_X(x)f_Y(y). \tag{3.4.3}$$

这里"几乎处处成立"的含义是指在平面上除去"面积"为 0 的集合以外，处处成立.

例 3.13 已知随机变量 (X,Y) 的分布律为

X	Y		
	1	2	3
1	$\dfrac{1}{3}$	a	b
2	$\dfrac{1}{6}$	$\dfrac{1}{9}$	$\dfrac{1}{18}$

试确定常数 a,b，使得 X 与 Y 相互独立.

解 先求出 (X,Y) 关于 X 和 Y 的边缘分布律

X	Y			$p_{i\cdot}$
	1	2	3	
1	$\dfrac{1}{3}$	a	b	$a+b+\dfrac{1}{3}$
2	$\dfrac{1}{6}$	$\dfrac{1}{9}$	$\dfrac{1}{18}$	$\dfrac{1}{3}$
$p_{\cdot j}$	$\dfrac{1}{2}$	$a+\dfrac{1}{9}$	$b+\dfrac{1}{18}$	

因为 X 与 Y 相互独立，所以有

$$P(X = 2, Y = 2) = P(X = 2)P(Y = 2),$$
$$P(X = 2, Y = 3) = P(X = 2)P(Y = 3),$$

即

$$\frac{1}{9} = \frac{1}{3} \times \left(a + \frac{1}{9}\right), \quad \frac{1}{18} = \frac{1}{3} \times \left(b + \frac{1}{18}\right).$$

解得

$$a = \frac{2}{9}, \quad b = \frac{1}{9}.$$

例 3.14 已知随机变量 (X,Y) 在区域 $G = \{(x,y) \mid 0 \leq x \leq 2, 0 \leq y \leq 1\}$ 上服从均匀分布, 定义随机变量 $U = \begin{cases} 1, & X > Y, \\ 0, & X \leq Y. \end{cases}$ $V = \begin{cases} 1, & X > 2Y, \\ 0, & X \leq 2Y. \end{cases}$

(1) 求随机变量 (U,V) 的分布律.

(2) 判别 U 与 V 是否相互独立.

解 (1) 据题意知, 随机变量 (X,Y) 的概率密度函数为 (见图 3.4)

$$f(x,y) = \begin{cases} \dfrac{1}{2}, & (x,y) \in G, \\ 0, & \text{其他.} \end{cases}$$

于是

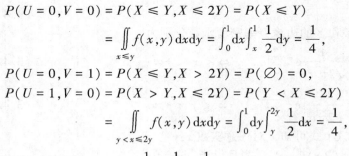

图 3.4

$$P(U = 0, V = 0) = P(X \leq Y, X \leq 2Y) = P(X \leq Y)$$
$$= \iint\limits_{x \leq y} f(x,y)\,\mathrm{d}x\mathrm{d}y = \int_0^1 \mathrm{d}x \int_x^1 \frac{1}{2}\mathrm{d}y = \frac{1}{4},$$

$$P(U = 0, V = 1) = P(X \leq Y, X > 2Y) = P(\varnothing) = 0,$$

$$P(U = 1, V = 0) = P(X > Y, X \leq 2Y) = P(Y < X \leq 2Y)$$
$$= \iint\limits_{y < x \leq 2y} f(x,y)\,\mathrm{d}x\mathrm{d}y = \int_0^1 \mathrm{d}y \int_y^{2y} \frac{1}{2}\mathrm{d}x = \frac{1}{4},$$

$$P(U = 1, V = 1) = 1 - \frac{1}{4} - \frac{1}{4} = \frac{1}{2}.$$

所以, 随机变量 (U,V) 的分布律为

U	V	
	0	1
0	$\dfrac{1}{4}$	0
1	$\dfrac{1}{4}$	$\dfrac{1}{2}$

(2) 因为

$$P(U = 0) = \frac{1}{4} + 0 = \frac{1}{4}, \quad P(V = 0) = \frac{1}{4} + \frac{1}{4} = \frac{1}{2}, \quad P(U = 0, V = 0) = \frac{1}{4},$$

所以 $$P(U = 0, V = 0) \neq P(U = 0) \cdot P(V = 0).$$

因此, 随机变量 U 与 V 不相互独立.

例 3.15 已知二维随机变量 (X,Y) 的概率密度函数为

$$f(x,y) = \begin{cases} 4xy, & 0 \leq x \leq 1, 0 \leq y \leq 1, \\ 0, & \text{其他.} \end{cases}$$

问随机变量 X 与 Y 是否相互独立?

解 由 (3.2.5) 式知 (X,Y) 关于 X 的边缘概率密度函数为

$$f_X(x) = \int_{-\infty}^{+\infty} f(x,y)\,\mathrm{d}y = \begin{cases} \int_0^1 4xy\mathrm{d}y, & 0 \leq x \leq 1, \\ 0, & \text{其他.} \end{cases} = \begin{cases} 2x, & 0 \leq x \leq 1, \\ 0, & \text{其他.} \end{cases}$$

同理, (X,Y) 关于 Y 的边缘概率密度函数为

$$f_Y(y) = \int_{-\infty}^{+\infty} f(x,y)\,\mathrm{d}x = \begin{cases} 2y, & 0 \leqslant y \leqslant 1, \\ 0, & \text{其他.} \end{cases}$$

因为对任意实数 x, y, 有

$$f(x,y) = f_X(x)f_Y(y),$$

所以, 随机变量 X 与 Y 相互独立.

例 3.16 设随机变量 $(X,Y) \sim N(\mu_1, \mu_2; \sigma_1^2, \sigma_2^2; \rho)$. 试证: 随机变量 X 与 Y 相互独立的充分必要条件为参数 $\rho = 0$.

证明 因为 (X,Y) 的概率密度函数为

$$f(x,y) = \frac{1}{2\pi\sigma_1\sigma_2\sqrt{1-\rho^2}}\exp\left\{\frac{-1}{2(1-\rho^2)}\left[\frac{(x-\mu_1)^2}{\sigma_1^2} - 2\rho\frac{(x-\mu_1)(y-\mu_2)}{\sigma_1\sigma_2} + \frac{(y-\mu_2)^2}{\sigma_2^2}\right]\right\}.$$

$$(3.4.4)$$

又由例 3.8 知, (X,Y) 关于 X 和 Y 的边缘概率密度函数分别为

$$f_X(x) = \frac{1}{\sqrt{2\pi}\,\sigma_1}\mathrm{e}^{-\frac{(x-\mu_1)^2}{2\sigma_1^2}}, \quad -\infty < x < +\infty, \tag{3.4.5}$$

$$f_Y(y) = \frac{1}{\sqrt{2\pi}\,\sigma_2}\mathrm{e}^{-\frac{(y-\mu_2)^2}{2\sigma_2^2}}, \quad -\infty < y < +\infty. \tag{3.4.6}$$

由 (3.4.4) 式、(3.4.5) 式及 (3.4.6) 式可知, 对任意实数 x, y,

$$f(x,y) = f_X(x)f_Y(y) \quad \text{当且仅当} \quad \rho = 0.$$

所以, 随机变量 X 与 Y 相互独立的充分必要条件为 $\rho = 0$.

3.5 两个随机变量的函数的分布

设 X, Y 是两个随机变量, $z = g(x,y)$ 是连续函数, 则 $Z = g(X,Y)$ 也是一个随机变量. 下面介绍, 如何由 X, Y 的概率分布求出 $Z = g(X,Y)$ 的概率分布, 具体分为 3 种情况进行讨论: (X,Y) 是离散型随机变量; (X,Y) 是连续型随机变量; X, Y 是两个不同类型且相互独立的随机变量.

3.5.1 离散型随机变量 (X, Y) 的函数的分布

设二维离散型随机变量 (X,Y) 的分布律为

$$P(X = x_i, Y = y_j) = p_{ij}, \quad i,j = 1,2,\cdots.$$

于是, $Z = g(X,Y)$ 也是离散型随机变量, 且其分布律为

$$P(Z = z_k) = P(g(X,Y) = z_k) = \sum_{g(x_i,x_j)=z_k} p_{ij}, \quad k = 1,2,\cdots. \tag{3.5.1}$$

例 3.17 已知二维随机变量 (X,Y) 的分布律为

X	Y		
	-1	0	1
1	$\dfrac{1}{6}$	0	$\dfrac{1}{3}$
2	$\dfrac{1}{6}$	$\dfrac{1}{6}$	$\dfrac{1}{6}$

试求随机变量 $Z_1 = X + Y$ 和 $Z_2 = \max(X,Y)$ 的分布律.

解 因为 $Z_1 = X + Y$, 所以 Z_1 的可能取值为 $0,1,2,3$. 由 (3.5.1) 式得

$$P(Z_1 = 0) = P(X + Y = 0) = P(X = 1, Y = -1) = \frac{1}{6},$$

$$P(Z_1 = 1) = P(X = 1, Y = 0) + P(X = 2, Y = -1) = 0 + \frac{1}{6} = \frac{1}{6},$$

$$P(Z_1 = 2) = P(X = 1, Y = 1) + P(X = 2, Y = 0) = \frac{1}{3} + \frac{1}{6} = \frac{1}{2},$$

$$P(Z_1 = 3) = P(X = 2, Y = 1) = \frac{1}{6}.$$

所以, $Z_1 = X + Y$ 的分布律为

Z_1	0	1	2	3
P	$\frac{1}{6}$	$\frac{1}{6}$	$\frac{1}{2}$	$\frac{1}{6}$

同理, Z_2 的可能取值为 $1, 2$, 且

$$
\begin{aligned}
P(Z_2 = 1) &= P(\max(X, Y) = 1) \\
&= P(X = 1, Y = -1) + P(X = 1, Y = 0) + P(X = 1, Y = 1) \\
&= \frac{1}{6} + 0 + \frac{1}{3} = \frac{1}{2}, \\
P(Z_2 = 2) &= P(\max(X, Y) = 2) \\
&= P(X = 2, Y = -1) + P(X = 2, Y = 0) + P(X = 2, Y = 1) \\
&= \frac{1}{6} + \frac{1}{6} + \frac{1}{6} = \frac{1}{2}.
\end{aligned}
$$

所以, $Z_2 = \max(X, Y)$ 的分布律为

Z_2	1	2
P	$\frac{1}{2}$	$\frac{1}{2}$

例 3.18 设随机变量 X 与 Y 相互独立, 且分别服从参数为 λ_1 和 λ_2 的泊松分布, 试证: $Z = X + Y$ 服从参数为 $\lambda_1 + \lambda_2$ 的泊松分布.

证明 由题意知, 随机变量 X 与 Y 的分布律分别为

$$P(X = k_1) = \frac{\lambda_1^{k_1}}{k_1!} e^{-\lambda_1}, \ \ k_1 = 0, 1, 2, \cdots,$$

$$P(Y = k_2) = \frac{\lambda_2^{k_2}}{k_2!} e^{-\lambda_2}, \ \ k_2 = 0, 1, 2, \cdots.$$

因为 $Z = X + Y$, 所以 Z 的所有可能取值为 $i = 0, 1, 2, \cdots$. 由 (3.5.1) 式知

$$
\begin{aligned}
P(Z = i) &= P(X + Y = i) = \sum_{k=0}^{i} P(X = k, Y = i - k) \\
&= \sum_{k=0}^{i} P(X = k) \cdot P(Y = i - k) = \sum_{k=0}^{i} \frac{\lambda_1^k}{k!} e^{-\lambda_1} \cdot \frac{\lambda_2^{i-k}}{(i-k)!} e^{-\lambda_2} \\
&= e^{-(\lambda_1 + \lambda_2)} \frac{1}{i!} \sum_{k=0}^{i} \frac{i!}{k!(i-k)!} \lambda_1^k \lambda_2^{i-k} \\
&= \frac{(\lambda_1 + \lambda_2)^i}{i!} e^{-(\lambda_1 + \lambda_2)}, \ \ i = 0, 1, 2, \cdots.
\end{aligned}
$$

所以

$$Z = X + Y \sim P(\lambda_1 + \lambda_2).$$

该例题表明, 相互独立的泊松分布具有可加性. 此结论可推广为: 设 $X_1, X_2, \cdots, X_n$ 是 n 个相互独立的泊松分布, 且 $X_i \sim P(\lambda_i)(i = 1, 2, \cdots, n)$, 则 $\sum\limits_{i=1}^{n} X_i \sim P(\sum\limits_{i=1}^{n}\lambda_i)$.

3.5.2 连续型随机变量 (X, Y) 的函数的分布

设二维连续型随机变量 (X, Y) 的概率密度函数为 $f(x, y)$, 则随机变量 $Z = g(X, Y)$ 的分布函数为

$$F_Z(z) = P(Z \leqslant z) = P(g(X, Y) \leqslant z) = \iint\limits_{g(x,y) \leqslant z} f(x, y) \,\mathrm{d}x\mathrm{d}y. \tag{3.5.2}$$

由此可得 $Z = g(X, Y)$ 的概率密度函数为

$$f_Z(z) = \frac{\mathrm{d}F_Z(z)}{\mathrm{d}z} = \frac{\mathrm{d}}{\mathrm{d}z}\Big(\iint\limits_{g(x,y) \leqslant z} f(x, y) \,\mathrm{d}x\mathrm{d}y \Big). \tag{3.5.3}$$

例 3.19 设 X 与 Y 是相互独立的随机变量, 且都服从正态分布 $N(0, \sigma^2)$, 试求随机变量 $Z = \sqrt{X^2 + Y^2}$ 的概率密度函数.

解 因为 X 与 Y 相互独立, 故 (X, Y) 的概率密度函数为

$$f(x, y) = f_X(x)f_Y(y) = \frac{1}{2\pi\sigma^2}\mathrm{e}^{-\frac{x^2+y^2}{2\sigma^2}}.$$

所以, 由 $(3.5.2)$ 式得 Z 的分布函数为

$$F_Z(z) = P(\sqrt{X^2 + Y^2} \leqslant z) = \iint\limits_{\sqrt{x^2+y^2} \leqslant z} f(x, y) \,\mathrm{d}x\mathrm{d}y.$$

当 $z \leqslant 0$ 时, 显然有 $F_Z(z) = 0$;
当 $z > 0$ 时, 有

$$F_Z(z) = \iint\limits_{x^2+y^2 \leqslant z^2} \frac{1}{2\pi\sigma^2}\mathrm{e}^{-\frac{x^2+y^2}{2\sigma^2}} \,\mathrm{d}x\mathrm{d}y,$$

令 $x = r\cos\theta$, $y = r\sin\theta$, 得

$$F_Z(z) = \int_0^{2\pi} \mathrm{d}\theta \int_0^z \frac{1}{2\pi\sigma^2}\mathrm{e}^{-\frac{r^2}{2\sigma^2}}r\mathrm{d}r = 1 - \mathrm{e}^{-\frac{z^2}{2\sigma^2}}.$$

因此, 由 $(3.5.3)$ 式得 $Z = \sqrt{X^2 + Y^2}$ 的概率密度函数为

$$f_Z(z) = \frac{\mathrm{d}F_Z(z)}{\mathrm{d}z} = \begin{cases} \dfrac{z}{\sigma^2}\mathrm{e}^{-\frac{z^2}{2\sigma^2}}, & z > 0, \\ 0, & z \leqslant 0. \end{cases}$$

我们称以上随机变量 Z 服从参数为 $\sigma(\sigma > 0)$ 的瑞利 (**Rayleigh**) 分布.

例 3.20 设 X 与 Y 是相互独立的随机变量, 它们的概率密度函数分别为

$$f_X(x) = \begin{cases} 1, & 0 < x < 1, \\ 0, & \text{其他.} \end{cases} \qquad f_Y(y) = \begin{cases} \mathrm{e}^{-y}, & y > 0, \\ 0, & y \leqslant 0. \end{cases}$$

试求随机变量 $Z = 2X + Y$ 的概率密度函数.

解 因为 X 与 Y 相互独立, 所以 (X, Y) 的概率密度函数为

$$f(x, y) = f_X(x)f_Y(y) = \begin{cases} \mathrm{e}^{-y}, & 0 < x < 1, y > 0, \\ 0, & \text{其他.} \end{cases}$$

因此 Z 的分布函数为

$$F_Z(z) = P(Z \leqslant z) = P(2X + Y \leqslant z) = \iint\limits_{2x+y \leqslant z} f(x,y)\,\mathrm{d}x\mathrm{d}y.$$

由图 3.5 可知:

(1) 当 $z < 0$ 时, $F_Z(z) = 0$;

(2) 当 $0 \leqslant z < 2$ 时, $F_Z(z) = \int_0^{\frac{z}{2}} \mathrm{d}x \int_0^{z-2x} \mathrm{e}^{-y}\mathrm{d}y = \frac{1}{2}(z + \mathrm{e}^{-z} - 1)$;

(3) 当 $z \geqslant 2$ 时, $F_Z(z) = \int_0^1 \mathrm{d}x \int_0^{z-2x} \mathrm{e}^{-y}\mathrm{d}y = 1 - \frac{1}{2}(\mathrm{e}^2 - 1)\mathrm{e}^{-z}$.

综上可知

$$F_Z(z) = \begin{cases} 0, & z < 0, \\ \dfrac{1}{2}(z + \mathrm{e}^{-z} - 1), & 0 \leqslant z < 2, \\ 1 - \dfrac{1}{2}(\mathrm{e}^2 - 1)\mathrm{e}^{-z}, & z \geqslant 2. \end{cases}$$

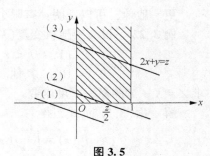

图 3.5

所以, $Z = 2X + Y$ 的概率密度函数为

$$f_Z(z) = \frac{\mathrm{d}F_Z(z)}{\mathrm{d}z} = \begin{cases} 0, & z < 0, \\ \dfrac{1}{2}(1 - \mathrm{e}^{-z}), & 0 \leqslant z < 2, \\ \dfrac{1}{2}(\mathrm{e}^2 - 1)\mathrm{e}^{-z}, & z \geqslant 2. \end{cases}$$

上面我们介绍了求二维连续型随机变量函数分布的一般方法, 但在进行具体计算时, 往往比较复杂. 下面我们对 $X + Y, \max(X,Y), \min(X,Y)$ 这几种特殊情况进行详细讨论.

1. $Z = X + Y$ 的分布

设二维随机变量 (X,Y) 的概率密度函数为 $f(x,y)$, 则随机变量 $Z = X + Y$ 的分布函数为

$$F_Z(z) = P(Z \leqslant z) = P(X + Y \leqslant z)$$

$$= \iint\limits_{x+y \leqslant z} f(x,y)\,\mathrm{d}x\mathrm{d}y = \int_{-\infty}^{+\infty} \mathrm{d}y \int_{-\infty}^{z-y} f(x,y)\,\mathrm{d}x.$$

由此可得 Z 的概率密度函数为

$$f_Z(z) = \frac{\mathrm{d}F_Z(z)}{\mathrm{d}z} = \int_{-\infty}^{+\infty} f(z - y, y)\,\mathrm{d}y. \qquad (3.5.4)$$

利用 X 与 Y 的对称性, 可得

$$f_Z(z) = \int_{-\infty}^{+\infty} f(x, z - x)\,\mathrm{d}x. \qquad (3.5.5)$$

特别地, 当 X 与 Y 相互独立时, 有

$$f_Z(z) = \int_{-\infty}^{+\infty} f_X(x) f_Y(z - x)\,\mathrm{d}x = \int_{-\infty}^{+\infty} f_X(z - y) f_Y(y)\,\mathrm{d}y. \qquad (3.5.6)$$

其中 $f_X(x)$ 和 $f_Y(y)$ 分别为 X 与 Y 的概率密度函数.

例 3.21 设 X 与 Y 是相互独立的随机变量, 且都服从正态分布 $N(0,1)$, 试求随机变量 $Z = X + Y$ 的概率密度函数.

解 因为 X 与 Y 相互独立, 所以由 (3.5.6) 式得 $Z = X + Y$ 的概率密度函数为

$$f_Z(z) = \int_{-\infty}^{+\infty} f_X(x) f_Y(z-x)\,\mathrm{d}x = \frac{1}{2\pi}\int_{-\infty}^{+\infty} \mathrm{e}^{-\frac{x^2}{2}} \mathrm{e}^{-\frac{(z-x)^2}{2}}\,\mathrm{d}x$$

$$= \frac{1}{2\pi}\mathrm{e}^{-\frac{z^2}{4}}\int_{-\infty}^{+\infty} \mathrm{e}^{-(x-\frac{z}{2})^2}\,\mathrm{d}x = \frac{1}{2\pi}\mathrm{e}^{-\frac{z^2}{4}}\int_{-\infty}^{+\infty} \mathrm{e}^{-u^2}\,\mathrm{d}u \quad (\diamondsuit\ u = x - \frac{z}{2})$$

$$= \frac{1}{2\pi}\mathrm{e}^{-\frac{z^2}{4}} \cdot \sqrt{\pi} = \frac{1}{\sqrt{2\pi}\sqrt{2}}\mathrm{e}^{-\frac{z^2}{2(\sqrt{2})^2}}, \quad -\infty < z < +\infty,$$

即 $Z \sim N(0,2)$.

一般，若 X 与 Y 相互独立，且 $X \sim N(\mu_1, \sigma_1^2)$，$Y \sim N(\mu_2, \sigma_2^2)$，则有

$$Z = X + Y \sim N(\mu_1 + \mu_2, \sigma_1^2 + \sigma_2^2).$$

更一般地，可以证明：**有限个相互独立的正态随机变量的线性组合仍然服从正态分布.**

例 3.22　设二维随机变量 (X,Y) 的概率密度函数为

$$f(x,y) = \begin{cases} 1, & 0 < x < 1, 0 < y < 1, \\ 0, & \text{其他}. \end{cases}$$

求 $Z = X + Y$ 的概率密度函数.

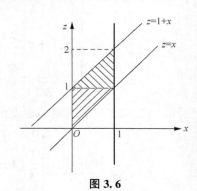

解　由 $(3.5.5)$ 式，得

$$f_Z(z) = \int_{-\infty}^{+\infty} f(x, z-x)\,\mathrm{d}x.$$

易知仅当 $\begin{cases} 0 < x < 1, \\ 0 < z - x < 1, \end{cases}$ 即 $\begin{cases} 0 < x < 1, \\ x < z < 1 + x. \end{cases}$ 时，

上述积分的被积函数才不等于 0(参考图 3.6).

于是，$Z = X + Y$ 的概率密度函数为

图 3.6

$$f_Z(z) = \begin{cases} \int_0^z 1\,\mathrm{d}x, & 0 < z \leq 1, \\ \int_{z-1}^1 1\,\mathrm{d}x, & 1 < z \leq 2, \\ 0, & \text{其他}. \end{cases} = \begin{cases} z, & 0 < z \leq 1, \\ 2 - z, & 1 < z \leq 2, \\ 0, & \text{其他}. \end{cases}$$

2. $M = \max(X,Y)$ 和 $N = \min(X,Y)$ 的分布

设 X 与 Y 是相互独立的随机变量，它们的分布函数分别为 $F_X(x)$ 和 $F_Y(y)$. 下面来求 $M = \max(X,Y)$ 和 $N = \min(X,Y)$ 的分布函数 $F_{\max}(z)$ 和 $F_{\min}(z)$.

因为

$$F_{\max}(z) = P(\max(X,Y) \leq z) = P(X \leq z, Y \leq z) = P(X \leq z) \cdot P(Y \leq z),$$

所以

$$F_{\max}(z) = F_X(z) F_Y(z). \tag{3.5.7}$$

类似地，有

$$F_{\min}(z) = P(\min(X,Y) \leq z) = 1 - P(\min(X,Y) > z)$$

$$= 1 - P(X > z, Y > z) = 1 - P(X > z) \cdot P(Y > z)$$

$$= 1 - [1 - P(X \leq z)] \cdot [1 - P(Y \leq z)],$$

即

$$F_{\min}(z) = 1 - [1 - F_X(z)][1 - F_Y(z)]. \tag{3.5.8}$$

以上结论容易推广到 n 个相互独立的随机变量的情况.

设 $X_1, X_2, \cdots, X_n$ 是 n 个相互独立的随机变量，它们的分布函数分别为 $F_{X_1}(x_1), F_{X_2}(x_2), \cdots, F_{X_n}(x_n)$，则 $M = \max(X_1, X_2, \cdots, X_n)$ 的分布函数为

$$F_{\max}(z) = F_{X_1}(z) F_{X_2}(z) \cdots F_{X_n}(z),$$

$N = \min(X_1, X_2, \cdots, X_n)$ 的分布函数为

$$F_{\min}(z) = 1 - [1 - F_{X_1}(z)][1 - F_{X_2}(z)] \cdots [1 - F_{X_n}(z)].$$

特别地, 当 $X_1, X_2, \cdots, X_n$ 相互独立且有相同的分布函数 $F(x)$ 时, 有

$$F_{\max}(z) = [F(z)]^n,$$

$$F_{\min}(z) = 1 - [1 - F(z)]^n.$$

例 3.23 设系统 L 由子系统 L_1 和 L_2 连接而成, 连接的方式分别为: (1) 串联; (2) 并联; (3) 备用(当 L_1 损坏时, L_2 立即启动). 设子系统 L_1 和 L_2 的使用寿命 X 和 Y 分别服从参数为 α 和 β 的指数分布, 其中 $\alpha > 0, \beta > 0, \alpha \neq \beta$. 试分别根据以上 3 种连接方式求出系统 L 的寿命 Z 的概率密度函数.

解 易知 X 与 Y 的概率密度函数分别为

$$f_X(x) = \begin{cases} \alpha e^{-\alpha x}, & x > 0, \\ 0, & x \leqslant 0. \end{cases} \qquad f_Y(y) = \begin{cases} \beta e^{-\beta y}, & y > 0, \\ 0, & y \leqslant 0. \end{cases}$$

X 与 Y 的分布函数分别为

$$F_X(x) = \begin{cases} 1 - e^{-\alpha x}, & x > 0, \\ 0, & x \leqslant 0. \end{cases} \qquad F_Y(y) = \begin{cases} 1 - e^{-\beta y}, & y > 0, \\ 0, & y \leqslant 0. \end{cases}$$

(1) 串联时, 由题意知, 系统 L 的寿命 $Z = \min(X, Y)$.
于是由 (3.5.8) 式得 Z 的分布函数为

$$F_{\min}(z) = 1 - [1 - F_X(z)][1 - F_Y(z)] = \begin{cases} 1 - e^{-(\alpha+\beta)z}, & z > 0, \\ 0, & z \leqslant 0. \end{cases}$$

故 Z 的概率密度函数为

$$f_{\min}(z) = \begin{cases} (\alpha + \beta) e^{-(\alpha+\beta)z}, & z > 0, \\ 0, & z \leqslant 0. \end{cases}$$

(2) 并联时, 由题意知, 系统 L 的寿命 $Z = \max(X, Y)$.
于是由 (3.5.7) 式得 Z 的分布函数为

$$F_{\max}(z) = F_X(z) F_Y(z) = \begin{cases} (1 - e^{-\alpha z})(1 - e^{-\beta z}), & z > 0, \\ 0, & z \leqslant 0. \end{cases}$$

故 Z 的概率密度函数为

$$f_{\max}(z) = \begin{cases} \alpha e^{-\alpha z} + \beta e^{-\beta z} - (\alpha + \beta) e^{-(\alpha+\beta)z}, & z > 0, \\ 0, & z \leqslant 0. \end{cases}$$

(3) 备用时, 由题意知, 系统 L 的寿命 $Z = X + Y$.
于是由 (3.5.6) 式得, 当 $z > 0$ 时, Z 的概率密度函数为

$$f_Z(z) = \int_{-\infty}^{+\infty} f_X(x) f_Y(z-x) \, dx = \int_0^z \alpha e^{-\alpha x} \cdot \beta e^{-\beta(z-x)} \, dx$$

$$= \alpha\beta e^{-\beta z} \int_0^z e^{-(\alpha-\beta)x} \, dx = \frac{\alpha\beta}{\alpha - \beta} (e^{-\beta z} - e^{-\alpha z}).$$

当 $z \leqslant 0$ 时, Z 的概率密度函数为 $f_Z(z) = 0$.
所以, Z 的概率密度函数为

$$f_Z(z) = \begin{cases} \dfrac{\alpha\beta}{\alpha - \beta} (e^{-\beta z} - e^{-\alpha z}), & z > 0, \\ 0, & z \leqslant 0. \end{cases}$$

3.5.3 两个不同类型且相互独立的随机变量的函数的分布

在实际应用中，很多时候，两个随机变量不都是离散型随机变量或连续型随机变量，例如其中一个是离散型随机变量，另一个是连续型随机变量，那么这时求 $Z = g(X,Y)$ 概率分布的有效方法是：先求出 $Z = g(X,Y)$ 的分布函数 $F_Z(z)$，如果 $Z = g(X,Y)$ 是连续型随机变量，则利用关系式 $f_Z(z) = F'_Z(z)$，求出 $Z = g(X,Y)$ 的概率密度函数 $f_Z(z)$.

例 3.24 设随机变量 X 与 Y 相互独立，且 X 服从参数为 1 的指数分布，Y 的分布律为 $P(Y = -1) = p$，$P(Y = 1) = 1 - p(0 < p < 1)$. 令 $Z = XY$，求 Z 的概率密度函数.

解 由题意知，事件 $\{Y = -1\}$ 与 $\{Y = 1\}$ 构成样本空间 S 的一个划分.
由全概率公式得

$$
\begin{aligned}
F_Z(z) &= P(XY \leqslant z) \\
&= P(Y = -1)P(XY \leqslant z \mid Y = -1) + P(Y = 1)P(XY \leqslant z \mid Y = 1) \\
&= pP(X \geqslant -z) + (1 - p)P(X \leqslant z) \\
&= p \cdot [1 - F_X(-z)] + (1 - p) \cdot F_X(z).
\end{aligned}
$$

于是有

$$
f_Z(z) = F'_Z(z) = p \cdot f_X(-z) + (1 - p) \cdot f_X(z).
$$

又因为 X 的概率密度函数为

$$
f_X(z) = \begin{cases} e^{-z}, & z > 0, \\ 0, & z \leqslant 0. \end{cases}
$$

所以，Z 的概率密度函数为

$$
f_Z(z) = p \cdot f_X(-z) + (1 - p) \cdot f_X(z) = \begin{cases} (1 - p)e^{-z}, & z > 0, \\ pe^{z}, & z \leqslant 0. \end{cases}
$$

例 3.25 设随机变量 X 与 Y 相互独立，且 X 的分布律为
$P(X = 0) = P(X = 2) = \dfrac{1}{2}$，$Y$ 的概率密度函数为 $f(y) = \begin{cases} 2y, & 0 < y < 1, \\ 0, & \text{其他.} \end{cases}$
求 $Z = X + Y$ 的概率密度函数.

解 由题意知，事件 $\{X = 0\}$ 与 $\{X = 2\}$ 构成样本空间 S 的一个划分.
由全概率公式得

$$
\begin{aligned}
F_Z(z) &= P\{X + Y \leqslant z\} \\
&= P(X = 0)P(X + Y \leqslant z \mid X = 0) + P(X = 2)P(X + Y \leqslant z \mid X = 2) \\
&= \frac{1}{2}[P(Y \leqslant z) + P(Y \leqslant z - 2)] = \frac{1}{2}[F_Y(z) + F_Y(z - 2)].
\end{aligned}
$$

所以，Z 的概率密度函数为

$$
f_Z(z) = F'_Z(z) = \frac{1}{2}[f_Y(z) + f_Y(z - 2)] = \begin{cases} z, & 0 < z < 1, \\ z - 2, & 2 < z < 3, \\ 0, & \text{其他.} \end{cases}
$$

另外，求多个相互独立的随机变量的简单函数的分布，使用的方法与以上方法类似.

例 3.26 设随机变量 X_1, X_2, X_3 相互独立，其中 X_1 与 X_2 服从标准正态分布，X_3 的概率分布为 $P(X_3 = 0) = \dfrac{1}{3}$，$P(X_3 = 1) = \dfrac{2}{3}$，$Y = X_3 X_1 + (1 - X_3)X_2$. 试证明随机变量 Y 服从标准正态分布.

证明 由题意知，事件 $\{X_3 = 0\}$ 与 $\{X_3 = 1\}$ 构成样本空间 S 的一个划分.
由全概率公式得

$$F_Y(y) = P(Y \leqslant y)$$
$$= P(X_3 = 0)P(X_3X_1 + (1 - X_3)X_2 \leqslant y \mid X_3 = 0) +$$
$$P(X_3 = 1)P(X_3X_1 + (1 - X_3)X_2 \leqslant y \mid X_3 = 1)$$
$$= \frac{1}{3}P(X_2 \leqslant y) + \frac{2}{3}P(X_1 \leqslant y) = \Phi(y).$$

所以，随机变量 Y 服从标准正态分布.

习　题

1. 设袋中有 5 个黑球和 3 个红球，随机抽取 2 次，每次抽取 1 个，设

$$X = \begin{cases} 1, & \text{第一次取出红球,} \\ 0, & \text{第一次取出黑球.} \end{cases} \qquad Y = \begin{cases} 1, & \text{第二次取出红球,} \\ 0, & \text{第二次取出黑球.} \end{cases}$$

试按 (1) 放回抽样，(2) 不放回抽样这两种抽样方法，求 (X,Y) 的分布律及边缘分布律.

2. 设某口袋中装有 2 个黑球、2 个白球和 3 个蓝球. 在该口袋中任取 2 个球，记 X 为取到黑球的个数，Y 为取到白球的个数. 试求：

(1) (X,Y) 的分布律；

(2) (X,Y) 关于 X 与 Y 的边缘分布律；

(3) $P(X + Y \geqslant 2)$.

3. 设二维连续型随机变量 (X,Y) 的概率密度函数为

$$f(x,y) = \begin{cases} axy\mathrm{e}^{-(x+y)}, & x \geqslant 0, y \geqslant 0, \\ 0, & \text{其他.} \end{cases}$$

(1) 求常数 a.

(2) 求概率 $P(X > 2Y)$.

4. 设二维连续型随机变量 (X,Y) 的概率密度函数为

$$f(x,y) = \begin{cases} C(1 - x)y, & 0 \leqslant x \leqslant 1, 0 \leqslant y \leqslant x, \\ 0, & \text{其他.} \end{cases}$$

(1) 试确定常数 C.

(2) 求 (X,Y) 的边缘概率密度函数.

(3) 计算 $P(\frac{1}{4} < X < \frac{1}{2}, Y < \frac{1}{2})$.

5. 设二维连续型随机变量 (X,Y) 的概率密度函数为

$$f(x,y) = \begin{cases} C\mathrm{e}^{-(3x+4y)}, & x > 0, y > 0, \\ 0, & \text{其他.} \end{cases}$$

(1) 试确定常数 C.

(2) 求 (X,Y) 的分布函数及其边缘分布函数.

(3) 计算 $P(0 < X \leqslant 1, 0 < Y \leqslant 2)$.

6. 设二维连续型随机变量 (X,Y) 的概率密度函数为

$$f(x,y) = \begin{cases} \mathrm{e}^{-y}, & 0 < x < y, \\ 0, & \text{其他.} \end{cases}$$

求 (X,Y) 分别关于 X 和 Y 的边缘概率密度函数.

7. 设二维连续型随机变量 (X,Y) 的概率密度函数为

$$f(x,y) = \begin{cases} Cx^2y, & x^2 < y < 1, \\ 0, & \text{其他}. \end{cases}$$

(1) 试确定常数 C.

(2) 求 (X,Y) 分别关于 X 和 Y 的边缘概率密度函数.

8. 设二维正态随机变量 (X,Y) 的概率密度函数为

$$f(x,y) = \frac{1}{2\pi} e^{-\frac{x^2+y^2}{2}}, \quad -\infty < x < +\infty, \ -\infty < y < +\infty.$$

(1) 求 (X,Y) 的边缘概率分布.

(2) 计算 $P(X \leqslant Y)$.

9. 设 X 与 Y 都是取值为非负整数的随机变量，且 (X,Y) 的分布律为

$$P(X=n, Y=m) = \begin{cases} \dfrac{\lambda^n p^m (1-p)^{n-m}}{m! \ (n-m)!} e^{-\lambda}, & m \leqslant n, \\ 0, & m > n. \end{cases}$$

其中 $\lambda > 0, 0 < p < 1$. 试求 X 与 Y 的边缘分布律.

10. 设离散型随机变量 X 和 Y 的联合分布律为

X	Y		
	0	1	2
0	$\dfrac{1}{4}$	$\dfrac{1}{6}$	$\dfrac{1}{8}$
1	$\dfrac{1}{4}$	$\dfrac{1}{8}$	$\dfrac{1}{12}$

试求：X 在 $Y = 0,1,2$ 及 Y 在 $X = 0,1$ 条件下的条件分布律.

11. 设二维连续型随机变量 (X,Y) 的概率密度函数为

$$f(x,y) = \begin{cases} 1, & |y| < x, 0 < x < 1, \\ 0, & \text{其他}. \end{cases}$$

(1) 求条件概率密度函数 $f_{X \mid Y}(x \mid y)$ 和 $f_{Y \mid X}(y \mid x)$.

(2) 求 $P\left(Y > \dfrac{1}{2} \mid X > \dfrac{1}{2}\right)$.

12. 已知 $(X,Y) \sim N(0,0;1,1;\rho)$，试求 X 与 Y 的条件概率密度函数.

13. 设二维随机变量 (X,Y) 关于 Y 的边缘概率密度函数及在 $Y = y$ 条件下的条件概率密度函数分别为

$$f_Y(y) = \begin{cases} 5y^4, & 0 < y < 1, \\ 0, & \text{其他}. \end{cases} \qquad f_{X \mid Y}(x \mid y) = \begin{cases} \dfrac{3x^2}{y^3}, & 0 < x < y, \\ 0, & \text{其他}. \end{cases}$$

试求 $P\left(X > \dfrac{1}{2}\right)$.

14. 设二维离散型随机变量(X,Y)的分布律为

X	Y		
	0	1	2
-1	$\frac{1}{15}$	q	$\frac{1}{5}$
1	p	$\frac{1}{5}$	$\frac{3}{10}$

且随机变量X与Y相互独立，求p与q的值.

15. 设二维连续型随机变量(X,Y)的概率密度函数为

$$f(x,y) = \begin{cases} \dfrac{1}{\pi}, & x^2 + y^2 \leqslant 1, \\ 0, & 其他. \end{cases}$$

(1) 求(X,Y)关于X和Y的边缘概率密度函数.

(2) X与Y是否相互独立?

16. 设随机变量Y服从参数为1的指数分布，令

$$X_1 = \begin{cases} 1, & Y \geqslant \ln2, \\ 0, & Y < \ln2. \end{cases} \qquad X_2 = \begin{cases} 1, & Y \geqslant \ln3, \\ 0, & Y < \ln3. \end{cases}$$

(1) 求二维随机变量(X_1, X_2)的分布律.

(2) 随机变量X_1与X_2是否相互独立?

17. 设X与Y是两个相互独立的随机变量，X在$(0,1)$上服从均匀分布，Y的概率密度函数为

$$f_Y(y) = \begin{cases} \dfrac{1}{2}\mathrm{e}^{-\frac{y}{2}}, & y > 0, \\ 0, & y \leqslant 0. \end{cases}$$

(1) 试求X和Y的联合概率密度函数.

(2) 设含有a的一元二次方程为$a^2 + 2Xa + Y = 0$，试求方程有实根的概率.

18. 设连续型随机变量X与Y相互独立，且均服从标准正态分布$N(0,1)$，试求概率$P(X^2 + Y^2 \leqslant 1)$.

19. 某公司经理到达办公室的时间均匀分布在8:00—12:00内，他的秘书到达办公室的时间均匀分布在7:00—9:00内. 设他们两人到达的时间是相互独立的. 试求他们到达办公室的时间相差不超过5分钟的概率.

20. 设随机变量$U_i(i = 1,2,3)$相互独立，且均服从参数为p的$(0-1)$分布，令

$$X = \begin{cases} 1, & U_1 + U_2 为奇数, \\ 0, & U_1 + U_2 为偶数. \end{cases} \qquad Y = \begin{cases} 1, & U_2 + U_3 为奇数, \\ 0, & U_2 + U_3 为偶数. \end{cases}$$

试求X与Y的联合分布律.

21. 设随机变量X与Y的联合分布律为

X	Y		
	-1	0	1
1	0.07	0.28	0.15
2	0.09	0.22	0.19

试求：$Z_1 = X + Y$，$Z_2 = X - Y$，$Z_3 = XY$，$Z_4 = \dfrac{Y}{X}$，$Z_5 = X^Y$ 的分布律.

22. 设 X 和 Y 是相互独立的随机变量，且 $X \sim B(n_1, p)$，$Y \sim B(n_2, p)$. 证明：随机变量 $Z = X + Y \sim B(n_1 + n_2, p)$.

23. 设二维连续型随机变量 (X, Y) 的概率密度函数为

$$f(x, y) = \begin{cases} 2e^{-(x+2y)}, & x > 0, y > 0, \\ 0, & \text{其他}. \end{cases}$$

试求 $Z = X + 2Y$ 的概率密度函数.

24. 设二维连续型随机变量 (X, Y) 的概率密度函数为

$$f(x, y) = \begin{cases} 1, & 0 < x < 1, 0 < y < 2x, \\ 0, & \text{其他}. \end{cases}$$

试求 $Z = 2X - Y$ 的概率密度函数.

25. 设 X 和 Y 是相互独立的随机变量，且 X 与 Y 的概率密度函数分别为

$$f_X(x) = \begin{cases} 1, & 0 < x < 1, \\ 0, & \text{其他}. \end{cases} \qquad f_Y(y) = \begin{cases} e^{-y}, & y > 0, \\ 0, & \text{其他}. \end{cases}$$

求随机变量 $Z = X + Y$ 的概率密度函数.

26. 设 X 和 Y 是相互独立的随机变量，且都在 $(0, 1)$ 上服从均匀分布，求随机变量 $Z = X + Y$ 的概率密度函数.

27. 设二维连续型随机变量 (X, Y) 的概率密度函数为

$$f(x, y) = \begin{cases} 3x, & 0 < x < 1, 0 < y < x, \\ 0, & \text{其他}. \end{cases}$$

试求 $Z = X + Y$ 的概率密度函数.

28. 设随机变量 X 与 Y 相互独立，且都在 $(0, 1)$ 上服从均匀分布 $U(0, 1)$，试求：

（1）$M = \max(X, Y)$ 的概率密度函数；

（2）$N = \min(X, Y)$ 的概率密度函数.

29. 设随机变量 (X, Y) 的概率密度函数为

$$f(x, y) = \begin{cases} \dfrac{1}{1 - e^{-1}} e^{-(x+y)}, & 0 < x < 1, 0 < y < +\infty, \\ 0, & \text{其他}. \end{cases}$$

（1）求 (X, Y) 关于 X 和 Y 的边缘概率密度函数 $f_X(x)$，$f_Y(y)$.

（2）X 与 Y 是否相互独立？

（3）求 $U = \max(X, Y)$ 的分布函数 $F_U(u)$.

30. 设随机变量 X 与 Y 相互独立，且随机变量 X 的概率密度函数为

$$f(x) = \begin{cases} 2x, & 0 < x < 1, \\ 0, & \text{其他}. \end{cases}$$

Y 的概率分布为 $P(Y = 0) = P(Y = 2) = \dfrac{1}{2}$. 试求 $Z = X + Y$ 的概率密度函数.

第 4 章 随机变量的数字特征

通过前面的讨论我们知道，随机变量的分布函数完整地描述了随机变量取值的统计规律性，然而在一些实际问题中要确定某些随机变量的分布函数却是非常困难的，有时甚至是不可能的。不过在一些实际问题中，并不需要完整、全面地考查随机变量的统计规律性，而只需要知道它的某些特征。例如，在考查一批日光灯管的质量时，我们常常关心的是该批日光灯管的平均寿命，平均寿命是一个重要的数量指标。这说明随机变量的平均值是一个重要的数量特征。在考查这批日光灯管的质量时，不能单就平均寿命来决定其质量，还必须考查日光灯管的寿命与平均寿命的偏离程度，只有当这批日光灯管的平均寿命较长同时偏离程度又较小时，这批日光灯管的质量才是较好的。于是随机变量与其平均值偏离的程度也是一个重要的数量特征。这些与随机变量有关的数量，虽然不能够完整地描述随机变量取值的统计规律性，但它们反映出了随机变量在某些方面的重要特征，它们在理论和实践中都具有重要的意义和应用，我们称这些能体现随机变量重要特征的数量为随机变量的数字特征。

本章将介绍常用且重要的随机变量的数字特征：数学期望、方差、协方差与相关系数、矩与协方差矩阵。

4.1 随机变量的数学期望

4.1.1 离散型随机变量的数学期望

下面我们先通过一个例子，引出离散型随机变量数学期望的定义。

例 4.1 为了测试甲、乙两位射手的射击水平，让他们在相同的条件下各射击 100 次，命中的环数与次数分别如下。

甲：

环数	10	9	8	7
次数	50	20	20	10

乙：

环数	10	9	8	7
次数	45	25	22	8

试问这两位射手谁的射击水平高？

解 从上面的成绩表中，很难立即看出结果，但我们可以利用他们这 100 次射击的平均命中环数来评价他们的射击水平。

甲射击的平均命中环数为

$$\frac{1}{100} \times (10 \times 50 + 9 \times 20 + 8 \times 20 + 7 \times 10) = 9.10(环).$$

乙射击的平均命中环数为

$$\frac{1}{100} \times (10 \times 45 + 9 \times 25 + 8 \times 22 + 7 \times 8) = 9.07(环).$$

因此，射手甲的射击水平要高于射手乙。

下面我们以射手甲为例比较深入地分析这一问题。为此，我们将上述计算平均命中环数的式子变形为

$$\frac{1}{100} \times (10 \times 50 + 9 \times 20 + 8 \times 20 + 7 \times 10)$$

$$= 10 \times \frac{50}{100} + 9 \times \frac{20}{100} + 8 \times \frac{20}{100} + 7 \times \frac{10}{100} \qquad (4.1.1)$$

$$= 10 \times 0.5 + 9 \times 0.2 + 8 \times 0.2 + 7 \times 0.1 = 9.1(环).$$

若用随机变量 X 表示射手甲在一次射击时的命中环数，对(4.1.1)式可进行如下的解释：

100 次射击相当于 100 次试验，50 为射中 10 环的频数，因此 $\frac{50}{100}$ 为射中 10 环的频率. 从而 (4.1.1) 式表示的是随机变量 X 的所有可能取值以其频率为权数的加权平均值，简述为在频率意义下的平均值. 但由于频率的值依赖于试验的结果，具有随机性，即再令甲射击 100 次，就会得到与前面频率不同的另一组频率，因而计算出的平均值会发生变化，这表明在频率意义下的平均值也具有随机性. 由于概率是频率的稳定值，因此如果我们在计算平均值的过程中，用概率代替相应的频率(频率的极限是概率，具体见第 5 章)就可以排除这种随机性. 这种"稳定的"平均值可反映随机变量 X 的某种特征，我们称其为随机变量 X 的数学期望. 因此，数学期望刻画了随机变量 X 的所有可能取值在概率意义下的平均值. 下面给出数学期望的严格定义.

定义 4.1　设 X 为离散型随机变量，其分布律为

$$P(X = x_k) = p_k, \ k = 0, 1, \cdots.$$

若级数 $\sum_{k=0}^{\infty} x_k p_k$ 绝对收敛，则称该级数的和为随机变量 X 的**数学期望**(**mathematical expectation**)，简称**期望**，又称为**均值**(**mean value**)，记为 $E(X)$，即

$$E(X) = \sum_{k=0}^{\infty} x_k p_k. \qquad (4.1.2)$$

若级数 $\sum_{k=0}^{\infty} x_k p_k$ 不绝对收敛，则称随机变量 X 的数学期望不存在.

注意：以上定义中要求级数 $\sum_{k=0}^{\infty} x_k p_k$ 绝对收敛是必要的. 级数理论表明，这一条件保证了任意调换求和的次序也不会影响级数的收敛性与级数和的大小，这正是关于平均值的一个很自然的要求.

例 4.2　设某口袋中装有标有号码 $i(i = 1, 2, \cdots, n)$ 的球 i 个. 现从中随机取出一球，求所得球上号码的数学期望.

解　设 X 为所得球上的号码，则 X 的分布律为

$$P(X = i) = \frac{2i}{n(n + 1)}, \ i = 1, 2, \cdots, n.$$

由(4.1.2)式得

$$E(X) = \sum_{i=1}^{n} i \cdot \frac{2i}{n(n + 1)} = \frac{2}{n(n + 1)} \sum_{i=1}^{n} i^2 = \frac{2}{n(n + 1)} \cdot \frac{n(n + 1)(2n + 1)}{6} = \frac{2n + 1}{3}.$$

例 4.3　按规定，某公交车站每天 7:00—8:00 和 8:00—9:00 都恰有一辆公交车到站，到站的时刻是随机的，也是相互独立的，其规律如下：

到站时刻	7:10　　7:30　　7:50		
	8:10　　8:30　　8:50		
概率	$\frac{1}{5}$	$\frac{2}{5}$	$\frac{2}{5}$

某乘客7:20到车站，求该乘客候车时间的数学期望.

解 设该乘客的候车时间为 X(单位:分钟)，则 X 的可能取值为：$10,30,50,70,90$.

因为该乘客 7:20 到车站，于是事件"$X = 10$"等价于事件"7:00—8:00 的车 7:30 到站"，所以

$$P(X = 10) = \frac{2}{5}.$$

类似地，事件"$X = 50$"等价于事件"7:00—8:00 的车已于 7:10 开走且 8:00—9:00 的车将于 8:10 到站"，故

$$P(X = 50) = \frac{1}{5} \times \frac{1}{5} = \frac{1}{25}.$$

X 取其他可能值的概率类似可得. 于是，X 的分布律为

X	10	30	50	70	90
P	$\dfrac{2}{5}$	$\dfrac{2}{5}$	$\dfrac{1}{25}$	$\dfrac{2}{25}$	$\dfrac{2}{25}$

从而，该乘客候车时间的数学期望为

$$E(X) = 10 \times \frac{2}{5} + 30 \times \frac{2}{5} + 50 \times \frac{1}{25} + 70 \times \frac{2}{25} + 90 \times \frac{2}{25} = 30.8(\text{分钟}).$$

4.1.2 连续型随机变量的数学期望

设 X 是连续型随机变量，其概率密度函数为 $f(x)$，则 X 落在区间 $(x_k, x_k + \mathrm{d}x)$(其中 $\mathrm{d}x$ 充分小)内的概率可近似地表示为 $f(x_k)\mathrm{d}x$，它与离散型随机变量的 p_k 类似. 下面结合定积分理论，给出连续型随机变量数学期望的定义.

定义 4.2 设 X 为连续型随机变量，其概率密度函数为 $f(x)$，若积分 $\int_{-\infty}^{+\infty} xf(x)\mathrm{d}x$ 绝对收敛，则称此积分值为 X 的**数学期望**，简称**期望**，又称为**均值**，记为 $E(X)$，即

$$E(X) = \int_{-\infty}^{+\infty} xf(x)\mathrm{d}x. \tag{4.1.3}$$

若积分 $\int_{-\infty}^{+\infty} xf(x)\mathrm{d}x$ 不绝对收敛，则称随机变量 X 的数学期望不存在.

例 4.4 设有 5 个相互独立的电子装置，它们的寿命 $X_k(k = 1,2,3,4,5)$ 服从同一指数分布，其概率密度函数为

$$f(x) = \begin{cases} \lambda \mathrm{e}^{-\lambda x}, & x > 0, \\ 0, & x \leqslant 0. \end{cases}$$

(1) 若将这 5 个电子装置串联组成整机，求整机寿命 N 的数学期望.

(2) 若将这 5 个电子装置并联组成整机，求整机寿命 M 的数学期望.

解 易知 $X_k(k = 1,2,3,4,5)$ 的分布函数为

$$F(x) = \begin{cases} 1 - \mathrm{e}^{-\lambda x}, & x > 0, \\ 0, & x \leqslant 0. \end{cases}$$

(1) 5 个电子装置串联时，整机寿命 $N = \min(X_1, X_2, X_3, X_4, X_5)$. 所以其分布函数为

$$F_N(x) = 1 - [1 - F(x)]^5 = \begin{cases} 1 - \mathrm{e}^{-5\lambda x}, & x > 0, \\ 0, & x \leqslant 0. \end{cases}$$

故其概率密度函数为

$$f_N(x) = \begin{cases} 5\lambda\,\mathrm{e}^{-5\lambda x}, & x > 0, \\ 0, & x \leqslant 0. \end{cases}$$

因此，有

$$E(N) = \int_{-\infty}^{+\infty} x f_N(x)\,\mathrm{d}x = \int_0^{+\infty} x \cdot 5\lambda\,\mathrm{e}^{-5\lambda x}\,\mathrm{d}x = \frac{1}{5\lambda}.$$

（2）5 个电子装置并联时，整机寿命 $M = \max(X_1, X_2, X_3, X_4, X_5)$.
所以其分布函数为

$$F_M(x) = [F(x)]^5 = \begin{cases} (1 - \mathrm{e}^{-\lambda x})^5, & x > 0, \\ 0, & x \leqslant 0. \end{cases}$$

故其概率密度函数为

$$f_M(x) = \begin{cases} 5\lambda(1 - \mathrm{e}^{-\lambda x})^4 \mathrm{e}^{-\lambda x}, & x > 0, \\ 0, & x \leqslant 0. \end{cases}$$

因此，有

$$E(M) = \int_{-\infty}^{+\infty} x f_M(x)\,\mathrm{d}x = \int_0^{+\infty} x \cdot 5\lambda(1 - \mathrm{e}^{-\lambda x})^4 \mathrm{e}^{-\lambda x}\,\mathrm{d}x = \frac{137}{60\lambda}.$$

例 4.5　设随机变量 X 服从柯西（Cauchy）分布，其概率密度函数为

$$f(x) = \frac{1}{\pi(1 + x^2)}, \ x \in \mathbf{R}.$$

试证明 $E(X)$ 不存在.

证明　因为

$$\int_{-\infty}^{+\infty} |xf(x)|\,\mathrm{d}x = \int_{-\infty}^{+\infty} |x| \cdot \frac{1}{\pi(1 + x^2)}\,\mathrm{d}x = \frac{2}{\pi}\int_0^{+\infty} \frac{x\,\mathrm{d}x}{(1 + x^2)}$$

$$= \frac{1}{\pi}\int_0^{+\infty} \frac{\mathrm{d}(1 + x^2)}{(1 + x^2)} = \frac{1}{\pi}\ln(1 + x^2)\,\Big|_0^{+\infty} = +\infty,$$

即 $\int_{-\infty}^{+\infty} xf(x)\,\mathrm{d}x$ 不绝对收敛，所以 $E(X)$ 不存在.

4.1.3　随机变量函数的数学期望

在许多实际问题中，经常需要求随机变量函数的数学期望. 例如，设 $Y = g(X)$，已知 X 的概率分布，如何求出 $E(Y)$？虽然，我们可以先依据 X 的概率分布求出 $Y = g(X)$ 的概率分布，然后利用数学期望的定义求出 $E(Y)$，但是这样做一般较烦琐. 其实我们可以不必求出 Y 的概率分布，而直接由 X 的概率分布来求 $E(Y)$. 下面的定理说明了这点.

定理 4.1　设 $Y = g(X)$ 是随机变量 X 的函数（$g(\cdot)$ 是连续函数）.

（1）若 X 是离散型随机变量，其分布律为 $P(X = x_k) = p_k, k = 0, 1, \cdots$. 如果级数 $\sum_{k=0}^{\infty} g(x_k)p_k$ 绝对收敛，则有

$$E(Y) = E(g(X)) = \sum_{k=0}^{\infty} g(x_k)p_k. \tag{4.1.4}$$

（2）若 X 是连续型随机变量，其概率密度函数为 $f(x)$. 如果积分 $\int_{-\infty}^{+\infty} g(x)f(x)\,\mathrm{d}x$ 绝对收敛，则有

$$E(Y) = E(g(X)) = \int_{-\infty}^{+\infty} g(x)f(x)\,\mathrm{d}x. \tag{4.1.5}$$

定理4.1说明，在求 $Y = g(X)$ 的数学期望时，不必知道 Y 的概率分布而只需知道 X 的概率分布. 定理4.1中结论(1)是显然成立的，结论(2)的证明超出了本书的范围，故此处从略.

定理4.1还可以推广到两个或多个随机变量的函数的情况. 例如，对二维随机变量有下面的定理.

定理 4.2 设 $Z = g(X, Y)$ 是随机变量 (X, Y) 的函数($g(\cdot)$ 是连续函数).

(1) 若 (X, Y) 是离散型随机变量，其分布律为
$$P(X = x_i, Y = y_j) = p_{ij}, \quad i, j = 1, 2, \cdots.$$

如果级数 $\sum\limits_{i=1}^{\infty} \sum\limits_{j=1}^{\infty} g(x_i, x_j) p_{ij}$ 绝对收敛，则有

$$E(Z) = E(g(X, Y)) = \sum_{i=1}^{\infty} \sum_{j=1}^{\infty} g(x_i, x_j) p_{ij}. \tag{4.1.6}$$

(2) 若 (X, Y) 是连续型随机变量，其概率密度函数为 $f(x, y)$.

如果积分 $\int_{-\infty}^{+\infty} \int_{-\infty}^{+\infty} g(x, y) f(x, y) \mathrm{d}x \mathrm{d}y$ 绝对收敛，则有

$$E(Z) = E(g(X, Y)) = \int_{-\infty}^{+\infty} \int_{-\infty}^{+\infty} g(x, y) f(x, y) \mathrm{d}x \mathrm{d}y. \tag{4.1.7}$$

例 4.6 设随机变量 X 服从参数为 λ 的泊松分布，试求 X^2 的数学期望.

解 因为 X 的分布律为
$$P(X = k) = \frac{\lambda^k}{k!} \mathrm{e}^{-\lambda}, \quad k = 0, 1, \cdots,$$

所以，由(4.1.4)式得

$$\begin{aligned}
E(X^2) &= \sum_{k=0}^{\infty} k^2 \cdot \frac{\lambda^k}{k!} \mathrm{e}^{-\lambda} = \sum_{k=1}^{\infty} k^2 \cdot \frac{\lambda^k}{k!} \mathrm{e}^{-\lambda} \\
&= \sum_{k=1}^{\infty} k \cdot \frac{\lambda^k}{(k-1)!} \mathrm{e}^{-\lambda} = \sum_{k=1}^{\infty} \frac{[(k-1)+1]\lambda^k}{(k-1)!} \mathrm{e}^{-\lambda} \\
&= \lambda^2 \mathrm{e}^{-\lambda} \sum_{k=2}^{\infty} \frac{\lambda^{k-2}}{(k-2)!} + \lambda \mathrm{e}^{-\lambda} \sum_{k=1}^{\infty} \frac{\lambda^{k-1}}{(k-1)!} \\
&= \lambda^2 + \lambda.
\end{aligned}$$

例 4.7 设随机变量 X 在 (a, b) 上服从均匀分布，试求 X^2 的数学期望.

解 因为 X 的概率密度函数为
$$f(x) = \begin{cases} \dfrac{1}{b-a}, & a < x < b, \\ 0, & \text{其他.} \end{cases}$$

所以，由(4.1.5)式得

$$\begin{aligned}
E(X^2) &= \int_{-\infty}^{+\infty} x^2 f(x) \mathrm{d}x = \int_a^b \frac{x^2}{b-a} \mathrm{d}x \\
&= \frac{1}{b-a} \cdot \frac{x^3}{3} \Big|_a^b = \frac{a^2 + ab + b^2}{3}.
\end{aligned}$$

例 4.8 设随机变量 X 的概率密度函数为
$$f(x) = \begin{cases} \mathrm{e}^{-x}, & x > 0, \\ 0, & x \leqslant 0. \end{cases}$$

试求 $E(3X)$ 及 $E(\mathrm{e}^{-4X})$.

解　由(4.1.5)式得

$$E(3X) = \int_{-\infty}^{+\infty} 3xf(x)\,\mathrm{d}x = \int_{0}^{+\infty} 3x \cdot \mathrm{e}^{-x}\,\mathrm{d}x = \int_{0}^{+\infty} 3\mathrm{e}^{-x}\,\mathrm{d}x = 3.$$

$$E(\mathrm{e}^{-4X}) = \int_{-\infty}^{+\infty} \mathrm{e}^{-4x}f(x)\,\mathrm{d}x = \int_{0}^{+\infty} \mathrm{e}^{-4x} \cdot \mathrm{e}^{-x}\,\mathrm{d}x = \int_{0}^{+\infty} \mathrm{e}^{-5x}\,\mathrm{d}x = \frac{1}{5}.$$

例 4.9　设随机变量(X, Y)的概率密度函数为

$$f(x, y) = \begin{cases} 6xy, & 0 < x < 1,\ 0 < y < 2(1-x), \\ 0, & \text{其他}. \end{cases}$$

试求$E(X), E(Y)$和$E(\dfrac{1}{XY})$.

解　由(4.1.7)式得

$$\begin{aligned} E(X) &= \int_{-\infty}^{+\infty}\int_{-\infty}^{+\infty} x \cdot f(x, y)\,\mathrm{d}x\mathrm{d}y = \int_{0}^{1}\int_{0}^{2(1-x)} 6x^2 y\,\mathrm{d}x\mathrm{d}y \\ &= 6\int_{0}^{1} x^2 \cdot \left(\frac{y^2}{2}\right)\Big|_{0}^{2(1-x)}\,\mathrm{d}x = 12\int_{0}^{1} x^2(1-x)^2\,\mathrm{d}x \\ &= \frac{2}{5}. \end{aligned}$$

$$\begin{aligned} E(Y) &= \int_{-\infty}^{+\infty}\int_{-\infty}^{+\infty} y \cdot f(x, y)\,\mathrm{d}x\mathrm{d}y = \int_{0}^{1}\int_{0}^{2(1-x)} 6xy^2\,\mathrm{d}x\mathrm{d}y \\ &= 6\int_{0}^{1} x \cdot \left(\frac{y^3}{3}\right)\Big|_{0}^{2(1-x)}\,\mathrm{d}x = 16\int_{0}^{1} x(1-x)^3\,\mathrm{d}x \\ &= \frac{4}{5}. \end{aligned}$$

$$\begin{aligned} E\left(\frac{1}{XY}\right) &= \int_{-\infty}^{+\infty}\int_{-\infty}^{+\infty} \frac{1}{xy} \cdot f(x, y)\,\mathrm{d}x\mathrm{d}y = \int_{0}^{1}\int_{0}^{2(1-x)} 6\,\mathrm{d}x\mathrm{d}y \\ &= 12\int_{0}^{1} (1-x)\,\mathrm{d}x = 6. \end{aligned}$$

例 4.10　假定国际市场每年对我国某种商品的需求量是一个随机变量X(单位：千克)，它在区间$(2000, 4000)$上服从均匀分布. 已知每售出 1 千克该商品就可赚 3 万美元，但如果销售不出去，则每千克该商品需仓储等费用 1 万美元. 试问外贸部门应组织多少货才能使收益的数学期望值最大？

解　设应组织的货源为k千克，记Y为收益，则有

$$Y = g(X) = \begin{cases} 3X - (k - X), & X < k \\ 3k, & X \geqslant k \end{cases} = \begin{cases} 4X - k, & X < k, \\ 3k, & X \geqslant k. \end{cases}$$

又因为

$$f_X(x) = \begin{cases} \dfrac{1}{2000}, & 2000 < x < 4000, \\ 0, & \text{其他}. \end{cases}$$

所以

$$\begin{aligned} E(Y) &= \int_{-\infty}^{+\infty} g(x)f_X(x)\,\mathrm{d}x = \int_{2000}^{4000} \frac{1}{2000} g(x)\,\mathrm{d}x \\ &= \frac{1}{2000}\int_{2000}^{k} (4x - k)\,\mathrm{d}x + \frac{1}{2000}\int_{k}^{4000} 3k\,\mathrm{d}x \\ &= \frac{1}{1000}(-k^2 + 7000k - 4 \times 10^6). \end{aligned}$$

因此，当 $k = 3500$ 时，$E(Y)$ 值达到最大，即外贸部门应组织 3500 千克货才能使收益的数学期望值最大.

4.1.4　数学期望的性质

下面我们给出数学期望的几个常用性质. 在以下的讨论中，假设所遇到的随机变量的数学期望都存在. 我们只对连续型随机变量的情况加以证明，至于对离散型随机变量情况的证明，只需将证明中的"积分"用"和式"代替.

性质 1　设 C 是常数，则 $E(C) = C$.

证明　将常数 C 看成一个特殊的离散型随机变量，其分布律为 $P(X = C) = 1$，从而
$$E(C) = 1 \cdot C = C.$$

性质 2　设 C 是常数，X 是随机变量，则有
$$E(CX) = CE(X).$$

证明　设随机变量 X 的概率密度函数为 $f(x)$，则由（4.1.5）式得
$$E(CX) = \int_{-\infty}^{+\infty} Cx \cdot f(x) \mathrm{d}x = C\int_{-\infty}^{+\infty} x \cdot f(x) \mathrm{d}x = CE(X).$$

性质 3　设 X, Y 为两个随机变量，则有
$$E(X + Y) = E(X) + E(Y).$$

证明　设二维随机变量 (X, Y) 的概率密度函数为 $f(x, y)$，则由（4.1.7）式得
$$
\begin{aligned}
E(X + Y) &= \int_{-\infty}^{+\infty} \int_{-\infty}^{+\infty} (x + y) \cdot f(x, y) \mathrm{d}x\mathrm{d}y \\
&= \int_{-\infty}^{+\infty} \int_{-\infty}^{+\infty} x \cdot f(x, y) \mathrm{d}x\mathrm{d}y + \int_{-\infty}^{+\infty} \int_{-\infty}^{+\infty} y \cdot f(x, y) \mathrm{d}x\mathrm{d}y \\
&= E(X) + E(Y).
\end{aligned}
$$

性质 3 可以推广到任意有限多个随机变量之和的情形. 例如，对 n 个随机变量 $X_1, X_2, \cdots, X_n$，有
$$E(X_1 + X_2 + \cdots + X_n) = E(X_1) + E(X_2) + \cdots + E(X_n).$$

再结合性质 1 及性质 2，一般有
$$E(k_1X_1 + k_2X_2 + \cdots + k_nX_n + C) = k_1E(X_1) + k_2E(X_2) + \cdots + k_nE(X_n) + C,$$

其中 $k_1, k_2, \cdots, k_n$ 及 C 为任意常数.

性质 4　设 X, Y 为两个相互独立的随机变量，则有
$$E(XY) = E(X)E(Y).$$

证明　设二维随机变量 (X, Y) 的概率密度函数为 $f(x, y)$，X, Y 的概率密度函数分别为 $f_X(x), f_Y(y)$，则由（4.1.7）式得
$$
\begin{aligned}
E(XY) &= \int_{-\infty}^{+\infty} \int_{-\infty}^{+\infty} xy \cdot f(x, y) \mathrm{d}x\mathrm{d}y = \int_{-\infty}^{+\infty} \int_{-\infty}^{+\infty} xy \cdot f_X(x)f_Y(y) \mathrm{d}x\mathrm{d}y \\
&= \int_{-\infty}^{+\infty} x \cdot f_X(x) \mathrm{d}x \cdot \int_{-\infty}^{+\infty} y \cdot f_Y(y) \mathrm{d}y \\
&= E(X)E(Y).
\end{aligned}
$$

性质 4 也可以推广到任意有限多个随机变量的情形. 例如，对 n 个相互独立的随机变量 $X_1, X_2, \cdots, X_n$，有
$$E(X_1X_2\cdots X_n) = E(X_1)E(X_2)\cdots E(X_n).$$

例 4.11　将 n 个球放入 M 个盒子中，假设每个球落入各个盒子是等可能的，求有球的盒子数 X 的数学期望.

解　引入随机变量

$$X_i = \begin{cases} 1, & \text{第 } i \text{ 个盒子中有球}, \\ 0, & \text{第 } i \text{ 个盒子中无球}, \end{cases} \quad i = 1, 2, \cdots, M.$$

则有

$$X = X_1 + X_2 + \cdots + X_M,$$

于是

$$E(X) = E(X_1) + E(X_2) + \cdots + E(X_M).$$

随机变量 $X_i (i = 1, 2, \cdots, M)$ 服从 $(0-1)$ 分布. 由于每个球落入各个盒子的概率均为 $\dfrac{1}{M}$, 因此对于第 i 个盒子, 一个球不落入这个盒子内的概率为 $1 - \dfrac{1}{M}$, 于是 n 个球都不落入这个盒子内的概率为 $(1 - \dfrac{1}{M})^n$, 即

$$P(X_i = 0) = (1 - \frac{1}{M})^n, \quad i = 1, 2, \cdots, M.$$

从而

$$P(X_i = 1) = 1 - (1 - \frac{1}{M})^n, \quad i = 1, 2, \cdots, M.$$

因此, 有

$$E(X_i) = 1 - (1 - \frac{1}{M})^n, \quad i = 1, 2, \cdots, M.$$

故

$$E(X) = M[1 - (1 - \frac{1}{M})^n].$$

类似本例将 X 分解为若干个随机变量之和, 然后利用数学期望的性质求 X 的数学期望的方法, 具有一定的普遍意义. 恰当地使用这种方法, 可使复杂问题简单化.

另外, 以上例子有丰富的实际背景, 例如, 把 M 个 "盒子" 看成 M 个 "银行自动取款机", 把 n 个 "球" 看成 n 个 "取款人". 假定每个人到哪个取款机取款是随机的, 那么 $E(X) = M[1 - (1 - \dfrac{1}{M})^n]$ 就是处于服务状态的取款机的平均个数 (当然, 有的取款机前可能有几个人排队等待取款).

例 4.12　设随机变量 X, Y 的概率密度函数分别为

$$f_X(x) = \begin{cases} 2e^{-2x}, & x > 0, \\ 0, & x \leq 0. \end{cases} \qquad f_Y(y) = \begin{cases} 4e^{-4y}, & y > 0, \\ 0, & y \leq 0. \end{cases}$$

(1) 求 $E(2X - 3Y^2)$.

(2) 若 X, Y 相互独立, 求 $E(XY^2)$.

解　由 (4.1.3) 式和 (4.1.5) 式得

$$E(X) = \int_{-\infty}^{+\infty} x f_X(x) \,dx = \int_0^{+\infty} 2x e^{-2x} \,dx = \frac{1}{2},$$

$$E(Y^2) = \int_{-\infty}^{+\infty} y^2 f_Y(y) \,dy = \int_0^{+\infty} 4y^2 e^{-4y} \,dy = \frac{1}{8}.$$

(1) 由数学期望的性质, 得

$$E(2X - 3Y^2) = 2E(X) - 3E(Y^2) = 1 - \frac{3}{8} = \frac{5}{8}.$$

(2) 因为 X, Y 相互独立, 所以

$$E(XY^2) = E(X) \cdot E(Y^2) = \frac{1}{2} \times \frac{1}{8} = \frac{1}{16}.$$

4.2   随机变量的方差

4.2.1   方差的概念

考虑以下问题：有一批灯泡，将任意一个灯泡的寿命设为 X，其数学期望 $E(X) = 2000\text{h}$，但仅由这一指标并不能判断这批灯泡质量的好坏，我们还需考查灯泡寿命 X 与 $E(X)$ 的偏离程度，若偏离程度较小，则灯泡质量比较稳定. 因此，研究随机变量与其数学期望的偏离程度也是十分重要的.

用什么量表示随机变量与其数学期望的偏离程度呢？设随机变量 X 的数学期望为 $E(X)$，偏离量 $X - E(X)$ 本身也是随机变量. 在计算偏离程度的大小时，我们不能使用 $X - E(X)$ 的数学期望，因为其值为 0，即正负偏离相互抵消了. 为了避免正负偏离相互抵消，可以利用随机变量 $|X - E(X)|$ 的数学期望 $E(|X - E(X)|)$ 来表示 X 与 $E(X)$ 的偏离程度. 但由于在数学上绝对值的处理很不方便，因此为了数学上处理的方便，通常用 $E([X - E(X)]^2)$ 来表示 X 与 $E(X)$ 的偏离程度.

定义 4.3   设 X 是一个随机变量，如果 $E([X - E(X)]^2)$ 存在，则称 $E([X - E(X)]^2)$ 为 X 的**方差**（**variance**），记为 $D(X)$，即

$$D(X) = E([X - E(X)]^2).$$

称 $\sqrt{D(X)}$ 为 X 的**均方差**或**标准差**（**standard deviation**）.

由定义 4.3 知，随机变量 X 的方差反映了 X 的取值与其数学期望的偏离程度. 若方差 $D(X)$ 较小，则 X 的取值比较集中；否则，X 的取值就比较分散. 因此，方差 $D(X)$ 是刻画 X 取值分散程度的一个量.

由定义 4.3 可知，方差本质上是随机变量 X 的函数的数学期望. 故若 X 为离散型随机变量，其分布律为 $P(X = x_k) = p_k, k = 0, 1, \cdots$，则

$$D(X) = \sum_{k=0}^{\infty} [x_k - E(X)]^2 p_k.$$

若 X 为连续型随机变量，其概率密度函数为 $f(x)$，则

$$D(X) = \int_{-\infty}^{+\infty} [x - E(X)]^2 f(x)\,\mathrm{d}x.$$

另外，还有一个常用的计算方差的重要公式：

$$D(X) = E(X^2) - [E(X)]^2. \tag{4.2.1}$$

事实上，

$$D(X) = E([X - E(X)]^2) = E(X^2 - 2XE(X) + [E(X)]^2)$$
$$= E(X^2) - 2E(X)E(X) + [E(X)]^2 = E(X^2) - [E(X)]^2.$$

例 4.13   设随机变量 X 的概率密度函数为

$$f(x) = \begin{cases} 1 + x, & -1 \leqslant x \leqslant 0, \\ 1 - x, & 0 < x \leqslant 1, \\ 0, & \text{其他}. \end{cases}$$

求 $D(X)$.

解   因为

$$E(X) = \int_{-1}^{0} x(1 + x)\,\mathrm{d}x + \int_{0}^{1} x(1 - x)\,\mathrm{d}x = 0,$$

$$E(X^2) = \int_{-1}^{0} x^2(1 + x)\,\mathrm{d}x + \int_{0}^{1} x^2(1 - x)\,\mathrm{d}x = \frac{1}{6},$$

所以

$$D(X) = E(X^2) - [E(X)]^2 = \frac{1}{6}.$$

例 4.14　设随机变量 X 服从 $(0-1)$ 分布，其分布律为：$P(X=0) = 1-p$，$P(X=1) = p$. 求 $E(X)$，$D(X)$.

解　由 $(4.1.2)$ 式得

$$E(X) = 0 \cdot (1-p) + 1 \cdot p = p.$$

又因为

$$E(X^2) = 0^2 \cdot (1-p) + 1^2 \cdot p = p,$$

所以

$$D(X) = E(X^2) - [E(X)]^2 = p - p^2 = p(1-p).$$

例 4.15　设随机变量 X 服从参数为 λ 的泊松分布，求 $E(X)$，$D(X)$.

解　因为 X 的分布律为

$$P(X=k) = \frac{\lambda^k \mathrm{e}^{-\lambda}}{k!}, \quad k = 0, 1, \cdots,$$

所以，由 $(4.1.2)$ 式得

$$E(X) = \sum_{k=0}^{\infty} k \cdot \frac{\lambda^k}{k!} \mathrm{e}^{-\lambda} = \sum_{k=1}^{\infty} k \cdot \frac{\lambda^k}{k!} \mathrm{e}^{-\lambda} = \lambda \mathrm{e}^{-\lambda} \sum_{k=1}^{\infty} \frac{\lambda^{k-1}}{(k-1)!} = \lambda.$$

在 4.1 节例 4.6 中已求得 $E(X^2) = \lambda^2 + \lambda$，于是

$$D(X) = E(X^2) - [E(X)]^2 = \lambda^2 + \lambda - \lambda^2 = \lambda.$$

例 4.16　设随机变量 X 在 (a,b) 上服从均匀分布，求 $E(X)$，$D(X)$.

解　因为 X 的概率密度函数为

$$f(x) = \begin{cases} \dfrac{1}{b-a}, & a < x < b, \\ 0, & \text{其他}. \end{cases}$$

所以，由 $(4.1.3)$ 式得

$$E(X) = \int_{-\infty}^{+\infty} x f(x) \mathrm{d}x = \int_a^b \frac{x}{b-a} \mathrm{d}x = \frac{1}{b-a} \cdot \frac{x^2}{2} \Big|_a^b = \frac{a+b}{2}.$$

在 4.1 节例 4.7 中已求得 $E(X^2) = \dfrac{a^2 + ab + b^2}{3}$，于是

$$D(X) = E(X^2) - [E(X)]^2 = \frac{a^2 + ab + b^2}{3} - \left(\frac{a+b}{2}\right)^2 = \frac{(b-a)^2}{12}.$$

例 4.17　设随机变量 X 服从参数为 p 的几何分布，即 $X \sim G(p)$，其分布律为

$$P(X=k) = (1-p)^{k-1} p, \quad k = 1, 2, 3, \cdots.$$

其中 $0 < p < 1$ 为常数，求 $E(X)$，$D(X)$.

解　由 $(4.1.2)$ 式和 $(4.1.4)$ 式得

$$E(X) = \sum_{k=1}^{\infty} k p (1-p)^{k-1} = \frac{p}{[1-(1-p)]^2} = \frac{1}{p},$$

$$E(X^2) = \sum_{k=1}^{\infty} k^2 p (1-p)^{k-1} = p \cdot \frac{1+(1-p)}{[1-(1-p)]^3} = \frac{2-p}{p^2}.$$

于是

$$D(X) = E(X^2) - [E(X)]^2 = \frac{1-p}{p^2}.$$

4.2.2　方差的性质

下面我们给出方差的几个常用性质. 在以下的讨论中，假设所遇到的随机变量的方差都存在.

性质 1　设 C 是常数，则 $D(C) = 0$.

证明　$D(C) = E(C^2) - [E(C)]^2 = C^2 - C^2 = 0.$

性质 2　设 C 是常数，X 为随机变量，则 $D(CX) = C^2 D(X)$.

证明　$D(CX) = E(C^2 X^2) - [E(CX)]^2 = C^2 [E(X^2) - (E(X))^2] = C^2 D(X).$

性质 3　设 X, Y 为两个相互独立的随机变量，则有

$$D(X + Y) = D(X) + D(Y).$$

证明　$\begin{aligned} D(X + Y) &= E\{[(X + Y) - E(X + Y)]^2\} = E\{[(X - E(X)) + (Y - E(Y))]^2\} \\ &= E([X - E(X)]^2) + E([Y - E(Y)]^2) + 2E\{[X - E(X)][Y - E(Y)]\} \\ &= D(X) + D(Y) + 2E\{[X - E(X)][Y - E(Y)]\}. \end{aligned}$

又因为

$$\begin{aligned} E\{[X - E(X)][Y - E(Y)]\} &= E\{XY + E(X)E(Y) - XE(Y) - YE(X)\} \\ &= E(XY) + E(X)E(Y) - E(X)E(Y) - E(Y)E(X) \\ &= E(XY) - E(X)E(Y) \\ &= E(X)E(Y) - E(X)E(Y) \\ &= 0, \end{aligned}$$

所以　　　　　$D(X + Y) = D(X) + D(Y).$

这一性质可以推广到任意有限个随机变量之和的情形. 例如，对 n 个相互独立的随机变量 $X_1, X_2, \cdots, X_n$，有

$$D(X_1 + X_2 + \cdots + X_n) = D(X_1) + D(X_2) + \cdots + D(X_n).$$

再结合性质 1 及性质 2，一般有：若 $X_1, X_2, \cdots, X_n$ 是相互独立的随机变量，则

$$D(k_1 X_1 + k_2 X_2 + \cdots + k_n X_n + C) = k_1^2 D(X_1) + k_2^2 D(X_2) + \cdots + k_n^2 D(X_n),$$

其中 $k_1, k_2, \cdots, k_n$ 及 C 为任意常数.

性质 4　$D(X) = 0$ 的充分必要条件是 X 以概率 1 取常数 C，即 $P(X = C) = 1$. 这里 $C = E(X)$（证明略）.

例 4.18　设某台设备由 3 个元件组成，在设备运转过程中各个元件需要调整的概率分别为 $0.1, 0.2, 0.3$. 假设各个元件是否需要调整相互独立，以 X 表示同时需要调整的元件数，试求 X 的数学期望和方差.

解　令

$$X_i = \begin{cases} 1, & \text{元件 } i \text{ 需要调整}, \\ 0, & \text{元件 } i \text{ 不需要调整}. \end{cases} \quad i = 1, 2, 3.$$

则易知 $X = X_1 + X_2 + X_3$，且 X_1, X_2, X_3 相互独立，分别服从参数为 $0.1, 0.2, 0.3$ 的 $(0-1)$ 分布.

由数学期望及方差的性质并结合例 4.14 得

$$E(X) = E(X_1) + E(X_2) + E(X_3) = 0.1 + 0.2 + 0.3 = 0.6.$$

$$\begin{aligned} D(X) &= D(X_1) + D(X_2) + D(X_3) \\ &= 0.1 \times 0.9 + 0.2 \times 0.8 + 0.3 \times 0.7 = 0.46. \end{aligned}$$

例 4.19 设随机变量 X 的期望与方差分别为 $E(X)$ 和 $D(X)$，且 $D(X) > 0$，试求 $X^* = \dfrac{X - E(X)}{\sqrt{D(X)}}$ 的数学期望和方差.

解 $E(X^*) = E\left(\dfrac{X - E(X)}{\sqrt{D(X)}}\right) = \dfrac{E(X - E(X))}{\sqrt{D(X)}} = 0.$

$$D(X^*) = D\left(\dfrac{X - E(X)}{\sqrt{D(X)}}\right) = \dfrac{D(X - E(X))}{D(X)} = \dfrac{D(X)}{D(X)} = 1.$$

一般地，对随机变量 X，设 $E(X)$ 和 $D(X)$ 存在，且 $D(X) > 0$，则称 $X^* = \dfrac{X - E(X)}{\sqrt{D(X)}}$ 为 X 的标准化随机变量.

4.2.3 几种重要分布的数学期望及方差

1. (0 - 1) 分布

设随机变量 X 服从参数为 p 的 (0 - 1) 分布，其分布律为

$$P(X = 0) = 1 - p, \ P(X = 1) = p, \ 0 < p < 1.$$

由例 4.14 知

$$E(X) = p, \ D(X) = p(1 - p).$$

2. 二项分布

设随机变量 X 服从参数为 n, p 的二项分布，即 $X \sim B(n, p)$，其分布律为

$$P(X = k) = C_n^k p^k (1 - p)^{n-k}, \ k = 0, 1, \cdots, n.$$

因为 $X \sim B(n, p)$，所以 X 可看成 n 次独立重复试验中事件 A 发生的次数，且 $P(A) = p$. 令

$$X_i = \begin{cases} 1, & A \text{ 在第 } i \text{ 次试验中发生}, \\ 0, & A \text{ 在第 } i \text{ 次试验中不发生}. \end{cases} \quad i = 1, 2, \cdots, n.$$

则易知 $X = X_1 + X_2 + \cdots + X_n$，$X_1, X_2, \cdots, X_n$ 相互独立，且均服从参数为 p 的 (0 - 1) 分布. 因此

$$E(X) = E(X_1) + E(X_2) + \cdots + E(X_n) = np,$$
$$D(X) = D(X_1) + D(X_2) + \cdots + D(X_n) = np(1 - p),$$

即

$$E(X) = np, \ D(X) = np(1 - p).$$

3. 泊松分布

设随机变量 X 服从参数为 λ 的泊松分布，即 $X \sim P(\lambda)$，其分布律为

$$P(X = k) = \dfrac{\lambda^k e^{-\lambda}}{k!}, \ k = 0, 1, \cdots.$$

由例 4.15 知

$$E(X) = \lambda, \ D(X) = \lambda.$$

4. 均匀分布

设随机变量 X 在 (a, b) 上服从均匀分布，即 $X \sim U(a, b)$，其概率密度函数为

$$f(x) = \begin{cases} \dfrac{1}{b - a}, & a < x < b, \\ 0, & \text{其他}. \end{cases}$$

由例 4.16 知

$$E(X) = \frac{a+b}{2}, \quad D(X) = \frac{(b-a)^2}{12}.$$

5. 指数分布

设随机变量 X 服从参数为 λ 的指数分布，其概率密度函数为

$$f(x) = \begin{cases} \lambda e^{-\lambda x}, & x > 0, \\ 0, & x \leqslant 0. \end{cases}$$

则有

$$E(X) = \int_{-\infty}^{+\infty} xf(x)\,dx = \int_0^{+\infty} x\lambda e^{-\lambda x}\,dx = \int_0^{+\infty} e^{-\lambda x}\,dx = \frac{1}{\lambda},$$

$$E(X^2) = \int_{-\infty}^{+\infty} x^2 f(x)\,dx = \int_0^{+\infty} x^2\lambda e^{-\lambda x}\,dx = \int_0^{+\infty} 2x e^{-\lambda x}\,dx = \frac{2}{\lambda^2},$$

于是

$$D(X) = E(X^2) - [E(X)]^2 = \frac{2}{\lambda^2} - \frac{1}{\lambda^2} = \frac{1}{\lambda^2}.$$

故

$$E(X) = \frac{1}{\lambda}, \quad D(X) = \frac{1}{\lambda^2}.$$

6. 正态分布

设随机变量 X 服从参数为 $\mu, \sigma^2 (\sigma > 0)$ 的正态分布，即 $X \sim N(\mu, \sigma^2)$，其概率密度函数为

$$f(x) = \frac{1}{\sqrt{2\pi}\,\sigma} e^{-\frac{(x-\mu)^2}{2\sigma^2}}, \quad -\infty < x < +\infty.$$

则有

$$E(X) = \int_{-\infty}^{+\infty} x \cdot \frac{1}{\sqrt{2\pi}\,\sigma} e^{-\frac{(x-\mu)^2}{2\sigma^2}}\,dx,$$

令 $t = \dfrac{x-\mu}{\sigma}$，得

$$E(X) = \int_{-\infty}^{+\infty} \frac{1}{\sqrt{2\pi}} (\mu + \sigma t) e^{-\frac{t^2}{2}}\,dt$$

$$= \mu \int_{-\infty}^{+\infty} \frac{1}{\sqrt{2\pi}} e^{-\frac{t^2}{2}}\,dt + \int_{-\infty}^{+\infty} \frac{\sigma t}{\sqrt{2\pi}} e^{-\frac{t^2}{2}}\,dt$$

$$= \mu.$$

$$D(X) = E([X - E(X)]^2) = \int_{-\infty}^{+\infty} (x-\mu)^2 \cdot \frac{1}{\sqrt{2\pi}\,\sigma} e^{-\frac{(x-\mu)^2}{2\sigma^2}}\,dx,$$

令 $s = \dfrac{x-\mu}{\sigma}$，得

$$D(X) = \int_{-\infty}^{+\infty} \sigma^2 s^2 \cdot \frac{1}{\sqrt{2\pi}} e^{-\frac{s^2}{2}}\,ds$$

$$= -\frac{\sigma^2}{\sqrt{2\pi}} (s e^{-\frac{s^2}{2}}) \Big|_{-\infty}^{+\infty} + \sigma^2 \int_{-\infty}^{+\infty} \frac{1}{\sqrt{2\pi}} e^{-\frac{s^2}{2}}\,ds$$

$$= \sigma^2.$$

即

$$E(X) = \mu, \quad D(X) = \sigma^2.$$

由以上内容可知，对于一个服从正态分布 $N(\mu,\sigma^2)$ 的随机变量 X，参数 μ 是数学期望，σ^2 是方差，这说明正态分布完全由它的数学期望和方差确定.

由 3.5 节知道：有限个相互独立的正态随机变量的线性组合仍然服从正态分布，即若 $X_i \sim N(\mu_i,\sigma_i^2)(i = 1,2,\cdots,n)$，且它们相互独立，则对任意不全为 0 的常数 $k_1,k_2,\cdots,k_n$，$k_1X_1 + k_2X_2 + \cdots + k_nX_n$ 服从正态分布. 于是由数学期望和方差的性质知道：

$$k_1X_1 + k_2X_2 + \cdots + k_nX_n \sim N\left(\sum_{i=1}^{n}k_i\mu_i, \sum_{i=1}^{n}k_i^2\sigma_i^2\right).$$

例 4.20　设随机变量 X 与 Y 相互独立，且 $X \sim N(2,16)$，$Y \sim N(3,9)$，试求概率 $P(X \leqslant Y + 1)$，$P(2X - 3Y \leqslant -5)$.

解　因为 X 与 Y 相互独立，且 $X \sim N(2,16)$，$Y \sim N(3,9)$，所以 $Z_1 = X - Y$，$Z_2 = 2X - 3Y$ 均服从正态分布，且有

$$E(Z_1) = E(X - Y) = 2 - 3 = -1,\ D(Z_1) = D(X - Y) = 16 + 9 = 25,$$
$$E(Z_2) = E(2X - 3Y) = 4 - 9 = -5,$$
$$D(Z_2) = D(2X - 3Y) = 4 \times 16 + 9 \times 9 = 145.$$

故有

$$P(X \leqslant Y + 1) = P(X - Y \leqslant 1) = F_{Z_1}(1) = \Phi\left(\frac{1 + 1}{5}\right) = 0.6554,$$

$$P(2X - 3Y \leqslant -5) = F_{Z_2}(-5) = \Phi\left(\frac{-5 + 5}{\sqrt{145}}\right) = \Phi(0) = 0.5.$$

4.3　协方差与相关系数

4.3.1　协方差

随机变量的数学期望与方差都是刻画一维随机变量的数字特征，对于二维随机变量 (X,Y)，我们除了要讨论随机变量 X 和 Y 的数学期望与方差之外，还要讨论 X 与 Y 之间的相互关系. 能不能像数学期望与方差那样，用某些数值来刻画 X 与 Y 之间的联系呢？下面介绍的协方差和相关系数就是描述两个随机变量之间联系的数字特征.

定义 4.4　设 (X,Y) 是一个二维随机变量，若 $E\{[X - E(X)][Y - E(Y)]\}$ 存在，则称它为随机变量 X 与 Y 的**协方差**（**covariance**），记为 $\mathrm{Cov}(X,Y)$，即
$$\mathrm{Cov}(X,Y) = E([X - E(X)][Y - E(Y)]).$$

由定义 4.4 可知，若 (X,Y) 是离散型随机变量，其分布律为
$$P(X = x_i, Y = y_j) = p_{ij},\ i,j = 1,2,\cdots.$$
则

$$\mathrm{Cov}(X,Y) = \sum_{i=1}^{\infty}\sum_{j=1}^{\infty}[x_i - E(X)][y_j - E(Y)]p_{ij}.$$

若 (X,Y) 是连续型随机变量，其概率密度函数为 $f(x,y)$，则

$$\mathrm{Cov}(X,Y) = \int_{-\infty}^{+\infty}\int_{-\infty}^{+\infty}[x - E(X)][y - E(Y)]f(x,y)\mathrm{d}x\mathrm{d}y.$$

另外，还有一个常用的计算协方差的重要公式：

$$\mathrm{Cov}(X,Y) = E(XY) - E(X)E(Y). \tag{4.3.1}$$

事实上，

$$\begin{aligned}
\text{Cov}(X,Y) &= E([X - E(X)][Y - E(Y)]) \\
&= E(XY - XE(Y) - YE(X) + E(X)E(Y)) \\
&= E(XY) - E(X)E(Y).
\end{aligned}$$

例 4.21 设二维随机变量(X,Y)的概率密度函数为

$$f(x,y) = \begin{cases} \dfrac{1}{(b-a)(d-c)}, & a \leqslant x \leqslant b, c \leqslant y \leqslant d, \\ 0, & \text{其他.} \end{cases}$$

求 $\text{Cov}(X,Y)$.

解 因为

$$E(X) = \int_a^b \mathrm{d}x \int_c^d x \cdot \frac{1}{(b-a)(d-c)} \mathrm{d}y = \frac{a+b}{2},$$

$$E(Y) = \int_a^b \mathrm{d}x \int_c^d y \cdot \frac{1}{(b-a)(d-c)} \mathrm{d}y = \frac{c+d}{2},$$

$$E(XY) = \int_a^b \mathrm{d}x \int_c^d xy \cdot \frac{1}{(b-a)(d-c)} \mathrm{d}y = \frac{(a+b)(c+d)}{4},$$

所以

$$\text{Cov}(X,Y) = E(XY) - E(X)E(Y) = 0.$$

设a,b是常数，并假设下面所遇到的数学期望及方差都存在，协方差具有以下性质：

性质 1 $\text{Cov}(X,a) = 0$, $\text{Cov}(X,X) = D(X)$.

性质 2 $\text{Cov}(X,Y) = \text{Cov}(Y,X)$.

性质 3 $\text{Cov}(aX,bY) = ab\text{Cov}(X,Y)$.

性质 4 $\text{Cov}(X+Y,Z) = \text{Cov}(X,Z) + \text{Cov}(Y,Z)$.

性质 5 $D(X \pm Y) = D(X) + D(Y) \pm 2\text{Cov}(X,Y)$.

证明 由协方差的定义，容易验证性质1、性质2与性质3，下面仅证明性质4和性质5.

$$\begin{aligned}
\text{Cov}(X+Y,Z) &= E\{[X+Y-E(X+Y)][Z-E(Z)]\} \\
&= E\{[(X-E(X)) + (Y-E(Y))][Z-E(Z)]\} \\
&= E\{[X-E(X)][Z-E(Z)]\} + E\{[Y-E(Y)][Z-E(Z)]\} \\
&= \text{Cov}(X,Z) + \text{Cov}(Y,Z).
\end{aligned}$$

故性质4成立.

$$\begin{aligned}
D(X+Y) &= E\{[(X+Y) - E(X+Y)]^2\} \\
&= E\{([X-E(X)] + [Y-E(Y)])^2\} \\
&= E([X-E(X)]^2) + E([Y-E(Y)]^2) + 2E\{[X-E(X)][(Y-E(Y)]\} \\
&= D(X) + D(Y) + 2\text{Cov}(X,Y).
\end{aligned}$$

类似可证

$$D(X-Y) = D(X) + D(Y) - 2\text{Cov}(X,Y).$$

从而有

$$D(X \pm Y) = D(X) + D(Y) \pm 2\text{Cov}(X,Y).$$

故性质5成立.

性质5可以推广到任意有限个随机变量之和的情形. 例如，对n个随机变量$X_1, X_2, \cdots, X_n$，有

$$D\left(\sum_{i=1}^n X_i\right) = \sum_{i=1}^n D(X_i) + 2\sum_{i=1}^{n-1}\sum_{j=i+1}^n \text{Cov}(X_i, X_j).$$

4.3.2　相关系数

定义 4.5　设 (X,Y) 是二维随机变量, 若 $D(X) > 0$, $D(Y) > 0$, 则称 $\dfrac{\text{Cov}(X,Y)}{\sqrt{D(X)}\,\sqrt{D(Y)}}$ 为 X

与 Y 的**相关系数**(**coefficient of correlation**), 记为 ρ_{XY}, 即

$$\rho_{XY} = \frac{\text{Cov}(X,Y)}{\sqrt{D(X)}\,\sqrt{D(Y)}}.$$

当 $\rho_{XY} = 0$ 时, 称随机变量 X 与 Y **不相关**.

对随机变量 X 与 Y, 设 $D(X) > 0$, $D(Y) > 0$, 将它们标准化得

$$X^* = \frac{X - E(X)}{\sqrt{D(X)}}, \quad Y^* = \frac{Y - E(Y)}{\sqrt{D(Y)}}.$$

依据相关系数的定义及协方差的计算公式, 即(4.3.1) 式, 有

$$\rho_{XY} = E(X^* Y^*) = \text{Cov}(X^*, Y^*).$$

例 4.22　设二维随机变量 (X,Y) 的分布律为

X	Y	
	0	1
0	$1 - p$	0
1	0	p

其中 $p > 0$, 试求相关系数 ρ_{XY}.

　　解　由 (X,Y) 的分布律, 得 X 与 Y 的边缘分布律分别为

X	0	1
P	$1 - p$	p

Y	0	1
P	$1 - p$	p

即 X 与 Y 均服从 $(0 - 1)$ 分布, 从而有

$$E(X) = E(Y) = p, \quad D(X) = D(Y) = p(1 - p).$$

又因为

$$\text{Cov}(X,Y) = E(XY) - E(X)E(Y) = p - p^2 = p(1 - p),$$

所以

$$\rho_{XY} = \frac{\text{Cov}(X,Y)}{\sqrt{D(X)}\,\sqrt{D(Y)}} = \frac{p(1 - p)}{\sqrt{p(1 - p)}\,\sqrt{p(1 - p)}} = 1.$$

相关系数具有以下性质.

定理 4.3　设 ρ_{XY} 是随机变量 X 与 Y 的相关系数, 则有:

(1) $|\rho_{XY}| \leqslant 1$;

(2) $|\rho_{XY}| = 1$ 的充分必要条件是 X 与 Y 以概率 1 线性相关, 即存在常数 $a(a \neq 0)$, b 使得

$$P(Y = aX + b) = 1.$$

　　证明　(1) 令 $X^* = \dfrac{X - E(X)}{\sqrt{D(X)}}$, $Y^* = \dfrac{Y - E(Y)}{\sqrt{D(Y)}}$, 显然有 $\rho_{XY} = E(X^* Y^*)$,

考虑实变量 t 的非负函数: $f(t) = E\{(X^* t + Y^*)^2\}$.

将上式右边展开, 得到

$$f(t) = t^2 E(X^{*2}) + 2t E(X^* Y^*) + E(Y^{*2}) = t^2 + 2t\rho_{XY} + 1.$$

由于对于一切实数 t, $f(t) \geqslant 0$, 因此一元二次方程 $f(t) = 0$ 的判别式为 $\Delta \leqslant 0$, 即

$$(2\rho_{XY})^2 - 4 \leqslant 0, \tag{4.3.2}$$

所以

$$|\rho_{XY}| \leqslant 1.$$

（2）由上述（1）的证明过程可知，$|\rho_{XY}| = 1$ 相当于方程 $f(t) = 0$ 的判别式，即（4.3.2）式取等号. 因而方程 $f(t) = 0$ 存在重根 t_0, 即有

$$f(t_0) = E\{(X^* t_0 + Y^*)^2\} = 0. \tag{4.3.3}$$

又易知

$$E(X^* t_0 + Y^*) = 0, \tag{4.3.4}$$

由（4.3.3）式及（4.3.4）式得

$$D(X^* t_0 + Y^*) = 0. \tag{4.3.5}$$

由方差的性质 4, 知（4.3.5）式成立的充分必要条件为

$$P(X^* t_0 + Y^* = 0) = 1.$$

将 $X^* = \dfrac{X - E(X)}{\sqrt{D(X)}}$, $Y^* = \dfrac{Y - E(Y)}{\sqrt{D(Y)}}$ 代入上式并化简得:

$$P\left\{Y = -t_0 \sqrt{\frac{D(Y)}{D(X)}} X + t_0 \sqrt{\frac{D(Y)}{D(X)}} E(X) + E(Y)\right\} = 1,$$

令 $a = -t_0 \sqrt{\dfrac{D(Y)}{D(X)}}$, $b = t_0 \sqrt{\dfrac{D(Y)}{D(X)}} E(X) + E(Y)$, 即有

$$P(Y = aX + b) = 1.$$

定理 4.3 表明: 当 $|\rho_{XY}| = 1$ 时, 在 X 与 Y 之间存在着线性关系的概率为 1, 即 X 与 Y 之间的线性关系不存在的概率为 0; 当 $|\rho_{XY}| < 1$ 时, 这种线性相关的程度随着 $|\rho_{XY}|$ 的减小而减弱; 当 $\rho_{XY} = 0$ 时, X 和 Y 之间没有线性关系. 由此可知, 相关系数 ρ_{XY} 是刻画随机变量之间线性关系强弱的一个数字特征.

定理 4.4 若随机变量 X 与 Y 相互独立, 则 X 与 Y 不相关.

证明 因为 X 与 Y 相互独立, 所以 $E(XY) = E(X)E(Y)$. 于是

$$\mathrm{Cov}(X, Y) = E(XY) - E(X)E(Y) = 0.$$

从而可知 $\rho_{XY} = 0$, 即 X 与 Y 不相关.

然而, 需要指出的是: 两个不相关的随机变量, 却不一定是相互独立的. 现举例如下.

例 4.23 设 $X \sim N(0, 1)$, 且 $Y = X^2$, 试证明: X 与 Y 不相关, 但 X 与 Y 不相互独立.

证明 因为 $X \sim N(0, 1)$, 于是有

$$E(X) = \int_{-\infty}^{+\infty} x \cdot \frac{1}{\sqrt{2\pi}} \mathrm{e}^{-\frac{x^2}{2}} \mathrm{d}x = 0, \quad E(X^3) = \int_{-\infty}^{+\infty} x^3 \cdot \frac{1}{\sqrt{2\pi}} \mathrm{e}^{-\frac{x^2}{2}} \mathrm{d}x = 0,$$

从而

$$\mathrm{Cov}(X, Y) = E(XY) - E(X)E(Y) = E(X^3) - E(X)E(X^2) = 0,$$

所以

$$\rho_{XY} = \frac{\mathrm{Cov}(X, Y)}{\sqrt{D(X)}\sqrt{D(Y)}} = 0.$$

故 X 与 Y 是不相关的.

又因为

$$P(X \leqslant 1, X^2 \leqslant 1) = P(X^2 \leqslant 1) \neq P(X \leqslant 1)P(X^2 \leqslant 1),$$

即

$$P(X \leqslant 1, Y \leqslant 1) \neq P(X \leqslant 1)P(Y \leqslant 1),$$

所以, X 与 Y 不相互独立.

例 4.24　设 (X,Y) 服从二维正态分布，即 $(X,Y) \sim N(\mu_1,\mu_2;\sigma_1^2,\sigma_2^2;\rho)$，求 X 与 Y 的相关系数 ρ_{XY}.

解　由例 3.8 知 $X \sim N(\mu_1,\sigma_1^2)$，$Y \sim N(\mu_2,\sigma_2^2)$，于是有

$$E(X) = \mu_1, \quad D(X) = \sigma_1^2, \quad E(Y) = \mu_2, \quad D(Y) = \sigma_2^2.$$

而

$$\mathrm{Cov}(X,Y) = \int_{-\infty}^{+\infty} \int_{-\infty}^{+\infty} (x-\mu_1)(y-\mu_2)f(x,y)\,\mathrm{d}x\mathrm{d}y$$

$$= \frac{1}{2\pi\sigma_1\sigma_2\sqrt{1-\rho^2}} \int_{-\infty}^{+\infty} \int_{-\infty}^{+\infty} (x-\mu_1)(y-\mu_2) \times$$

$$\exp\left\{\frac{-1}{2(1-\rho^2)}\left[\frac{(x-\mu_1)^2}{\sigma_1^2} - 2\rho\frac{(x-\mu_1)(y-\mu_2)}{\sigma_1\sigma_2} + \frac{(y-\mu_2)^2}{\sigma_2^2}\right]\right\}\mathrm{d}x\mathrm{d}y$$

$$= \frac{1}{2\pi\sigma_1\sigma_2\sqrt{1-\rho^2}} \int_{-\infty}^{+\infty} \int_{-\infty}^{+\infty} (x-\mu_1)(y-\mu_2) \times$$

$$\exp\left\{\frac{-1}{2(1-\rho^2)}\left(\frac{y-\mu_2}{\sigma_2} - \rho\frac{x-\mu_1}{\sigma_1}\right)^2 - \frac{(x-\mu_1)^2}{2\sigma_1^2}\right\}\mathrm{d}x\mathrm{d}y,$$

令 $t = \frac{1}{\sqrt{1-\rho^2}}\left(\frac{y-\mu_2}{\sigma_2} - \rho\frac{x-\mu_1}{\sigma_1}\right)$，$u = \frac{x-\mu_1}{\sigma_1}$，则有

$$\mathrm{Cov}(X,Y) = \frac{1}{2\pi} \int_{-\infty}^{+\infty} \int_{-\infty}^{+\infty} (\sigma_1\sigma_2\sqrt{1-\rho^2}\,tu + \rho\sigma_1\sigma_2 u^2)\mathrm{e}^{-\frac{u^2+t^2}{2}}\mathrm{d}t\mathrm{d}u$$

$$= \frac{\rho\sigma_1\sigma_2}{2\pi}\left(\int_{-\infty}^{+\infty} u^2\mathrm{e}^{-\frac{u^2}{2}}\mathrm{d}u\right)\left(\int_{-\infty}^{+\infty}\mathrm{e}^{-\frac{t^2}{2}}\mathrm{d}t\right) + \frac{\sigma_1\sigma_2\sqrt{1-\rho^2}}{2\pi}\left(\int_{-\infty}^{+\infty} u\mathrm{e}^{-\frac{u^2}{2}}\mathrm{d}u\right)\left(\int_{-\infty}^{+\infty} t\mathrm{e}^{-\frac{t^2}{2}}\mathrm{d}t\right)$$

$$= \frac{\rho\sigma_1\sigma_2}{2\pi}\sqrt{2\pi} \cdot \sqrt{2\pi} = \rho\sigma_1\sigma_2.$$

于是

$$\rho_{XY} = \frac{\mathrm{Cov}(X,Y)}{\sqrt{D(X)}\sqrt{D(Y)}} = \rho.$$

由此可见，二维正态随机变量 (X,Y) 的概率密度函数中的参数 ρ 就是 X 和 Y 的相关系数，这说明二维正态随机变量的分布完全可由 X,Y 各自的数学期望、方差以及它们的相关系数所确定.

我们已经知道，若 (X,Y) 服从二维正态分布，那么 X 和 Y 相互独立的充分必要条件为 $\rho = 0$. 现在又知 $\rho = \rho_{XY}$，故对于二维正态随机变量 (X,Y) 来说，X 和 Y 不相关与 X 和 Y 相互独立是等价的.

4.4　矩与协方差矩阵

4.4.1　矩

矩是随机变量更广泛的一类数字特征，包括原点矩与中心矩，它们在数理统计与随机过程中有重要作用. 本节仅介绍其概念.

定义 4.6　设 X 和 Y 是随机变量，若 $E(X^k)(k=1,2,\cdots)$ 存在，称其为 X 的 k 阶**原点矩**

(**origin moment**), 简称 k 阶矩.

若 $E([X - E(X)]^k)(k = 1,2,3,\cdots)$ 存在, 则称其为 X 的 k 阶**中心矩**(**central moment**).

定义 4.7　设 (X,Y) 是二维随机变量, 若 $E(X^k Y^l)(k,l = 1,2,\cdots)$ 存在, 则称其为 X 和 Y 的 $k + l$ 阶**混合矩**(**mixed moment**).

若 $E([X - E(X)]^k [Y - E(Y)]^l)(k,l = 1,2,\cdots)$ 存在, 则称其为 X 和 Y 的 $k + l$ 阶**混合中心矩**(**mixed central moment**).

由定义 4.6 和定义 4.7 可知, X 的数学期望 $E(X)$ 是 X 的一阶原点矩, 方差 $D(X)$ 是 X 的二阶中心矩, 协方差 $\mathrm{Cov}(X,Y)$ 是 X 和 Y 的二阶混合中心矩.

4.4.2　协方差矩阵

下面介绍 n 维随机变量的协方差矩阵, 从而利用它来表示 n 维正态随机变量的概率密度函数.

从二维随机变量讲起. 设二维随机变量 (X_1, X_2) 的 4 个二阶中心矩都存在, 分别记为

$$C_{11} = E([X_1 - E(X_1)]^2) = D(X_1),$$
$$C_{12} = E([X_1 - E(X_1)][X_2 - E(X_2)]) = \mathrm{Cov}(X_1, X_2),$$
$$C_{21} = E([X_2 - E(X_2)][X_1 - E(X_1)]) = \mathrm{Cov}(X_2, X_1),$$
$$C_{22} = E([X_2 - E(X_2)]^2) = D(X_2).$$

将它们排成如下矩阵的形式,

$$\begin{pmatrix} C_{11} & C_{12} \\ C_{21} & C_{22} \end{pmatrix},$$

称这个矩阵为随机变量 (X_1, X_2) 的**协方差矩阵**(**covariance matrix**).

设 n 维随机变量 $(X_1, X_2, \cdots, X_n)$ 的二阶中心矩都存在, 分别记为

$$C_{ij} = \mathrm{Cov}(X_i, X_j) = E([X_i - E(X_i)][X_j - E(X_j)]), \quad i,j = 1,2,\cdots,n.$$

则称矩阵

$$\begin{pmatrix} C_{11} & C_{12} & \cdots & C_{1n} \\ C_{21} & C_{22} & \cdots & C_{2n} \\ \vdots & \vdots & & \vdots \\ C_{n1} & C_{n2} & \cdots & C_{nn} \end{pmatrix}$$

为 n 维随机变量 $(X_1, X_2, \cdots, X_n)$ 的**协方差矩阵**.

由协方差的性质可知 $C_{ij} = C_{ji}(i \neq j, i,j = 1,2,\cdots,n)$, 故协方差矩阵是一个对称矩阵, 且主对角线上的元素依次是 $X_1, X_2, \cdots, X_n$ 的方差.

例 4.25　设二维随机变量 (X,Y) 的协方差矩阵为 $\begin{pmatrix} 2 & 1 \\ 1 & 4 \end{pmatrix}$, 求 ρ_{XY}.

解　由题意知, $D(X) = 2$, $D(Y) = 4$, $\mathrm{Cov}(X,Y) = 1$, 所以

$$\rho_{XY} = \frac{\mathrm{Cov}(X,Y)}{\sqrt{D(X)}\,\sqrt{D(Y)}} = \frac{1}{2\sqrt{2}}.$$

协方差矩阵在多元统计分析中有重要应用. 例如, 利用协方差矩阵可以很方便地给出 n 维正态随机变量的如下定义.

定义 4.8　设 $\boldsymbol{X} = (X_1, X_2, \cdots, X_n)$ 是 n 维随机变量, 若其概率密度函数为

$$f(x_1, x_2, \cdots, x_n) = \frac{1}{(2\pi)^{\frac{n}{2}} |\boldsymbol{C}|^{\frac{1}{2}}} \mathrm{e}^{-\frac{1}{2}(\boldsymbol{x} - \boldsymbol{\mu})^{\mathrm{T}} \boldsymbol{C}^{-1}(\boldsymbol{x} - \boldsymbol{\mu})},$$

其中 $\boldsymbol{\mu} = (\mu_1, \mu_2, \cdots, \mu_n)^{\mathrm{T}}$ 为常向量, $\boldsymbol{x} = (x_1, x_2, \cdots, x_n)^{\mathrm{T}} \in \mathbf{R}^n$, $\boldsymbol{C}$ 是 $(X_1, X_2, \cdots, X_n)$ 的协方差矩阵, 则称 $\boldsymbol{X} = (X_1, X_2, \cdots, X_n)$ 服从 n 维正态分布, 又称 $\boldsymbol{X}$ 是 n 维正态随机变量, 记为 $\boldsymbol{X} \sim N(\boldsymbol{\mu}, \boldsymbol{C})$.

n 维正态分布在随机过程和数理统计中经常遇到, 它具有以下 4 条重要性质(证明超出了本书范围, 故略).

(1) n 维正态随机变量 $(X_1, X_2, \cdots, X_n)$ 的每一个分量 $X_i (i = 1, 2, \cdots, n)$ 都是正态随机变量; 反之, 若 $X_1, X_2, \cdots, X_n$ 都是正态随机变量, 且相互独立的, 则 $(X_1, X_2, \cdots, X_n)$ 是 n 维正态随机变量.

(2) n 维随机变量 $(X_1, X_2, \cdots, X_n)$ 服从 n 维正态分布的充分必要条件是 $X_1, X_2, \cdots, X_n$ 的任意线性组合

$$k_1 X_1 + k_2 X_2 + \cdots + k_n X_n$$

服从一维正态分布(其中 $k_1, k_2, \cdots, k_n$ 是不全为 0 的任意常数).

(3) 若 $(X_1, X_2, \cdots, X_n)$ 服从 n 维正态分布, 设 $Y_1, Y_2, \cdots, Y_k$ 是 $X_j (j = 1, 2, \cdots, n)$ 的线性函数, 则 $(Y_1, Y_2, \cdots, Y_k)$ 服从 k 维正态分布.

(4) 设 $(X_1, X_2, \cdots, X_n)$ 服从 n 维正态分布, 则"$X_1, X_2, \cdots, X_n$ 相互独立"与"$X_1, X_2, \cdots, X_n$ 两两不相关"是等价的.

习　题

1. 设随机变量 X 的分布律为

X	-2	0	2
P	0.4	0.3	0.3

试求 $E(X), E(X^2), E(3X^2 + 5)$.

2. 设随机变量 X 的概率密度函数为 $f(x) = \begin{cases} 2(1-x), & 0 < x < 1, \\ 0, & \text{其他}. \end{cases}$ 求 $E(X)$.

3. 已知离散型随机变量 X 的可能取值为 $-1, 0, 1$, 且 $E(X) = 0.1$, $E(X^2) = 0.9$. 求 $P(X = -1), P(X = 0)$ 和 $P(X = 1)$.

4. 设在某一规定的时间间隔里, 某电气设备用于最大负荷的时间 X(以分钟为单位) 是一个随机变量, 其概率密度函数为

$$f(x) = \begin{cases} \dfrac{1}{1500^2} x, & 0 \leq x \leq 1500, \\ -\dfrac{1}{1500^2} (x - 3000), & 1500 < x \leq 3000, \\ 0, & \text{其他}. \end{cases}$$

试求随机变量 X 的数学期望 $E(X)$.

5. 设随机变量 X 的概率密度函数为

$$f(x) = \begin{cases} \mathrm{e}^{-x}, & x > 0, \\ 0, & x \leq 0. \end{cases}$$

(1) 求随机变量 X 的数学期望.

(2) 求随机变量 $Y = 2X$ 的数学期望.

(3) 求随机变量 $Z = \mathrm{e}^{-5X}$ 的数学期望.

6. 设二维随机变量 (X,Y) 的概率密度函数为

$$f(x,y) = \begin{cases} 12y^2, & 0 \leqslant y \leqslant x \leqslant 1, \\ 0, & \text{其他.} \end{cases}$$

试求：$E(X)$，$E(XY)$，$E(X^2 + Y^2)$.

7. 设随机变量 X_1，X_2 的概率密度函数分别为

$$f_1(x) = \begin{cases} 2e^{-2x}, & x > 0, \\ 0, & x \leqslant 0. \end{cases} \qquad f_2(x) = \begin{cases} 4e^{-4x}, & x > 0, \\ 0, & x \leqslant 0. \end{cases}$$

(1) 求 $E(X_1 + X_2)$.

(2) 又设 X_1 与 X_2 相互独立，求 $E(X_1 X_2)$.

8. 设随机变量 X 与 Y 同分布，X 的概率密度函数为

$$f(x) = \begin{cases} \dfrac{3}{8}x^2, & 0 < x < 2, \\ 0, & \text{其他.} \end{cases}$$

令 $A = \{X > a\}$，$B = \{Y > a\}$. 已知 A 与 B 相互独立，且 $P(A \cup B) = \dfrac{3}{4}$.

试求：(1) a 的值. (2) $\dfrac{1}{X^2}$ 的数学期望.

9. 游客乘电梯从底层到电视塔顶层观光，电梯于每个整点的第 5 分钟、25 分钟、55 分钟从底层起行. 假设一游客在早 8 点的第 X 分钟到达底层楼梯处，且 X 在 $[0,60]$ 上服从均匀分布. 试求该游客等候时间 Y 的数学期望.

10. 设一部机器在一天内发生故障的概率为 0.2，机器发生故障时，全天停止工作，一周有 5 个工作日. 若无故障，可获利 10 万元；若发生一次故障，仍可获利 5 万元；若发生 2 次故障，获利为 0；若至少发生 3 次故障，则要亏损 2 万元. 试求一周内所获利润的数学期望.

11. 设某台设备由 30 个元件组成. 在设备运转过程中，前 10 个元件需要调整的概率都为 0.10，中间 10 个元件需要调整的概率都为 0.20，最后 10 个元件需要调整的概率都为 0.30. 假设各个元件是否需要调整相互独立，以 X 表示同时需要调整的元件数. 试求 X 的数学期望和方差.

12. 设一个盒子中共有 n 个黑球，现每次从中任意取出一球，然后放入一个白球. 现在已知试验 n 次后，盒子中白球数的数学期望为 9. 试求第 $n + 1$ 次从盒子中任取一球是白球的概率.

13. 设长方形的高 $X \sim U(0,2)$，已知长方形的周长为 20. 试求长方形面积 S 的数学期望和方差.

14. 设二维连续型随机变量 (X,Y) 在区域 $D = \{(x,y) \mid 0 < x < 1, -x < y < x\}$ 内服从均匀分布.

(1) 写出随机变量 (X,Y) 的概率密度函数.

(2) 求随机变量 $Z = 2X + Y$ 的数学期望及方差.

15. 设随机变量 X 的概率密度函数为

$$f(x) = \begin{cases} \dfrac{1}{2}\cos \dfrac{x}{2}, & 0 \leqslant x \leqslant \pi, \\ 0, & \text{其他.} \end{cases}$$

对 X 独立地重复观察 4 次，用 Y 表示观测值大于 $\dfrac{\pi}{3}$ 的次数. 求随机变量 Y^2 的数学期望.

16. 设随机变量 X_1，X_2，X_3 相互独立，且 X_1 在 $(0,6)$ 上服从均匀分布，X_2 服从正态分布 $N(0,4)$，X_3 服从参数为 3 的泊松分布. 试求 $Y = X_1 - 2X_2 + 3X_3$ 的方差.

17. 设随机变量 X 与 Y 相互独立，且均服从均值为 0、方差为 $\dfrac{1}{2}$ 的正态分布．试求 $|X - Y|$ 的方差．

18. 设随机变量 X 的数学期望 $E(X)$ 为一非负值，且 $E\left(\dfrac{X^2}{2} - 1\right) = 2$，$D\left(\dfrac{X}{2} - 1\right) = \dfrac{1}{2}$．试求 $E(X)$ 的值．

19. 设随机变量 X 与 Y 相互独立，且 $X \sim N(720, 30^2)$，$Y \sim N(640, 25^2)$．

（1）求随机变量 $Z = 2X + Y$ 的分布．

（2）求概率 $P(X > Y)$．

（3）求概率 $P(X + Y > 1400)$．

20. 设二维离散型随机变量 (X, Y) 的分布律为：

X	Y		
	-1	0	1
-1	$\dfrac{1}{8}$	$\dfrac{1}{8}$	$\dfrac{1}{8}$
0	$\dfrac{1}{8}$	0	$\dfrac{1}{8}$
1	$\dfrac{1}{8}$	$\dfrac{1}{8}$	$\dfrac{1}{8}$

试证明：X 与 Y 是不相关的，但 X 与 Y 不是相互独立的．

21. 设 A 和 B 是试验 E 的两个事件，且 $P(A) > 0$，$P(B) > 0$，并定义随机变量 X 与 Y 如下：

$$X = \begin{cases} 1, & A \text{ 发生}, \\ 0, & A \text{ 不发生}. \end{cases} \qquad Y = \begin{cases} 1, & B \text{ 发生}, \\ 0, & B \text{ 不发生}. \end{cases}$$

试证明：若 $\rho_{XY} = 0$，则 X 与 Y 必定相互独立．

22. 设二维连续型随机变量 (X, Y) 在区域 $D = \{(x, y) \mid 0 < x < 1, -x < y < x\}$ 内服从均匀分布，计算 $E(X)$，$\mathrm{Cov}(X, Y)$．

23. 设二维连续型随机变量 (X, Y) 的概率密度函数为

$$f(x, y) = \begin{cases} \dfrac{1}{8}(x + y), & 0 \leqslant x \leqslant 2, 0 \leqslant y \leqslant 2, \\ 0, & \text{其他}. \end{cases}$$

求 $E(X)$，$E(Y)$，$D(X)$，$D(Y)$，$\mathrm{Cov}(X, Y)$．

24. 设连续型随机变量 X 的概率密度函数为 $f(x) = \dfrac{1}{2}\mathrm{e}^{-|x|}$，$x \in \mathbf{R}$．问：$X$ 与 $|X|$ 是否相关？X 与 $|X|$ 是否相互独立？

25. 已知 $D(X) = 4$，$D(Y) = 9$，$D(X - Y) = 17$．

试求：$\mathrm{Cov}(X, Y)$，ρ_{XY}，$\mathrm{Cov}(X - 2Y, X + Y)$．

26. 设随机变量 X 与 Y 相互独立，且都服从正态分布 $N(0, \sigma^2)$，令 $U = aX + bY$，$V = aX - bY$（a, b 均为非零常数），试求 U 与 V 的相关系数．

27. 某箱中装有 100 件产品，其中一、二、三等品分别有 80 件、10 件、10 件．现从中随机抽取 1 件，记

$$X_i = \begin{cases} 1, & \text{抽到 } i \text{ 等品}, \\ 0, & \text{其他}. \end{cases} \qquad i = 1,2,3.$$

（1）求随机变量(X_1,X_2)的分布律.

（2）求随机变量X_1与X_2的相关系数.

28. 已知随机变量X与Y的联合分布为二维正态分布，且有$X \sim N(1,3^2)$，$Y \sim N(0,4^2)$，$\rho_{XY} = -\dfrac{1}{2}$. 设$Z = \dfrac{X}{3} + \dfrac{Y}{2}$，求$E(Z),D(Z)$及$\rho_{XZ}$.

29. 设离散型随机变量X,Y的分布律相同，且$P(X = 0) = \dfrac{1}{3}$，$P(X = 1) = \dfrac{2}{3}$，X与Y的相关系数$\rho_{XY} = \dfrac{1}{2}$. 求(X,Y)的分布律及概率$P(X + Y \leqslant 1)$.

30. 设X,Y,Z为3个随机变量，且$D(X) = D(Y) = D(Z) = 1$，$E(X) = E(Y) = 1$，$E(Z) = -1$，$\rho_{XY} = 0$，$\rho_{XZ} = \dfrac{1}{2}$，$\rho_{YZ} = -\dfrac{1}{2}$，求$E(X + Y + Z),D(X + Y + Z)$.

31. 设随机变量(X,Y)的协方差矩阵为$\begin{pmatrix} 1 & 1 \\ 1 & 4 \end{pmatrix}$，求$X_1 = X - 2Y$与$X_2 = 2X - Y$的相关系数.

32. 设随机变量(X,Y)服从二维均匀分布，其概率密度函数为

$$f(x,y) = \begin{cases} \dfrac{1}{(b - a)(d - c)}, & a < x < b, c < y < d, \\ 0, & \text{其他}. \end{cases}$$

试求(X,Y)的协方差矩阵.

33. 设X是随机变量，C为常数，试证明：$D(X) < E[(X - C)^2]$对于任意的$C \neq E(X)$成立（此式表明$D(X)$为$E[(X - C)^2]$的最小值）.

第 5 章 大数定律与中心极限定理

大数定律(**law of large numbers**)与中心极限定理(**central limit theorem**)的相关研究贯穿了概率论与数理统计的发展历史,它们是概率论与数理统计中理论意义和实用价值都很重要的极限定理. 大数定律与中心极限定理悠久而有趣的历史可以追溯到18世纪,两者从不同的角度探讨这样一个一般性的问题:"多个随机变量的和,当随机变量个数趋于无穷大时,其形态将会呈现出怎样的规律?"具体来说,大数定律研究的是随机变量序列的算术平均值的收敛性问题,中心极限定理研究的是无穷多个随机变量之和的极限分布规律.

大数定律和中心极限定理的内容非常丰富,且理论性强,同时近几年来又有新进展,并在统计、机器学习等领域发挥着巨大作用,但由于本书范围所限,本章只介绍一些最简单也最重要的内容.

5.1　大数定律

5.1.1　切比雪夫不等式

为了证明大数定律,先介绍切比雪夫(Chebyshev)不等式.

定理 5.1(切比雪夫不等式)　设随机变量 X 的数学期望 $E(X)$ 及方差 $D(X)$ 都存在,则对于任意 $\varepsilon > 0$, 有

$$P\{|X - E(X)| \geqslant \varepsilon\} \leqslant \frac{D(X)}{\varepsilon^2} \tag{5.1.1}$$

证明　我们只对 X 是连续型随机变量的情况加以证明. 设 X 的概率密度函数为 $f(x)$, 则对任意 $\varepsilon > 0$, 有

$$
\begin{aligned}
P\{|X - E(X)| \geqslant \varepsilon\} &= \int_{|x-E(X)| \geqslant \varepsilon} f(x)\,\mathrm{d}x \\
&\leqslant \int_{|x-E(X)| \geqslant \varepsilon} \frac{[x - E(X)]^2}{\varepsilon^2} f(x)\,\mathrm{d}x \\
&\leqslant \frac{1}{\varepsilon^2} \int_{-\infty}^{+\infty} [x - E(X)]^2 f(x)\,\mathrm{d}x = \frac{D(X)}{\varepsilon^2}.
\end{aligned}
$$

由概率的基本性质知,切比雪夫不等式也可以写为

$$P\{|X - E(X)| < \varepsilon\} \geqslant 1 - \frac{D(X)}{\varepsilon^2}. \tag{5.1.2}$$

切比雪夫不等式表明,随机变量 X 的方差 $D(X)$ 越小,事件 $\{|X - E(X)| < \varepsilon\}$ 发生的概率越大. 也就是说,方差越小,随机变量的取值落在数学期望附近的概率就越大. 由此可见方差刻画了随机变量 X 的取值与其数学期望 $E(X)$ 的离散程度.

用切比雪夫不等式可以在随机变量 X 的分布未知的情况下,仅利用数学期望 $E(X)$ 及方差 $D(X)$ 对 X 的某些概率分布进行估计. 例如:

$$P\{|X - E(X)| < 4\sqrt{D(X)}\} \geqslant 1 - \frac{D(X)}{16D(X)} = 0.9375.$$

此外，切比雪夫不等式作为一个理论工具，有广泛的应用，在后面大数定律的证明中将会用到.

例 5.1 设在每次试验中，事件 A 发生的概率为 0.5. 试利用切比雪夫不等式估计在 1000 次试验中，事件 A 发生的次数为 400 ~ 600 的概率.

解 设在 1000 次试验中，事件 A 发生的次数为 X，则 $X \sim B(1000, 0.5)$，从而

$$E(X) = 1000 \times 0.5 = 500, \quad D(X) = 1000 \times 0.5 \times 0.5 = 250,$$

于是有

$$P\{400 < X < 600\} = P\{|X - 500| < 100\} \geqslant 1 - \frac{250}{100^2} = \frac{39}{40}.$$

5.1.2 大数定律概述

人们在长期的实践活动中发现，不仅随机事件的频率具有稳定性，而且随机事件的平均值也具有某种稳定性. 例如，独立重复测量一长度为 d 的物体 n 次，记这 n 次测量得到的值分别为 $X_1, X_2, \cdots, X_n$，当测量的次数 n 充分大时，测量值的算术平均值 $\overline{X} = \frac{1}{n}\sum_{i=1}^{n} X_i$ 与 d 的偏差非常小，而且 n 越大，偏差越小. 也就是说，$\overline{X} = \frac{1}{n}\sum_{i=1}^{n} X_i$ 随着 n 的增大而逐渐稳定于 d. 这种稳定性就是本节所要讨论的大数定律的客观背景.

为了叙述方便，先介绍独立同分布随机变量序列的概念.

对随机变量序列 $X_1, X_2, \cdots, X_n, \cdots$，若对于任意 $n > 1$，$X_1, X_2, \cdots, X_n$ 都相互独立，则称随机变量序列 $X_1, X_2, \cdots, X_n, \cdots$ 是相互独立的. 又若 $X_1, X_2, \cdots, X_n, \cdots$ 有相同的分布，则称 $X_1, X_2, \cdots, X_n, \cdots$ 是独立同分布的随机变量序列.

定义 5.1 设 $X_1, X_2, \cdots, X_n, \cdots$ 是一个随机变量序列，如果存在常数 a，使得对任意 $\varepsilon > 0$，有

$$\lim_{n \to \infty} P\{|X_n - a| < \varepsilon\} = 1, \tag{5.1.3}$$

则称随机变量序列 $X_1, X_2, \cdots, X_n, \cdots$ 依概率收敛于 a，记为 $X_n \xrightarrow{P} a$.

依概率收敛的直观意义是：当 n 充分大时，"随机变量序列 $\{X_n\}$ 与 a 的距离充分小"这一事件的概率无限趋于 1.

定义 5.2 设 $\{X_n\}$ 是一个随机变量序列，其数学期望 $E(X_n)(n = 1, 2, \cdots)$ 存在. 令 $\overline{X}_n = \frac{1}{n}\sum_{i=1}^{n} X_i$，若对任意 $\varepsilon > 0$，有

$$\lim_{n \to \infty} P\{|\overline{X}_n - E(\overline{X}_n)| < \varepsilon\} = 1, \quad 即 \quad \overline{X}_n - E(\overline{X}_n) \xrightarrow{P} 0,$$

则称此随机变量序列 $\{X_n\}$ 服从**大数定律**.

显然，当 $E(\overline{X}_n)$ 为常数时，$\overline{X}_n - E(\overline{X}_n) \xrightarrow{P} 0$ 等价于 $\overline{X}_n \xrightarrow{P} E(\overline{X}_n)$.

下面介绍 3 个大数定律，它们分别反映了算术平均值及频率的稳定性.

定理 5.2（切比雪夫大数定律） 设 $X_1, X_2, \cdots, X_n, \cdots$ 是相互独立的随机变量序列，如果存在常数 c，使得 $D(X_i) \leqslant c(i = 1, 2, \cdots)$，则此随机变量序列 $\{X_n\}$ 服从大数定律，即对任意 $\varepsilon > 0$，有

$$\lim_{n \to \infty} P\left\{\left|\frac{1}{n}\sum_{i=1}^{n} X_i - \frac{1}{n}\sum_{i=1}^{n} E(X_i)\right| < \varepsilon\right\} = 1. \tag{5.1.4}$$

证明 因为 $X_1, X_2, \cdots, X_n, \cdots$ 相互独立，所以

$$D\left(\frac{1}{n}\sum_{i=1}^{n}X_i\right) = \frac{1}{n^2}\sum_{i=1}^{n}D(X_i) \leqslant \frac{c}{n}.$$

由切比雪夫不等式, 得

$$P\left\{\left|\frac{1}{n}\sum_{i=1}^{n}X_i - \frac{1}{n}\sum_{i=1}^{n}E(X_i)\right| < \varepsilon\right\} \geqslant 1 - \frac{D\left(\frac{1}{n}\sum_{i=1}^{n}X_i\right)}{\varepsilon^2} \geqslant 1 - \frac{c}{n\varepsilon^2},$$

于是

$$1 - \frac{c}{n\varepsilon^2} \leqslant P\left\{\left|\frac{1}{n}\sum_{i=1}^{n}X_i - \frac{1}{n}\sum_{i=1}^{n}E(X_i)\right| < \varepsilon\right\} \leqslant 1.$$

在上式中令 $n \to \infty$, 得

$$\lim_{n \to \infty}P\left\{\left|\frac{1}{n}\sum_{i=1}^{n}X_i - \frac{1}{n}\sum_{i=1}^{n}E(X_i)\right| < \varepsilon\right\} = 1.$$

推论(切比雪夫大数定律的特殊情况)　设 $X_1, X_2, \cdots, X_n, \cdots$ 是相互独立的随机变量序列, 且有相同的数学期望 $E(X_n) = \mu$ 和方差 $D(X_n) = \sigma^2 (n = 1, 2, \cdots)$, 则此随机变量序列 $\{X_n\}$ 服从大数定律, 即对任意 $\varepsilon > 0$, 有

$$\lim_{n \to \infty}P\left\{\left|\frac{1}{n}\sum_{i=1}^{n}X_i - \mu\right| < \varepsilon\right\} = 1. \tag{5.1.5}$$

定理 5.2 表明, 当 $X_1, X_2, \cdots, X_n, \cdots$ 满足一定的条件时, 虽然随机变量 $X_1, X_2, \cdots, X_n$ 的算术平均值 $\bar{X}_n = \frac{1}{n}\sum_{i=1}^{n}X_i$ 的取值是随机的, 但是, 当 n 很大时, $\bar{X}_n$ 的取值与其数学期望 $E(\bar{X}_n) = \frac{1}{n}\sum_{i=1}^{n}E(X_i)$ 的偏离程度很小. 事实上, 当 $n \to \infty$ 时, $\bar{X}_n - E(\bar{X}_n)$ 依概率收敛于 0, 这说明当 n 很大时, $X_1, X_2, \cdots, X_n$ 的算术平均值 $\bar{X}_n$ 近似等于 $E(\bar{X}_n)$, 即 $\bar{X}_n$ 具有稳定性.

在定理 5.2 中, 将相互独立的随机变量 $X_1, X_2, \cdots, X_n, \cdots$ 确定为服从 $(0-1)$ 分布的随机变量, 就能得到伯努利大数定律.

定理 5.3(伯努利大数定律)　设 n_A 是 n 重伯努利试验中事件 A 发生的次数, p 是事件 A 在每次试验中发生的概率, 则对任意的实数 $\varepsilon > 0$, 有

$$\lim_{n \to \infty}P\left\{\left|\frac{n_A}{n} - p\right| < \varepsilon\right\} = 1. \tag{5.1.6}$$

证明　引入随机变量序列

$$X_i = \begin{cases} 1, & \text{第 } i \text{ 次试验中事件 } A \text{ 发生}, \\ 0, & \text{第 } i \text{ 次试验中事件 } A \text{ 不发生}. \end{cases} \quad i = 1, 2, \cdots, n.$$

则 $X_1, X_2, \cdots, X_n$ 相互独立且均服从参数为 p 的 $(0-1)$ 分布,
又显然有

$$n_A = X_1 + X_2 + \cdots + X_n,$$
$$E(X_i) = p, \quad D(X_i) = p(1-p), \quad i = 1, 2, \cdots, n.$$

所以, $X_1, X_2, \cdots, X_n$ 满足切比雪夫大数定律的所有条件, 于是有

$$\lim_{n \to \infty}P\left\{\left|\frac{1}{n}\sum_{i=1}^{n}X_i - \frac{1}{n}\sum_{i=1}^{n}E(X_i)\right| < \varepsilon\right\} = \lim_{n \to \infty}P\left\{\left|\frac{n_A}{n} - p\right| < \varepsilon\right\} = 1.$$

伯努利大数定律, 也称为伯努利定理, 它是 1713 年发表的伯努利的遗作 *Arcs Conjectandi* 中第四部分的核心结果. 作为大数定律的首次面世, 该结果被认为是伯努利为概率论做出的最

重要的贡献之一.

该定理表明：事件 A 发生的频率 $\frac{n_A}{n}$ 依概率收敛于事件 A 发生的概率 p，即 $\frac{n_A}{n} \xrightarrow{P} P(A) = p$. 定理 5.3 以严格的数学形式表达了频率的稳定性，即随着试验次数的增加，事件发生的频率逐渐稳定于事件发生的概率，为在实际应用中用频率估计概率提供了理论依据.

定理 5.2 中要求 $X_1, X_2, \cdots, X_n, \cdots$ 的方差有界（存在），但这一条件并不是必要的，当这些随机变量同分布时，就不需要这一条件，此时，有辛钦（Khinchin）大数定律.

定理 5.4（辛钦大数定律） 设随机变量 $X_1, X_2, \cdots, X_n, \cdots$ 相互独立，且服从同一分布，具有数学期望 $E(X_i) = \mu\, (i = 1, 2, \cdots)$，则对任意 $\varepsilon > 0$，有

$$\lim_{n \to \infty} P\left\{ \left| \frac{1}{n} \sum_{i=1}^{n} X_i - \mu \right| < \varepsilon \right\} = 1. \tag{5.1.7}$$

辛钦大数定律的证明方法已超出了本书范围，故略. 它在概率论与数理统计中发挥着重要作用，是第 7 章点估计中矩估计法的理论基础.

例 5.2 设随机变量 $X_1, X_2, \cdots, X_n$ 相互独立，且 $P\{X_n = \pm 2^n\} = \dfrac{1}{2^{2n+1}}$，$P\{X_n = 0\} = 1 - \dfrac{1}{2^{2n}}$ $(n = 1, 2, \cdots)$. 试证明 $\{X_n\}$ 服从大数定律.

证明 由题意知 $X_n\,(n = 1, 2, \cdots)$ 是相互独立的随机变量序列，且

$$E(X_n) = 2^n \cdot \frac{1}{2^{2n+1}} - 2^n \cdot \frac{1}{2^{2n+1}} + 0 \cdot \left(1 - \frac{1}{2^{2n}}\right) = 0,$$

$$D(X_n) = E(X_n^2) = 2^{2n} \cdot \frac{1}{2^{2n+1}} + 2^{2n} \cdot \frac{1}{2^{2n+1}} + 0^2 \cdot \left(1 - \frac{1}{2^{2n}}\right) = 1.$$

所以，随机变量序列 $\{X_n\}$ 满足切比雪夫大数定律的所有条件，故 $\{X_n\}$ 服从大数定律.

例 5.3 设 $X_1, X_2, \cdots, X_n$ 为相互独立的随机变量序列，且都服从参数为 2 的指数分布，记 $Y_n = \dfrac{1}{n} \sum_{i=1}^{n} X_i^2$. 证明是否存在实数 α，使得对任意 $\varepsilon > 0$，都有 $\lim\limits_{n \to \infty} P\{|Y_n - \alpha| < \varepsilon\} = 1$？

证明 由题意知 $X_1^2, X_2^2, \cdots, X_n^2$ 也是相互独立的随机变量且服从同一分布，同时有

$$E(X_i^2) = D(X_i) + (EX_i)^2 = \frac{1}{2^2} + \left(\frac{1}{2}\right)^2 = \frac{1}{2}, \quad i = 1, 2, \cdots, n.$$

由辛钦大数定律知，存在实数 $\alpha = \dfrac{1}{2}$，使得对任意 $\varepsilon > 0$，都有

$$\lim_{n \to \infty} P\left\{ \left| Y_n - \frac{1}{2} \right| < \varepsilon \right\} = 1.$$

5.2 中心极限定理

在自然科学、工程技术、管理学、经济学及社会学等领域中，人们经常会遇到这样一类随机变量，它们是由大量相互独立的随机因素综合影响形成的，其中每一个因素在总的影响中所起的作用都是微小的. 这类随机变量往往近似地服从正态分布. 这种现象就是本节所要讨论的中心极限定理的客观背景.

中心极限定理是棣莫弗（De Moivre）在 18 世纪首先提出的，与大数定律齐名. 现在中心极限定理的内容已十分丰富，本节只介绍两个重要且常用的中心极限定理.

定理 5.5(独立同分布中心极限定理)　设 $X_1, X_2, \cdots, X_n, \cdots$ 相互独立，且服从同一分布，其数学期望和方差都存在，$E(X_i) = \mu, D(X_i) = \sigma^2 > 0 (i = 1, 2 \cdots)$. 则随机变量

$$Y_n = \frac{\sum\limits_{i=1}^{n} X_i - n\mu}{\sqrt{n}\sigma}$$

的分布函数 $F_n(x)$ 收敛到标准正态分布 $N(0,1)$ 的分布函数，即对任意实数 x，有

$$\lim_{n\to\infty} F_n(x) = \lim_{n\to\infty} P\{Y_n \leqslant x\} = \int_{-\infty}^{x} \frac{1}{\sqrt{2\pi}} e^{-\frac{t^2}{2}} dt = \Phi(x). \tag{5.2.1}$$

证明略.

定理 5.5 的证明，是在 20 世纪 20 年代由林德伯格(Lindberg)和列维(Levy)给出的，所以此中心极限定理又称为列维 – 林德伯格中心极限定理.

定理 5.5 表明，尽管不知道 $X_1, X_2, \cdots, X_n$ 服从什么分布，也很难求出 $\sum\limits_{i=1}^{n} X_i$ 的分布，但是当 n 充分大时，只要 $X_1, X_2, \cdots, X_n$ 独立同分布且存在数学期望 μ 与方差 σ^2，则 $\sum\limits_{i=1}^{n} X_i$ 就近似服从正态分布，即当 n 充分大时，有

$$\frac{\sum\limits_{i=1}^{n} X_i - n\mu}{\sqrt{n}\sigma} \overset{近似}{\sim} N(0,1) \quad \text{或} \quad \sum_{i=1}^{n} X_i \overset{近似}{\sim} N(n\mu, n\sigma^2).$$

于是，当 n 充分大时，我们可用以下方法近似计算概率.

(1) $P\left\{a < \dfrac{\sum\limits_{i=1}^{n} X_i - n\mu}{\sqrt{n}\sigma} \leqslant b\right\} \approx \Phi(b) - \Phi(a). \tag{5.2.2}$

(2) $P\left\{a < \sum\limits_{i=1}^{n} X_i \leqslant b\right\} = F_Y(b) - F_Y(a) \qquad \left(\text{其中 } Y = \sum\limits_{i=1}^{n} X_i\right)$

$$\approx \Phi\left(\frac{b - n\mu}{\sqrt{n}\sigma}\right) - \Phi\left(\frac{a - n\mu}{\sqrt{n}\sigma}\right). \tag{5.2.3}$$

定理 5.6(棣莫弗 – 拉普拉斯(De Moivre – laplace)定理)　设 η_n 是 n 次重复独立试验中事件 A 发生的次数，在每次试验中事件 A 发生的概率是 p，即 $\eta_n \sim B(n, p)$. 则对任意实数 x，有

$$\lim_{n\to\infty} P\left\{\frac{\eta_n - np}{\sqrt{np(1-p)}} \leqslant x\right\} = \int_{-\infty}^{x} \frac{1}{\sqrt{2\pi}} e^{-\frac{t^2}{2}} dt = \Phi(x). \tag{5.2.4}$$

证明　引入随机变量序列

$$X_i = \begin{cases} 1, & \text{第 } i \text{ 次试验中事件 } A \text{ 发生}, \\ 0, & \text{第 } i \text{ 次试验中事件 } A \text{ 不发生}. \end{cases} \qquad i = 1, 2, \cdots, n.$$

则 $X_1, X_2, \cdots, X_n$ 相互独立且均服从参数为 p 的 $(0 - 1)$ 分布，又显然有

$$\eta_n = X_1 + X_2 + \cdots + X_n = \sum_{i=1}^{n} X_i,$$

$$E(X_i) = p, \ D(X_i) = p(1-p), \ i = 1, 2, \cdots, n.$$

由定理 5.5 得

$$\lim_{n\to\infty} P\left\{\frac{\eta_n - np}{\sqrt{np(1-p)}} \leqslant x\right\} = \int_{-\infty}^{x} \frac{1}{\sqrt{2\pi}} e^{-\frac{t^2}{2}} dt = \Phi(x).$$

定理 5.6 表明，当 n 充分大时，服从二项分布的随机变量近似服从正态分布，即若 $\eta_n \sim B(n,p)$，当 n 充分大时，有

$$\frac{\eta_n - np}{\sqrt{np(1-p)}} \overset{近似}{\sim} N(0,1) \quad 或 \quad \eta_n \overset{近似}{\sim} N(np, np(1-p)).$$

于是，当 n 充分大时，我们可用以下方法近似计算概率.

(1) $P\{a < \dfrac{\eta_n - np}{\sqrt{np(1-p)}} \leqslant b\} \approx \Phi(b) - \Phi(a).$ (5.2.5)

(2) $P\{a < \eta_n \leqslant b\} = F_{\eta_n}(b) - F_{\eta_n}(a) \approx \Phi(\dfrac{b - np}{\sqrt{np(1-p)}}) - \Phi(\dfrac{a - np}{\sqrt{np(1-p)}}).$ (5.2.6)

例 5.4 设随机变量 $X_1, X_2, \cdots, X_{100}$ 相互独立且同分布，且已知 $P(X_1 = 0) = P(X_1 = 1) = \dfrac{1}{2}$，令 $Y = \sum\limits_{i=1}^{100} X_i$. 试利用中心极限定理计算概率 $P(Y \leqslant 55)$.

解 因为 $E(X_i) = E(X_1) = \dfrac{1}{2}$，$D(X_i) = D(X_1) = \dfrac{1}{2} \times \dfrac{1}{2} = \dfrac{1}{4}, i = 1,2,\cdots,100.$

所以 $E(Y) = 100 E(X_1) = 50$，$D(Y) = 100 D(X_1) = 25.$

由定理 5.5 知，$Y = \sum\limits_{i=1}^{100} X_i$ 近似服从正态分布 $N(50, 25)$.

于是所求概率为

$$P(Y \leqslant 55) = F_Y(55) \approx \Phi(\frac{55 - 50}{\sqrt{25}}) = \Phi(1) = 0.8413.$$

例 5.5 一加法器同时收到 100 个噪声电压 $V_i(i = 1,2,\cdots,100)$，它们是相互独立的随机变量，且都在区间 $(0,10)$ 上服从均匀分布，记 $V = \sum\limits_{i=1}^{100} V_i$. 试利用中心极限定理计算概率 $P(V > 520)$.

解 由 $V_i \sim U(0,10)$，得 $E(V_i) = \dfrac{0 + 10}{2} = 5$，$D(V_i) = \dfrac{100}{12}, i = 1,2,\cdots,100.$

所以 $E(V) = 100 \times 5 = 500$，$D(V) = 100 \times \dfrac{100}{12} = \dfrac{2500}{3}.$

由定理 5.5 知，$V = \sum\limits_{i=1}^{20} V_i$ 近似服从正态分布 $N(500, \dfrac{2500}{3})$，

于是所求概率为

$$P(V > 520) = 1 - F_V(520) \approx 1 - \Phi(\frac{520 - 500}{\sqrt{\dfrac{2500}{3}}}) \approx 1 - \Phi(0.69) = 0.2451.$$

例 5.6 甲、乙两个电商平台销售某种商品吸引了 2 万位顾客，如果每位顾客完全独立地随机选择一个平台，且每位顾客只购买一件该种商品，问甲、乙两个电商平台，各要组织多少货才能保证因商品售罄而使顾客离去的概率小于 1%.

解 由于两个平台面对的情况相同，故仅需考虑一个平台，例如甲. 设甲要组织 n 件货，令

$$X_i = \begin{cases} 1, & 第 i 位顾客选择甲, \\ 0, & 第 i 位顾客没有选择甲. \end{cases} \quad i = 1,2,\cdots,20000.$$

则选择甲的顾客数为 $X = \sum\limits_{i=1}^{20000} X_i$，其中 X_i 独立同分布，且

$$P(X_i = 0) = P(X_i = 1) = \frac{1}{2}, \ E(X_i) = \frac{1}{2}, \ D(X_i) = \frac{1}{4}, \ i = 1,2,\cdots,20000.$$

所以 $E(X) = 20000 \times \dfrac{1}{2} = 10000$，$D(X) = 20000 \times \dfrac{1}{4} = 5000$，

由定理 5.5 知，$X = \sum\limits_{i=1}^{20000} X_i$ 近似服从正态分布 $N(10000,5000)$.

由题意知，要求 $P(X \leqslant n) \geqslant 99\%$，于是有

$$P(X \leqslant n) = F_X(n) \approx \Phi(\frac{n - 10000}{\sqrt{5000}}) \geqslant 0.99.$$

查标准正态分布表(附表 2) 得 $\dfrac{n - 10000}{\sqrt{5000}} \geqslant 2.33$，解得 $n \geqslant 10164.76$ 件.

因此，甲、乙两个电商平台至少各要组织 10165 件的货，才能保证因商品售罄而使顾客离去的概率小于 1%.

　　例 5.7　设某种元件不能承受超负荷试验的概率为 0.05. 现在对 100 个这样的元件进行超负荷试验，以 X 表示"不能承受超负荷试验而毁坏的元件数". 试利用中心极限定理计算，毁坏的元件数介于 5 到 10 之间的概率.

　　解　由题意知 $X \sim B(100,0.05)$，且

$$E(X) = 100 \times 0.05 = 5, \ D(X) = 100 \times 0.05 \times 0.95 = 4.75.$$

由定理 5.6 知，X 近似服从正态分布 $N(5,4.75)$.

于是所求概率为

$$P(5 \leqslant X \leqslant 10) \approx F_X(10) - F_X(5) \approx \Phi(\frac{10 - 5}{\sqrt{4.75}}) - \Phi(\frac{5 - 5}{\sqrt{4.75}})$$

$$\approx \Phi(2.29) - \Phi(0) = 0.4890.$$

　　例 5.8　设有一大批产品，其次品率为 0.05. 现在进行装箱，若要以 99% 的概率保证每箱产品的正品数不少于 100. 试利用中心极限定理计算，每箱至少要装多少个产品？

　　解　设要取 n 个产品装箱，记其中正品数为 X，则 $X \sim B(n,0.95)$，且

$$E(X) = 0.95n, \ D(X) = 0.95 \times 0.05n.$$

由定理 5.6 知，X 近似服从正态分布 $N(0.95n,0.95 \times 0.05n)$.

由题意知，要求 $P(X \geqslant 100) \geqslant 99\%$，于是有

$$P(X \geqslant 100) = 1 - P(X < 100) \approx 1 - F_X(100)$$

$$\approx 1 - \Phi(\frac{100 - 0.95n}{\sqrt{0.95 \times 0.05n}}) = \Phi(\frac{0.95n - 100}{\sqrt{0.95 \times 0.05n}}) \geqslant 0.99.$$

查标准正态分布表(附表 2) 得，$\dfrac{0.95n - 100}{\sqrt{0.95 \times 0.05n}} \geqslant 2.33$，解得 $n \geqslant 111$ 件.

因此，若要以 99% 的概率保证每箱产品的正品数不少于 100，那么每箱至少要装 111 个产品.

例 5.7 及例 5.8 都可以利用定理 5.5 求解，同样例 5.6 也可以利用定理 5.6 求解.

<h1 style="text-align:center">习　题</h1>

1. 已知二维随机变量 $(X,Y) \sim N(2,2;1,4;\frac{1}{2})$. 试用切比雪夫不等式，估算概率 $P(|X - Y| \geqslant 6)$.

2. 已知正常成年男性的每一毫升血液中，白细胞的平均数是 7300，标准差是 700. 试用切比

雪夫不等式，估算正常成年男性的每一毫升血液中白细胞数为 5200 ~ 9400 的概率至少为多少.

3. 设随机变量 $X_1, X_2, \cdots, X_n, \cdots$ 相互独立，则依据辛钦大数定律可知，当 $n \to \infty$ 时，$\frac{1}{n} \sum_{i=1}^{n} X_i$ 依概率收敛于其数学期望，只要 $X_1, X_2, \cdots, X_n, \cdots$ 满足（　　　）.

　　A. 有相同的数学期望　　　　　　　　B. 服从同一连续型分布
　　C. 服从同一泊松分布　　　　　　　　D. 服从同一离散型分布

4. 将一枚骰子重复掷 n 次，记 n 次掷出的点数的算术平均值为 $\bar{X}_n$. 试证明：当 n 趋向于无穷大时，$\bar{X}_n$ 依概率收敛于 3.5，即 $\bar{X}_n \xrightarrow{P} 3.5$.

5. 设 $X_1, X_2, \cdots, X_n$ 相互独立且均服从参数 $\lambda = 3$ 的泊松分布. 试证明：当 n 趋向于无穷大时，$Y_n = \frac{1}{n} \sum_{i=1}^{n} X_i^2$ 依概率收敛于 12.

6. 设随机变量 $X_1, X_2, \cdots, X_n$ 相互独立且同分布，已知 $E(X_1^k) = a_k (k = 1, 2, 3, 4)$. 证明：当 n 充分大时，$Z_n = \frac{1}{n} \sum_{i=1}^{n} X_i^2$ 近似服从正态分布，并指出其分布参数.

7. 有一批建筑房屋用的木柱，其中 80% 的木柱长度不短于 3m，现从这批木柱中随机地取出 100 根，问其中至少有 30 根短于 3m 的概率是多少？

8. 设随机变量 $X_1, X_2, \cdots, X_n$ 独立同分布，且已知 $P(X_1 = 0) = P(X_1 = 1) = \frac{1}{2}$. 试求概率 $P(\sum_{i=1}^{100} X_i \le 55)$.

9. 以往的经验表明，某种电子元件的寿命服从均值为 100h 的指数分布. 现随机地取 16 个，设它们的寿命是相互独立的. 求这 16 个元件的寿命总和大于 1920h 的概率.

10. 计算器在进行加法运算时，将每个加数舍入最靠近它的整数. 设所有的舍入误差是独立的，且在 $(-0.5, 0.5)$ 上服从均匀分布.

（1）若将 1500 个数相加，问误差总和的绝对值超过 15 的概率是多少？

（2）最多可以有几个数相加使得误差总和的绝对值小于 10 的概率不小于 0.90？

11. 一复杂的系统由 100 个相互独立起作用的部件组成，在整个运行期间每个部件损坏的概率为 0.10. 为了使整个系统起作用，至少需要有 85 个部件正常工作. 求整个系统起作用的概率.

12. 一复杂的系统由 n 个相互独立起作用的部件组成，在整个运行期间每个部件的可靠性（即部件正常工作的概率）为 0.90，且必须至少有 80% 的部件正常工作才能使整个系统正常工作. 问 n 至少为多大时，才能使整个系统的可靠性不低于 0.95？

13. 某种电子元件的寿命（单位：h）具有数学期望 μ（未知），其方差 $\sigma^2 = 400$. 为了估计 μ，随机地取 n 个这种元件，在时刻 $t = 0$ 时投入测试（设测试是相互独立的），直到失效，测得寿命分别为 $X_1, X_2, \cdots, X_n$，以 $\bar{X} = \frac{1}{n} \sum_{i=1}^{n} X_i$ 作为 μ 的估计，为了使 $P(|\bar{X} - \mu| < 1) \ge 0.95$，问 n 至少为多少？

14. 设在某保险公司有 10000 个人投保，每人每年在年初付 12 元的保险费，如果投保人死亡，家属可向保险公司领取 1000 元. 统计资料表明，在一年内一个人死亡的概率为 0.006. 求在此项业务中：

（1）保险公司亏本的概率；

（2）保险公司每年获利不少于 40000 元的概率；

（3）保险公司每年获利不少于 60000 元的概率.

第 6 章 样本及抽样分布

数理统计(**mathematical statistics**) 是研究随机现象统计规律性的一门学科，它以概率论为理论基础，研究如何用有效的方法收集、整理和分析受到随机因素影响的数据，从而对研究对象的某些统计特征做出推断.

随机现象无处不在，因此数理统计是应用数学中非常重要且特别活跃的学科之一. 可以说，在人类活动的几乎一切领域，都能不同程度地找到数理统计方法的应用. 在信息时代，学习和运用数理统计方法已成为技术领域中的一种趋势. 为了处理大量数据并从中获得有助于决策的量化结论，我们必须掌握且不断更新自己的数理统计知识.

从本章开始主要介绍数理统计中的一些基本理论和方法，内容以统计推断为主. 首先介绍数理统计的基本概念，然后依次介绍参数估计、假设检验、方差分析与回归分析等重要的统计推断方法. 通过相应内容的学习，读者应初步掌握处理随机数据的基本理论和方法，并具有运用所学知识解决有关实际问题的基本能力.

6.1 数理统计的基本概念

6.1.1 总体和样本

在数理统计中，我们把所研究对象的全体称为**总体**(**population**)，而把构成总体的每个元素称为**个体**(**individual**). 例如，研究某批灯泡的质量时，该批灯泡的全体构成总体，其中每个灯泡就是个体；研究某地区的气温变化时，该地区的所有可能的气温构成总体，每个可能的气温就是个体.

总体中所包含的个体数量称为**总体容量**，容量有限的总体称为**有限总体**，容量无限的总体称为**无限总体**. 实际问题中，当总体中所包含的个体数量很大，甚至不易数清时可视其为无限总体. 本书主要研究无限总体.

在数理统计中，人们关心的并不是总体中个体的一切方面，而是个体的某一项或某几项数量指标. 例如，考查灯泡质量时，我们并不关心灯泡的形状、光源类型等特征，而只关心灯泡的寿命、亮度等数量指标. 如果只考查灯泡的寿命这一项指标，由于每个灯泡都有一个确定的寿命值，而任意抽取的一个灯泡的寿命是不确定的，因此可以认为灯泡寿命是一个随机变量. 也就是说，总体可用随机变量 X 来表示，进而也可用随机变量 X 的分布函数 $F(x)$ 描述，如正态总体、泊松总体等. 今后将不加区分总体与相应的随机变量，笼统地称为总体 X. 我们说"从某总体 X 中抽样"与"从某总体 $F(x)$ 中抽样"是同一个意义. 从而，对总体 X 的研究就转化为对表示总体的随机变量 X 的概率分布 $F(x)$ 的研究，并称随机变量 X 的分布为**总体的分布**.

研究总体分布及其特征有如下两种方法.

(1) 普查，即对总体中每个个体都进行观察试验. 由于普查费用高、费时、费力，因此不常使用，尤其在破坏性试验(如灯泡寿命试验) 中更不会使用.

(2) 抽样，即从总体中抽取一部分个体进行观察试验. 由于抽样费用低、省时，因此实际中使用频繁. 被抽出的部分个体称为来自总体的一个**样本**(**sample**)，样本中包含的个体数量称为**样本容量**.

所谓从总体 X 中抽取一个个体，就是对总体 X 进行一次观察并记录其结果. 如果在相同的条件下对总体 X 进行 n 次重复的、独立的观察，并将 n 次观察的结果依次记为 $X_1, X_2, \cdots, X_n$. 由于各次观察是在相同条件下独立进行的，且 $X_1, X_2, \cdots, X_n$ 都是对随机变量 X 的观察，所以有理由认为 $X_1, X_2, \cdots, X_n$ 满足以下两个性质.

（1）**独立性**　$X_1, X_2, \cdots, X_n$ 为相互独立的随机变量.

（2）**代表性**　每个 $X_i(i = 1, 2, \cdots, n)$ 都与总体 X 具有相同的分布.

满足以上两个性质的样本称为**简单随机样本**（**simple random sample**）. 若无特别说明，本书提到的样本均指简单随机样本，简称样本.

对样本 $X_1, X_2, \cdots, X_n$ 进行观察，得到的观察结果是完全确定的一组数 $x_1, x_2, \cdots, x_n$，称为样本值，又称为总体 X 的 n 个独立的观察值.

由以上性质，也可将简单随机样本 $X_1, X_2, \cdots, X_n$ 可以看成**独立同分布**（**independent and identically distributed**）的随机变量.

如同多维随机变量，可以将样本写成一个随机向量，记为 $(X_1, X_2, \cdots, X_n)$，样本值相应地写成 $(x_1, x_2, \cdots, x_n)$，等价于 $X_1 = x_1, X_2 = x_2, \cdots, X_n = x_n$.

样本的概率分布称为**样本分布**. 由定义，样本分布由总体分布完全决定. 具体为：

若总体 X 的分布函数为 $F(x)$，由于样本 $X_1, X_2, \cdots, X_n$ 相互独立且与总体 X 具有相同的分布，因此 $X_1, X_2, \cdots, X_n$ 的联合分布函数或 $(X_1, X_2, \cdots, X_n)$ 的分布函数为

$$F(x_1, x_2, \cdots, x_n) = \prod_{i=1}^{n} F(x_i). \tag{6.1.1}$$

若总体 X 是连续型随机变量，其概率密度函数为 $f(x)$，则样本 $X_1, X_2, \cdots, X_n$ 的联合概率密度函数或 $(X_1, X_2, \cdots, X_n)$ 的概率密度函数为

$$f(x_1, x_2, \cdots, x_n) = \prod_{i=1}^{n} f(x_i). \tag{6.1.2}$$

若总体 X 是离散型随机变量，其分布律为 $P(X = x) = p(x)$，则样本 $X_1, X_2, \cdots, X_n$ 的联合分布律或 $(X_1, X_2, \cdots, X_n)$ 的分布律为

$$P(X_1 = x_1, X_2 = x_2, \cdots, X_n = x_n) = \prod_{i=1}^{n} p(x_i). \tag{6.1.3}$$

例如，设总体 $X \sim B(1, p)$，其分布律为

$$P(X = x) = p(x) = p^x (1-p)^{1-x}, \quad x = 0, 1.$$

则样本 $X_1, X_2, \cdots, X_n$ 的联合分布律为

$$P(X_1 = x_1, X_2 = x_2, \cdots, X_n = x_n) = \prod_{i=1}^{n} p(x_i) = \prod_{i=1}^{n} \left(p^{x_i} (1-p)^{1-x_i} \right)$$

$$= p^{\sum_{i=1}^{n} x_i} (1-p)^{n - \sum_{i=1}^{n} x_i}, \quad x_i = 0, 1; \ i = 1, 2, \cdots, n.$$

6.1.2　统计量

样本是总体的代表和反映，是统计推断的依据. 但经过抽样得到的样本观察值一般是杂乱无章的，不能直接用于统计推断. 因此我们需根据不同的问题，对样本进行适当的"加工"，对样本所含信息进行整理，提取需要的信息，有利于问题的解决. 最常用的处理方法是构造样本的函数 —— 统计量.

定义 6.1　设 $X_1, X_2, \cdots, X_n$ 为来自总体 X 的样本，若 $g(X_1, X_2, \cdots, X_n)$ 是以 $X_1, X_2, \cdots, X_n$

为自变量的函数,且不含任何未知参数, 则称 $g(X_1, X_2, \cdots, X_n)$ 是一个**统计量**(**statistic**).

例如, 若总体分布为 $N(\mu, \sigma^2)$, 其中参数 μ, σ^2 均未知, X_1, X_2 是取自该总体的一个样本, 则 $X_1, \dfrac{X_1 + X_2}{2}, X_1^2 + X_2^2, \max(X_1, X_2)$ 都是统计量, 而 $X_1 - \mu$ 不是统计量.

由定义 6.1 知, 统计量也是随机变量. 若 $x_1, x_2, \cdots, x_n$ 是样本 $X_1, X_2, \cdots, X_n$ 的观察值, 则称 $g(x_1, x_2, \cdots, x_n)$ 是统计量 $g(X_1, X_2, \cdots, X_n)$ 的观察值.

下面介绍数理统计中常用的几个统计量.

设 $X_1, X_2, \cdots, X_n$ 是来自总体 X 的一个简单随机样本, 则

$$\overline{X} = \frac{1}{n} \sum_{i=1}^{n} X_i$$

称为**样本均值**(**sample mean**), 用于表征样本的中心位置, 通常能够反映总体均值的信息;

$$S^2 = \frac{1}{n-1} \sum_{i=1}^{n} (X_i - \overline{X})^2 = \frac{1}{n-1} \left(\sum_{i=1}^{n} X_i^2 - n\overline{X}^2 \right)$$

称为**样本方差**(**sample variance**), 用于表征样本中各数据相对于样本中心的偏离程度, 能够反映总体方差的信息;

$$S = \sqrt{S^2} = \sqrt{\frac{1}{n-1} \sum_{i=1}^{n} (X_i - \overline{X})^2}$$

称为**样本标准差**(**sample standard deviation**), 也称为样本均方差, 用于反映总体标准差的信息;

$$A_k = \frac{1}{n} \sum_{i=1}^{n} X_i^k, \quad k = 1, 2, 3, \cdots,$$

称为**样本的 k 阶(原点)矩**(**k - th sample moment**), 用于反映总体 k 阶(原点)矩的信息;

$$B_k = \frac{1}{n} \sum_{i=1}^{n} (X_i - \overline{X})^k, \quad k = 1, 2, 3, \cdots,$$

称为**样本的 k 阶中心矩**(**k - th sample central moment**), 用于反映总体 k 阶中心矩的信息.

不难看出它们都是统计量, 刻画了样本的性质, 我们称之为样本的数字特征. 显然有

$$A_1 = \overline{X}, B_1 = 0, B_2 = \frac{n-1}{n} S^2 = A_2 - A_1^2.$$

若 $x_1, x_2, \cdots, x_n$ 为样本 $X_1, X_2, \cdots, X_n$ 的观察值, 则

$$\overline{x} = \frac{1}{n} \sum_{i=1}^{n} x_i, s^2 = \frac{1}{n-1} \sum_{i=1}^{n} (x_i - \overline{x})^2, a_k = \frac{1}{n} \sum_{i=1}^{n} x_i^k, b_k = \frac{1}{n} \sum_{i=1}^{n} (x_i - \overline{x})^k$$

分别称为样本均值、样本方差、样本 k 阶(原点)矩和样本 k 阶中心矩的观察值, 并用相应的小写字母表示.

方便起见, 往往把统计量的观察值简称为该统计量. 例如, 将样本均值 $\overline{X}$ 的观察值 $\overline{x}$ 简称为样本均值.

一般地, 若总体 X 的 k 阶矩 $\mu_k = E(X^k)$ 存在, 则由辛钦大数定律知, A_k 依概率收敛于 μ_k. 此结论为第 7 章将要介绍的矩估计法奠定了理论依据.

关于样本均值和样本方差的数字特征, 有如下重要定理.

定理 6.1　设总体 X 的数学期望为 μ, 方差为 σ^2, $X_1, X_2, \cdots, X_n$ 是来自总体 X 的样本, 则

(1) $E(\overline{X}) = \mu$；(2) $D(\overline{X}) = \dfrac{\sigma^2}{n}$；(3) $E(S^2) = \sigma^2$.

证明　因为 $X_1, X_2, \cdots, X_n$ 是来自总体 X 的样本, 所以 $X_1, X_2, \cdots, X_n$ 相互独立且与总体 X 同

分布，从而有
$$E(X_i) = E(X), \quad D(X_i) = D(X), \quad i = 1,2,\cdots n.$$
（1）由数学期望的性质，可得
$$E(\overline{X}) = E\left(\frac{1}{n}\sum_{i=1}^{n}X_i\right) = \frac{1}{n}\sum_{i=1}^{n}E(X_i) = \frac{1}{n}\sum_{i=1}^{n}E(X) = \frac{1}{n}\cdot nE(X) = \mu.$$
（2）由方差的性质，可得
$$D(\overline{X}) = D\left(\frac{1}{n}\sum_{i=1}^{n}X_i\right) = \frac{1}{n^2}\sum_{i=1}^{n}D(X_i) = \frac{1}{n^2}\sum_{i=1}^{n}D(X) = \frac{1}{n^2}\cdot nD(X) = \frac{\sigma^2}{n}.$$
（3）由方差的计算公式，可得
$$E(X_i^2) = [E(X_i)]^2 + D(X_i) = \mu^2 + \sigma^2, \quad i = 1,2,\cdots,n.$$
利用（1）和（2）的结论，可得
$$E(\overline{X}^2) = [E(\overline{X})]^2 + D(\overline{X}) = \mu^2 + \frac{\sigma^2}{n}.$$

再利用数学期望的性质，可得
$$E(S^2) = E\left[\frac{1}{n-1}\left(\sum_{i=1}^{n}X_i^2 - n\overline{X}^2\right)\right] = \frac{1}{n-1}\left[\sum_{i=1}^{n}E(X_i^2) - nE(\overline{X}^2)\right]$$
$$= \frac{1}{n-1}\left[n(\mu^2 + \sigma^2) - n\left(\mu^2 + \frac{\sigma^2}{n}\right)\right] = \sigma^2.$$

6.1.3 经验分布函数和直方图

如何利用样本估计和推断总体 X 的分布函数 $F(x)$，是数理统计首先要解决的一个重要问题。为此，我们引入经验分布函数（也称为样本分布函数），并介绍它的有关性质。

设 $X_1,X_2,\cdots,X_n$ 为来自总体 X 的一个样本，$x_1,x_2,\cdots,x_n$ 为 $X_1,X_2,\cdots,X_n$ 的样本观察值。若对任意实数 x，$S_n(x)$ 表示观察值 $x_1,x_2,\cdots,x_n$ 中小于或者等于 x 的观察值的个数，则称
$$F_n(x) = \frac{1}{n}S_n(x), \quad -\infty < x < +\infty,$$
为总体 X 的**经验分布函数**（**empirical distribution function**）。

由此可知，$F_n(x)$ 表示 n 次重复独立试验中，事件 $\{X \leq x\}$ 发生的频率。

对每个固定的 x，重复进行 n 次抽样，$S_n(x)$ 一般会取到不同的数值，因此 $S_n(x)$ 和 $F_n(x)$ 均为随机变量，实际上它们都是统计量。$S_n(x)$ 称为**经验频数**。

例 6.1 设从总体 X 中观察到的样本为 $-1,2,3,3$，试写出经验分布函数 $F_4(x)$。

解 由经验分布函数的定义，可得
$$F_4(x) = \begin{cases} 0, & x < -1, \\ \dfrac{1}{4}, & -1 \leq x < 2, \\ \dfrac{1}{2}, & 2 \leq x < 3, \\ 1, & x \geq 3. \end{cases}$$

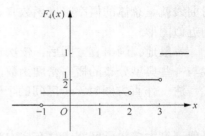

图 6.1 经验分布函数 $F_4(x)$ 的图形

其图形如图 6.1 所示。

经验分布函数 $F_n(x)$ 的性质如下。

（1）对样本值 $x_1,x_2,\cdots,x_n$，经验分布函数 $F_n(x)$（$-\infty < x < +\infty$）具有与分布函数相同的性质，其图形是一阶梯形曲线（见图 6.1）。

事实上，若将 $x_1, x_2, \cdots, x_n$ 从小到大排列为 $x_{(1)} \leqslant x_{(2)} \leqslant \cdots \leqslant x_{(n)}$，则经验分布函数为

$$F_n(x) = \begin{cases} 0, & x < x_{(1)}, \\ \dfrac{k}{n}, & x_{(k)} \leqslant x < x_{(k+1)}, \quad k = 1, 2, \cdots, n-1. \\ 1, & x \geqslant x_{(n)}. \end{cases}$$

(2) 当 $n \to \infty$ 时，经验分布函数 $F_n(x)$ 依概率收敛于总体 X 的分布函数 $F(x)$.

可见，当 n 充分大时，可以用经验分布函数近似估计总体 X 的分布函数 $F(x)$. 事实上，格里汶科 (Glivenko) 证明了更深刻的结论，有如下定理.

格里汶科定理　设总体 X 的分布函数为 $F(x)$，经验分布函数为 $F_n(x)$，则对任意实数 x，有

$$P\left\{ \lim_{n \to \infty} \sup_{-\infty < x < +\infty} |F_n(x) - F(x)| = 0 \right\} = 1,$$

即当 $n \to \infty$ 时，$F_n(x)$ 依概率 1 关于 x 一致收敛于总体的分布函数 $F(x)$.

此定理说明：当 n 充分大时，对任意实数 x，经验分布函数 $F_n(x)$ 与总体的分布函数 $F(x)$ 的差足够小. $F_n(x)$ 是 $F(x)$ 很好的近似. 这一结论是数理统计中用样本对总体进行估计和推断的理论依据.

下面简单介绍关于总体概率密度函数曲线的近似图形 —— 直方图.

假设总体 X 是连续型随机变量，其概率密度函数 $f(x)$ 未知. 对任意有限区间 $(a, b]$，在区间内插入 $k-1$ 个分点，有

$$a = a_0 < a_1 < a_2 < \cdots < a_{k-1} < a_k = b,$$

将其等分成 k 个子区间 (不一定要等分)，即

$$(a_0, a_1], (a_1, a_2], \cdots, (a_{k-1}, a_k],$$

子区间的长度 $\Delta = a_i - a_{i-1} = \dfrac{b-a}{k}$ 称为组距.

对总体 X 进行 n 次重复独立观测，假设观察到的样本值为 $x_1, x_2, \cdots, x_n$，它落入第 i 个子区间的频数为 n_i，频率为 $f_i = \dfrac{n_i}{n}, i = 1, 2, \cdots, k$.

在 x 轴上截取各个子区间，以各个子区间为底，$\dfrac{f_i}{\Delta}$（称为相对频率，$i = 1, 2, \cdots, k$）为高作小矩形. 这些小矩形所构成的图称为样本在 $(a, b]$ 上的**频率直方图**，简称为**直方图**（**histogram**）.

显然，第 i 个小矩形的面积等于数据落在该子区间上的频率 f_i.

当样本容量 n 充分大，且组距充分小时，直方图的上边缘将以光滑的曲线为极限，这条光滑曲线就是总体的概率密度函数 $f(x)$ 的图形. 所以，直方图是连续型总体的概率密度函数曲线的近似图形.

一般地，画出直方图后，依次连接各个小矩形的上底边中点成一条光滑曲线，通过这条曲线与一些典型分布的概率密度函数曲线的相似程度，可大致推断出总体的分布.

注　作直方图时，子区间的个数 k 不宜太大或太小，通常取

$$k \approx 1.87(n-1)^{\frac{2}{5}},$$

且保证绝大多数子区间内都有样本观察值.

下面结合一个例题介绍直方图的作法.

例 6.2　表 6.1 所示是某中学高中二年级 100 名学生的身高数据.

表6.1 某中学高中二年级100名学生的身高数据 单位：cm

138	148	168	174	167	154	150	161	160	161
171	150	169	148	168	155	157	160	182	162
172	155	145	148	169	158	153	167	161	163
176	153	179	143	139	157	159	168	162	164
177	157	167	149	162	158	155	169	163	165
178	155	188	147	163	159	158	174	164	166
179	158	169	146	164	164	157	175	165	178
173	157	171	147	165	165	158	176	166	187
160	158	173	148	166	166	158	177	189	168
186	159	185	183	167	181	180	198	192	184

（1）计算样本均值和样本方差；（2）作直方图.

解 （1）由样本均值的定义，得 $\bar{x} = \dfrac{1}{n}\sum\limits_{i=1}^{n} x_i = 164.67$，

由样本方差的定义，得 $s^2 = \dfrac{1}{n-1}\sum\limits_{i=1}^{n}(x_i - \bar{x})^2 = 146.2233$.

（2）首先，求出样本观察值的最小值、最大值. 得最小值为138，最大值为198.

其次，取区间的左端点 a（略小于138）和右端点 b（略大于198），并将区间 (a,b) 等分为 k 个子区间. 这里取 $a = 136.5, b = 201.3, k = 12$. 所以组距 $\Delta = 5.4$，12个子区间分别为

$$(136.5, 141.9], (141.9, 147.3], (147.3, 152.7], (152.7, 158.1],$$
$$(158.1, 163.5], (163.5, 168.9], (168.9, 174.3], (174.3, 179.7],$$
$$(179.7, 185.1], (185.1, 190.5], (190.5, 195.9], (195.9, 201.3].$$

再分别求出各组的频数 n_i、频率 $f_i = \dfrac{n_i}{n}$ 和相对频率（小矩形的高）$\dfrac{f_i}{\Delta}$，结果如表6.2所示.

表6.2 学生身高数据统计

按身高分组/cm	组中值	频数	频率	频率/组距
(136.5, 141.9]	139.2	2	0.02	0.004
(141.9, 147.3]	144.6	5	0.05	0.009
(147.3, 152.7]	150.0	7	0.07	0.013
(152.7, 158.1]	155.4	18	0.18	0.033
(158.1, 163.5]	160.8	16	0.16	0.030
(163.5, 168.9]	166.2	20	0.20	0.037
(168.9, 174.3]	171.6	11	0.11	0.020
(174.3, 179.7]	177.0	9	0.09	0.017
(179.7, 185.1]	182.4	6	0.06	0.011
(185.1, 190.5]	187.8	4	0.04	0.007
(190.5, 195.9]	193.2	1	0.01	0.002
(195.9, 201.3]	198.6	1	0.01	0.002

最后，作直方图. 在 xOy 平面上，画出以 x 轴上的每个子区间 $(a_{i-1}, a_i](i = 1, 2, \cdots, 12)$ 为底边，$\dfrac{f_i}{\Delta}$ 为高的矩形，得到直方图，如图6.2所示.

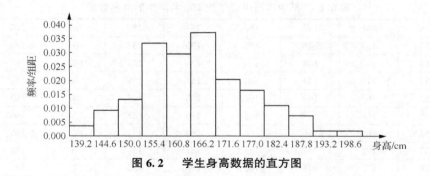

图 6.2 学生身高数据的直方图

可以看出，直方图中间高，两头低，比较对称. 因此可以推断总体 X 可能服从或近似服从正态分布.

6.2 数理统计中的 3 个重要分布

统计量的分布称为**抽样分布**(**sampling distribution**). 如何求出抽样分布是数理统计的基本问题.

对确定的正整数 n，统计量 $g(X_1, X_2, \cdots, X_n)$ 的分布，称为该统计量的**精确分布**. 例如，设总体 $X \sim B(1, p)$，$X_1, X_2, \cdots, X_n$ 是来自总体 X 的样本，则统计量 $X_1 + X_2 + \cdots + X_n$ 的抽样分布为二项分布 $B(n, p)$. 对于观测次数较少即样本容量较小的问题，统计量的精确分布对统计研究非常有用，通常称此类问题为**小样本问题**. 但很多实际问题中，精确分布不易求得，或者求出的精确分布繁杂，不便于应用. 这种情况下，可以利用中心极限定理，寻求 $n \to \infty$ 时统计量 $g(X_1, X_2, \cdots, X_n)$ 的极限分布，称为统计量的**渐近抽样分布**. 这一极限分布在样本容量较大的推断问题中有着重要意义，一般称此类问题为**大样本问题**.

本节将介绍数理统计中常用的 3 个重要分布，即 χ^2 分布，t 分布和 F 分布及其有关性质.

6.2.1 χ^2 分布

定义 6.2 设 $X_1, X_2, \cdots, X_n$ 相互独立，且均服从 $N(0,1)$，令
$$Y = X_1^2 + X_2^2 + \cdots + X_n^2, \tag{6.2.1}$$
则称随机变量 Y 服从自由度为 n 的 $\boldsymbol{\chi^2}$(**卡方**) **分布**(**chi-squared distribution**)，记为 $Y \sim \chi^2(n)$.

此处，自由度是指 (6.2.1) 式右端包含的独立随机变量的个数.

可以证明，若 $Y \sim \chi^2(n)$，则 Y 的概率密度函数为
$$f(y) = \begin{cases} \dfrac{1}{2^{\frac{n}{2}} \Gamma\left(\dfrac{n}{2}\right)} y^{\frac{n}{2}-1} e^{-\frac{y}{2}}, & y > 0, \\ 0, & y \leqslant 0. \end{cases}$$

其中，$\Gamma(t) = \displaystyle\int_0^{+\infty} x^{t-1} e^{-x} dx (t > 0)$ 为伽玛函数，具有如下性质：
$$\Gamma(t+1) = t\Gamma(t).$$

三个特殊函数值为

$$\Gamma(n+1) = n!,$$
$$\Gamma(1) = 1,$$
$$\Gamma\left(\frac{1}{2}\right) = \sqrt{\pi}.$$

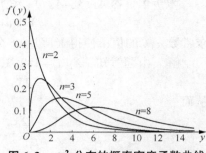

图 6.3 χ^2 分布的概率密度函数曲线

χ^2 分布的概率密度函数曲线如图 6.3 所示.

特别地, 若 $X \sim N(0,1)$, 则 $Y = X^2 \sim \chi^2(1)$, 且概率密度函数为

$$f_Y(y) = \begin{cases} \dfrac{1}{\sqrt{2\pi}} y^{-\frac{1}{2}} \mathrm{e}^{-\frac{y}{2}}, & y > 0, \\ 0, & y \leq 0. \end{cases}$$

若 $Y \sim \chi^2(2)$, 则 Y 的概率密度函数为

$$f(y) = \begin{cases} \dfrac{1}{2} \mathrm{e}^{-\frac{y}{2}}, & y > 0, \\ 0, & y \leq 0. \end{cases}$$

可见, 此时 Y 服从参数 $\lambda = \dfrac{1}{2}$ 的指数分布.

χ^2 分布具有下列性质.

(1) **可加性** 设 $Y_1 \sim \chi^2(n_1), Y_2 \sim \chi^2(n_2)$, 且 Y_1, Y_2 相互独立, 则

$$Y_1 + Y_2 \sim \chi^2(n_1 + n_2).$$

证明 由 χ^2 分布的定义知, 存在 $X_1, X_2, \cdots, X_{n_1}$ 和 $Z_1, Z_2, \cdots, Z_{n_2}$ 相互独立, 且均服从 $N(0,1)$, 使得

$$Y_1 = X_1^2 + X_2^2 + \cdots + X_{n_1}^2, \quad Y_2 = Z_1^2 + Z_2^2 + \cdots + Z_{n_2}^2.$$

根据 χ^2 分布的定义得

$$Y_1 + Y_2 = X_1^2 + X_2^2 + \cdots + X_{n_1}^2 + Z_1^2 + Z_2^2 + \cdots + Z_{n_2}^2 \sim \chi^2(n_1 + n_2).$$

此性质称为 χ^2 分布的**可加性**, 可以推广到有限个随机变量的情形.

设 $Y_i \sim \chi^2(n_i)$, 且 $Y_i(i = 1,2,\cdots,k)$ 相互独立, 则

$$\sum_{i=1}^{k} Y_i \sim \chi^2\left(\sum_{i=1}^{k} n_i\right).$$

(2) **χ^2 分布的数字特征** 若 $Y \sim \chi^2(n)$, 则 $E(Y) = n, \ D(Y) = 2n$.

证明 由 χ^2 分布的定义知, 存在 $X_1, X_2, \cdots, X_n$ 相互独立且均服从 $N(0,1)$, 使得

$$Y = X_1^2 + X_2^2 + \cdots + X_n^2.$$

由 $X_i \sim N(0,1)$, 知

$$E(X_i^2) = D(X_i) + [E(X_i)]^2 = 1, \ i = 1,2,\cdots,n,$$

从而得

$$E(Y) = E(X_1^2 + X_2^2 + \cdots + X_n^2) = n.$$

其次, 由数学期望的定义, 并利用 $\Gamma(t)$ 的性质, 可得

$$E(X_i^4) = \int_{-\infty}^{+\infty} y^4 \frac{1}{\sqrt{2\pi}} \mathrm{e}^{-\frac{y^2}{2}} \mathrm{d}y = \frac{4}{\sqrt{\pi}} \int_{0}^{+\infty} t^{\frac{3}{2}} \mathrm{e}^{-t} \mathrm{d}t = 3,$$

于是

$$D(X_i^2) = E(X_i^4) - [E(X_i^2)]^2 = 3 - 1 = 2,$$

由方差的性质, 知

$$D(Y) = D(X_1^2 + X_2^2 + \cdots + X_n^2) = \sum_{i=1}^{n} D(X_i^2) = 2n.$$

例 6.3　设 X_1, X_2, X_3, X_4 是来自服从正态分布 $N(0,1)$ 的总体的样本，令
$$Y = a(X_1 - 2X_2)^2 + b(3X_3 - 4X_4)^2,$$
求常数 a, b 的值，使得 Y 服从 χ^2 分布，并指出自由度.

解　由题意知，$X_i(i = 1, 2, 3, 4)$ 相互独立，且均服从 $N(0,1)$. 由正态分布的性质知
$$X_1 - 2X_2 \sim N(0,5), \quad 3X_3 - 4X_4 \sim N(0,25),$$
从而
$$\frac{X_1 - 2X_2}{\sqrt{5}} \sim N(0,1), \quad \frac{3X_3 - 4X_4}{5} \sim N(0,1),$$
且相互独立，由 χ^2 分布的定义知
$$\frac{1}{5}(X_1 - 2X_2)^2 + \frac{1}{25}(3X_3 - 4X_4)^2 \sim \chi^2(2).$$
于是，当 $a = \dfrac{1}{5}, b = \dfrac{1}{25}$ 时，Y 服从 χ^2 分布，且自由度为 2.

6.2.2　t 分布

定义 6.3　设 $X \sim N(0,1)$，$Y \sim \chi^2(n)$，且 X 与 Y 相互独立，令
$$T = \frac{X}{\sqrt{Y/n}}, \tag{6.2.2}$$
则称随机变量 T 服从自由度为 n 的 **t 分布**（**t distribution**），记为 $T \sim t(n)$.

可以证明，$T \sim t(n)$ 的概率密度函数为
$$h(t) = \frac{\Gamma(\frac{n+1}{2})}{\sqrt{n\pi}\,\Gamma(\frac{n}{2})}\left(1 + \frac{t^2}{n}\right)^{-\frac{n+1}{2}}, \quad -\infty < t < +\infty.$$

图 6.4 所示为 t 分布的概率密度函数曲线.

t 分布具有如下性质：

（1）t 分布的概率密度函数曲线关于 y 轴对称.

（2）设 $T \sim t(n)$，概率密度函数为 $h(t)$，则
$$\lim_{n \to \infty} h(t) = \frac{1}{\sqrt{2\pi}} e^{-\frac{t^2}{2}},$$

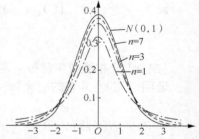

图 6.4　t 分布的概率密度函数曲线

即当 n 充分大时，服从自由度为 n 的 t 分布的随机变量近似服从 $N(0,1)$. 在实际应用中，当自由度 $n > 30$ 时，可视 t 分布为标准正态分布.

（3）当自由度 $n = 1$ 时，t 分布的概率密度函数为
$$h(t) = \frac{1}{\pi(1 + t^2)}, \quad -\infty < t < +\infty.$$

此分布称为**柯西分布**，即自由度为 1 的 t 分布是柯西分布. 可以证明，其数学期望和方差均不存在.

（4）**t 分布的数字特征**　设 $T \sim t(n)$，则
$$E(T) = 0\,(n > 1); \quad D(T) = \frac{n}{n-2}\ (n > 2).$$

例 6.4　设总体 $X \sim N(0,2)$，X_1,X_2,X_3,X_4 是来自总体 X 的样本，令

$$T = c \frac{X_1 - X_2}{\sqrt{X_3^2 + X_4^2}},$$

求常数 c，使得 T 服从 t 分布，并指出自由度.

解　由题意知，$X_i(i=1,2,3,4)$ 相互独立，且均服从 $N(0,2)$. 由正态分布的性质知，$X_1 - X_2 \sim N(0,4)$，于是

$$\frac{X_1 - X_2}{2} \sim N(0,1),\ \frac{X_3}{\sqrt{2}} \sim N(0,1),\ \frac{X_4}{\sqrt{2}} \sim N(0,1).$$

由 χ^2 分布的定义知

$$\left(\frac{X_3}{\sqrt{2}}\right)^2 + \left(\frac{X_4}{\sqrt{2}}\right)^2 = \frac{X_3^2 + X_4^2}{2} \sim \chi^2(2).$$

由样本的独立性知，$\dfrac{X_1 - X_2}{2}$ 与 $\dfrac{X_3^2 + X_4^2}{2}$ 相互独立. 利用 t 分布的定义可得

$$\frac{(X_1 - X_2)/2}{\sqrt{(X_3^2 + X_4^2)/4}} = \frac{X_1 - X_2}{\sqrt{X_3^2 + X_4^2}} \sim t(2).$$

于是，当 $c = 1$ 时，T 服从 t 分布，且自由度为 2.

历史上，t 分布与标准正态分布之间的微小差别是由英国统计学家戈塞特(Gosset)发现的. 从 1899 年开始，戈塞特在一家酿酒厂担任酿酒化学技师，从事试验和数据分析工作. 因该酿酒厂不允许本厂职工发表自己的研究成果，故 1908 年他以 student 为笔名发表论文，在论文中首次提出 t 分布，因此 t 分布也常被称为**学生氏(student)** 分布. t 分布的发现在统计学发展史中具有划时代的意义，它打破了正态分布"一统天下"的局面，开创了小样本统计推断的新纪元.

6.2.3　F 分布

定义 6.4　设随机变量 U 与 V 相互独立，且 $U \sim \chi^2(n_1)$，$V \sim \chi^2(n_2)$，令

$$F = \frac{U/n_1}{V/n_2}, \tag{6.2.3}$$

则称随机变量 F 服从自由度为 (n_1,n_2) 的 **F 分布**，记作 $F \sim F(n_1,n_2)$，其中 n_1 为第一自由度，n_2 为第二自由度.

F 分布是 1924 年由英国统计学家费希尔(R. A. Fisher)提出的，并以其姓氏的首字母命名，有着广泛的应用.

可以证明，自由度为 (n_1,n_2) 的 F 分布的概率密度函数为

$$f(x) = \begin{cases} \dfrac{\Gamma[(n_1+n_2)/2](n_1/n_2)^{n_1/2}x^{n_1/2-1}}{\Gamma(n_1/2)\Gamma(n_2/2)(1+n_1x/n_2)^{(n_1+n_2)/2}}, & x > 0, \\ 0, & x \leq 0. \end{cases}$$

F 分布的概率密度函数曲线如图 6.5 所示.

例 6.5　设总体 X 服从 $N(0,2)$，$X_1,X_2,\cdots,X_{10}$ 是来自总体 X 的样本，令

$$Y = c \frac{X_1^2 + X_2^2}{X_3^2 + X_4^2 + \cdots + X_{10}^2},$$

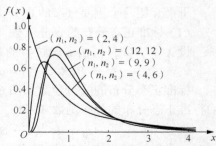

图 6.5　F 分布的概率密度函数曲线

求常数 c, 使得 Y 服从 F 分布, 并指出自由度.

解 由题意知, $X_i(i = 1,2,\cdots,10)$ 相互独立, 均服从 $N(0,2)$, 所以

$$\frac{X_i}{\sqrt{2}} \sim N(0,1), \quad i = 1,2,\cdots,10, \quad 且相互独立.$$

由 χ^2 分布的定义知

$$U = (\frac{X_1}{\sqrt{2}})^2 + (\frac{X_2}{\sqrt{2}})^2 = \frac{X_1^2 + X_2^2}{2} \sim \chi^2(2),$$

$$V = (\frac{X_3}{\sqrt{2}})^2 + (\frac{X_4}{\sqrt{2}})^2 + \cdots + (\frac{X_{10}}{\sqrt{2}})^2 = \frac{X_3^2 + X_4^2 + \cdots + X_{10}^2}{2} \sim \chi^2(8).$$

且由样本的独立性知, U 与 V 相互独立. 利用 F 分布的定义可得

$$\frac{U/2}{V/8} = 4 \cdot \frac{X_1^2 + X_2^2}{X_3^2 + X_4^2 + \cdots + X_{10}^2} \sim F(2,8).$$

可见, 当 $c = 4$ 时, Y 服从 F 分布, 且第一自由度为 2, 第二自由度为 8.

F 分布具有如下性质:

(1) 设 $F \sim F(n_1,n_2)$, 则 $\frac{1}{F} \sim F(n_2,n_1)$.

(2) 设 $T \sim t(n)$, 则 $T^2 \sim F(1,n)$.

证明 (1) 由定义即得.

(2) 由 t 分布的定义知, 存在相互独立的随机变量 X 与 Y, 且 $X \sim N(0,1)$, $Y \sim \chi^2(n)$, 使得

$$T = \frac{X}{\sqrt{Y/n}}.$$

由 χ^2 分布的定义知, $X^2 \sim \chi^2(1)$, 且 X^2 与 Y 相互独立. 由 F 分布的定义可得

$$T^2 = \frac{X^2/1}{Y/n} \sim F(1,n).$$

6.2.4 分位数

数理统计中经常用到分位数的概念, 本节将详细介绍其定义以及重要分布的分位数的性质.

定义 6.5 设随机变量 X 的分布函数为 $F(x)$, 对给定的实数 $\alpha(0 < \alpha < 1)$, 若数 x_α 使得
$$P(X > x_\alpha) = \alpha,$$
则称 x_α 为此分布的**上 α 分位数**(或上 α 分位点), 简称为 **α 分位数**(或 α 分位点).

若无特殊说明, 本书所用的 α 分位数均指上 α 分位数. 对于每个分布, 我们分别用相应的符号表示它的 α 分位数.

下面介绍几个重要分布的 α 分位数及其性质.

(1) 标准正态分布的 α 分位数, 常用 z_α 或 u_α 表示

设 $X \sim N(0,1)$, 由 α 分位数的定义, 知

$$P(X > z_\alpha) = \alpha. \tag{6.2.4}$$

标准正态分布的 α 分位数如图 6.6 所示.

由标准正态分布的分布函数知 $\Phi(z_\alpha) = 1 - \alpha$, 所以

$$z_\alpha = \Phi^{-1}(1 - \alpha).$$

同时, 由于标准正态分布的概率密度函数曲线关于 y 轴对称, 因此有

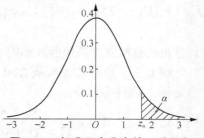

图 6.6 标准正态分布的 α 分位数

$$z_{1-\alpha} = -z_\alpha.$$

且 z_α 可通过查本书附表 2 求出.

例 6.6 查表求出 $z_{0.025}$.

解 设 $X \sim N(0,1)$，由分位数定义知，$P(X > z_{0.025}) = 0.025$，即

$$P(X \leqslant z_{0.025}) = 0.975,$$

查附表 2，得 $\varPhi(1.96) = 0.975$，所以

$$z_{0.025} = 1.96.$$

（2）χ^2 分布的 α 分位数，常用 $\chi^2_\alpha(n)$ 表示

设随机变量 $Y \sim \chi^2(n)$，则有

$$P(Y > \chi^2_\alpha(n)) = \alpha.$$

χ^2 分布的 α 分位数如图 6.7 所示.

附表 3 给出了 χ^2 分布的 α 分位数，可以查用. 例如，若 $\alpha = 0.05, n = 10$，查表可得，$\chi^2_{0.05}(10) = 18.307$.

费希尔已经证明，当 n 充分大（$n > 40$）时，χ^2 分布的 α 分位数可采用如下近似公式求得

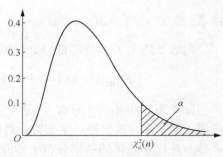

图 6.7 χ^2 分布的 α 分位数

$$\chi^2_\alpha(n) \approx \frac{1}{2}(z_\alpha + \sqrt{2n-1})^2. \qquad (6.2.5)$$

其中，z_α 为标准正态分布的 α 分位数.

例如，对于 $\alpha = 0.05$，$n = 50$，由 $z_{0.05} = 1.645$，可求得

$$\chi^2_{0.05}(50) \approx \frac{1}{2}(1.645 + \sqrt{99})^2 \approx 67.221.$$

（3）t 分布的分位数，常用 $t_\alpha(n)$ 表示

设随机变量 $T \sim t(n)$，由分位数的定义

$$P(T > t_\alpha(n)) = \alpha.$$

t 分布的 α 分位数如图 6.8 所示.

由于 t 分布的概率密度函数 $h(t)$ 关于 t 为偶函数，由对称性得

$$t_{1-\alpha}(n) = -t_\alpha(n). \qquad (6.2.6)$$

t 分布的 α 分位数可通过查附表 4 获得. 例如，查表可得 $t_{0.05}(10) = 1.8125$，$t_{0.95}(10) = t_{1-0.05}(10) = -t_{0.05}(10)$ $= -1.8125$.

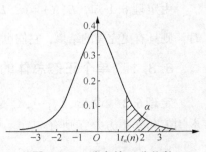

图 6.8 t 分布的 α 分位数

当 n 充分大时，$t(n)$ 近似服从 $N(0,1)$，$t_\alpha(n)$ 可用如下近似公式计算

$$t_\alpha(n) \approx z_\alpha. \qquad (6.2.7)$$

其中，z_α 为标准正态分布的 α 分位数.

例如，$t_{0.025}(50) \approx z_{0.025} = 1.96$.

（4）F 分布的分位数，常用 $F_\alpha(n_1, n_2)$ 表示

设随机变量 $F \sim F(n_1, n_2)$，则有

$$P(F > F_\alpha(n_1, n_2)) = \alpha.$$

F 分布的 α 分位数如图 6.9 所示.

可以证明

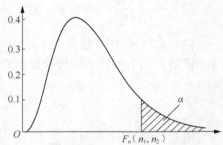

图 6.9 F 分布的 α 分位数

$$F_{1-\alpha}(n_1,n_2) = \frac{1}{F_\alpha(n_2,n_1)}. \tag{6.2.8}$$

事实上，设 $F \sim F(n_1,n_2)$，则 $Y = F^{-1} \sim F(n_2,n_1)$．由 α 分位数的定义，知

$$1 - \alpha = P(F > F_{1-\alpha}(n_1,n_2)) = P(Y < \frac{1}{F_{1-\alpha}(n_1,n_2)}) = 1 - P(Y \geqslant \frac{1}{F_{1-\alpha}(n_1,n_2)}),$$

即

$$P(Y \geqslant \frac{1}{F_{1-\alpha}(n_1,n_2)}) = \alpha.$$

注意到，$Y \sim F(n_2,n_1)$，所以 $\dfrac{1}{F_{1-\alpha}(n_1,n_2)} = F_\alpha(n_2,n_1)$．

附表 5 给出了 F 分布部分分位数 $F_\alpha(n_1,n_2)$ 的值．例如，

$$F_{0.025}(9,8) = 4.36, \quad F_{0.975}(9,8) = \frac{1}{F_{0.025}(8,9)} = \frac{1}{4.10} \approx 0.2439.$$

除正态分布外，χ^2 分布、t 分布、F 分布是数理统计中最重要的几种分布，英国的 3 位统计学家，即卡尔·皮尔逊、戈塞特、费希尔是相关工作的主要贡献者．6.3 节将详细讨论这 3 个重要分布在正态总体的抽样分布中的应用．

6.3　正态总体的抽样分布

本节详细讨论样本均值和样本方差等重要统计量的分布．

设 $X_1,X_2,\cdots,X_n$ 为来自总体 X 的样本，则样本均值和样本方差依次为

$$\bar{X} = \frac{1}{n}\sum_{i=1}^n X_i, \quad S^2 = \frac{1}{n-1}\sum_{i=1}^n (X_i - \bar{X})^2.$$

由定理 6.1 知，$E(\bar{X}) = \mu$，$D(\bar{X}) = \dfrac{\sigma^2}{n}$，且 $E(S^2) = \sigma^2$．当总体 X 服从正态分布 $N(\mu,\sigma^2)$ 时，则具有更完美的结果，它们也为古典统计学的参数估计和假设检验奠定了坚实的理论基础．

6.3.1　单个正态总体的抽样分布定理

定理 6.2　设 $X_1,X_2,\cdots,X_n$ 是来自服从正态分布 $N(\mu,\sigma^2)$ 的总体的样本，$\bar{X}$ 和 S^2 分别为样本均值和样本方差，则有

(1) $\dfrac{1}{\sigma^2}\sum_{i=1}^n (X_i-\mu)^2 \sim \chi^2(n)$；

(2) $\dfrac{(n-1)S^2}{\sigma^2} \sim \chi^2(n-1)$；

(3) $\bar{X}$ 与 S^2 相互独立．

证明　(1) 由样本的性质知，$X_i(i=1,2,\cdots,n)$ 均服从 $N(\mu,\sigma^2)$ 且相互独立，所以

$$\frac{X_i-\mu}{\sigma} \sim N(0,1), \quad i=1,2,\cdots,n, \text{ 且相互独立}.$$

由 χ^2 分布的定义知，$\sum_{i=1}^n (\frac{X_i-\mu}{\sigma})^2 = \frac{1}{\sigma^2}\sum_{i=1}^n (X_i-\mu)^2 \sim \chi^2(n)$．

(2) 和 (3) 证明略．

定理6.3   设 $X_1, X_2, \cdots, X_n$ 是来自服从正态分布 $N(\mu, \sigma^2)$ 的总体的样本，$\bar{X}$ 和 S^2 分别为样本均值和样本方差，则有

（1）$\bar{X} \sim N(\mu, \dfrac{\sigma^2}{n})$，或 $Z = \dfrac{\bar{X} - \mu}{\sigma / \sqrt{n}} \sim N(0, 1)$；

（2）$T = \dfrac{\bar{X} - \mu}{S / \sqrt{n}} \sim t(n - 1)$.

证明   （1）由正态分布的性质知，$\bar{X} = \dfrac{1}{n} \sum\limits_{i=1}^{n} X_i$ 仍然服从正态分布，

且由定理 6.1 知，$E(\bar{X}) = \mu, D(\bar{X}) = \dfrac{\sigma^2}{n}$.

所以

$$\bar{X} \sim N(\mu, \dfrac{\sigma^2}{n}).$$

标准化，即得

$$Z = \dfrac{\bar{X} - \mu}{\sigma / \sqrt{n}} \sim N(0, 1).$$

（2）首先，由（1）知，$Z = \dfrac{\bar{X} - \mu}{\sigma / \sqrt{n}} \sim N(0, 1)$，

其次，由定理 6.2，得 $\chi^2 = \dfrac{(n-1)S^2}{\sigma^2} \sim \chi^2(n-1)$，

且 $\bar{X}$ 与 S^2 相互独立，于是 Z 与 χ^2 仍然相互独立. 根据 t 分布的定义得

$$T = \dfrac{Z}{\sqrt{\chi^2 / (n-1)}} = \dfrac{\bar{X} - \mu}{S / \sqrt{n}} \sim t(n-1).$$

例 6.7   设总体 $X \sim N(\mu, 16)$，从总体 X 中抽取容量为 9 的样本，试求样本均值与总体均值之差的绝对值小于 1 的概率.

解   由题意知，总体方差 $\sigma^2 = 16$，样本容量 $n = 9$. 由定理 6.3 知，

$$Z = \dfrac{\bar{X} - \mu}{4/3} \sim N(0, 1),$$

所以有

$$P(|\bar{X} - \mu| < 1) = P(\dfrac{|\bar{X} - \mu|}{4/3} < \dfrac{1}{4/3}) = P(|Z| < \dfrac{3}{4})$$
$$= \Phi(0.75) - \Phi(-0.75) = 2\Phi(0.75) - 1$$

查附表 2 可得 $\Phi(0.75) = 0.7734$，由此得所求概率

$$P(|\bar{X} - \mu| < 1) = 2\Phi(0.75) - 1 = 2 \times 0.7734 - 1 = 0.5468.$$

例 6.8   设总体 X 的均值为 μ，方差为 σ^2，$X_1, X_2, \cdots, X_n$ 是来自总体 X 的样本，$\bar{X}$ 和 S^2 分别为样本均值和样本方差.

（1）求 X_1 与 $\bar{X}$ 的相关系数 $\rho_{X_1 \bar{X}}$.

（2）若总体 $X \sim N(\mu, \sigma^2)$，求 $D(S^2)$.

解   （1）由样本的性质知，$D(X_1) = \sigma^2$，$\mathrm{Cov}(X_1, X_i) = 0 (i = 2, \cdots, n)$.

利用协方差的计算性质，得

$$\text{Cov}(X_1,\bar{X}) = \text{Cov}\left(X_1,\frac{1}{n}\sum_{i=1}^{n}X_i\right) = \frac{1}{n}\left[\text{Cov}(X_1,X_1) + \sum_{i=2}^{n}\text{Cov}(X_1,X_i)\right]$$

$$= \frac{1}{n}\text{Cov}(X_1,X_1) = \frac{1}{n}D(X_1) = \frac{\sigma^2}{n},$$

由定理 6.1 知, $D(\bar{X}) = \dfrac{\sigma^2}{n}$,

从而得

$$\rho_{X_1\bar{X}} = \frac{\text{Cov}(X_1,\bar{X})}{\sqrt{D(X_1)D(\bar{X})}} = \frac{\sigma^2/n}{\sqrt{\sigma^2 \cdot \sigma^2/n}} = \frac{1}{\sqrt{n}}.$$

(2) 由题意知, $X \sim N(\mu,\sigma^2)$, 由定理 6.2 知, $\dfrac{(n-1)S^2}{\sigma^2} \sim \chi^2(n-1)$,

利用 χ^2 分布的数字特征得, $D\left(\dfrac{(n-1)S^2}{\sigma^2}\right) = 2(n-1)$.

所以

$$D(S^2) = \frac{2\sigma^4}{n-1}.$$

例 6.9 设总体 $X \sim N(\mu,\sigma^2)$, $X_1,X_2,\cdots,X_9$ 是来自总体的简单随机样本,

$$Y_1 = \frac{X_1 + X_2 + \cdots + X_6}{6}, \quad Y_2 = \frac{X_7 + X_8 + X_9}{3}, \quad S^2 = \frac{1}{2}\sum_{i=7}^{9}(X_i - Y_2)^2.$$

证明: 统计量 $Z = \dfrac{\sqrt{2}(Y_1 - Y_2)}{S}$ 服从自由度为 2 的 t 分布.

证明 由定理 6.3 知

$$Y_1 = \frac{X_1 + X_2 + \cdots + X_6}{6} \sim N\left(\mu,\frac{\sigma^2}{6}\right),$$

$$Y_2 = \frac{X_7 + X_8 + X_9}{3} \sim N\left(\mu,\frac{\sigma^2}{3}\right),$$

由正态分布的性质知

$$Y_1 - Y_2 \sim N\left(0,\frac{\sigma^2}{2}\right),$$

进而有

$$\frac{Y_1 - Y_2}{\sigma/\sqrt{2}} \sim N(0,1).$$

由定理 6.2 知

$$\frac{(3-1)S^2}{\sigma^2} = \frac{1}{\sigma^2}\sum_{i=7}^{9}(X_i - Y_2)^2 \sim \chi^2(2).$$

由样本的独立性可得上述两个随机变量相互独立, 利用 t 分布的定义可得

$$\frac{\dfrac{Y_1 - Y_2}{\sigma/\sqrt{2}}}{\sqrt{\dfrac{2S^2}{2\sigma^2}}} = \frac{\sqrt{2}(Y_1 - Y_2)}{S} \sim t(2),$$

即统计量 Z 服从自由度为 2 的 t 分布.

6.3.2 两个正态总体的抽样分布定理

设 $X_1, X_2, \cdots, X_{n_1}$ 是来自总体 X 的样本，$Y_1, Y_2, \cdots, Y_{n_2}$ 是来自总体 Y 的样本，且所有的抽样均是独立的. 总体 X 和总体 Y 的样本均值和样本方差依次为

$$\overline{X} = \frac{1}{n_1} \sum_{i=1}^{n_1} X_i, \quad S_1^2 = \frac{1}{n_1 - 1} \sum_{i=1}^{n_1} (X_i - \overline{X})^2,$$

$$\overline{Y} = \frac{1}{n_2} \sum_{j=1}^{n_2} Y_j, \quad S_2^2 = \frac{1}{n_2 - 1} \sum_{j=1}^{n_2} (Y_j - \overline{Y})^2.$$

定理 6.4 设 $X_1, X_2, \cdots, X_{n_1}$ 和 $Y_1, Y_2, \cdots, Y_{n_2}$ 分别是来自服从正态分布 $N(\mu_1, \sigma_1^2)$ 和 $N(\mu_2, \sigma_2^2)$ 的总体的样本，且两个样本相互独立，$\overline{X}, \overline{Y}$ 分别是两个样本的样本均值，S_1^2 和 S_2^2 分别是两个样本的样本方差，则

(1) $F_1 = \dfrac{\sum\limits_{i=1}^{n_1} (X_i - \mu_1)^2 / (n_1 \sigma_1^2)}{\sum\limits_{j=1}^{n_2} (Y_j - \mu_2)^2 / (n_2 \sigma_2^2)} \sim F(n_1, n_2)$；

(2) $F_2 = \dfrac{S_1^2 / S_2^2}{\sigma_1^2 / \sigma_2^2} \sim F(n_1 - 1, n_2 - 1)$；

(3) $Z = \dfrac{\overline{X} - \overline{Y} - (\mu_1 - \mu_2)}{\sqrt{\dfrac{\sigma_1^2}{n_1} + \dfrac{\sigma_2^2}{n_2}}} \sim N(0, 1)$；

(4) 当 $\sigma_1^2 = \sigma_2^2 = \sigma^2$ 时，$T = \dfrac{\overline{X} - \overline{Y} - (\mu_1 - \mu_2)}{S_w \sqrt{\dfrac{1}{n_1} + \dfrac{1}{n_2}}} \sim t(n_1 + n_2 - 2)$，

其中 $S_w^2 = \dfrac{(n_1 - 1) S_1^2 + (n_2 - 1) S_2^2}{n_1 + n_2 - 2}$，$S_w = \sqrt{S_w^2}$.

证明 (1) 由定理 6.2 知，

$$\chi_1^2 = \frac{1}{\sigma_1^2} \sum_{i=1}^{n_1} (X_i - \mu_1)^2 \sim \chi^2(n_1), \quad \chi_2^2 = \frac{1}{\sigma_2^2} \sum_{j=1}^{n_2} (Y_j - \mu_2)^2 \sim \chi^2(n_2).$$

由于所有的 $X_i (i = 1, 2, \cdots, n_1)$ 与 $Y_j (j = 1, 2, \cdots, n_2)$ 都是相互独立的，所以 χ_1^2 与 χ_2^2 也是相互独立的. 于是，由 F 分布的定义可得

$$F_1 = \frac{\chi_1^2 / n_1}{\chi_2^2 / n_2} = \frac{\sum\limits_{i=1}^{n_1} (X_i - \mu_1)^2 / (n_1 \sigma_1^2)}{\sum\limits_{j=1}^{n_2} (Y_j - \mu_2)^2 / (n_2 \sigma_2^2)} \sim F(n_1, n_2).$$

(2) 由定理 6.2 知，

$$\chi_3^2 = \frac{(n_1 - 1) S_1^2}{\sigma_1^2} \sim \chi^2(n_1 - 1), \quad \chi_4^2 = \frac{(n_2 - 1) S_2^2}{\sigma_2^2} \sim \chi^2(n_2 - 1),$$

且 S_1^2 与 S_2^2 相互独立，所以 χ_3^2 和 χ_4^2 也相互独立.

由 F 分布的定义得

$$F_2 = \frac{\chi_3^2/(n_1 - 1)}{\chi_4^2/(n_2 - 1)} = \frac{S_1^2/S_2^2}{\sigma_1^2/\sigma_2^2} \sim F(n_1 - 1, n_2 - 1).$$

(3) 由定理 6.3 知，$\bar{X} \sim N(\mu_1, \frac{\sigma_1^2}{n_1})$，$\bar{Y} \sim N(\mu_2, \frac{\sigma_2^2}{n_2})$，且相互独立.
利用正态分布的性质，可得

$$\bar{X} - \bar{Y} \sim N(\mu_1 - \mu_2, \frac{\sigma_1^2}{n_1} + \frac{\sigma_2^2}{n_2}),$$

标准化得

$$Z = \frac{(\bar{X} - \bar{Y}) - (\mu_1 - \mu_2)}{\sqrt{\frac{\sigma_1^2}{n_1} + \frac{\sigma_2^2}{n_2}}} \sim N(0, 1).$$

(4) 由(2) 以及 χ^2 分布的可加性可得

$$\chi^2 = \chi_3^2 + \chi_4^2 = \frac{(n_1 - 1)S_1^2 + (n_2 - 1)S_2^2}{\sigma^2} \sim \chi^2(n_1 + n_2 - 2).$$

由(3) 知，

$$Z = \frac{(\bar{X} - \bar{Y}) - (\mu_1 - \mu_2)}{\sqrt{\frac{\sigma^2}{n_1} + \frac{\sigma^2}{n_2}}} \sim N(0, 1),$$

由定理 6.2 和两样本的独立性知，$\bar{X}$，$\bar{Y}$，S_1^2，S_2^2 相互独立，所以 Z 与 χ^2 相互独立.
于是由 t 分布的定义，得

$$T = \frac{Z}{\sqrt{\frac{\chi^2}{n_1 + n_2 - 2}}} = \frac{\bar{X} - \bar{Y} - (\mu_1 - \mu_2)}{S_w\sqrt{\frac{1}{n_1} + \frac{1}{n_2}}} \sim t(n_1 + n_2 - 2).$$

例 6.10 设总体 X 与 Y 相互独立，且分别服从正态分布 $N(20, 25)$ 与 $N(10, 4)$，从总体 X 与 Y 中分别抽取容量 $n_1 = 10, n_2 = 8$ 的两个样本，求：

(1) 两样本均值差 $\bar{X} - \bar{Y}$ 不超过 6 的概率；

(2) 两样本方差比 $\dfrac{S_1^2}{S_2^2}$ 不超过 17 的概率.

解 (1) 依题意，由定理 6.4(3) 可知，

$$Z = \frac{\bar{X} - \bar{Y} - (20 - 10)}{\sqrt{\frac{25}{10} + \frac{4}{8}}} = \frac{\bar{X} - \bar{Y} - 10}{\sqrt{3}} \sim N(0, 1),$$

于是

$$P(\bar{X} - \bar{Y} \leqslant 6) = P(\frac{\bar{X} - \bar{Y} - 10}{\sqrt{3}} \leqslant \frac{6 - 10}{\sqrt{3}})$$

$$= P(Z \leqslant -2.31) = \Phi(-2.31) = 1 - \Phi(2.31),$$

查附表 2 得 $\Phi(2.31) = 0.9896$，从而得所求概率

$$P(\bar{X} - \bar{Y} \leqslant 6) = 1 - 0.9896 = 0.0104.$$

（2）由定理 6.4（2）知，

$$F = \frac{S_1^2 / S_2^2}{25/4} \sim F(9,7),$$

所以

$$P\left(\frac{S_1^2}{S_2^2} \leqslant 17\right) = P\left(\frac{S_1^2/S_2^2}{25/4} \leqslant \frac{17}{25/4}\right) = P(F \leqslant 2.72) = 1 - P(F > 2.72),$$

查附表 5 得 $F_{0.1}(9,7) = 2.72$，由此得所求概率

$$P\left(\frac{S_1^2}{S_2^2} \leqslant 17\right) = 1 - 0.1 = 0.9.$$

习　题

1. 设 X_1, X_2, X_3 是来自总体 $X \sim B(1,p)$ 的一个样本，其中 $p(0 < p < 1)$ 未知.

（1）写出 X_1, X_2, X_3 的联合分布律.

（2）写出 $X_1 + X_2 + X_3$ 的分布律.

（3）指出以下样本的函数哪些是统计量，哪些不是统计量，为什么？
$$T_1 = X_3 - E(X_1), \quad T_2 = X_2 - p, \quad T_3 = \min(X_1, X_2, X_3).$$

2. 从总体 X 中随机抽取一个容量为 5 的样本，其观测值为 8，2，5，3，7.

（1）求样本均值、样本方差、样本二阶原点矩及样本二阶中心矩.

（2）求经验分布函数.

3. 一组工人合作完成某一部件的装配工序所需的时间（单位：分钟）分别如下：

35	38	44	33	44	43	48	40	45	30
45	32	42	39	49	37	45	37	36	42
31	41	45	46	34	30	43	37	44	49
36	46	32	36	37	37	45	36	46	42
38	43	34	38	47	35	29	41	40	41

（1）将上述数据整理成组距为 3 的频数表，第一组以 27.5 为起点.

（2）绘制直方图.

4. 设 $X_1, X_2, \cdots, X_n$ 是来自服从参数为 λ 的泊松分布 $P(\lambda)$ 的总体 X 的简单随机样本，$\overline{X}$ 与 S^2 分别为样本均值与样本方差.

（1）求 $X_1, X_2, \cdots, X_n$ 的联合分布律.

（2）求 $E(\overline{X}), D(\overline{X}), E(S^2)$.

5. 设 $X_1, X_2, \cdots, X_n$ 是来自服从正态分布 $N(\mu, \sigma^2)$ 的总体的简单随机样本，$\overline{X}$ 与 S^2 分别为样本均值与样本方差.

（1）求 $X_1, X_2, \cdots, X_n$ 的联合概率密度函数.

（2）求 $E(\overline{X}), D(\overline{X}), E(S^2), D(S^2)$.

6. 总体 $X \sim N(12,4)$，从其中随机地抽取一容量为 5 的样本 $X_1, X_2, \cdots, X_5$.

（1）求样本均值与总体均值之差的绝对值大于 1 的概率.

（2）求概率 $P(\max(X_1, X_2, \cdots, X_5) > 15)$.

（3）求概率 $P(\min(X_1, X_2, \cdots, X_5) < 10)$.

7. 设 X_1,X_2,X_3,X_4,X_5 是来自标准正态总体的简单随机样本，构造统计量

$$(1) \sum_{i=1}^{5} X_i^2, \quad (2) \frac{\sum_{i=2}^{5} X_i}{2|X_1|}, \quad (3) \frac{4X_1^2}{\sum_{i=2}^{5} X_i^2}, \quad (4) \frac{(\sum_{i=2}^{5} X_i)^2}{4X_1^2},$$

试指出这 4 个统计量分别服从什么分布？

8. 设 X_1,X_2,X_3,X_4,X_5 是来自服从正态分布 $N(0,4)$ 的总体的简单随机样本.

(1) 试给出常数 c 使得 $c(X_1^2 + X_2^2)$ 服从 $\chi^2(2)$ 分布.

(2) 试给出常数 d 使得 $d\dfrac{X_1 + X_2}{\sqrt{X_3^2 + X_4^2 + X_5^2}}$ 服从 t 分布，并指出它的自由度.

9. 设 $X_1,X_2,\cdots,X_{10}$ 是取自服从正态分布 $N(0,0.3^2)$ 的总体的一个简单随机样本，求概率 $P(\sum_{i=1}^{10} X_i^2 < 1.44)$.

10. 设随机变量 X 服从标准正态分布，对给定的 $\alpha(0 < \alpha < 1)$，常数 z_α 满足 $P(X > z_\alpha) = \alpha$. 若 $P(|X| < x) = \alpha(0 < \alpha < 1)$，试用记号 z_α 表示 x，并求 $\Phi(x)$.

11. 设随机变量 $X \sim F(n,n)$，证明：$P(X > 1) = 0.5$.

12. 随机变量 $X \sim t(n)$，$Y \sim F(1,n)$，对给定的 $\alpha(0 < \alpha < 0.5)$，常数 c 满足 $P(X > c) = \alpha$，求概率 $P(Y > c^2)$.

13. 设 $X_1,X_2,\cdots,X_{16}$ 是来自服从 $\chi^2(n)$ 分布的总体的样本，$\overline{X}$ 与 S^2 分别为样本均值与样本方差，求 $E(\overline{X}),D(\overline{X}),E(S^2)$.

14. 从服从正态分布 $N(2,1)$ 的总体中随机抽取容量为 9 的样本，分别计算 X 和 $\overline{X}$ 落在区间 $(1,3)$ 内的概率，并进行比较. 以本题说明 X 和 $\overline{X}$ 的分布有什么关系？

15. 设总体 $X \sim N(\mu,\sigma^2)$，其中 $\sigma^2 = 0.5$，$\overline{X}$ 为样本均值.

(1) 若要以 99.7% 的概率保证 $|\overline{X} - \mu| < 0.1$，则样本容量应取多少？

(2) 若要以 95.4% 的概率保证 $|\overline{X} - \mu| < 0.1$，则样本容量应取多少？

(3) 根据（1）（2）的计算结果说说你有什么看法？

16. 设 $X_1,X_2,\cdots,X_{16}$ 是取自服从 $N(\mu,\sigma^2)$ 的总体的一个简单随机样本，$\overline{X}$ 是样本均值，S^2 是样本方差，求 $P(\overline{X} > \mu + kS) = 0.95$ 中 k 的值.

17. 设总体服从正态分布 $N(\mu,2^2)$，其中 μ 未知，从中抽取一容量为 16 的样本，S^2 为样本方差.

(1) 求 $P(S^2 > 6.6656)$.

(2) 求 $D(S^2)$.

18. 设总体 $X \sim N(\mu,\sigma^2)$，$X_1,X_2,\cdots,X_n$ 是从总体 X 中抽得的简单随机样本，$\overline{X}$ 是样本均值，S^2 是样本方差. X_{n+1} 是对总体 X 的又一次独立观测. 试证明统计量 $\dfrac{X_{n+1} - \overline{X}}{S}\sqrt{\dfrac{n}{n+1}} \sim t(n-1)$.

19. 从服从正态分布 $N(20,3)$ 的总体中分别独立抽取容量为 10 和 15 的样本，其样本均值分别是 $\overline{X}$ 和 $\overline{Y}$，求概率 $P(|\overline{X} - \overline{Y}| > 0.3)$.

第 7 章 参数估计

数理统计的基本任务是根据样本对总体的分布或总体的数字特征做出合理的推断，这个过程称为统计推断. 费希尔将统计推断归纳为 3 个方面：抽样分布、参数估计和假设检验. 对于抽样分布，我们已在第 6 章学习过，在接下来的两章中我们将学习后面两个方面的内容.

本章主要讨论参数的估计问题. 参数估计又分为**点估计**（**point estimation**）和**区间估计**（**interval estimation**）两种方法. 点估计是指利用样本计算一个具体的数值作为总体未知参数的估计值；区间估计则是指给出未知参数的一个取值范围，并在一定的可靠性下使得这个范围包含未知参数.

7.1 点估计

在参数估计问题中，我们总假定总体 X 的分布函数的形式已知，但含有一些未知参数. 统计学中，未知参数往往用 θ（可以是向量）表示，参数 θ 的可能取值组成的集合称为参数空间，记为 Θ；用 $F(x;\theta)$ 表示总体 X 的分布，$\{F(x;\theta)\mid\theta\in\Theta\}$ 称为总体 X 的分布函数族. 例如，设总体 $X\sim P(\lambda)$，则参数空间 $\Theta=\{\lambda\mid\lambda>0\}$，$\{P(\lambda)\mid\lambda\in\Theta\}$ 是总体 X 的分布函数族. 设总体 $X\sim N(\mu,\sigma^2)$，则参数空间 $\Theta=\{(\mu,\sigma^2)\mid\mu\in\mathbf{R},\sigma>0\}$，$\{N(\mu,\sigma^2)\mid(\mu,\sigma^2)\in\Theta\}$ 是总体 X 的分布函数族.

参数的点估计是指通过构造一个适当的统计量，用这个统计量的观察值来估计未知参数. 这样的估计相当于用一个点去估计另一个点，因此称为点估计. 由此我们给出点估计的严格定义.

定义 7.1 设总体 X 具有分布函数族 $\{F(x;\theta)\mid\theta\in\Theta\}$，$X_1,X_2,\cdots,X_n$ 是来自总体 X 的一个简单随机样本，如果构造一个适当的统计量 $\hat\theta(X_1,X_2,\cdots,X_n)$，对于样本值 $x_1,x_2,\cdots,x_n$，用 $\hat\theta(x_1,x_2,\cdots,x_n)$ 作为参数 θ 的值，则称 $\hat\theta(x_1,x_2,\cdots,x_n)$ 为 θ 的**点估计值**（**point estimate**），$\hat\theta(X_1,X_2,\cdots,X_n)$ 称为 θ 的**点估计量**（**point estimator**）.

简洁起见，θ 的估计量和估计值均简记为 $\hat\theta$，在不引起混淆的情况下统称为参数 θ 的点估计，这种估计法称为参数的点估计.

如果总体分布中含有 k 个未知参数 $\theta_i(i=1,2,\cdots,k)$，则需要建立 k 个估计量 $\hat\theta_i=\hat\theta_i(X_1,X_2,\cdots,X_n)(i=1,2,\cdots,k)$ 分别作为 $\theta_1,\theta_2,\cdots,\theta_k$ 的估计量. 在样本的观察值 $x_1,x_2,\cdots,x_n$ 下，可计算出 θ_i 的点估计值为 $\hat\theta_i=\hat\theta_i(x_1,x_2,\cdots,x_n)(i=1,2,\cdots,k)$.

由此可见，构造合适的统计量 $\hat\theta(X_1,X_2,\cdots,X_n)$ 是点估计的核心. 使用不同的方法得到的点估计结果可能不同，且不是绝对正确的，每个方法在一定范围内都存在各自的优缺点. 下面介绍两种常用的点估计方法：矩估计法和最大似然估计法.

7.1.1 矩估计法

矩估计法被认为是最早的估计方法之一，由皮尔逊于 1894 年提出. 其理论依据是大数定律. 记

$$\mu_l = E(X^l), \quad \nu_l = E((X - EX)^l),$$

分别表示总体的 l 阶原点矩和 l 阶中心矩.

$$A_l = \frac{1}{n}\sum_{i=1}^{n} X_i^l, \quad B_l = \frac{1}{n}\sum_{i=1}^{n}(X_i - \overline{X})^l,$$

分别表示样本的 l 阶原点矩和 l 阶中心矩，则 A_l 依概率收敛于 μ_l，B_l 依概率收敛于 ν_l. 矩估计法的基本思想就是用样本矩及其函数估计相应的总体矩及其函数. 简单地理解，矩估计法的思想就是"替换"，具体做法是：用样本矩代替总体的相应矩，用样本矩的函数代替总体矩的相应函数.

设总体 X 的分布为 $F(x;\boldsymbol{\theta})$，其中 $\boldsymbol{\theta} = (\theta_1, \theta_2, \cdots, \theta_k)$ 是待估计的未知参数，$X_1, X_2, \cdots, X_n$ 是来自总体 X 的一个简单随机样本. 假定总体 X 的前 k 阶矩 $\mu_l(l = 1, 2, \cdots, k)$ 存在. 一般地，这些矩都是参数 $\theta_1, \theta_2, \cdots, \theta_k$ 的函数. 令

$$\mu_l = A_l, \quad l = 1, 2, \cdots, k. \tag{7.1.1}$$

(7.1.1) 式是一个包含 k 个未知参数 $\theta_1, \theta_2, \cdots, \theta_k$ 的方程组，可解出未知参数的表达式，并记作 $\hat{\theta}_1, \hat{\theta}_2, \cdots, \hat{\theta}_k$. 由于 $A_l = \dfrac{1}{n}\sum_{i=1}^{n} X_i^l$ 是随机变量，所以求出的 $\hat{\theta}_l$ 不是 θ_l 的真值，将其作为 θ_l 的估计量，准确的书写为 $\hat{\theta}_l = \hat{\theta}_l(X_1, X_2, \cdots, X_n)(l = 1, 2, \cdots, k)$. 这个估计量称为**矩估计量**（**moment estimator**），矩估计量的观察值称为**矩估计值**（**moment estimate**），在不引起混淆的情况下，都简称为矩估计. 这种求参数 $\boldsymbol{\theta}$ 的估计方法称为**矩估计**（**moment estimation**）**法**.

注1　(7.1.1) 式中，也可以用部分中心矩建立方程，即可令

$$\nu_l = B_l. \tag{7.1.2}$$

注2　函数 $g(\theta_1, \theta_2, \cdots, \theta_k)$ 的矩估计量为 $g(\hat{\theta}_1, \hat{\theta}_2, \cdots, \hat{\theta}_k)$，其中 $\hat{\theta}_1, \hat{\theta}_2, \cdots, \hat{\theta}_k$ 分别为 θ_1, $\theta_2, \cdots, \theta_k$ 的矩估计量.

例7.1　设总体 X 在 $[0, \theta]$ 上服从均匀分布，$\theta > 0$ 是未知参数，$X_1, X_2, \cdots, X_n$ 是来自 X 的一个简单随机样本，试求 θ 的矩估计量.

解　总体中只有一个未知参数 θ，所以只需要考虑一阶矩并建立一个矩估计方程. 由题意知

$$\mu_1 = E(X) = \frac{\theta}{2},$$

用样本的一阶原点矩 $A_1 = \dfrac{1}{n}\sum_{i=1}^{n} X_i$ 估计 μ_1，即令

$$\mu_1 = A_1,$$

可得

$$\frac{\theta}{2} = \frac{1}{n}\sum_{i=1}^{n} X_i.$$

解得 θ 的矩估计量为 $\hat{\theta} = \dfrac{2}{n}\sum_{i=1}^{n} X_i = 2\overline{X}$.

例7.2　设总体 X 的均值 μ 和方差 σ^2 都存在，且 $\sigma^2 > 0$，但 μ, σ^2 都未知，$X_1, X_2, \cdots, X_n$ 是来自 X 的一个简单随机样本，试求 μ, σ^2 的矩估计量.

解　总体中含有两个未知参数，所以需要列两个方程形成方程组进行求解. 由题意知，可考虑总体的一阶原点矩和二阶中心矩，即令

$$\begin{cases} \mu_1 = A_1, \\ \nu_2 = B_2. \end{cases} \quad \text{即} \quad \begin{cases} \mu = A_1, \\ \sigma^2 = B_2. \end{cases}$$

解得 μ 和 σ^2 的矩估计量分别为 $\hat{\mu} = \overline{X} = \dfrac{1}{n}\sum_{i=1}^{n} X_i$，$\hat{\sigma}^2 = B_2 = \dfrac{1}{n}\sum_{i=1}^{n}(X_i - \overline{X})^2$.

此例的结果说明，总体均值与方差的矩估计量的表达式不因总体分布的不同而不同. 总体均值的矩估计量都是样本均值 $\overline{X}$，总体方差的矩估计量都是样本的二阶中心矩 B_2.

特别地，若总体 X 服从泊松分布 $P(\lambda)$，$\lambda(\lambda > 0)$ 为未知参数，则

$$\mu_1 = \lambda, \nu_2 = \lambda,$$

因此 λ 的矩估计量为 $\hat{\lambda} = \overline{X}$ 或者 $\hat{\lambda} = B_2$，即 λ 有两个不同的矩估计量. 实际中，一般选用阶数较低者，这里选用 $\overline{X}$ 作为参数 λ 的矩估计量.

例 7.3 设总体 X 的概率分布为 $\dfrac{X \mid 1 \quad 2 \quad 3}{P \mid \theta^2 \quad 2\theta(1-\theta) \quad (1-\theta)^2}$，其中 $\theta(0 < \theta < 1)$ 是未知参数，利用总体 X 的样本值 1，3，2，3，1，2，求参数 θ 的矩估计值.

解 首先，可求得 $\mu_1 = E(X) = \theta^2 + 4\theta(1-\theta) + 3(1-\theta)^2 = 3 - 2\theta$.

其次，由样本观测值，可求得 $\overline{x} = 2$，

令 $$\mu_1 = \overline{x},$$

即 $$3 - 2\theta = 2,$$

解得 θ 的矩估计值 $\hat{\theta} = \dfrac{1}{2}$.

矩估计法的优点是简单、易行，由例 7.2 可知，在对总体均值和方差进行估计时，不需要知道总体的分布. 矩估计法存在不可避免的缺点：第一，矩估计法的前提是总体的矩存在，实际上并非所有的随机变量(如服从柯西分布的随机变量)的矩都存在，因此这类总体的参数不能用矩估计法进行估计；第二，由泊松分布的参数的矩估计量可知，矩估计量不具有唯一性；第三，由于样本矩的表达式与总体分布函数的表达式无关，因此在总体分布已知时，矩估计法通常不能充分利用总体分布函数为参数所提供的信息.

7.1.2 最大似然估计法

最大似然估计法在统计中的应用极其广泛. 该方法最早由高斯(Gauss)在 1821 年提出，但并未得到重视. 费希尔在 1922 年重新提出了最大似然估计法的思想，并证明了它的一些优良性质，使之得到了广泛的研究和应用.

下面通过具体的例子介绍最大似然估计法的直观思想和基本原理.

例 7.4 设两个口袋中各装有 100 个球，其中第一个口袋中有 99 个白球，1 个黑球；第二个口袋中有 1 个白球，99 个黑球. 现随机地抽取一个口袋，并从该口袋中任取一个球，观察结果是白球，试求抽到的口袋中白球数与黑球数的比值 θ 的估计.

解 容易计算：从第一个口袋中任取一球是白球的概率为 0.99，而从第二个口袋中任取一球是白球的概率为 0.01. 可见，从第一个口袋中抽到白球的概率远远大于从第二个口袋中取到白球的概率. 现在在一次抽样中抽到了白球，由于 0.01 相对于 0.99 来说很小，根据小概率事件在一次试验中几乎不可能出现的原理，自然地可以认为白球来自抽到白球概率大的第一个口袋，从而得 θ 的估计值应取 $\hat{\theta} = 99$.

这里确定 $\hat{\theta}$ 的依据是：当试验中观察到一个结果时，参数 θ 的哪个值使得出现这个结果的可能性最大，就应该取那个值作为 θ 的估计值. 其基本原理是：概率最大的事件最有可能发生. 这种思想应用到点估计中就产生了最大似然估计法.

一般地，若总体 X 是离散型随机变量，其分布律为 $P(X=x)=p(x;\theta)$，其中 $\theta \in \Theta$，θ 是未知参数，Θ 是参数空间. 设 $X_1, X_2, \cdots, X_n$ 是来自总体 X 的一个简单随机样本，$x_1, x_2, \cdots, x_n$ 是样

本 $X_1, X_2, \cdots, X_n$ 的观察值，则事件

$$\{X_1 = x_1, X_2 = x_2, \cdots, X_n = x_n\}$$

发生的概率为

$$P(X_1 = x_1, X_2 = x_2, \cdots, X_n = x_n) = \prod_{i=1}^{n} P(X_i = x_i) = \prod_{i=1}^{n} p(x_i; \theta).$$

记
$$L(\theta) = L(x_1, x_2, \cdots, x_n; \theta) = \prod_{i=1}^{n} p(x_i; \theta), \qquad (7.1.3)$$

它是 θ 的函数，我们称 $L(\theta)$ 为样本的**似然函数**（**likelihood function**）.

由最大似然原理，对固定的 $x_1, x_2, \cdots, x_n$，求出参数 θ 的值 $\hat{\theta}$，使得 $L(\theta)$ 达到最大值，即

$$L(\hat{\theta}) = \max_{\theta \in \Theta} L(\theta). \qquad (7.1.4)$$

这样得到的 $\hat{\theta}$ 与 $x_1, x_2, \cdots, x_n$ 有关，记为 $\hat{\theta}(x_1, x_2, \cdots, x_n)$，称其为参数 θ 的**最大似然估计值**（**maximum likelihood estimate**），统计量 $\hat{\theta}(X_1, X_2, \cdots, X_n)$ 称为 θ 的**最大似然估计量**（**maximum likelihood estimator**）. 这种求参数 θ 的估计方法称为**最大似然估计法**（**maximum likelihood estimation**）.

若总体 X 是连续型随机变量，其概率密度函数为 $f(x; \theta)$，其中 $\theta \in \Theta$，θ 是未知参数，Θ 是参数空间. 设 $X_1, X_2, \cdots, X_n$ 是来自总体 X 的一个简单随机样本，$x_1, x_2, \cdots, x_n$ 是样本 $X_1, X_2, \cdots, X_n$ 的观察值，则随机点 $(X_1, X_2, \cdots, X_n)$ 落在点 $(x_1, x_2, \cdots, x_n)$ 的邻域（边长为 $\mathrm{d}x_1, \mathrm{d}x_2, \cdots, \mathrm{d}x_n$ 的 n 维立方体）内的概率近似为

$$\prod_{i=1}^{n} [f(x_i; \theta) \mathrm{d}x_i] = \prod_{i=1}^{n} f(x_i; \theta) \prod_{i=1}^{n} \mathrm{d}x_i.$$

由最大似然原理知，要选出 θ 使得上式达到最大，注意到 $\prod_{i=1}^{n} \mathrm{d}x_i$ 与 θ 无关，故只需考虑

$$L(\theta) = L(x_1, x_2, \cdots, x_n; \theta) = \prod_{i=1}^{n} f(x_i; \theta) \qquad (7.1.5)$$

的最大值点. 同样地，称 $L(\theta)$ 为样本的**似然函数**.

若有 $\hat{\theta} = \hat{\theta}(x_1, x_2, \cdots, x_n)$，使得

$$L(\hat{\theta}) = \max_{\theta \in \Theta} L(\theta),$$

则称 $\hat{\theta}(x_1, x_2, \cdots, x_n)$ 为参数 θ 的最大似然估计值，称 $\hat{\theta}(X_1, X_2, \cdots, X_n)$ 为参数 θ 的最大似然估计量.

综上讨论可知，参数 θ 的最大似然估计值就是似然函数 $L(\theta)$ 的最大值点.

当 $L(\theta)$ 关于 θ 可微时，θ 的最大似然估计值 $\hat{\theta}$ 是方程

$$\frac{\mathrm{d}L(\theta)}{\mathrm{d}\theta} = 0 \qquad (7.1.6)$$

的解，称 (7.1.6) 式为**似然方程**（**likelihood equation**）.

由于 $\ln x$ 是单调增函数，为计算方便，一般对 $L(\theta)$ 取对数，则 (7.1.6) 式等价于

$$\frac{\mathrm{d}}{\mathrm{d}\theta} \ln L(\theta) = 0, \qquad (7.1.7)$$

这个方程称为**对数似然方程**，$\ln L(\theta)$ 称为**对数似然函数**.

注 1　似然方程或对数似然方程的解未必是最大值点，所以不一定是最大似然估计值，严

格意义上需要检验，但检验有时会比较繁琐. 今后，当方程有唯一解时，就简单地把这个解作为最大似然估计值，而不加检验.

例 7.5 设总体 X 的概率分布为 $\dfrac{X}{P} \begin{array}{|ccc} 1 & 2 & 3 \\ \theta^2 & 2\theta(1-\theta) & (1-\theta)^2 \end{array}$，其中 $\theta(0 < \theta < 1)$ 是未知参数. 从总体 X 中取得的样本观测值为：1，3，2，3，1，2. 试求参数 θ 的最大似然估计值.

解 由题意可得似然函数为

$$
\begin{aligned}
L(\theta) &= P(X_1 = 1,\ X_2 = 3,\ X_3 = 2,\ X_4 = 3,\ X_5 = 1,\ X_6 = 2) \\
&= P(X_1 = 1)P(X_2 = 3)P(X_3 = 2)P(X_4 = 3)P(X_5 = 1)P(X_6 = 2) \\
&= \theta^2 \cdot (1-\theta)^2 \cdot 2\theta(1-\theta) \cdot (1-\theta)^2 \cdot \theta^2 \cdot 2\theta(1-\theta) \\
&= 4\theta^6(1-\theta)^6,
\end{aligned}
$$

取对数，得

$$\ln L(\theta) = \ln 4 + 6\ln\theta + 6\ln(1-\theta).$$

对 θ 求导数，得对数似然方程

$$\frac{\mathrm{d}}{\mathrm{d}\theta}\ln L(\theta) = \frac{6}{\theta} - \frac{6}{1-\theta} = 0,$$

解得 θ 的最大似然估计值为 $\hat{\theta} = \dfrac{1}{2}$.

例 7.6 设总体 $X \sim B(1,p)$，其中 $p(0 < p < 1)$ 是未知参数. $X_1, X_2, \cdots, X_n$ 是来自 X 的样本，$x_1, x_2, \cdots, x_n$ 为一样本观测值，求参数 p 的最大似然估计量.

解 总体 X 的分布律为

$$P(X = x) = p^x(1-p)^{1-x},\ x = 0,1.$$

似然函数为

$$L(p) = \prod_{i=1}^{n} p^{x_i}(1-p)^{1-x_i} = p^{\sum\limits_{i=1}^{n} x_i}(1-p)^{n-\sum\limits_{i=1}^{n} x_i},$$

取对数，得

$$\ln L(p) = \left(\sum_{i=1}^{n} x_i\right)\ln p + \left(n - \sum_{i=1}^{n} x_i\right)\ln(1-p),$$

对 p 求导数，得对数似然方程

$$\frac{\mathrm{d}}{\mathrm{d}p}\ln L(p) = \frac{\sum\limits_{i=1}^{n} x_i}{p} - \frac{n - \sum\limits_{i=1}^{n} x_i}{1-p} = 0,$$

解得 p 的最大似然估计值为

$$\hat{p} = \frac{1}{n}\sum_{i=1}^{n} x_i = \bar{x},$$

从而得 p 的最大似然估计量为

$$\hat{p} = \frac{1}{n}\sum_{i=1}^{n} X_i = \bar{X}.$$

例 7.7 设总体 X 的概率密度函数为 $f(x;\theta) = \begin{cases} \theta x^{\theta-1}, & 0 < x < 1, \\ 0, & \text{其他.} \end{cases}$ $\theta(\theta > 0)$ 是未知参数，$X_1, X_2, \cdots, X_n$ 是来自 X 的样本，$x_1, x_2, \cdots, x_n(0 < x_i < 1, i = 1, 2, \cdots, n)$ 是样本的观测值，试求参数 θ 的最大似然估计量.

解　由题意可得似然函数

$$L(\theta) = \prod_{i=1}^{n} \theta x_i^{\theta-1} = \theta^n \left(\prod_{i=1}^{n} x_i \right)^{\theta-1},$$

取对数, 得

$$\ln L(\theta) = n\ln\theta + (\theta - 1) \sum_{i=1}^{n} \ln x_i,$$

对 θ 求导数, 构造似然方程

$$\frac{\mathrm{d}}{\mathrm{d}\theta} \ln L(\theta) = \frac{n}{\theta} + \sum_{i=1}^{n} \ln x_i = 0,$$

解得 θ 的最大似然估计值为

$$\hat{\theta} = -\frac{n}{\displaystyle\sum_{i=1}^{n} \ln x_i},$$

从而得 θ 的最大似然估计量为

$$\hat{\theta} = -\frac{n}{\displaystyle\sum_{i=1}^{n} \ln X_i}.$$

注 2　上述方法也适用于分布中含有多个未知参数 $\theta_1, \theta_2, \cdots, \theta_k$ 的情况. 若似然函数存在偏导数, 则最大似然估计值为方程组

$$\frac{\partial}{\partial \theta_i} \ln L(\theta) = 0, \quad i = 1, 2, \cdots, k,$$

的解. 该方程组称为**对数似然方程组**. 类似地, 只要该方程组的解唯一, 则此唯一解就是参数 θ_i 的最大似然估计值 $\hat{\theta}_i (i = 1, 2, \cdots, k)$.

例 7.8　设总体 $X \sim N(\mu, \sigma^2)$, 其中 $\mu(\mu \in \mathbf{R})$ 和 $\sigma(\sigma > 0)$ 均为未知参数, $X_1, X_2, \cdots, X_n$ 是来自 X 的一个简单随机样本, $x_1, x_2, \cdots, x_n$ 是该样本的观察值. 求参数 μ 和 σ^2 的最大似然估计量.

解　由题意得总体 X 的概率密度函数为

$$f(x; \mu, \sigma^2) = \frac{1}{\sqrt{2\pi}\,\sigma} \exp\left[-\frac{1}{2\sigma^2} (x - \mu)^2 \right],$$

似然函数为

$$L(\mu, \sigma^2) = \prod_{i=1}^{n} \frac{1}{\sqrt{2\pi}\,\sigma} \exp\left[-\frac{1}{2\sigma^2} (x_i - \mu)^2 \right],$$

$$= (2\pi)^{-\frac{n}{2}} (\sigma^2)^{-\frac{n}{2}} e^{-\frac{1}{2\sigma^2} \sum_{i=1}^{n} (x_i - \mu)^2},$$

取对数, 得

$$\ln L(\mu, \sigma^2) = -\frac{n}{2} \ln(2\pi) - \frac{n}{2} \ln\sigma^2 - \frac{1}{2\sigma^2} \sum_{i=1}^{n} (x_i - \mu)^2,$$

对 μ 和 σ^2 分别求偏导数, 并构造对数似然方程组为

$$\begin{cases} \dfrac{\partial}{\partial \mu} \ln L = \dfrac{1}{\sigma^2} \left(\sum_{i=1}^{n} x_i - n\mu \right) = 0, \\[3mm] \dfrac{\partial}{\partial \sigma^2} \ln L = -\dfrac{n}{2\sigma^2} + \dfrac{1}{2(\sigma^2)^2} \sum_{i=1}^{n} (x_i - \mu)^2 = 0. \end{cases}$$

解得 μ 和 σ^2 的最大似然估计值分别为

$$\hat{\mu} = \frac{1}{n}\sum_{i=1}^{n} x_i = \bar{x}, \quad \hat{\sigma}^2 = \frac{1}{n}\sum_{i=1}^{n}(x_i - \bar{x})^2.$$

从而得 μ 和 σ^2 的最大似然估计量分别为

$$\hat{\mu} = \frac{1}{n}\sum_{i=1}^{n} X_i = \bar{X}, \quad \hat{\sigma}^2 = \frac{1}{n}\sum_{i=1}^{n}(X_i - \bar{X})^2 = B_2.$$

注 3　当 $L(\theta)$ 是关于 θ 的严格单调函数时或不是 θ 的可微函数时, 改用定义或其他方法求出最大似然估计.

例 7.9　设 $X_1, X_2, \cdots, X_n$ 是来自总体 $X \sim U[0,\theta]$ 的一个简单随机样本, $\theta(\theta > 0)$ 是未知参数, $x_1, x_2, \cdots, x_n (0 \leqslant x_i \leqslant \theta, \ i = 1, 2, \cdots, n)$ 为样本 $X_1, X_2, \cdots, X_n$ 的观察值, 求参数 θ 的最大似然估计量.

解　依题意, X 的概率密度函数为

$$f(x;\theta) = \begin{cases} \dfrac{1}{\theta}, & 0 \leqslant x \leqslant \theta, \\ 0, & \text{其他.} \end{cases}$$

似然函数为

$$L(\theta) = \frac{1}{\theta^n},$$

可见, $L(\theta)$ 关于 θ 为严格单调递减函数, 所以 $L(\theta)$ 的最大值点为 θ 的最小值.

且由 $0 \leqslant x_i \leqslant \theta, \ i = 1, 2, \cdots, n$ 可知, $\theta \geqslant x_{(n)} = \max\limits_{1 \leqslant i \leqslant n} x_i.$

从而得 θ 的最大似然估计值为　　　$\hat{\theta} = x_{(n)} = \max\limits_{1 \leqslant i \leqslant n} x_i,$

θ 的最大似然估计量为　　　$\hat{\theta} = X_{(n)} = \max\limits_{1 \leqslant i \leqslant n} X_i.$

例 7.10　设某种电子元件的寿命 X 服从双参数的指数分布, 其概率密度函数为

$$f(x;c,\theta) = \begin{cases} \dfrac{1}{\theta}\mathrm{e}^{-\frac{x-c}{\theta}}, & x \geqslant c, \\ 0, & \text{其他.} \end{cases}$$

其中 $c, \theta(c, \theta > 0)$ 为未知参数. 从一批这种电子元件中随机抽取 n 件进行寿命试验, 设它们的失效时间依次为 $c \leqslant x_1 \leqslant x_2 \leqslant \cdots \leqslant x_n$. 求 c 和 θ 的最大似然估计量.

解　由题意知, $c \leqslant x_1 \leqslant x_2 \leqslant \cdots \leqslant x_n$, 即得 $c \leqslant x_1$.

似然函数为

$$L(c,\theta) = \prod_{i=1}^{n} \frac{1}{\theta}\mathrm{e}^{-\frac{x_i-c}{\theta}} = \frac{1}{\theta^n}\mathrm{e}^{-\sum\limits_{i=1}^{n}\frac{x_i-c}{\theta}},$$

求对数, 得　　　$\ln L(c,\theta) = -n\ln\theta - \frac{1}{\theta}\sum_{i=1}^{n}(x_i - c),$

对 c, θ 分别求偏导数, 可得

$$\begin{cases} \dfrac{\partial \ln L(c,\theta)}{\partial c} = \dfrac{n}{\theta}, \\ \dfrac{\partial \ln L(c,\theta)}{\partial \theta} = -\dfrac{n}{\theta} + \dfrac{1}{\theta^2}\sum_{i=1}^{n}(x_i - c). \end{cases}$$

可见，$\dfrac{\partial \ln L(c,\theta)}{\partial c} > 0$，所以 $L(c,\theta)$ 是关于 c 的严格递增函数. 从而，由 $c \le x_1$，得

c 的最大似然估计值为 $\hat{c} = x_1 = \min\limits_{1 \le i \le n} x_i$，

再代入对数似然方程

$$\frac{\partial \ln L(c,\theta)}{\partial \theta} = -\frac{n}{\theta} + \frac{1}{\theta^2} \sum_{i=1}^{n} (x_i - c) = 0$$

解得，$\hat{\theta} = \dfrac{1}{n} \sum\limits_{i=1}^{n} x_i - \hat{c}$.

因此 c 的最大似然估计量为 $\hat{c} = \min\limits_{1 \le i \le n} X_i$，$\theta$ 的最大似然估计量为 $\hat{\theta} = \bar{X} - \min\limits_{1 \le i \le n} X_i$，

其中 $X_1, X_2, \cdots, X_n$ 是来自总体 X 的样本.

最大似然估计法具有很多良好的性质，陈希儒教授给出了高度评价，他认为在各种估计方法中，相对来说最大似然估计法一般更为优良. 这里介绍最大似然估计的一个有用性质.

设 $\hat{\theta}$ 为未知参数 θ 的最大似然估计量，$g(\theta)$ 是关于 θ 的连续函数，则 $g(\hat{\theta})$ 为 $g(\theta)$ 的最大似然估计量.

这一性质称为**最大似然估计的不变性**.

例如，由例 7.8 知，正态分布 $N(\mu, \sigma^2)$ 的总体中，σ^2 的最大似然估计量为

$$\hat{\sigma}^2 = \frac{1}{n} \sum_{i=1}^{n} (X_i - \bar{X})^2,$$

由最大似然估计的不变性可得，总体标准差 σ 的最大似然估计量为

$$\hat{\sigma} = \sqrt{\frac{1}{n} \sum_{i=1}^{n} (X_i - \bar{X})^2}.$$

当然，最大似然估计法也存在缺陷：要求总体分布具有参数形式. 这在有些问题中并不具备，这时也就无最大似然估计可言.

7.2　估计量的评选标准

对于总体分布的同一未知参数，不同的估计方法可能获得不同的估计量. 实践中人们自然希望使用尽可能好的估计量，这就需要提出一些评选标准，以便对估计量的优劣进行比较. 本节介绍几种常用估计量的评选标准.

7.2.1　无偏性

设 $\hat{\theta}(X_1, X_2, \cdots, X_n)$ 是总体分布中未知参数 θ 的一个估计量，对不同的样本观测值 $x_1, x_2, \cdots, x_n$，θ 的估计值 $\hat{\theta}(x_1, x_2, \cdots, x_n)$ 一般不同. 这些估计值可能较 θ 的真值有一定的偏差. 一个自然的评选标准是希望这些估计值在 θ 的真值附近摆动，且它们的平均值应与 θ 的真值充分接近，误差能达到充分小，即要求估计量的期望等于参数 θ. 这就是无偏性的要求.

定义 7.2　设 $\hat{\theta} = \hat{\theta}(X_1, X_2, \cdots, X_n)$ 为未知参数 θ 的估计量，若对任意的 $\theta \in \Theta$，均有

$$E(\hat{\theta}(X_1, X_2, \cdots, X_n)) = \theta,$$

则称 $\hat{\theta}$ 是 θ 的**无偏估计量**（**unbiased estimator**），简称为**无偏估计**，否则称 $\hat{\theta}$ 是 θ 的**有偏估计**

量. 若 $E(\hat{\theta}(X_1,X_2,\cdots,X_n)) \neq \theta$, 但满足

$$\lim_{n\to\infty} E(\hat{\theta}(X_1,X_2,\cdots,X_n)) = \theta,$$

则称 $\hat{\theta}$ 是 θ 的**渐近无偏估计量**.

例如, 由定理 6.1 可知, $E(\overline{X}) = \mu, E(S^2) = \sigma^2$, 所以, 样本均值 $\overline{X}$ 是总体均值 μ 的无偏估计量; 样本方差 $S^2 = \dfrac{1}{n-1}\sum_{i=1}^{n}(X_i - \overline{X})^2$ 是总体方差 σ^2 的无偏估计量. 但由于

$$B_2 = \frac{1}{n}\sum_{i=1}^{n}(X_i - \overline{X})^2 = \frac{n-1}{n}S^2,$$

所以

$$E(B_2) = \frac{n-1}{n}E(S^2) = \frac{n-1}{n}\sigma^2 \neq \sigma^2.$$

因此, 样本的二阶中心矩 B_2 不是总体方差 σ^2 的无偏估计量. 样本方差 S^2 是对有偏估计量 B_2 的修正, 这正是称 S^2 而不是 B_2 为样本方差的原因. 且由

$$\lim_{n\to\infty} E(B_2) = \lim_{n\to\infty} \frac{n-1}{n}\sigma^2 = \sigma^2.$$

可知, B_2 是 σ^2 的渐近无偏估计量.

一般地, $\hat{\theta}$ 是 θ 的无偏估计量, 但 $g(\hat{\theta})$ 不一定是 $g(\theta)$ 的无偏估计量. 例如, 样本方差 S^2 是总体方差 σ^2 的无偏估计量, 但不能由此说明 S 就是 σ 的无偏估计量.

例 7.11 设总体 X 的 k 阶原点矩 $\mu_k = E(X^k)(k \geq 1)$ 存在. 证明: 样本 k 阶原点矩 $A_k = \dfrac{1}{n}\sum_{i=1}^{n}X_i^k$ 是 μ_k 的无偏估计量.

证明 因 $X_1,X_2,\cdots,X_n$ 与 X 同分布, 故有

$$E(X_i^k) = E(X^k) = \mu_k, \ \ i = 1,2,\cdots,n.$$

所以

$$E(A_k) = \frac{1}{n}\sum_{i=1}^{n}E(X_i^k) = \mu_k.$$

根据定义 7.2 知, A_k 是 μ_k 的无偏估计量.

例 7.12 设总体 X 的概率密度函数为

$$f(x;\theta) = \begin{cases} \dfrac{1}{\theta}e^{-\frac{x}{\theta}}, & x > 0, \\ 0, & \text{其他}. \end{cases}$$

其中 $\theta(\theta > 0)$ 为未知参数, $X_1,X_2,\cdots,X_n$ 是来自总体 X 的一个样本.

记 $Z = \min(X_1,X_2,\cdots,X_n)$, 试证: $\overline{X}$ 和 nZ 都是 θ 的无偏估计量.

证明 首先, 由题意知, $X \sim E(\dfrac{1}{\theta})$, 于是 $E(X) = \theta$, 从而得

$$E(\overline{X}) = E(X) = \theta,$$

因此, $\overline{X}$ 是 θ 的无偏估计量.
其次, 利用第 3 章的知识, 可得 $Z = \min(X_1,X_2,\cdots,X_n)$ 的概率密度函数为

$$f_{\min}(x) = \begin{cases} \dfrac{n}{\theta}e^{-\frac{nx}{\theta}}, & x > 0, \\ 0, & \text{其他}. \end{cases}$$

可见，$Z \sim E(\dfrac{n}{\theta})$，于是有 $E(Z) = \dfrac{\theta}{n}$.

所以，$E(nZ) = \theta$.

因此，nZ 也是 θ 的无偏估计量.

此例表明，同一未知参数可以有不同的无偏估计量.

7.2.2　有效性

假设参数 θ 存在两个无偏估计量，即 $\hat{\theta}_1$ 和 $\hat{\theta}_2$，如果 $\hat{\theta}_1$ 较 $\hat{\theta}_2$ 的取值更集中在 θ 的附近，那么人们认为 $\hat{\theta}_1$ 比 $\hat{\theta}_2$ 更好. 估计量 $\hat{\theta}$ 关于 θ 的偏离程度通常用 $E(\hat{\theta} - \theta)^2$ 来度量. 当 $\hat{\theta}$ 是 θ 的无偏估计量时，$E(\hat{\theta} - \theta)^2 = D(\hat{\theta})$. 因此，无偏估计量的方差越小越好. 这就是有效性的标准.

定义 7.3　设 $\hat{\theta}_1 = \hat{\theta}_1(X_1, X_2, \cdots, X_n)$ 和 $\hat{\theta}_2 = \hat{\theta}_2(X_1, X_2, \cdots, X_n)$ 都是未知参数 θ 的无偏估计量，若对一切 $\theta \in \Theta$，均有

$$D(\hat{\theta}_1) \leqslant D(\hat{\theta}_2),$$

且不等号至少对某一个 $\theta \in \Theta$ 成立，则称 $\hat{\theta}_1$ 比 $\hat{\theta}_2$ **有效**.

例如，例 7.12 中，$\overline{X}$ 和 nZ 均为参数 θ 的无偏估计量. 由

$$D(X) = \theta^2, \quad D(Z) = \dfrac{\theta^2}{n^2}$$

可得

$$D(\overline{X}) = \dfrac{D(X)}{n} = \dfrac{\theta^2}{n}, \quad D(nZ) = n^2 D(Z) = \theta^2.$$

所以，当 $n > 1$ 时，$D(\overline{X}) < D(nZ)$，故 $\overline{X}$ 比 nZ 有效.

例 7.13　设总体 X 的均值为 μ，方差为 σ^2 且 $\sigma^2 > 0$，$X_1, X_2, \cdots, X_n$ 是来自总体 X 的样本，且 $\hat{\mu}_1 = \overline{X} = \dfrac{1}{n} \sum\limits_{i=1}^{n} X_i$ 和 $\hat{\mu}_2 = \sum\limits_{i=1}^{n} a_i X_i$，其中 $\sum\limits_{i=1}^{n} a_i = 1 (a_i > 0, \ i = 1, 2, \cdots, n)$.

（1）证明 $\hat{\mu}_1$ 和 $\hat{\mu}_2$ 都是 μ 的无偏估计量；

（2）讨论 $\hat{\mu}_1$ 和 $\hat{\mu}_2$ 的有效性.

证明　（1）由定理 6.1 知，$E(\hat{\mu}_1) = E(\overline{X}) = \mu$，所以 $\hat{\mu}_1$ 是 μ 的无偏估计量，因为

$$E(\hat{\mu}_2) = E\left(\sum_{i=1}^{n} a_i X_i\right) = \sum_{i=1}^{n} E(a_i X_i) = \sum_{i=1}^{n} a_i E(X_i) = \sum_{i=1}^{n} a_i E(X) = E(X) = \mu,$$

所以 $\hat{\mu}_2$ 也是 μ 的无偏估计量；

（2）由定理 6.1 知，$D(\hat{\mu}_1) = D(\overline{X}) = \dfrac{\sigma^2}{n}$，

利用方差的计算性质，有

$$D(\hat{\mu}_2) = \sum_{i=1}^{n} D(a_i X_i) = \sum_{i=1}^{n} a_i^2 D(X_i) = \sum_{i=1}^{n} a_i^2 \cdot D(X) = \sigma^2 \sum_{i=1}^{n} a_i^2,$$

由柯西不等式知

$$\sum_{i=1}^{n} a_i^2 = \sum_{i=1}^{n} a_i^2 \cdot \sum_{i=1}^{n} \left(\dfrac{1}{\sqrt{n}}\right)^2 \geqslant \left(\sum_{i=1}^{n} \dfrac{a_i}{\sqrt{n}}\right)^2 = \dfrac{1}{n},$$

即 $D(\hat{\mu}_2) \geqslant \dfrac{\sigma^2}{n}$,

等号当且仅当 $a_1 = a_2 = \cdots = a_n = \dfrac{1}{n}$ 时成立,

所以 $D(\hat{\mu}_1) \leqslant D(\hat{\mu}_2)$, 故 $\hat{\mu}_1$ 比 $\hat{\mu}_2$ 有效.

7.2.3 相合性

参数 θ 的估计量 $\hat{\theta} = \hat{\theta}(X_1, X_2, \cdots, X_n)$ 依赖于容量为 n 的样本, 因此, 人们自然希望当 n 越来越大时, 估计量 $\hat{\theta}$ 越来越接近于 θ. 这就是相合性的标准.

定义 7.4 设 $\hat{\theta} = \hat{\theta}(X_1, X_2, \cdots, X_n)$ 是未知参数 θ 的估计量, 若对任意 $\theta \in \Theta$, 均有 $\hat{\theta}$ 依概率收敛于 θ, 即对任意的 $\varepsilon > 0$, 有

$$\lim_{n \to \infty} P(\,|\hat{\theta} - \theta| < \varepsilon) = 1,$$

则称 $\hat{\theta}$ 是 θ 的**相合估计量**(consistent estimator)或**一致估计量**.

由辛钦大数定律可知:

若总体的 l 阶原点矩 μ_l 存在, 则样本的 l 阶原点矩 A_l 为 μ_l 的相合估计量;

若总体的 l 阶中心矩 ν_l 存在, 则样本的 l 阶中心矩 B_l 为 ν_l 的相合估计量;

特别地, 样本均值 $\overline{X}$ 和样本二阶中心矩 B_2 分别为总体均值 μ 和总体方差 σ^2 的相合估计量.

例 7.14 设总体 X 的概率密度函数为

$$f(x; \theta) = \begin{cases} \dfrac{2}{\theta} x e^{-\frac{x^2}{\theta}}, & x > 0, \\ 0, & x \leqslant 0. \end{cases}$$

$X_1, X_2, \cdots, X_n$ 是来自总体 X 的一个样本, $x_1, x_2, \cdots, x_n (x_i > 0, i = 1, 2, \cdots, n)$ 为一样本观测值.

(1) 求参数 θ 的最大似然估计量 $\hat{\theta}$.

(2) $\hat{\theta}$ 是否是 θ 的无偏估计量.

(3) $\hat{\theta}$ 是否是 θ 的相合估计量.

解 (1) 由题意知, 当 $x > 0$ 时, $f(x; \theta) = \dfrac{2}{\theta} x e^{-\frac{x^2}{\theta}}$.

似然函数为

$$L(\theta) = \prod_{i=1}^{n} f(x_i; \theta) = \prod_{i=1}^{n} \frac{2}{\theta} x_i e^{-\frac{x_i^2}{\theta}} = \frac{2^n \cdot \prod\limits_{i=1}^{n} x_i}{\theta^n} e^{-\frac{\sum\limits_{i=1}^{n} x_i^2}{\theta}},$$

取对数, 得

$$\ln L(\theta) = n\ln 2 + \ln\left(\prod_{i=1}^{n} x_i\right) - n\ln\theta - \frac{\sum\limits_{i=1}^{n} x_i^2}{\theta},$$

对 θ 求导数, 得对数似然方程

$$\frac{\mathrm{d}}{\mathrm{d}\theta} \ln L(\theta) = -\frac{n}{\theta} + \frac{1}{\theta^2} \sum_{i=1}^{n} x_i^2 = 0,$$

解得 θ 的最大似然估计值为 $\hat{\theta} = \dfrac{1}{n} \sum\limits_{i=1}^{n} x_i^2$.

从而得 θ 的最大似然估计量为

$$\hat{\theta} = \frac{1}{n} \sum_{i=1}^{n} X_i^2 = A_2.$$

（2）由期望的定义得

$$E(X^2) = \int_0^{+\infty} x^2 \cdot \frac{2}{\theta} x \mathrm{e}^{-\frac{x^2}{\theta}} \mathrm{d}x = \theta,$$

从而

$$E(\hat{\theta}) = E\left(\frac{1}{n} \sum_{i=1}^{n} X_i^2 \right) = \frac{1}{n} \sum_{i=1}^{n} E(X_i^2) = E(X^2) = \theta,$$

所以 $\hat{\theta}$ 是 θ 的无偏估计量.

（3）由（2）知，$E(X^2) = \theta$,

由辛钦大数定律，得 $\hat{\theta} = \dfrac{1}{n} \sum\limits_{i=1}^{n} X_i^2 = A_2 \xrightarrow{P} \theta$,

所以 $\hat{\theta}$ 是 θ 的相合估计量.

7.3　区间估计

从前面的讨论中可以知道，若 $\hat{\theta} = \hat{\theta}(X_1, X_2, \cdots, X_n)$ 是参数 θ 的一个点估计量，则在样本取到观测值 $x_1, x_2, \cdots, x_n$ 时，算得的值 $\hat{\theta}(x_1, x_2, \cdots, x_n)$ 就是 θ 的点估计值. 一般地，$\hat{\theta}(x_1, x_2, \cdots, x_n)$ 与 θ 之间存在误差，但误差有多大？估计的准确度有多高？点估计无法给出回答. 为弥补这一不足，统计学家提出了区间估计的概念.

7.3.1　区间估计的概念和枢轴量法

定义 7.5　设总体 X 的分布函数为 $F(x; \theta)$，其中 θ 是未知参数，$\theta \in \Theta$，Θ 是参数空间，$X_1, X_2, \cdots, X_n$ 是来自总体 X 的一个样本. 对给定的正数 $\alpha(0 < \alpha < 1)$，若存在两个统计量

$$\underline{\theta} = \underline{\theta}(X_1, X_2, \cdots, X_n) \text{ 和 } \overline{\theta} = \overline{\theta}(X_1, X_2, \cdots, X_n),$$

使得对任意的 $\theta \in \Theta$，满足

$$P(\underline{\theta} < \theta < \overline{\theta}) \geqslant 1 - \alpha, \tag{7.3.1}$$

则称区间 $(\underline{\theta}, \overline{\theta})$ 是 θ 的置信水平（**confidence leval**）为 $1 - \alpha$ 的双侧区间估计（**interval estimate**）或置信区间（**confidence interval**，简记为 CI），分别称 $\underline{\theta}$ 和 $\overline{\theta}$ 为 θ 的置信水平为 $1 - \alpha$ 的双侧置信下限（**lower confidence limit**）和置信上限（**upper confidence limit**），称 $1 - \alpha$ 为置信水平或置信度.

当总体是连续型随机变量时，一般选择 $\underline{\theta}$，$\overline{\theta}$ 使得 $P(\underline{\theta} < \theta < \overline{\theta}) = 1 - \alpha$.

当总体是离散型随机变量时，一般选择 $\underline{\theta}$，$\overline{\theta}$ 使得 $P(\underline{\theta} < \theta < \overline{\theta}) \geqslant 1 - \alpha$ 且尽可能接近于 $1 - \alpha$.

由定义 7.5 可知，置信区间 $(\underline{\theta}, \overline{\theta})$ 是一个随机区间，区间的上限、下限和区间长度都是随机变量，均为样本 $X_1, X_2, \cdots, X_n$ 的函数. 其直观意义是：当抽取到一组样本观测值 $x_1, x_2, \cdots, x_n$ 时，可以确定一个具体的区间，这个区间可能包含 θ 的真值，也可能不包含 θ 的真值. 在重复

独立 100 次抽样得到的 100 个区间中, 包含 θ 真值的区间至少占 $100(1-\alpha)\%$. 例如, 若置信水平为 0.99, 则在 100 次抽样得到的 100 个区间中, 至少有 99 个区间包含参数 θ 的真值.

显然, α 越小, 置信区间包含 θ 真值的概率 $1-\alpha$ 越大, 所以说置信水平度量了置信区间的可靠度. 另外, 在给定的置信水平下, 置信区间的长度越短, 估计的精度越高. 而可靠度和精度是相互矛盾的两个指标, 可靠度 $1-\alpha$ 越大, 置信区间 $(\underline{\theta}, \overline{\theta})$ 越长, 精度越低. 英国统计学家奈曼(Neyman)建议: 在保证可靠度的条件下, 求精度尽可能高的置信区间.

在有些实际应用中, 人们常常只关心参数的上限或者下限. 例如对于设备的使用寿命来说, 我们更多关心的是平均寿命 θ 至少是多少(即 θ 的下限). 相反, 对于农产品农药的残留量, 我们往往关心的是平均残留量 θ 最高是多少(即 θ 的上限). 这就引出了单侧置信区间问题.

定义 7.6 设总体 X 的分布函数为 $F(x; \theta)$, 其中 θ 是未知参数, $\theta \in \Theta$, Θ 是参数空间, $X_1, X_2, \cdots, X_n$ 是来自总体 X 的一个样本, 对于给定的 $\alpha(0 < \alpha < 1)$, 若存在统计量 $\underline{\theta} = \underline{\theta}(X_1, X_2, \cdots, X_n)$, 使得对任意的 $\theta \in \Theta$, 满足

$$P(\theta > \underline{\theta}) \geqslant 1 - \alpha, \tag{7.3.2}$$

则称区间 $(\underline{\theta}, +\infty)$ 为 θ 的置信水平为 $1-\alpha$ 的**单侧置信区间**, $\underline{\theta}$ 为 θ 的置信水平为 $1-\alpha$ 的**单侧置信下限(one - sided lower confidence limit)**.

若存在统计量 $\overline{\theta} = \overline{\theta}(X_1, X_2, \cdots, X_n)$, 使得对任意的 $\theta \in \Theta$, 满足

$$P(\theta < \overline{\theta}) \geqslant 1 - \alpha, \tag{7.3.3}$$

则称区间 $(-\infty, \overline{\theta})$ 为 θ 的置信水平为 $1-\alpha$ 的**单侧置信区间**, $\overline{\theta}$ 为 θ 的置信水平为 $1-\alpha$ 的**单侧置信上限(one - sided upper confidence limit)**.

单侧置信区间与双侧置信区间的求解方法类似, 这里着重讨论双侧置信区间.

对给定的 $\alpha(0 < \alpha < 1)$, 为了求出满足

$$P(\underline{\theta} < \theta < \overline{\theta}) \geqslant 1 - \alpha$$

的统计量 $\underline{\theta} = \underline{\theta}(X_1, X_2, \cdots, X_n)$ 和 $\overline{\theta} = \overline{\theta}(X_1, X_2, \cdots, X_n)$, 将随机区间

$$\underline{\theta} < \theta < \overline{\theta}$$

转化为某随机变量 $G(X_1, X_2, \cdots, X_n, \theta)$ 的区间

$$a < G(X_1, X_2, \cdots, X_n, \theta) < b,$$

使得

$$P(a < G(X_1, X_2, \cdots, X_n, \theta) < b) = 1 - \alpha.$$

为此, 函数 $G(X_1, X_2, \cdots, X_n, \theta)$ 必须满足以下两个条件:

(1) 为了确定参数 $a, b, G(X_1, X_2, \cdots, X_n, \theta)$ 的分布必须已知;

(2) 为了使得求出的 $\underline{\theta} = \underline{\theta}(X_1, X_2, \cdots, X_n)$ 和 $\overline{\theta} = \overline{\theta}(X_1, X_2, \cdots, X_n)$ 为统计量, $G(X_1, X_2, \cdots, X_n, \theta)$ 仅为样本 $X_1, X_2, \cdots, X_n$ 和参数 θ 的函数, 不能含有任何其他未知参数.

称 $G(X_1, X_2, \cdots, X_n, \theta)$ 为**枢轴量(pivot)**. 运用过程中, 通常从未知参数 θ 的一个良好的点估计量 $\hat{\theta}$ 出发来构造 $G(X_1, X_2, \cdots, X_n, \theta)$, 所以 $G(X_1, X_2, \cdots, X_n, \theta)$ 可简记为 $G(\hat{\theta}, \theta)$. 这种求解区间估计的方法称为**枢轴量法**.

枢轴量法的一般步骤为:

(1) 选取 θ 的一个良好的点估计量 $\hat{\theta} = \hat{\theta}(X_1, X_2, \cdots, X_n)$;

(2) 构造枢轴量 $G(\hat{\theta}, \theta)$(要求 $G(\hat{\theta}, \theta)$ 不含其他未知参数, 且分布已知);

(3) 对给定的置信水平 $1-\alpha$, 选取常数 a, b, 使得对任意的 $\theta \in \Theta$, 有

$$P(a < G(\hat{\theta},\theta) < b) = 1 - \alpha;$$

（4）将不等式 $a < G(\hat{\theta},\theta) < b$ 等价变形为 $\underline{\theta} < \theta < \bar{\theta}$，则 $(\underline{\theta},\bar{\theta})$ 就是参数 θ 的置信水平为 $1 - \alpha$ 的置信区间.

该方法的核心是构造合适的枢轴量，使得其落入区间 (a,b) 的概率为 $1 - \alpha$. 此区间转化出的未知参数的表达式就是所求的区间估计. 这就是"枢轴量"这个名词的由来.

7.3.2　单个正态总体参数的区间估计

设总体 $X \sim N(\mu,\sigma^2)$，参数 $\mu \in \mathbf{R}$，$\sigma^2 > 0$，$X_1,X_2,\cdots,X_n$ 为来自 X 的一个样本. 下面利用枢轴量法求解 μ 和 σ^2 的置信水平为 $1 - \alpha$ 的区间估计.

1. 均值 μ 的区间估计

（1）总体方差 σ^2 已知

取样本均值 $\bar{X}$ 为参数 μ 的点估计量，由定理 6.3 知，

$$Z = \frac{\bar{X} - \mu}{\sigma/\sqrt{n}} \sim N(0,1),$$

该随机变量分布已知且不含其他未知参数. 所以，可取 $Z = \dfrac{\bar{X} - \mu}{\sigma/\sqrt{n}}$ 为枢轴量.

对给定的 $\alpha(0 < \alpha < 1)$，由分位数的定义知（如图 7.1 所示），

$$P\left(- z_{\alpha/2} < \frac{\bar{X} - \mu}{\sigma/\sqrt{n}} < z_{\alpha/2} \right) = 1 - \alpha,$$

将不等式 $- z_{\alpha/2} < \dfrac{\bar{X} - \mu}{\sigma/\sqrt{n}} < z_{\alpha/2}$ 等价变形为 $\bar{X} - \dfrac{\sigma}{\sqrt{n}}z_{\alpha/2}$

$< \mu < \bar{X} + \dfrac{\sigma}{\sqrt{n}}z_{\alpha/2}$，得

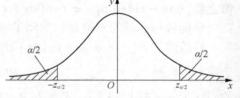

图 7.1　标准正态分布的 $\alpha/2$ 分位数

$$P\left\{ \bar{X} - \frac{\sigma}{\sqrt{n}}z_{\alpha/2} < \mu < \bar{X} + \frac{\sigma}{\sqrt{n}}z_{\alpha/2} \right\} = 1 - \alpha.$$

所以，μ 的置信水平为 $1 - \alpha$ 的置信区间为

$$\left(\bar{X} - \frac{\sigma}{\sqrt{n}}z_{\alpha/2}, \bar{X} + \frac{\sigma}{\sqrt{n}}z_{\alpha/2} \right). \tag{7.3.4}$$

可简记为

$$\left(\bar{X} \pm \frac{\sigma}{\sqrt{n}}z_{\alpha/2} \right).$$

需要指出的是，置信区间不唯一. 例如，对于上述问题，取 $\alpha = 0.05$，

由 $P\left\{ - z_{0.025} < \dfrac{\bar{X} - \mu}{\sigma/\sqrt{n}} < z_{0.025} \right\} = 0.95$ 得 $P\left\{ \bar{X} - \dfrac{\sigma}{\sqrt{n}}z_{0.025} < \mu < \bar{X} + \dfrac{\sigma}{\sqrt{n}}z_{0.025} \right\} = 0.95$，

由 $P\left\{ - z_{0.04} < \dfrac{\bar{X} - \mu}{\sigma/\sqrt{n}} < z_{0.01} \right\} = 0.95$ 得 $P\left\{ \bar{X} - \dfrac{\sigma}{\sqrt{n}}z_{0.01} < \mu < \bar{X} + \dfrac{\sigma}{\sqrt{n}}z_{0.04} \right\} = 0.95$，

因此，$\left(\bar{X} - \dfrac{\sigma}{\sqrt{n}}z_{0.025}, \bar{X} + \dfrac{\sigma}{\sqrt{n}}z_{0.025} \right)$ 和 $\left(\bar{X} - \dfrac{\sigma}{\sqrt{n}}z_{0.01}, \bar{X} + \dfrac{\sigma}{\sqrt{n}}z_{0.04} \right)$ 都是 μ 的置信水平为 0.95 的置信区间，两个区间的长度分别为

$$2 \cdot z_{0.025} \frac{\sigma}{\sqrt{n}} = 3.92 \frac{\sigma}{\sqrt{n}},$$

$$\frac{\sigma}{\sqrt{n}}(z_{0.01} + z_{0.04}) = (2.33 + 1.75) \frac{\sigma}{\sqrt{n}} = 4.08 \frac{\sigma}{\sqrt{n}}.$$

可见，前者比后者的精度高，此时选取 $(\bar{X} - \frac{\sigma}{\sqrt{n}} z_{0.025}, \bar{X} + \frac{\sigma}{\sqrt{n}} z_{0.025})$ 作为 μ 的置信区间较好. 显然这是一个以样本均值 $\bar{X}$ 为中心的对称区间.

一般地，当枢轴量 $G(\hat{\theta}, \theta)$ 的概率密度函数曲线单峰且对称（如服从标准正态分布、t 分布）时，若取 $a = -b$，且满足

$$P(-b < G(\hat{\theta}, \theta) < b) = 1 - \alpha,$$

则由分位数定义可知，式中的 b 为枢轴量 $G(\hat{\theta}, \theta)$ 的 $\frac{\alpha}{2}$ 分位数. 这样确定的置信区间的平均长度最短.

当枢轴量 $G(\hat{\theta}, \theta)$ 的概率密度函数曲线单峰但不对称（如服从 χ^2 分布、F 分布）时，为方便应用，常取

$$P(G(\hat{\theta}, \theta) \leqslant a) = \frac{\alpha}{2}, \quad P(G(\hat{\theta}, \theta) \geqslant b) = \frac{\alpha}{2}.$$

这样求出的置信区间的平均长度未必是最短的.

下面求解均值 μ 的单侧置信限.

仍取 $Z = \frac{\bar{X} - \mu}{\sigma / \sqrt{n}}$ 作为枢轴量.

对给定的 $\alpha(0 < \alpha < 1)$，由

$$P\left(\frac{\bar{X} - \mu}{\sigma / \sqrt{n}} < z_{\alpha}\right) = 1 - \alpha,$$

将不等式 $\frac{\bar{X} - \mu}{\sigma / \sqrt{n}} < z_{\alpha}$ 等价变形为 $\mu > \bar{X} - \frac{\sigma}{\sqrt{n}} z_{\alpha}$，得

$$P\left(\mu > \bar{X} - \frac{\sigma}{\sqrt{n}} z_{\alpha}\right) = 1 - \alpha,$$

所以，μ 的置信水平为 $1 - \alpha$ 的单侧置信下限为

$$\underline{\mu} = \bar{X} - \frac{\sigma}{\sqrt{n}} z_{\alpha}. \tag{7.3.5}$$

由

$$P\left(\frac{\bar{X} - \mu}{\sigma / \sqrt{n}} > -z_{\alpha}\right) = 1 - \alpha,$$

将不等式 $\frac{\bar{X} - \mu}{\sigma / \sqrt{n}} > -z_{\alpha}$ 等价变形为 $\mu < \bar{X} + \frac{\sigma}{\sqrt{n}} z_{\alpha}$，得

$$P\left(\mu < \bar{X} + \frac{\sigma}{\sqrt{n}} z_{\alpha}\right) = 1 - \alpha,$$

所以，μ 的置信水平为 $1 - \alpha$ 的单侧置信上限为

$$\overline{\mu} = \overline{X} + \frac{\sigma}{\sqrt{n}} z_\alpha. \tag{7.3.6}$$

对于置信水平 $1 - \alpha$，μ 的单侧置信限与双侧置信限之间存在密切联系，只存在是取 α 分位数还是取 $\frac{\alpha}{2}$ 分位数的区别. 在后面所有参数的置信区间求解中，读者可自行推导并体会这一联系.

例 7.15　某种零件的长度 $X \sim N(\mu, 0.09)$，从某批产品中随机抽取 4 个，长度测量值(单位：mm) 为 12.6，13.4，12.8，13.2. 试求这种零件的平均长度 μ 的置信水平为 0.95 的置信区间.

解　因为 $\sigma^2 = 0.09$ 已知，所以由(7.3.4) 式知，μ 的置信水平为 $1 - \alpha$ 的置信区间为

$$\left(\overline{X} - \frac{\sigma}{\sqrt{n}} z_{\alpha/2}, \overline{X} + \frac{\sigma}{\sqrt{n}} z_{\alpha/2} \right).$$

由题意知，$n = 4$，计算得 $\overline{x} = 13.0$.

$\alpha = 0.05$，查附表 2 得 $z_{\alpha/2} = z_{0.025} = 1.96$，

将其代入公式，得 μ 的置信水平为 0.95 的置信区间为

$$\left(13 \pm \frac{\sqrt{0.09}}{\sqrt{4}} \times 1.96 \right) = (12.706, 13.294).$$

故该零件平均长度 μ 的置信水平为 0.95 的置信区间为 $(12.706, 13.294)$.

（2）总体方差 σ^2 未知

当 σ^2 未知时，$\overline{X}$ 是参数 μ 的无偏估计量，且由定理 6.3 知

$$T = \frac{\overline{X} - \mu}{S/\sqrt{n}} \sim t(n - 1),$$

可取 $T = \dfrac{\overline{X} - \mu}{S/\sqrt{n}}$ 为枢轴量. t 分布的 $\dfrac{\alpha}{2}$ 分位数如图 7.2 所示.

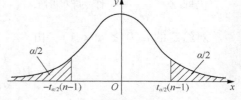

图 7.2　t 分布的 $\alpha/2$ 分位数

对给定的 $\alpha(0 < \alpha < 1)$，

$$P\left(-t_{\alpha/2}(n - 1) < \frac{\overline{X} - \mu}{S/\sqrt{n}} < t_{\alpha/2}(n - 1) \right) = 1 - \alpha,$$

即

$$P\left(\overline{X} - \frac{S}{\sqrt{n}} t_{\alpha/2}(n - 1) < \mu < \overline{X} + \frac{S}{\sqrt{n}} t_{\alpha/2}(n - 1) \right) = 1 - \alpha.$$

所以，μ 的置信水平为 $1 - \alpha$ 的一个置信区间为

$$\left(\overline{X} - \frac{S}{\sqrt{n}} t_{\alpha/2}(n - 1), \overline{X} + \frac{S}{\sqrt{n}} t_{\alpha/2}(n - 1) \right), \tag{7.3.7}$$

简记为

$$\left(\overline{X} \pm \frac{S}{\sqrt{n}} t_{\alpha/2}(n - 1) \right).$$

μ 的置信水平为 $1 - \alpha$ 的单侧置信下限为

$$\underline{\mu} = \overline{X} - \frac{S}{\sqrt{n}} t_\alpha(n - 1). \tag{7.3.8}$$

μ 的置信水平为 $1 - \alpha$ 的单侧置信上限为

$$\overline{\mu} = \overline{X} + \frac{S}{\sqrt{n}} t_\alpha(n - 1). \tag{7.3.9}$$

例 7.16 设某电子元件的寿命(单位：h) 服从正态分布 $N(\mu, \sigma^2)$，抽样检查 10 个电子元件，得到样本均值 $\bar{x} = 1500$h，样本标准差 $s = 14$h，求总体均值 μ 的置信水平为 99% 的置信区间和单侧置信下限.

解 因为 σ^2 未知，所以由(7.3.7) 式得，μ 的置信水平为 $1 - \alpha$ 的置信区间为

$$\left(\bar{X} - \frac{S}{\sqrt{n}} t_{\alpha/2}(n-1), \bar{X} + \frac{S}{\sqrt{n}} t_{\alpha/2}(n-1)\right).$$

由题意知，$\bar{x} = 1500, s = 14$.

自由度为 $n - 1 = 10 - 1 = 9, \alpha = 0.01$，查附表 4 得 $t_{0.005}(9) = 3.2498$，

代入公式，得 μ 的置信水平为 0.99 的置信区间为

$$\left(1500 \pm \frac{14}{\sqrt{10}} \times 3.2498\right) \approx (1500 \pm 14.39) = (1485.61, 1514.39).$$

由(7.3.8) 式得，μ 的置信水平为 $1 - \alpha$ 的单侧置信下限为

$$\underline{\mu} = \bar{X} - \frac{S}{\sqrt{n}} t_\alpha(n-1).$$

由 $\alpha = 0.01$，查附表 4 得 $t_{0.01}(9) = 2.8214$.

代入公式，得 μ 的置信水平为 0.99 的单侧置信下限为

$$\underline{\mu} = 1500 - \frac{14}{\sqrt{10}} \times 2.8214 \approx 1487.51.$$

2. 方差 σ^2 的区间估计

(1) 总体均值 μ 未知

当 μ 未知时，$\hat{\sigma}^2 = S^2 = \frac{1}{n-1} \sum_{i=1}^{n} (X_i - \bar{X})^2$ 为 σ^2 的无偏估计量，且由定理 6.2 知，

$$\chi^2 = \frac{(n-1)S^2}{\sigma^2} \sim \chi^2(n-1),$$

可取 $\chi^2 = \frac{(n-1)S^2}{\sigma^2}$ 为枢轴量. χ^2 分布的 $\frac{\alpha}{2}$ 分位数如图 7.3 所示.

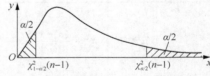

图 7.3 χ^2 分布的 $\alpha/2$ 分位数

对给定的 $\alpha(0 < \alpha < 1)$，取 χ^2 分布的分位数 $\chi^2_{1-\alpha/2}(n-1)$ 和 $\chi^2_{\alpha/2}(n-1)$，使得

$$P\left(\chi^2_{1-\alpha/2}(n-1) < \frac{(n-1)S^2}{\sigma^2} < \chi^2_{\alpha/2}(n-1)\right) = 1 - \alpha,$$

改写得

$$P\left(\frac{(n-1)S^2}{\chi^2_{\alpha/2}(n-1)} < \sigma^2 < \frac{(n-1)S^2}{\chi^2_{1-\alpha/2}(n-1)}\right) = 1 - \alpha.$$

从而得 σ^2 的置信水平为 $1 - \alpha$ 的置信区间为

$$\left(\frac{(n-1)S^2}{\chi^2_{\alpha/2}(n-1)}, \frac{(n-1)S^2}{\chi^2_{1-\alpha/2}(n-1)}\right). \tag{7.3.10}$$

单侧置信下限、上限分别为

$$\underline{\sigma^2} = \frac{(n-1)S^2}{\chi^2_\alpha(n-1)}, \quad \overline{\sigma^2} = \frac{(n-1)S^2}{\chi^2_{1-\alpha}(n-1)}.$$

（2）总体均值 μ 已知

当 μ 已知时，$\hat{\sigma}^2 = \dfrac{1}{n} \displaystyle\sum_{i=1}^{n} (X_i - \mu)^2$ 为 σ^2 的无偏估计量，且由定理 6.2 知，

$$\chi^2 = \frac{1}{\sigma^2} \sum_{i=1}^{n} (X_i - \mu)^2 \sim \chi^2(n).$$

取 $\chi^2 = \dfrac{1}{\sigma^2} \displaystyle\sum_{i=1}^{n} (X_i - \mu)^2$ 为枢轴量，类似（1），可得 σ^2 的置信水平为 $1 - \alpha$ 的置信区间为

$$\left(\frac{\displaystyle\sum_{i=1}^{n} (X_i - \mu)^2}{\chi^2_{\alpha/2}(n)}, \frac{\displaystyle\sum_{i=1}^{n} (X_i - \mu)^2}{\chi^2_{1-\alpha/2}(n)} \right). \tag{7.3.11}$$

单侧置信下限、上限分别为

$$\underline{\sigma^2} = \frac{\displaystyle\sum_{i=1}^{n} (X_i - \mu)^2}{\chi^2_{\alpha}(n)}, \quad \overline{\sigma^2} = \frac{\displaystyle\sum_{i=1}^{n} (X_i - \mu)^2}{\chi^2_{1-\alpha}(n)}.$$

单个正态总体均值、方差的置信区间和单侧置信限如表 7.1 所示.

表 7.1　单个正态总体均值、方差的置信区间和单侧置信限（置信水平为 $1 - \alpha$）

待估参数	其他参数	枢轴量及其分布	双侧置信区间	单侧置信限
μ	σ^2 已知	$Z = \dfrac{\overline{X} - \mu}{\sigma/\sqrt{n}} \sim N(0,1)$	$\left(\overline{X} - \dfrac{\sigma}{\sqrt{n}} z_{\alpha/2}, \overline{X} + \dfrac{\sigma}{\sqrt{n}} z_{\alpha/2} \right)$	$\underline{\mu} = \overline{X} - \dfrac{\sigma}{\sqrt{n}} z_{\alpha},$ $\overline{\mu} = \overline{X} + \dfrac{\sigma}{\sqrt{n}} z_{\alpha}$
	σ^2 未知	$T = \dfrac{\overline{X} - \mu}{S/\sqrt{n}} \sim t(n-1)$	$\left(\overline{X} - \dfrac{S}{\sqrt{n}} t_{\alpha/2}(n-1), \overline{X} + \dfrac{S}{\sqrt{n}} t_{\alpha/2}(n-1) \right)$	$\underline{\mu} = \overline{X} - \dfrac{S}{\sqrt{n}} t_{\alpha}(n-1),$ $\overline{\mu} = \overline{X} + \dfrac{S}{\sqrt{n}} t_{\alpha}(n-1)$
σ^2	μ 未知	$\chi^2 = \dfrac{(n-1)S^2}{\sigma^2} \sim \chi^2(n-1)$	$\left(\dfrac{(n-1)S^2}{\chi^2_{\alpha/2}(n-1)}, \dfrac{(n-1)S^2}{\chi^2_{1-\alpha/2}(n-1)} \right)$	$\underline{\sigma^2} = \dfrac{(n-1)S^2}{\chi^2_{\alpha}(n-1)},$ $\overline{\sigma^2} = \dfrac{(n-1)S^2}{\chi^2_{1-\alpha}(n-1)}$
	μ 已知	$\chi^2 = \dfrac{\displaystyle\sum_{i=1}^{n}(X_i-\mu)^2}{\sigma^2}$ $\sim \chi^2(n)$	$\left(\dfrac{\displaystyle\sum_{i=1}^{n}(X_i-\mu)^2}{\chi^2_{\alpha/2}(n)}, \dfrac{\displaystyle\sum_{i=1}^{n}(X_i-\mu)^2}{\chi^2_{1-\alpha/2}(n)} \right)$	$\underline{\sigma^2} = \dfrac{\displaystyle\sum_{i=1}^{n}(X_i-\mu)^2}{\chi^2_{\alpha}(n)},$ $\overline{\sigma^2} = \dfrac{\displaystyle\sum_{i=1}^{n}(X_i-\mu)^2}{\chi^2_{1-\alpha}(n)}$

例 7.17　某厂生产的一批金属部件，其抗弯强度服从正态分布 $N(\mu, \sigma^2)$，今从这批产品中抽取 9 件样本，测得样本标准差 $s = 0.6$，试求方差 σ^2 的置信水平为 0.95 的置信区间.

解　因为 μ 未知，所以由（7.3.10）式得，σ^2 的置信水平为 $1 - \alpha$ 的置信区间为

$$\left(\frac{(n-1)S^2}{\chi^2_{\alpha/2}(n-1)}, \frac{(n-1)S^2}{\chi^2_{1-\alpha/2}(n-1)} \right).$$

由条件知，$s = 0.6, \alpha = 0.05$，自由度为 $n - 1 = 9 - 1 = 8$，查附表 3 得

$$\chi^2_{0.025}(8) = 17.534, \ \chi^2_{0.975}(8) = 2.180,$$

代入公式, 得方差 σ^2 的置信水平为 0.95 的置信区间为

$$\left(\frac{8 \times 0.6^2}{\chi^2_{0.025}(8)}, \frac{8 \times 0.6^2}{\chi^2_{0.975}(8)}\right) = (0.164, 1.321).$$

7.3.3 两个正态总体均值差和方差比的区间估计

设 $X_1, X_2, \cdots, X_{n_1}$ 是来自正态总体 $X \sim N(\mu_1, \sigma_1^2)$ 的样本, $Y_1, Y_2, \cdots, Y_{n_2}$ 是来自正态总体 $Y \sim N(\mu_2, \sigma_2^2)$ 的样本, 这两个样本相互独立, 且 $\overline{X}, S_1^2$ 分别是总体 X 的样本均值和样本方差, $\overline{Y}, S_2^2$ 分别是总体 Y 的样本均值和样本方差.

1. 两个总体均值差 $\mu_1 - \mu_2$ 的区间估计

(1) σ_1^2, σ_2^2 均已知

$\overline{X} - \overline{Y}$ 是 $\mu_1 - \mu_2$ 的无偏估计量, 由定理 6.4 知

$$Z = \frac{(\overline{X} - \overline{Y}) - (\mu_1 - \mu_2)}{\sqrt{\dfrac{\sigma_1^2}{n_1} + \dfrac{\sigma_2^2}{n_2}}} \sim N(0, 1).$$

于是可取 Z 为枢轴量.

类似 (7.3.4) 式的讨论, $\mu_1 - \mu_2$ 的置信水平为 $1 - \alpha$ 的一个置信区间为

$$\left((\overline{X} - \overline{Y}) \pm z_{\alpha/2}\sqrt{\frac{\sigma_1^2}{n_1} + \frac{\sigma_2^2}{n_2}}\right). \tag{7.3.12}$$

(2) $\sigma_1^2 = \sigma_2^2 = \sigma^2$, 但 σ^2 未知

由定理 6.4 知

$$T = \frac{(\overline{X} - \overline{Y}) - (\mu_1 - \mu_2)}{S_w\sqrt{\dfrac{1}{n_1} + \dfrac{1}{n_2}}} \sim t(n_1 + n_2 - 2).$$

故取 T 为枢轴量. 由

$$P\left\{\left|\frac{(\overline{X} - \overline{Y}) - (\mu_1 - \mu_2)}{S_w\sqrt{\dfrac{1}{n_1} + \dfrac{1}{n_2}}}\right| < t_{\alpha/2}(n_1 + n_2 - 2)\right\} = 1 - \alpha,$$

可得 $\mu_1 - \mu_2$ 的置信水平为 $1 - \alpha$ 的置信区间为

$$\left((\overline{X} - \overline{Y}) \pm t_{\alpha/2}(n_1 + n_2 - 2)S_w\sqrt{\frac{1}{n_1} + \frac{1}{n_2}}\right) \tag{7.3.13}$$

其中, $S_w^2 = \dfrac{(n_1 - 1)S_1^2 + (n_2 - 1)S_2^2}{n_1 + n_2 - 2}$, $S_w = \sqrt{S_w^2}$.

例 7.18 某洗衣液加工厂为了检测 A, B 两条独立流水线的生产情况, 随机地从两条流水线上分别抽取了容量为 16 和 20 的两个样本, 得到 A 的样本均值 $\overline{x} = 495\text{mL}$, 标准差 $s_1 = 4.2\text{mL}$; B 的样本均值 $\overline{y} = 506\text{mL}$, 标准差 $s_2 = 3.0\text{mL}$. 假设两条流水线的产品容量分别服从正态分布 $N(\mu_1, \sigma_1^2)$ 和 $N(\mu_2, \sigma_2^2)$, 且可认为总体方差 σ_1^2, σ_2^2 相等. 求两总体均值差 $\mu_1 - \mu_2$ 的置信水平为 0.90 的置信区间.

解　因为 $\sigma_1^2 = \sigma_2^2 = \sigma^2$ 未知，所以由 (7.3.13) 式可得，$\mu_1 - \mu_2$ 的置信水平为 $1 - \alpha$ 的置信区间为

$$\left((\bar{X} - \bar{Y}) \pm t_{\alpha/2}(n_1 + n_2 - 2) S_w \sqrt{\frac{1}{n_1} + \frac{1}{n_2}} \right).$$

由题意，$\bar{x} = 495$，$\bar{y} = 506$，$s_1 = 4.2, s_2 = 3.0, \alpha = 0.1, n_1 = 16, n_2 = 20$，查附表 4 得，$t_{0.05}(34) = 1.691$. 可计算得 $s_w = \sqrt{\dfrac{15 \times 4.2^2 + 19 \times 3.0^2}{34}} \approx 3.5794.$

代入公式，得 $\mu_1 - \mu_2$ 的置信水平为 0.90 的置信区间为

$$\left((\bar{x} - \bar{y}) \pm t_{\alpha/2}(34) s_w \sqrt{\frac{1}{16} + \frac{1}{20}} \right) \approx (-13.027, -8.973).$$

2. 两个总体方差比 $\dfrac{\sigma_1^2}{\sigma_2^2}$ 的区间估计

(1) 总体均值 μ_1, μ_2 均未知

从 σ_1^2, σ_2^2 的无偏估计量 S_1^2, S_2^2 出发构造枢轴量，由定理 6.4 知

$$F = \frac{S_1^2/\sigma_1^2}{S_2^2/\sigma_2^2} \sim F(n_1 - 1, n_2 - 1),$$

故取 F 为枢轴量. 由

$$P\left\{ F_{1-\alpha/2}(n_1 - 1, n_2 - 1) < \frac{S_1^2/\sigma_1^2}{S_2^2/\sigma_2^2} < F_{\alpha/2}(n_1 - 1, n_2 - 1) \right\} = 1 - \alpha,$$

可得 $\dfrac{\sigma_1^2}{\sigma_2^2}$ 的置信水平为 $1 - \alpha$ 的置信区间为

$$\left(\frac{S_1^2}{S_2^2} \cdot \frac{1}{F_{\alpha/2}(n_1 - 1, n_2 - 1)}, \frac{S_1^2}{S_2^2} \cdot \frac{1}{F_{1-\alpha/2}(n_1 - 1, n_2 - 1)} \right). \tag{7.3.14}$$

(2) 总体均值 μ_1, μ_2 均已知

$\hat{\sigma}_1^2 = \dfrac{1}{n_1} \displaystyle\sum_{i=1}^{n_1} (X_i - \mu_1)^2$，$\hat{\sigma}_2^2 = \dfrac{1}{n_2} \displaystyle\sum_{j=1}^{n_2} (Y_j - \mu_2)^2$ 分别为 σ_1^2, σ_2^2 的无偏估计量，且由定理 6.4 知

$$F_1 = \frac{\displaystyle\sum_{i=1}^{n_1} (X_i - \mu_1)^2/(n_1 \sigma_1^2)}{\displaystyle\sum_{j=1}^{n_2} (Y_j - \mu_2)^2/(n_2 \sigma_2^2)} \sim F(n_1, n_2),$$

即

$$F_1 = \frac{\hat{\sigma}_1^2/\hat{\sigma}_2^2}{\sigma_1^2/\sigma_2^2} \sim F(n_1, n_2),$$

故取 F_1 为枢轴量. 由

$$P\left\{ F_{1-\alpha/2}(n_1, n_2) < F_1 < F_{\alpha/2}(n_1, n_2) \right\} = 1 - \alpha,$$

可得 $\dfrac{\sigma_1^2}{\sigma_2^2}$ 的置信水平为 $1 - \alpha$ 的置信区间为

$$\left(\frac{\hat{\sigma}_1^2}{\hat{\sigma}_2^2} \cdot \frac{1}{F_{\alpha/2}(n_1, n_2)}, \frac{\hat{\sigma}_1^2}{\hat{\sigma}_2^2} \cdot \frac{1}{F_{1-\alpha/2}(n_1, n_2)} \right). \tag{7.3.15}$$

两个正态总体均值差、方差比的置信区间和单侧置信限如表 7.2 所示.

表 7.2　两个正态总体均值差、方差比的置信区间和单侧置信限(置信水平为 $1 - \alpha$)

待估参数	其他参数	枢轴量及其分布	双侧置信区间	单侧置信限
$\mu_1 - \mu_2$	σ_1^2, σ_2^2 已知	$\dfrac{\bar{X} - \bar{Y} - (\mu_1 - \mu_2)}{\sqrt{\dfrac{\sigma_1^2}{n_1} + \dfrac{\sigma_2^2}{n_2}}}$ $\sim N(0,1)$	$\left((\bar{X} - \bar{Y}) \pm z_{\alpha/2}\sqrt{\dfrac{\sigma_1^2}{n_1} + \dfrac{\sigma_2^2}{n_2}}\right)$	$\underline{\mu_1 - \mu_2} = (\bar{X} - \bar{Y}) - z_\alpha\sqrt{\dfrac{\sigma_1^2}{n_1} + \dfrac{\sigma_2^2}{n_2}}$ $\overline{\mu_1 - \mu_2} = (\bar{X} - \bar{Y}) + z_\alpha\sqrt{\dfrac{\sigma_1^2}{n_1} + \dfrac{\sigma_2^2}{n_2}}$
	$\sigma_1^2 = \sigma_2^2$ 未知	$\dfrac{\bar{X} - \bar{Y} - (\mu_1 - \mu_2)}{S_w\sqrt{\dfrac{1}{n_1} + \dfrac{1}{n_2}}}$ $\sim t(n_1 + n_2 - 2)$	$\left((\bar{X} - \bar{Y}) \pm t_{\alpha/2}(n_1 + n_2 - 2)\right.$ $\left. S_w\sqrt{\dfrac{1}{n_1} + \dfrac{1}{n_2}}\right)$	$\underline{\mu_1 - \mu_2} = (\bar{X} - \bar{Y}) - t_\alpha(n_1 + n_2 - 2)S_w\sqrt{\dfrac{1}{n_1} + \dfrac{1}{n_2}}$ $\overline{\mu_1 - \mu_2} = (\bar{X} - \bar{Y}) + t_\alpha(n_1 + n_2 - 2)S_w\sqrt{\dfrac{1}{n_1} + \dfrac{1}{n_2}}$
$\dfrac{\sigma_1^2}{\sigma_2^2}$	μ_1, μ_2 已知	$\dfrac{\hat{\sigma}_1^2/\hat{\sigma}_2^2}{\sigma_1^2/\sigma_2^2}$ $\sim F(n_1, n_2)$	$\left(\dfrac{\hat{\sigma}_1^2}{\hat{\sigma}_2^2} \cdot \dfrac{1}{F_{\alpha/2}(n_1, n_2)}, \right.$ $\left.\dfrac{\hat{\sigma}_1^2}{\hat{\sigma}_2^2} \cdot \dfrac{1}{F_{1-\alpha/2}(n_1, n_2)}\right)$	$\underline{\dfrac{\sigma_1^2}{\sigma_2^2}} = \dfrac{\hat{\sigma}_1^2}{\hat{\sigma}_2^2} \cdot \dfrac{1}{F_\alpha(n_1, n_2)},$ $\overline{\dfrac{\sigma_1^2}{\sigma_2^2}} = \dfrac{\hat{\sigma}_1^2}{\hat{\sigma}_2^2} \cdot \dfrac{1}{F_{1-\alpha}(n_1, n_2)}$
	μ_1, μ_2 未知	$\dfrac{S_1^2/\sigma_1^2}{S_2^2/\sigma_2^2}$ $\sim F(n_1 - 1, n_2 - 1)$	$\left(\dfrac{S_1^2}{S_2^2} \cdot \dfrac{1}{F_{\alpha/2}(n_1 - 1, n_2 - 1)}, \right.$ $\left.\dfrac{S_1^2}{S_2^2} \cdot \dfrac{1}{F_{1-\alpha/2}(n_1 - 1, n_2 - 1)}\right)$	$\underline{\dfrac{\sigma_1^2}{\sigma_2^2}} = \dfrac{S_1^2}{S_2^2} \cdot \dfrac{1}{F_\alpha(n_1 - 1, n_2 - 1)},$ $\overline{\dfrac{\sigma_1^2}{\sigma_2^2}} = \dfrac{S_1^2}{S_2^2} \cdot \dfrac{1}{F_{1-\alpha}(n_1 - 1, n_2 - 1)}$

例 7.19　在例 7.18 中，假设 $\mu_1, \sigma_1^2, \mu_2, \sigma_2^2$ 均未知. 试求两总体方差比 $\dfrac{\sigma_1^2}{\sigma_2^2}$ 的置信水平为 0.90 的置信区间.

解　因为两个总体的均值均未知，由 (7.3.14) 式知，$\dfrac{\sigma_1^2}{\sigma_2^2}$ 的置信水平为 $1 - \alpha$ 的置信区间为

$$\left(\frac{S_1^2}{S_2^2} \cdot \frac{1}{F_{\alpha/2}(n_1 - 1, n_2 - 1)}, \frac{S_1^2}{S_2^2} \cdot \frac{1}{F_{1-\alpha/2}(n_1 - 1, n_2 - 1)}\right).$$

由题意知 $s_1 = 4.2, s_2 = 3.0, \alpha = 0.10, n_1 = 16, n_2 = 20$，

查附表 5 可得，$F_{0.05}(15, 19) = 2.23, F_{0.95}(15, 19) = \dfrac{1}{F_{0.05}(19, 15)} = 0.429$.

故两总体方差比 $\dfrac{\sigma_1^2}{\sigma_2^2}$ 的置信水平为 0.90 的置信区间为 $(0.628, 3.263)$.

7.3.4　非正态总体参数的区间估计

前面介绍的区间估计问题，其总体均服从正态分布. 但在实际应用中，有时不能判断现有的数据是否服从正态分布或有足够的理由判断它们不服从正态分布，此时求参数的置信区间的一个有效方法就是做大样本处理，即将样本容量 n 取得足够大(一般要求 $n > 50$)，利用中心极限定理，将枢轴量的分布用正态分布近似，从而求得未知参数的近似置信区间.

下面讨论二项分布中参数 p 的近似置信区间.

设总体 $X \sim B(1,p)$，$p(0 < p < 1)$ 为未知参数，$X_1,X_2,\cdots,X_n$ 是来自总体 X 的一个样本，置信水平为 $1 - \alpha$.

$\hat{p} = \bar{X}$ 是 p 的无偏估计量，且由中心极限定理知，当 n 充分大时，有

$$Z = \frac{\sum\limits_{i=1}^{n} X_i - np}{\sqrt{np(1-p)}} = \frac{\bar{X} - p}{\sqrt{p(1-p)/n}}$$

近似服从 $N(0,1)$，于是

$$P\left(-z_{\alpha/2} < \frac{\bar{X} - p}{\sqrt{p(1-p)/n}} < z_{\alpha/2}\right) \approx 1 - \alpha.$$

对不等式 $-z_{\alpha/2} < \dfrac{\bar{X} - p}{\sqrt{p(1-p)/n}} < z_{\alpha/2}$ 作等价变形，得

$$(n + z_{\alpha/2}^2)p^2 - (2n\bar{X} + z_{\alpha/2}^2)p + n\bar{X}^2 < 0,$$

记

$$a = n + z_{\alpha/2}^2, b = -(2n\bar{X} + z_{\alpha/2}^2), c = n\bar{X}^2,$$

则 p 的置信水平为 $1 - \alpha$ 的近似置信区间为 $(\underline{p}, \bar{p})$，其中

$$\underline{p} = \frac{1}{2a}(-b - \sqrt{b^2 - 4ac}), \quad \bar{p} = \frac{1}{2a}(-b + \sqrt{b^2 - 4ac}). \tag{7.3.16}$$

在实际应用中，还可取 $\hat{p}(1 - \hat{p}) = \bar{X}(1 - \bar{X})$ 作为总体方差 $\sigma^2 = p(1 - p)$ 的点估计量，得到 p 的置信水平为 $1 - \alpha$ 的一个更为简便的近似置信区间为

$$\left(\bar{X} - z_{\alpha/2}\sqrt{\frac{\bar{X}(1 - \bar{X})}{n}}, \ \bar{X} + z_{\alpha/2}\sqrt{\frac{\bar{X}(1 - \bar{X})}{n}}\right). \tag{7.3.17}$$

例 7.20　商场随机抽检了某品牌耳机 100 副，其中合格产品为 96 副，试求该品牌耳机合格率 p 的置信水平为 0.95 的近似置信区间.

解　由 (7.3.17) 式知，p 的置信水平为 $1 - \alpha$ 的近似置信区间为

$$\left(\bar{X} - z_{\alpha/2}\sqrt{\frac{\bar{X}(1 - \bar{X})}{n}}, \bar{X} + z_{\alpha/2}\sqrt{\frac{\bar{X}(1 - \bar{X})}{n}}\right).$$

由题意知，$\bar{x} = 0.96$，$\alpha = 0.05$，查附表 2 得，$z_{\alpha/2} = z_{0.025} = 1.96$，代入公式，得 p 的置信水平为 0.95 的近似置信区间为

$$\left(0.96 \pm 1.96\sqrt{\frac{0.96(1 - 0.96)}{100}}\right) = (0.922, 0.998).$$

所以，该品牌耳机合格率 p 的置信水平为 0.95 的近似置信区间为 $(0.922, 0.998)$.

一般地，设总体 X 的均值为 μ，方差为 σ^2，$X_1,X_2,\cdots,X_n$ 为一个样本. 由中心极限定理知，当 n 充分大时，

$$Z = \frac{\sum\limits_{i=1}^{n} X_i - n\mu}{\sqrt{n\sigma^2}} = \frac{\bar{X} - \mu}{\sigma/\sqrt{n}}$$

近似服从 $N(0,1)$.

当 σ^2 已知时，可取 Z 为估计参数 μ 的枢轴量，由此可得总体均值 μ 的置信水平为 $1 - \alpha$ 的近似置信区间为

$$\left(\overline{X} - \frac{\sigma}{\sqrt{n}}z_{\alpha/2}, \overline{X} + \frac{\sigma}{\sqrt{n}}z_{\alpha/2}\right). \tag{7.3.18}$$

当 σ^2 未知时，可取其估计量 S^2 代替，由此得到相应的近似置信区间为

$$\left(\overline{X} - \frac{S}{\sqrt{n}}z_{\alpha/2}, \overline{X} + \frac{S}{\sqrt{n}}z_{\alpha/2}\right). \tag{7.3.19}$$

只要样本容量足够大，这个近似区间在应用上可以达到满意的效果. 当然，对同样的 n，近似置信区间的近似程度随着总体分布与正态分布之间的接近程度而变化. 虽然从理论上很难给出 n 的一个界限，但实际应用表明，当 $n \geqslant 50$ 时，近似程度还是可以接受的.

特别地，设总体 $X \sim P(\lambda)$，$\lambda(\lambda > 0)$ 为未知参数，$X_1, X_2, \cdots, X_n$ 是来自总体 X 的一个样本，则总体均值 λ 的置信水平为 $1 - \alpha$ 的近似置信区间为

$$\left(\overline{X} - z_{\alpha/2}\sqrt{\overline{X}/n}, \overline{X} + z_{\alpha/2}\sqrt{\overline{X}/n}\right). \tag{7.3.20}$$

例 7.21　根据实际经验，可以认为 A 地区每个月火灾发生的次数 X 服从泊松分布 $P(\lambda)$. 从消防记录得知，在过去的 120 个月中，火灾发生的次数为月平均 7.5 次. 试求该地区火灾发生的月平均次数 λ 的置信水平为 0.95 的近似置信区间.

解　由 (7.3.20) 式知，λ 的置信水平为 $1 - \alpha$ 的近似置信区间为

$$\left(\overline{X} - z_{\alpha/2}\sqrt{\overline{X}/n}, \overline{X} + z_{\alpha/2}\sqrt{\overline{X}/n}\right).$$

由题意知，$\bar{x} = 7.5, n = 120, \alpha = 0.05, z_{\alpha/2} = z_{0.025} = 1.96$，代入公式，得 λ 的置信水平为 0.95 的近似置信区间为

$$(7.5 \pm 1.96\sqrt{7.5/120}) = (7.01, 7.99).$$

即该地区火灾发生的月平均次数 λ 的置信水平为 0.95 的近似置信区间为 $(7.01, 7.99)$.

习　题

1. 设总体 X 的概率密度函数为 $f(x; \theta) = \begin{cases} \dfrac{6x}{\theta^3}(\theta - x), & 0 < x < \theta, \\ 0, & \text{其他}. \end{cases}$ 其中 $\theta(\theta > 0)$ 为未知参数，$X_1, X_2, \cdots, X_n$ 是来自总体 X 的一个简单随机样本，求参数 θ 的矩估计量 $\hat{\theta}$ 并计算 $D(\hat{\theta})$.

2. 设总体 X 的概率密度函数为 $f(x; \theta) = \begin{cases} \theta c^{\theta}x^{-(\theta+1)}, & x > c, \\ 0, & \text{其他}. \end{cases}$ 且 $X_1, X_2, \cdots, X_n$ 是来自总体 X 的一个简单随机样本，$x_1, x_2, \cdots, x_n$ 为相应的样本观测值. 求参数 θ 的矩估计量和最大似然估计量.

3. 已知总体 X 的分布律为 $P(X = x) = C_k^x p^x (1 - p)^{k-x} (x = 0, 1, 2, \cdots, k)$，其中 $p(0 < p < 1)$ 是未知参数，但参数 k 已知，且 $X_1, X_2, \cdots, X_n$ 是来自总体 X 的一个简单随机样本，$x_1, x_2, \cdots, x_n$ 为相应的样本观测值. 求参数 p 的矩估计量和最大似然估计量.

4. 设总体 X 具有分布律

X	-1	0	1	2
P	θ	$1 - 4\theta$	2θ	θ

其中 $\theta\left(0 < \theta < \dfrac{1}{4}\right)$ 为未知参数. 已知 $X_1, X_2, \cdots, X_n$ 是来自总体 X 的一个样本.

(1) 试求参数 θ 的矩估计量.

(2) 若已知取得样本观测值 $-1, 1, -1, 2, 0, 1, 1, 2$,试求 θ 的矩估计值.

5. 设总体 $X \sim N(\mu, \sigma^2)$，$X_1, X_2, \cdots, X_{2n}$ 是表示来自总体 X 的一个容量为 $2n(n \geqslant 2)$ 的简单随机样本，其样本均值为 $\overline{X} = \dfrac{1}{2n}\sum\limits_{i=1}^{2n} X_i$，已知 $\hat{\sigma}^2 = C\sum\limits_{i=1}^{n} (X_i + X_{n+i} - 2\overline{X})^2$，试确定常数 C，使其成为 σ^2 的无偏估计量.

6. 设总体 X 的数学期望为 μ，$X_1, X_2, \cdots, X_n$ 是来自总体 X 的样本，$a_1, a_2, \cdots, a_n$ 是任意常数，验证 $\dfrac{\sum\limits_{i=1}^{n} a_i X_i}{\sum\limits_{i=1}^{n} a_i}$（其中 $\sum\limits_{i=1}^{n} a_i \neq 0$）是 μ 的无偏估计量.

7. 设从均值为 μ，方差为 σ^2 且 $\sigma^2 > 0$ 的总体 X 中，分别抽取容量为 n_1, n_2 的两个独立样本. $\overline{X}_1$ 和 $\overline{X}_2$ 分别表示两个样本的样本均值. 试证：对于任意常数 $a, b(a + b = 1)$，$Y = a\overline{X}_1 + b\overline{X}_2$ 都是 μ 的无偏估计量，并确定常数 a, b，使 $D(Y)$ 达到最小.

8. 设总体 X 的概率密度函数为 $f(x; \theta) = \begin{cases} \dfrac{1}{\theta}, & 0 < x < \theta, \\ 0 & \text{其他.} \end{cases}$

其中 θ 为未知参数，$X_1, X_2, \cdots, X_n$ 是来自总体 X 的一个简单随机样本.

(1) 试证 $\hat{\theta}_1 = \dfrac{n+1}{n}\max\limits_{1 \leqslant i \leqslant n} X_i$ 和 $\hat{\theta}_2 = (n+1)\min\limits_{1 \leqslant i \leqslant n} X_i$ 都是 θ 的无偏估计量.

(2) 问上述两个估计量中哪个方差较小？

9. 设总体 X 的概率密度函数为 $f(x; \theta) = \begin{cases} \dfrac{k}{\theta} x^{k-1} \mathrm{e}^{-\frac{x^k}{\theta}}, & x > 0, \\ 0, & x \leqslant 0. \end{cases}$ $(k \geqslant 2)$，$X_1, X_2, \cdots, X_n$ 是来自总体 X 的一个简单随机样本.

(1) 求参数 θ 的最大似然估计量.

(2) 问它是否是无偏的？

(3) 问它是否是 θ 的相合的估计量？

10. 设总体 X 的概率密度函数为

$$f(x; \theta) = \begin{cases} \dfrac{1}{\theta}\mathrm{e}^{-\frac{x}{\theta}}, & x > 0, \\ 0, & x \leqslant 0. \end{cases}$$

其中 θ 未知，且 $X_1, X_2, \cdots, X_n$ 是来自总体 X 的简单随机样本.

(1) 求参数 θ 的最大似然估计量 $\hat{\theta}$.

(2) 证明 $\hat{\theta}$ 是 θ 的无偏估计量.

11. 设 $X_1, X_2, \cdots, X_n$ 是来自总体 $X \sim N(\mu, \sigma^2)$ 的一个简单随机样本，记 $\overline{X} = \dfrac{1}{n}\sum\limits_{i=1}^{n} X_i$，

$S^2 = \dfrac{1}{n-1}\sum\limits_{i=1}^{n} (X_i - \overline{X})^2$，$T = \overline{X}^2 - \dfrac{1}{n}S^2$.

(1) 证明 T 是 μ^2 的无偏估计量.

(2) 当 $\mu = 0,\sigma = 1$ 时，求 $D(T)$.

12. 设有一批机器零件，其长度 $X \sim N(\mu,\sigma^2)$，现从中随机抽取 9 个样本，测得样本均值 $\bar{x} = 6.8$ (单位：cm).

(1) 根据以往经验知 $\sigma = 0.6$ (单位：cm)，试求 μ 的置信水平为 0.95 的置信区间；

(2) 若 σ 未知，测得样本标准差 $s = 0.6$，试求 μ 和 σ^2 的置信水平为 0.95 的置信区间.

13. 设有某种清漆的 9 个样品，其干燥时间(单位：h) 分别为

$$6.0 \quad 5.7 \quad 5.8 \quad 6.5 \quad 7.0 \quad 6.3 \quad 5.6 \quad 6.1 \quad 5.0.$$

并假定干燥时间总体服从正态分布 $N(\mu,\sigma^2)$.

若已知 $\sigma = 0.6$h.

(1) 求 μ 的置信水平为 0.95 的置信区间.

(2) 求 μ 的置信水平为 0.95 的单侧置信上限.

若 σ 未知.

(1) 求 μ 的置信水平为 0.95 的置信区间.

(2) 求 μ 的置信水平为 0.95 的单侧置信上限.

14. 使用金球测定引力常数(单位：$10^{-11}\text{m}^3 \cdot \text{kg}^{-1} \cdot \text{s}^{-2}$) 的观测值为

$$6.683 \quad 6.681 \quad 6.676 \quad 6.678 \quad 6.679 \quad 6.672.$$

设测定值总体服从 $N(\mu,\sigma^2)$，μ,σ^2 均未知. 求 σ^2 的置信水平为 0.90 的置信区间.

15. 某加工厂生产一批新研发的饮料，为了检测两条独立流水线的生产情况，分别抽取了样本容量为 $n_1 = 16,n_2 = 20$ 的两个样本，得 $\bar{x} = 495\text{mL}$，$\bar{y} = 506\text{mL}$. 标准差 $s_1 = 4.2$，$s_2 = 3.0$. 设两条流水线生产的饮料容量均服从正态分布，其总体均值分别为 μ_1，μ_2，总体方差分别为 σ_1^2，σ_2^2.

(1) 若 $\sigma_1^2 = \sigma_2^2$，试求 $\mu_1 - \mu_2$ 的置信水平为 0.9 的置信区间.

(2) 试求 $\dfrac{\sigma_1^2}{\sigma_2^2}$ 的置信水平为 0.9 的置信区间.

16. 随机地从 A 批导线中抽取 4 根，又从 B 批导线中抽取 5 根，测得电阻(单位：Ω) 值如下.

A 批导线：0.143 0.142 0.143 0.137.

B 批导线：0.140 0.142 0.136 0.138 0.140.

设测定数据分别来自服从分布 $N(\mu_1,\sigma^2),N(\mu_2,\sigma^2)$ 的总体，且两样本相互独立. μ_1,μ_2,σ^2 均未知. 试求均值差 $\mu_1 - \mu_2$ 的置信水平为 0.95 的单侧置信下限.

17. 设从某市随机抽取 1000 户家庭，调查后发现其中有 228 户拥有小轿车. 根据此数据求该市拥有小轿车家庭比例 p 的置信水平为 0.95 的近似置信区间.

18. 公共汽车站在单位时间(20 分钟) 内到达的乘客数服从泊松分布 $P(\lambda)$，对不同的车站，不同的仅仅是参数 λ 的取值. 现对某城市的一公共汽车站进行 100 个单位时间的调查，计算得到每 20 分钟内到达该车站的平均乘客数 $\bar{x} = 15.2$. 试求参数 λ 的置信水平为 0.95 的近似置信区间.

第8章 假设检验

假设检验（hypothesis testing）是统计推断的一个重要部分. 类似估计问题, 假设检验按照检验对象不同分为参数假设检验和非参数假设检验. 参数假设检验指总体分布类型已知, 对总体分布中的未知参数提出某种假设, 然后利用样本进行检验, 最后对所提出的假设做出接受或者拒绝的判断. 非参数假设检验指对分布函数的形式或类型提出某种假设, 并利用样本进行检验.

本章主要介绍假设检验的基本思想和常用检验方法, 重点讨论正态总体参数的假设检验.

8.1 假设检验的基本概念和步骤

8.1.1 假设检验问题的提出

在科学研究、工业生产以及日常生活中, 我们往往并不是对总体一无所知, 而是难以对总体的某个已知结果进行判断. 下面看几个例子.

例 8.1 设有一个封装罐装可乐的生产流水线, 每罐的容量 X（单位：mL）是一个随机变量, 且服从正态分布. 当生产正常时, 容量的均值为 $\mu = 350$mL, 标准差 $\sigma = 5$mL. 某日开工后为检验生产线工作是否正常, 质检员随机检测了 6 罐, 测得容量如下：

$$353 \quad 345 \quad 357 \quad 339 \quad 355 \quad 360.$$

长期的实践表明容量的波动性比较稳定, 即 $\sigma = 5$, 于是总体 $X \sim N(\mu, 5^2)$. 生产正常时, $\mu = 350$; 生产不正常时, $\mu \neq 350$. 这样, 判断生产是否正常等价于根据样本（数据）判断 μ 是否等于 350.

例 8.2 某厂生产出了 10000 件产品, 需通过检验方可出厂. 按规定, 次品率不得超过 1%. 今从中任意抽查 50 件, 发现 3 件次品, 试根据抽样结果决定产品能否出厂？

例 8.3 从某高校 2021 级本科生中随机抽取了 100 名学生, 记录他们高等数学期末考试成绩 X. 试问 2021 级本科生的高等数学期末考试成绩是否服从正态分布 $N(\mu, \sigma^2)$？ 即需要根据样本提供的信息, 判断 $X \sim N(\mu, \sigma^2)$ 是否成立？

这几个例子所要解决的问题, 具有以下共同特征：

（1）根据实际问题的要求提出一个关于总体的命题, 称其为**原假设**（null – hypothesis）或**零假设**, 记作 H_0.

为了表述清楚, 常把所考查问题的反面称为**备择假设**（alternative hypothesis）或**对立假设**, 记作 H_1.

例 8.1 中, 原假设为 $H_0: \mu = 350$, 备择假设为 $H_1: \mu \neq 350$.

例 8.2 中, 设次品率为 p, 则原假设为 $H_0: p \leq 0.01$, 备择假设为 $H_1: p > 0.01$.

例 8.3 中, 设总体 X 的概率密度函数为 $f(x)$, $f_0(x) = \dfrac{1}{\sqrt{2\pi}\,\sigma} \mathrm{e}^{-\frac{(x-\mu)^2}{2\sigma^2}}$, 则原假设为 $H_0: f(x) = f_0(x)$, 备择假设为 $H_1: f(x) \neq f_0(x)$.

（2）抽取样本, 并根据样本对 H_0 的真伪进行判断：接受（认为 H_0 为真）或者拒绝（认为 H_0 不真原假设）, 称为**检验假设**.

简单地说，**假设检验**指的是依据样本信息对总体提出的某个假设做出接受还是拒绝的判断.

一般地，关于一维实参数 θ 的假设通常有以下 3 种形式：

(1) $H_0: \theta = \theta_0$, $H_1: \theta \neq \theta_0$;

(2) $H_0: \theta \geq \theta_0$, $H_1: \theta < \theta_0$;

(3) $H_0: \theta \leq \theta_0$, $H_1: \theta > \theta_0$.

其中 θ_0 为已知常数. 关于这 3 种形式假设的检验依次称为**双边检验**、**左边检验**和**右边检验**，左边检验和右边检验统称为**单边检验**.

8.1.2 假设检验的基本方法

1. 假设检验的基本思想和检验规则

提出原假设和备择假设后，如何根据样本的信息进行检验呢？统计学中常用"实际推断原理"和"概率反证法"来解决这个问题.

根据实际推断原理，如果在一次试验中，小概率事件发生了，就有理由怀疑试验的原定条件不成立.

概率反证法 假设检验中，为判断假设 H_0 的真假，先假定 H_0 为真，在此假定下合理地构造一个**小概率事件 W**，然后试验取样，根据样本的信息确定 W 是否发生.

(1) 如果事件 W 发生了，这与小概率事件原理相"矛盾"，表明"假定 H_0 为真"是错误的，因而拒绝 H_0.

(2) 如果事件 W 没有发生（其对立事件 $\overline{W}$ 发生了），这与小概率事件原理相"一致"，则没有充分理由否定 H_0，通常就接受 H_0.

上述做法其实就是设法将样本空间划分成两个互不相容的部分，W 和 $\overline{W}$.

设在一次试验中，样本 $X_1, X_2, \cdots, X_n$ 的观测值为 $x_1, x_2, \cdots, x_n$.

若 $x_1, x_2, \cdots, x_n \in W$，则拒绝原假设 H_0.

若 $x_1, x_2, \cdots, x_n \in \overline{W}$，则接受原假设 H_0.

这一判断规则称为**检验规则**，样本空间的子集 W 称为检验的**拒绝域**（**rejection region**），$\overline{W}$ 称为检验的**接受域**（**acceptance region**）. 由上述讨论可知，检验的拒绝域对应于 H_0 为真时的小概率事件.

下面结合例 8.1 介绍检验规则的具体实施方法.

例 8.1 中，由题意知，$X \sim N(\mu, \sigma^2)$，$\sigma = 5$，记 $\mu_0 = 350$. 检验问题为
$$H_0: \mu = \mu_0, \quad H_1: \mu \neq \mu_0.$$

由于样本均值 $\overline{X}$ 是总体均值 μ 的无偏相合估计量，所以 $\bar{x}$ 与 μ_0 的差异能够很好地反映 μ 与 μ_0 的关系.

若 H_0 为真，则 $\bar{x}$ 应该集中在 μ_0 的附近，故 $|\bar{x} - \mu_0|$ 通常应该很小，即 $|\overline{X} - \mu_0|$ 取较小值对应的事件发生的概率较大. 换句话说，$|\overline{X} - \mu_0|$ 较大，或 $\left\{ \dfrac{|\overline{X} - \mu_0|}{\sigma / \sqrt{n}} \text{ 取到较大值} \right\}$ 就是小概率事件 W. 设**临界值**为 k（k 是一个待定常数），则

$$W = \left\{ \frac{|\overline{X} - \mu_0|}{\sigma / \sqrt{n}} \geq k \right\}.$$

当样本观测值 $x_1, x_2, \cdots, x_n$，使得

(1) $\dfrac{|\bar{x} - \mu_0|}{\sigma / \sqrt{n}} \geqslant k$ 成立, 则拒绝 H_0;

(2) $\dfrac{|\bar{x} - \mu_0|}{\sigma / \sqrt{n}} \geqslant k$ 不成立, 即 $\dfrac{|\bar{x} - \mu_0|}{\sigma / \sqrt{n}} < k$ 成立, 则接受 H_0.

本例中, 由样本观测值可得 $\bar{x} = 351.5$, 且由题意知 $\mu_0 = 350, n = 6, \sigma = 5$, 可得统计量的观察值为 $|z| = \dfrac{|\bar{x} - \mu_0|}{\sigma / \sqrt{n}} = 0.735$.

显然, 要做出判断, 还依赖于常数 k 的取值. 这个临界值的确定与假设检验的两类错误有关.

2. 假设检验的两类错误和显著性水平

根据小概率事件原理得出的判断, 即接受或者拒绝 H_0, 并不等于证明了原假设 H_0 正确或者错误, 而仅仅说明根据样本提供的信息以一定的可靠程度认为 H_0 正确或者错误. 所以任何一个假设检验都不可避免地会产生如下两类错误.

第一类错误(type Ⅰ error) 或**弃真错误**: 原假设 H_0 为真时, 检验拒绝了 H_0 产生的错误. 犯第一类错误的概率为 $P\{$ 拒绝 $H_0 \mid H_0$ 为真 $\}$.

第二类错误(type Ⅱ error) 或**取伪错误**: 原假设 H_0 不真时, 检验接受了 H_0 产生的错误. 犯第二类错误的概率为 $P\{$ 接受 $H_0 \mid H_0$ 不真 $\}$.

两类错误情况如表 8.1 所示.

表 8.1　两类错误情况

判断	真实情况	
	H_0 为真	H_0 不真
拒绝 H_0	第一类错误	判断正确
接受 H_0	判断正确	第二类错误

我们自然希望犯两类错误的概率越小越好. 但进一步的研究表明, 当样本容量 n 固定时, 犯一类错误概率的减小会导致犯另一类错误概率的增大. 若要同时降低犯两类错误的概率, 只能无限增加样本容量 n. 这在实际中是办不到的. 为了解决这一问题, 奈曼和皮尔逊提出了一个原则(**奈曼 - 皮尔逊原则**): 首先控制犯第一类错误的最大概率 α, 然后寻找检验, 使得犯第二类错误的概率尽可能小. 但这一原则的实施仍然存在很多理论和实际上的困难, 因而往往把这一原则简化为:

只控制犯第一类错误的最大概率 α, 而不考虑犯第二类错误的概率, 这种检验称为**显著性检验**, 犯第一类错误的最大概率 α 称为假设检验的**显著性水平**. 显著性水平 α 是事先选定的, 通常取 $\alpha = 0.01, 0.05, 0.1$ 等.

回到例 8.1 中, 当 $H_0: \mu = \mu_0$ 为真时, 由前面的讨论知, 拒绝域为

$$W = \left\{ (x_1, x_2, \cdots, x_n) : \frac{|\bar{x} - \mu_0|}{\sigma / \sqrt{n}} \geqslant k \right\}, \quad \text{或简记为} \quad W = \left\{ \frac{|\bar{x} - \mu_0|}{\sigma / \sqrt{n}} \geqslant k \right\}.$$

由定理 6.3, 得

$$Z = \frac{\bar{X} - \mu_0}{\sigma / \sqrt{n}} \sim N(0, 1).$$

对给定的显著性水平 α, 有 $\alpha = P\{$拒绝 $H_0 \mid H_0$ 为真$\} =$

$P\left\{\dfrac{|\overline{X} - \mu_0|}{\sigma / \sqrt{n}} \geqslant k \mid H_0 \text{ 为真}\right\} = 2[1 - \Phi(k)]$, 所以,

$k = z_{\alpha/2}$. (如图 8.1 所示)

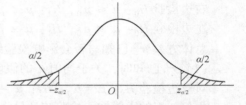

图 8.1 标准正态分布的 $\alpha/2$ 分位数

特别地, 取 $\alpha = 0.05$, 查附表 2 可得 $k = z_{0.05/2} = 1.96$.

由前面的计算可知, 统计量的观察值为 $|z| = 0.735 < 1.96$, 可见样本没有落入拒绝域, 因此在显著性水平 $\alpha = 0.05$ 下可以接受 H_0, 即可以认为生产线工作是正常的.

例 8.1 的求解中, 统计量 $Z = \dfrac{\overline{X} - \mu_0}{\sigma / \sqrt{n}}$ 的选取起到了关键作用. 一般地, 根据假设检验问题, 构造某个统计量 $T(X_1, X_2, \cdots, X_n)$, 其取值大小与原假设 H_0 是否为真有紧密联系, 且在一定条件下分布已知, 则此统计量称为假设检验的**检验统计量**(**test statistic**). 该统计量通常基于被检验的参数 θ 的良好点估计量(如例 8.1 中的 $\overline{X}$)进行构造.

在显著性假设检验中, 由于没有考虑犯第二类错误的概率, 所以原假设 H_0 和备择假设 H_1 地位不平等. 基于检验规则, 原假设 H_0 是受到保护的, 没有充足的证据不能被拒绝(维持原样); 备择假设 H_1 可能是我们真正感兴趣的, 作为检验者的关心(信念或所希望的结局)应被表达在备择假设中(故又称研究性假设). 这就是统计上遵循的**保护原假设**的原则.

3. 假设检验的基本步骤

综上所述, 可归纳出假设检验的基本步骤.

(1) 根据实际问题的要求, 提出原假设 H_0 和备择假设 H_1.

(2) 构造检验统计量 $T(X_1, X_2, \cdots, X_n)$.

(3) 在显著性水平 α 下, 由 $P\{$拒绝 $H_0 \mid H_0$ 为真$\} = \alpha$, 求出拒绝域.

(4) 根据样本值 $x_1, x_2, \cdots, x_n$ 计算出统计量的观测值, 并作出是否拒绝 H_0 的判断. 检验规则如下:

若 $x_1, x_2, \cdots, x_n \in W$, 则拒绝 H_0.

若 $x_1, x_2, \cdots, x_n \notin W$, 则接受 H_0.

8.2 正态总体参数的假设检验

由中心极限定理知正态分布是一种常见的分布, 具有一定的普遍性, 关于它的两个参数的假设检验问题在实际中经常遇到. 本节讨论正态总体参数的假设检验问题.

8.2.1 单个正态总体参数的假设检验

设总体 $X \sim N(\mu, \sigma^2)$, 参数 $\mu \in \mathbf{R}$, $\sigma^2 > 0, X_1, X_2, \cdots, X_n$ 为来自 X 的样本, 显著性水平为 α, 样本均值和样本方差分别为

$$\overline{X} = \frac{1}{n} \sum_{i=1}^{n} X_i, \quad S^2 = \frac{1}{n-1} \sum_{i=1}^{n} (X_i - \overline{X})^2.$$

1. 关于均值 μ 的假设检验

关于均值 μ 的常见假设检验为:

双边检验 $H_0: \mu = \mu_0$, $H_1: \mu \neq \mu_0$; （8.2.1）

右边检验 $H_0: \mu \leqslant \mu_0$, $H_1: \mu > \mu_0$; $\qquad\qquad\qquad\qquad$ (8.2.2)

左边检验 $H_0: \mu \geqslant \mu_0$, $H_1: \mu < \mu_0$. $\qquad\qquad\qquad\qquad$ (8.2.3)

总体方差 σ^2 已知与否会影响检验统计量的构造，下面就两种情形分别讨论.

(1) σ^2 已知时，关于均值 μ 的假设检验

对双边检验 $H_0: \mu = \mu_0$, $H_1: \mu \neq \mu_0$.

由例 8.1 的求解知，检验统计量为

$$Z = \frac{\bar{X} - \mu_0}{\sigma / \sqrt{n}}. \qquad\qquad\qquad (8.2.4)$$

检验的拒绝域为 $W = \{z \geqslant z_{\alpha/2}$ 或者 $z \leqslant -z_{\alpha/2}\}$.

对右边检验

$$H_0: \mu \leqslant \mu_0, \quad H_1: \mu > \mu_0,$$

仍构造检验统计量为

$$Z = \frac{\bar{X} - \mu_0}{\sigma / \sqrt{n}}.$$

当 H_0 为真时，样本均值 $\bar{x}$ 应该集中在 μ_0 的附近且偏小，即 $\dfrac{\bar{x} - \mu_0}{\sigma / \sqrt{n}}$ 通常应该很小. 所以

$Z = \dfrac{\bar{X} - \mu_0}{\sigma / \sqrt{n}}$ 偏大为小概率事件，因此拒绝域的形式为

$$z \geqslant k.$$

下面来确定常数 k，使得

$$P\{拒绝 H_0 \mid H_0 为真\} \leqslant \alpha.$$

当 H_0 为真时，$\mu \leqslant \mu_0$，有 $\dfrac{\bar{X} - \mu_0}{\sigma / \sqrt{n}} \leqslant \dfrac{\bar{X} - \mu}{\sigma / \sqrt{n}}$,

于是 $\qquad\qquad \left\{ \dfrac{\bar{X} - \mu_0}{\sigma / \sqrt{n}} \geqslant k \right\} \subset \left\{ \dfrac{\bar{X} - \mu}{\sigma / \sqrt{n}} \geqslant k \right\}$,

从而得 $\qquad\qquad P\left\{ \dfrac{\bar{X} - \mu_0}{\sigma / \sqrt{n}} \geqslant k \right\} \leqslant P\left\{ \dfrac{\bar{X} - \mu}{\sigma / \sqrt{n}} \geqslant k \right\}$.

令

$$P\left\{ \frac{\bar{X} - \mu}{\sigma / \sqrt{n}} \geqslant k \right\} = \alpha,$$

由定理 6.3 知，$\dfrac{\bar{X} - \mu}{\sigma / \sqrt{n}} \sim N(0,1)$，所以 $k = z_\alpha$.

于是得 $\qquad\qquad\qquad P\left\{ \dfrac{\bar{X} - \mu_0}{\sigma / \sqrt{n}} \geqslant z_\alpha \right\} \leqslant \alpha.$

因此可得，右边检验 $H_0: \mu \leqslant \mu_0$, $H_1: \mu > \mu_0$ 的拒绝域为

$$W = \left\{ z = \frac{\bar{x} - \mu_0}{\sigma / \sqrt{n}} \geqslant z_\alpha \right\}.$$

类似可得，左边检验 $H_0: \mu \geq \mu_0$，$H_1: \mu < \mu_0$ 的拒绝域为

$$W = \left\{ z = \frac{\bar{x} - \mu_0}{\sigma / \sqrt{n}} \leq -z_\alpha \right\}.$$

综上讨论，对正态总体 $X \sim N(\mu, \sigma^2)$，在总体方差 σ^2 已知的条件下，关于均值 μ 的假设检验构造的检验统计量均为 $Z = \dfrac{\bar{X} - \mu_0}{\sigma / \sqrt{n}}$，这种用正态变量作为检验统计量的假设检验方法称为 **Z 检验法**（或 **U 检验法**）。

例 8.4　设某工厂生产的固体燃料推进器的燃烧率 X（单位：cm/s）服从正态分布 $N(40, 2^2)$。现用新方法生产了一批推进器，从中抽取 25 只，测得样本均值为 41.25cm/s，标准差仍为 2cm/s. 问这批推进器的燃烧率是否较以前的推进器的燃烧率有显著的提高？取显著性水平 $\alpha = 0.05$。

解　依题意，提出假设：$H_0: \mu \leq \mu_0$，$H_1: \mu > \mu_0$（其中 $\mu_0 = 40$）。

已知 $\sigma = 2$，选取检验统计量 $Z = \dfrac{\bar{X} - \mu_0}{\sigma / \sqrt{n}}$，

在显著性水平 $\alpha = 0.05$ 下，查附表 2 得 $z_\alpha = z_{0.05} = 1.645$，拒绝域为

$$W = \{ z \geq z_\alpha \} = \{ z \geq 1.645 \}.$$

计算统计量的观察值，得 $z = \dfrac{\bar{x} - \mu_0}{\sigma / \sqrt{n}} = \dfrac{41.25 - 40}{2 / \sqrt{25}} = 3.125$。

可见，$z \geq 1.645$，样本落入了拒绝域，所以在显著性水平 $\alpha = 0.05$ 下应拒绝 H_0。即认为这批推进器的燃烧率较以前的推进器的燃烧率有显著的提高。

（2）σ^2 未知时，关于均值 μ 的假设检验

实际问题中，总体方差 σ^2 通常未知，此时 $Z = \dfrac{\bar{X} - \mu_0}{\sigma / \sqrt{n}}$ 不再是统计量，自然不能作为检验统计量。考虑到 $S^2 = \dfrac{1}{n-1} \sum_{i=1}^{n} (X_i - \bar{X})^2$ 是 σ^2 的无偏估计量，且当 $\mu = \mu_0$ 时，$T = \dfrac{\bar{X} - \mu_0}{S / \sqrt{n}} \sim t(n-1)$，所以可构造检验统计量为

$$T = \frac{\bar{X} - \mu_0}{S / \sqrt{n}}. \tag{8.2.5}$$

考虑双边检验 $H_0: \mu = \mu_0$，$H_1: \mu \neq \mu_0$。

类似(1)的讨论可得拒绝域的形式为

$$|t| \geq k,$$

且满足

$$P\{ 拒绝 H_0 | H_0 为真 \} \leq \alpha,$$

即当 $\mu = \mu_0$ 时，$P\{ |T| \geq k \} \leq \alpha$。

由 t 分布的分位数定义，可得 $k = t_{\alpha/2}(n-1)$。（如图 8.2 所示）

因此，σ^2 未知时双边检验 $H_0: \mu = \mu_0$，$H_1: \mu \neq \mu_0$ 的拒绝域为

$$W = \{ |t| \geq t_{\alpha/2}(n-1) \}.$$

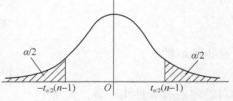

图 8.2　t 分布的 $\alpha/2$ 分位数

类似可得单边检验的检验规则，请读者自己完成，结论如表 8.2 所示.

由于检验统计量 $T = \dfrac{\overline{X} - \mu_0}{S/\sqrt{n}}$ 在一定条件下服从 t 分布，因此这种检验方法称为 **t 检验法**.

例 8.5　根据长期资料分析，钢筋强度 X（单位：$\mathrm{kg/cm^2}$）服从 $N(\mu, \sigma^2)$. 今测得 6 炉钢的钢筋强度分别为：48.5，49.0，53.5，49.5，56.0，52.5. 能否认为钢筋的平均强度为 $52.0\ \mathrm{kg/cm^2}$（显著性水平 $\alpha = 0.05$）？

解　依题意，需检验假设 H_0：$\mu = 52.0$，H_1：$\mu \neq 52.0$；

因为 σ^2 未知，所以选取检验统计量 $T = \dfrac{\overline{X} - \mu_0}{S/\sqrt{n}}$（其中 $\mu_0 = 52.0$）；

在显著性水平 $\alpha = 0.05$ 下，查附表 4 得，$t_{\alpha/2}(n-1) = t_{0.025}(5) = 2.5706$，拒绝域为
$$W = \{ |t| \geq t_{\alpha/2}(n-1) \} = \{ |t| \geq 2.5706 \}.$$

由样本，可得 $n = 6$，$\bar{x} = 51.5$，$s = 2.9833$，

计算统计量 T 的观测值，得 $|t| = \dfrac{|\bar{x} - \mu_0|}{s/\sqrt{n}} = \dfrac{|51.5 - 52.0|}{2.9833/\sqrt{6}} \approx 0.41$；

可见，样本没有落入拒绝域，所以在显著性水平 $\alpha = 0.05$ 下，可以接受原假设 H_0，即可以认为钢筋的平均强度为 $52.0\mathrm{kg/cm^2}$.

2. 关于方差 σ^2 的假设检验

关于方差 σ^2 的常见假设检验形式为：

双边检验 H_0：$\sigma^2 = \sigma_0^2$，H_1：$\sigma^2 \neq \sigma_0^2$；　　　　　　　　　　　　(8.2.6)

右边检验 H_0：$\sigma^2 \leq \sigma_0^2$，H_1：$\sigma^2 > \sigma_0^2$；　　　　　　　　　　　　(8.2.7)

左边检验 H_0：$\sigma^2 \geq \sigma_0^2$，H_1：$\sigma^2 < \sigma_0^2$.　　　　　　　　　　　　(8.2.8)

上述式子中，σ_0^2 为已知的正常数.

类似对均值的检验，根据总体均值 μ 是否已知分别建立上述检验的检验规则.

（1）μ 已知时，方差 σ^2 的假设检验

下面推导双边检验的检验规则.

由第 7 章的讨论知，μ 已知时，$\hat{\sigma}^2 = \dfrac{\sum\limits_{i=1}^{n}(X_i - \mu)^2}{n}$ 为 σ^2 的一个无偏估计量.

如果 H_0：$\sigma^2 = \sigma_0^2$ 为真，那么 $\chi^2 = \dfrac{n\hat{\sigma}^2}{\sigma_0^2} = \dfrac{\sum\limits_{i=1}^{n}(X_i - \mu)^2}{\sigma_0^2}$ 的取值应该在 n 的附近. 若这个比值远小于 n 或者大于 n，则应拒绝 H_0. 于是，可构造检验统计量为

$$\chi^2 = \dfrac{\sum\limits_{i=1}^{n}(X_i - \mu)^2}{\sigma_0^2}, \tag{8.2.9}$$

且拒绝域的形式为
$$\chi^2 \leq k_1 \text{ 或者 } \chi^2 \geq k_2.$$

对给定的显著性水平 α，使得
$$P\{\text{拒绝 } H_0 \mid H_0 \text{ 为真}\} \leq \alpha,$$

即当 H_0：$\sigma^2 = \sigma_0^2$ 为真时，求参数 k_1, k_2，使得

$$P(\chi^2 \leqslant k_1) + P(\chi^2 \geqslant k_2) \leqslant \alpha.$$

简便起见，取

$$P(\chi^2 \leqslant k_1) = P(\chi^2 \geqslant k_2) = \frac{\alpha}{2},$$

又由定理 6.2 知，

$$\frac{n\hat{\sigma}^2}{\sigma^2} = \frac{\sum\limits_{i=1}^{n}(X_i - \mu)^2}{\sigma^2} \sim \chi^2(n),$$

所以，当 H_0：$\sigma^2 = \sigma_0^2$ 为真时，$\chi^2 = \dfrac{\sum\limits_{i=1}^{n}(X_i - \mu)^2}{\sigma_0^2} \sim \chi^2(n)$，由 χ^2 分布的分位数得

$$k_1 = \chi^2_{1-\alpha/2}(n), \quad k_2 = \chi^2_{\alpha/2}(n),$$

即检验的拒绝域为

$$W = \{\chi^2 \leqslant \chi^2_{1-\alpha/2}(n) \text{ 或 } \chi^2 \geqslant \chi^2_{\alpha/2}(n)\}.$$

其中，$\chi^2 = \dfrac{\sum\limits_{i=1}^{n}(x_i - \mu)^2}{\sigma_0^2}$ 为检验统计量的观测值.

因此，μ 已知时，双边检验 H_0：$\sigma^2 = \sigma_0^2$，H_1：$\sigma^2 \neq \sigma_0^2$ 的检验规则为：

若 $\chi^2 = \dfrac{\sum\limits_{i=1}^{n}(x_i - \mu)^2}{\sigma_0^2} \leqslant \chi^2_{1-\alpha/2}(n)$ 或者 $\chi^2 = \dfrac{\sum\limits_{i=1}^{n}(x_i - \mu)^2}{\sigma_0^2} \geqslant \chi^2_{\alpha/2}(n)$，则拒绝 H_0，认为总体

方差 σ^2 与 σ_0^2 之间存在显著差异；否则接受 H_0，认为总体方差 σ^2 与 σ_0^2 之间无显著差异.

请读者自行完成 μ 已知时方差的单边检验规则的建立，结论见表 8.2.

表 8.2　单个正态总体参数的假设检验(显著性水平为 α)

原假设 H_0	备择假设 H_1	条件	检验统计量	拒绝域
$\mu = \mu_0$	$\mu \neq \mu_0$			$\|z\| \geqslant z_{\alpha/2}$
$\mu \leqslant \mu_0$	$\mu > \mu_0$	σ^2 已知	$Z = \dfrac{\overline{X} - \mu_0}{\sigma/\sqrt{n}}$	$z \geqslant z_{\alpha}$
$\mu \geqslant \mu_0$	$\mu < \mu_0$			$z \leqslant -z_{\alpha}$
$\mu = \mu_0$	$\mu \neq \mu_0$			$\|t\| \geqslant t_{\alpha/2}(n-1)$
$\mu \leqslant \mu_0$	$\mu > \mu_0$	σ^2 未知	$T = \dfrac{\overline{X} - \mu_0}{S/\sqrt{n}}$	$t \geqslant t_{\alpha}(n-1)$
$\mu \geqslant \mu_0$	$\mu < \mu_0$			$t \leqslant -t_{\alpha}(n-1)$
$\sigma^2 = \sigma_0^2$	$\sigma^2 \neq \sigma_0^2$			$\chi^2 \geqslant \chi^2_{\alpha/2}(n)$ 或$\chi^2 \leqslant \chi^2_{1-\alpha/2}(n)$
$\sigma^2 \leqslant \sigma_0^2$	$\sigma^2 > \sigma_0^2$	μ 已知	$\chi^2 = \dfrac{\sum\limits_{i=1}^{n}(X_i - \mu)^2}{\sigma_0^2}$	$\chi^2 \geqslant \chi^2_{\alpha}(n)$
$\sigma^2 \geqslant \sigma_0^2$	$\sigma^2 < \sigma_0^2$			$\chi^2 \leqslant \chi^2_{1-\alpha}(n)$

续表

原假设 H_0	备择假设 H_1	条件	检验统计量	拒绝域
$\sigma^2 = \sigma_0^2$	$\sigma^2 \neq \sigma_0^2$			$\chi^2 \geqslant \chi_{\alpha/2}^2(n-1)$ 或 $\chi^2 \leqslant \chi_{1-\alpha/2}^2(n-1)$
$\sigma^2 \leqslant \sigma_0^2$	$\sigma^2 > \sigma_0^2$	μ 未知	$\chi^2 = \dfrac{(n-1)S^2}{\sigma_0^2}$	$\chi^2 \geqslant \chi_{\alpha}^2(n-1)$
$\sigma^2 \geqslant \sigma_0^2$	$\sigma^2 < \sigma_0^2$			$\chi^2 \leqslant \chi_{1-\alpha}^2(n-1)$

由于检验统计量在一定条件下的分布为 χ^2 分布，因此这种检验方法称为 χ^2 **检验法**.

（2）μ 未知时，方差 σ^2 的假设检验

μ 未知时，以右边检验 H_0：$\sigma^2 \leqslant \sigma_0^2$，$H_1$：$\sigma^2 > \sigma_0^2$ 为例介绍检验的规则.

由于 μ 未知，从 S^2 是 σ^2 的无偏估计量出发，构造检验统计量为

$$\chi^2 = \frac{(n-1)S^2}{\sigma_0^2}. \tag{8.2.10}$$

类似前面的讨论，可得拒绝域的形式为

$$\chi^2 \geqslant k,$$

且满足

$$P\{拒绝\ H_0 \mid H_0\ 为真\} \leqslant \alpha.$$

当 H_0 为真时，$\sigma^2 \leqslant \sigma_0^2$，于是有

$$\left\{\frac{(n-1)S^2}{\sigma_0^2} \geqslant k\right\} \subset \left\{\frac{(n-1)S^2}{\sigma^2} \geqslant k\right\},$$

所以

$$P\left\{\frac{(n-1)S^2}{\sigma_0^2} \geqslant k\right\} \leqslant P\left\{\frac{(n-1)S^2}{\sigma^2} \geqslant k\right\}.$$

令

$$P\left\{\frac{(n-1)S^2}{\sigma^2} \geqslant k\right\} = \alpha,$$

则有

$$P\left\{\frac{(n-1)S^2}{\sigma_0^2} \geqslant k\right\} \leqslant \alpha.$$

由定理 6.3 知

$$\frac{(n-1)S^2}{\sigma^2} \sim \chi^2(n-1),$$

利用 χ^2 分布的分位数得

$$k = \chi_{\alpha}^2(n-1).$$

所以，μ 未知时右边检验 H_0：$\sigma^2 \leqslant \sigma_0^2$，$H_1$：$\sigma^2 > \sigma_0^2$ 的拒绝域为

$$W = \left\{\chi^2 = \frac{(n-1)s^2}{\sigma_0^2} \geqslant \chi_{\alpha}^2(n-1)\right\}.$$

双边检验和左边检验的拒绝域如表 8.2 所示.

不论是双边检验还是单边检验，关于 σ^2 的检验问题均构造 $\chi^2 = \dfrac{(n-1)S^2}{\sigma_0^2}$ 作为检验统计量，所以检验方法为 χ^2 检验法.

例8.6 设某品牌某型号的新能源纯电动汽车充满电后行驶的里程，即续航里程(单位：km)服从正态分布. 今随机地抽取 10 辆该型号的汽车，测得续航里程如下：

$$317 \quad 287 \quad 244 \quad 330 \quad 301 \quad 251 \quad 284 \quad 279 \quad 265 \quad 244.$$

在显著性水平 $\alpha = 0.05$ 下，是否可以认为这种型号的新能源汽车充满电后的续航里程的标准差为 10km?

解 依题意，需检验假设

$$H_0:\ \sigma^2 = \sigma_0^2,\ H_1:\ \sigma^2 \neq \sigma_0^2\ (其中\ \sigma_0 = 10).$$

μ 未知，选取检验统计量 $\quad\quad\quad \chi^2 = \dfrac{(n-1)S^2}{\sigma_0^2}.$

对于 $\alpha = 0.05$，查附表 3 得 $\chi^2_{1-\alpha/2}(n-1) = \chi^2_{0.975}(9) = 2.7$，

$\chi^2_{\alpha/2}(n-1) = \chi^2_{0.025}(9) = 19.022.$ 检验的拒绝域为

$$W = \{\chi^2 \leqslant 2.7\ 或者\ \chi^2 \geqslant 19.022\}.$$

由样本，可得 $n = 10$，$s^2 = 892.62$，

计算检验统计量的观测值为 $\chi^2 = \dfrac{(n-1)s^2}{\sigma_0^2} = \dfrac{9 \times 892.62}{100} = 80.34.$

可见 $\chi^2 \geqslant 19.022$，样本落入了拒绝域，所以在显著性水平 $\alpha = 0.05$ 下应拒绝 H_0. 即不能认为该型号的新能源汽车充满电后的续航里程的标准差为 10km.

8.2.2 两个正态总体参数的假设检验

在实际中经常会遇到比较两个总体的差异的问题，本节分别讨论两个正态总体的均值与方差的假设检验.

设总体 $X \sim N(\mu_1, \sigma_1^2)$，总体 $Y \sim N(\mu_2, \sigma_2^2)$，$X_1, X_2, \cdots, X_{n_1}$ 和 $Y_1, Y_2, \cdots, Y_{n_2}$ 是分别来自总体 X 和 Y 的样本，且相互独立，记

$$\overline{X} = \frac{1}{n_1} \sum_{i=1}^{n_1} X_i,\ S_1^2 = \frac{1}{n_1 - 1} \sum_{i=1}^{n_1} (X_i - \overline{X})^2,$$

$$\overline{Y} = \frac{1}{n_2} \sum_{j=1}^{n_2} Y_j,\ S_2^2 = \frac{1}{n_2 - 1} \sum_{j=1}^{n_2} (Y_j - \overline{Y})^2.$$

1. 两个正态总体均值差异性的假设检验

关于两个正态总体的均值差异，常见的假设检验的 3 种形式为：

双边检验 $H_0:\ \mu_1 = \mu_2,\ H_1:\ \mu_1 \neq \mu_2$； $\quad\quad\quad\quad\quad\quad\quad\quad$ (8.2.11)

右边检验 $H_0:\ \mu_1 \leqslant \mu_2,\ H_1:\ \mu_1 > \mu_2$； $\quad\quad\quad\quad\quad\quad\quad\quad$ (8.2.12)

左边检验 $H_0:\ \mu_1 \geqslant \mu_2,\ H_1:\ \mu_1 < \mu_2.$ $\quad\quad\quad\quad\quad\quad\quad\quad$ (8.2.13)

这些检验的检验统计量和拒绝域如表 8.2 所示.

(1) σ_1^2, σ_2^2 已知时，两个正态总体均值差异性的假设检验

下面以双边检验为例.

σ_1^2, σ_2^2 已知时，检验问题

$$H_0:\ \mu_1 = \mu_2, H_1:\ \mu_1 \neq \mu_2.$$

由于 $\overline{X} - \overline{Y}$ 是 $\mu_1 - \mu_2$ 的无偏估计量，且由定理 6.4 知，

$$\frac{\overline{X} - \overline{Y} - (\mu_1 - \mu_2)}{\sqrt{\dfrac{\sigma_1^2}{n_1} + \dfrac{\sigma_2^2}{n_2}}} \sim N(0,1),$$

故当 $H_0 : \mu_1 = \mu_2$ 为真时,

$$Z = \frac{\overline{X} - \overline{Y}}{\sqrt{\dfrac{\sigma_1^2}{n_1} + \dfrac{\sigma_2^2}{n_2}}} \sim N(0,1).$$

构造检验统计量为

$$Z = \frac{\overline{X} - \overline{Y}}{\sqrt{\dfrac{\sigma_1^2}{n_1} + \dfrac{\sigma_2^2}{n_2}}}, \tag{8.2.14}$$

拒绝域的形式为

$$|z| \geqslant k.$$

在显著性水平 α 下, 由 $P\{$拒绝 $H_0 \mid H_0$ 为真$\} = \alpha$, 可得

$$k = z_{\alpha/2},$$

由此得到, 当 σ_1^2, σ_2^2 已知时, 双边检验的拒绝域为

$$W = \{|z| \geqslant z_{\alpha/2}\}.$$

　　类似可得单边检验的拒绝域, 这里用的也是 Z 检验法.

　　(2) $\sigma_1^2 = \sigma_2^2 = \sigma^2$ 且 σ^2 未知时, 两个正态总体均值差异性的假设检验

　　仍以双边检验(8.2.11)为例.

　　由于 σ_1^2, σ_2^2 均未知, (8.2.14) 式中的随机变量 Z 不再是统计量, 于是需要重新构造检验统计量.

　　当 $\sigma_1^2 = \sigma_2^2 = \sigma^2$ 时, $S_w^2 = \dfrac{(n_1 - 1)S_1^2 + (n_2 - 1)S_2^2}{n_1 + n_2 - 2}$ 为 σ^2 的无偏估计量,

且根据定理 6.4 得,

$$\frac{\overline{X} - \overline{Y} - (\mu_1 - \mu_2)}{S_w \sqrt{\dfrac{1}{n_1} + \dfrac{1}{n_2}}} \sim t(n_1 + n_2 - 2),$$

所以当 $H_0 : \mu_1 = \mu_2$ 为真时,

$$T = \frac{\overline{X} - \overline{Y}}{S_w \sqrt{\dfrac{1}{n_1} + \dfrac{1}{n_2}}} \sim t(n_1 + n_2 - 2),$$

可构造检验统计量为

$$T = \frac{\overline{X} - \overline{Y}}{S_w \sqrt{\dfrac{1}{n_1} + \dfrac{1}{n_2}}}, \tag{8.2.15}$$

拒绝域的形式为

$$|t| \geqslant k,$$

由 $P\{$拒绝 $H_0 \mid H_0$ 为真$\} = \alpha$, 解得

$$k = t_{\alpha/2}(n_1 + n_2 - 2).$$

因此, 当 $\sigma_1^2 = \sigma_2^2 = \sigma^2$ 且 σ^2 未知时, 双边检验(8.2.11) 式的拒绝域为

$$W = \{|t| \geqslant t_{\alpha/2}(n_1 + n_2 - 2)\}.$$

例8.7   对用两种不同热处理加工的金属材料做抗拉强度试验，得到数据如下（单位：kg/cm^2）：

方法1   31   34   29   26   32   35   38   34   30   29   32   31；

方法2   26   24   28   29   30   29   32   26   31   29   32   28.

设两种热处理加工的金属材料抗拉强度都服从正态分布，且方差相等. 比较两种方法所得金属材料的平均抗拉强度有无显著差异？（取显著性水平 $\alpha = 0.05$）

解   记两种方法得到的抗拉强度分别为 $X \sim N(\mu_1, \sigma_1^2)$，$Y \sim N(\mu_2, \sigma_2^2)$.
需检验的假设为

$$H_0 : \mu_1 = \mu_2, \quad H_1 : \mu_1 \neq \mu_2.$$

依题意，$\sigma_1^2 = \sigma_2^2 = \sigma^2$ 且 σ^2 未知，取检验统计量为

$$T = \frac{\bar{X} - \bar{Y}}{S_w \sqrt{\dfrac{1}{n_1} + \dfrac{1}{n_2}}},$$

由 $\alpha = 0.05$，$n_1 = 12, n_2 = 12$,查附表4得，$t_{\alpha/2}(n_1 + n_2 - 2) = t_{0.025}(22) = 2.074$.
所以，检验的拒绝域为 $W = \{|t| \geqslant t_{\alpha/2}(n_1 + n_2 - 2)\} = \{|t| \geqslant 2.074\}$.
利用样本，可得

$$n_1 = 12, \bar{x} = 31.75, s_1^2 \approx 10.2045; \quad n_2 = 12, \bar{y} = 28.67, s_2^2 \approx 6.0606,$$

$$s_w = \sqrt{\frac{11 \times 10.2045 + 11 \times 6.0606}{12 + 12 - 2}} \approx 2.85,$$

检验统计量的观察值为 $|t| = \dfrac{|31.75 - 28.67|}{2.85 \times \sqrt{\dfrac{1}{12} + \dfrac{1}{12}}} = 2.647$,

可见 $|t| > 2.074$，样本落入拒绝域，于是在显著性水平 $\alpha = 0.05$ 下应拒绝 H_0.
即认为两种方法所得金属材料的平均抗拉强度存在显著差异.

2. 均值未知时，两个正态总体方差的假设检验

本部分讨论当两正态总体的均值 μ_1, μ_2 均未知时，总体方差 σ_1^2, σ_2^2 的假设检验问题，其常见形式为：

双边检验 $H_0 : \sigma_1^2 = \sigma_2^2$，$H_1 : \sigma_1^2 \neq \sigma_2^2$；   (8.2.16)

右边检验 $H_0 : \sigma_1^2 \leqslant \sigma_2^2$，$H_1 : \sigma_1^2 > \sigma_2^2$；   (8.2.17)

左边检验 $H_0 : \sigma_1^2 \geqslant \sigma_2^2$，$H_1 : \sigma_1^2 < \sigma_2^2$.   (8.2.18)

对双边检验，因为 S_1^2 和 S_2^2 分别是 σ_1^2 和 σ_2^2 的无偏估计量，且由定理6.4知，

$$F_2 = \frac{S_1^2 / S_2^2}{\sigma_1^2 / \sigma_2^2} \sim F(n_1 - 1, n_2 - 1),$$

故当 $\sigma_1^2 = \sigma_2^2$ 时，

$$F = \frac{S_1^2}{S_2^2} \sim F(n_1 - 1, n_2 - 1).$$

可构造检验统计量为

$$F = \frac{S_1^2}{S_2^2}.   (8.2.19)$$

拒绝域的形式为

$$f \leqslant k_1 \text{ 或者 } f \geqslant k_2,$$

其中, $f = \dfrac{s_1^2}{s_2^2}$ 为检验统计量 F 的观测值. 在显著性水平 α 下, 由 F 分布的分位数知, 可取临界值

$$k_1 = F_{1-\alpha/2}(n_1 - 1, n_2 - 1), \quad k_2 = F_{\alpha/2}(n_1 - 1, n_2 - 1).$$

所以当 μ_1, μ_2 未知时, 双边检验的拒绝域为

$$W = \{ f \leqslant F_{1-\alpha/2}(n_1 - 1, n_2 - 1) \text{ 或 } f \geqslant F_{\alpha/2}(n_1 - 1, n_2 - 1) \}.$$

这种检验方法称为 **F 检验法**.

单边检验的拒绝域如表 8.3 所示, 请读者自行推导.

表 8.3　两个正态总体参数的假设检验 (显著性水平为 α)

原假设 H_0	备择假设 H_1	条件	检验统计量	拒绝域
$\mu_1 = \mu_2$	$\mu_1 \neq \mu_2$	σ_1^2, σ_2^2 已知	$Z = \dfrac{\bar{X} - \bar{Y}}{\sqrt{\dfrac{\sigma_1^2}{n_1} + \dfrac{\sigma_2^2}{n_2}}}$	$\lvert z \rvert \geqslant z_{\alpha/2}$
$\mu_1 \leqslant \mu_2$	$\mu_1 > \mu_2$			$z \geqslant z_\alpha$
$\mu_1 \geqslant \mu_2$	$\mu_1 < \mu_2$			$z \leqslant -z_\alpha$
$\mu_1 = \mu_2$	$\mu_1 \neq \mu_2$	$\sigma_1^2 = \sigma_2^2 = \sigma^2$ 未知	$T = \dfrac{\bar{X} - \bar{Y}}{S_w \sqrt{\dfrac{1}{n_1} + \dfrac{1}{n_2}}}$	$\lvert t \rvert \geqslant t_{\alpha/2}(n_1 + n_2 - 2)$
$\mu_1 \leqslant \mu_2$	$\mu_1 > \mu_2$			$t \geqslant t_\alpha(n_1 + n_2 - 2)$
$\mu_1 \geqslant \mu_2$	$\mu_1 < \mu_2$			$t \leqslant -t_\alpha(n_1 + n_2 - 2)$
$\sigma_1^2 = \sigma_2^2$	$\sigma_1^2 \neq \sigma_2^2$	μ_1, μ_2 未知	$F = \dfrac{S_1^2}{S_2^2}$	$f \geqslant F_{\alpha/2}(n_1 - 1, n_2 - 1)$ 或 $f \leqslant F_{1-\alpha/2}(n_1 - 1, n_2 - 1)$
$\sigma_1^2 \leqslant \sigma_2^2$	$\sigma_1^2 > \sigma_2^2$			$f \geqslant F_\alpha(n_1 - 1, n_2 - 1)$
$\sigma_1^2 \geqslant \sigma_2^2$	$\sigma_1^2 < \sigma_2^2$			$f \leqslant F_{1-\alpha}(n_1 - 1, n_2 - 1)$

例 8.8　假设两个学院的高等数学成绩都服从正态分布, 以下是教务部门随机抽查的两个学院高等数学成绩的样本数据:

学院 I: 88　51　70　69　89　38　65　49　99　80　75　52　60　63　79　55;

学院 II: 88　73　66　91　72　67　71　64　60　100　97　77　59.

试判断这两个学院学生成绩的方差是否存在显著差异? (取显著性水平 $\alpha = 0.05$)

解　依题意, 要检验的假设为

$$H_0: \sigma_1^2 = \sigma_2^2, \quad H_1: \sigma_1^2 \neq \sigma_2^2.$$

总体均值未知, 选取检验统计量为

$$F = \frac{S_1^2}{S_2^2},$$

由 $\alpha = 0.05$, 查附表 5 得 $F_{\alpha/2}(n_1 - 1, n_2 - 1) = F_{0.025}(15, 12) = 3.18$,

$$F_{1-\alpha/2}(n_1 - 1, n_2 - 1) = F_{0.975}(15, 12) = \frac{1}{F_{0.025}(12, 15)} = \frac{1}{2.96} \approx 0.3378,$$

拒绝域为　$W = \{ f \geqslant F_{\alpha/2}(n_1 - 1, n_2 - 1) \text{ 或 } f \leqslant F_{1-\alpha/2}(n_1 - 1, n_2 - 1) \}$
　　　　　$= \{ f \leqslant 0.3378 \text{ 或 } f \geqslant 3.18 \}.$

由样本, 有 $n_1 = 16$, $n_2 = 13$, $s_1^2 \approx 279.45$, $s_2^2 \approx 192.19$,

计算检验统计量的观测值为 $f = \dfrac{s_1^2}{s_2^2} = \dfrac{279.45}{192.19} = 1.45$.

可见, 样本没有落入拒绝域内, 所以在显著性水平 $\alpha = 0.05$ 下可以接受 H_0, 即认为两个学院学生成绩的方差没有显著差异.

8.2.3　成对数据的假设检验

成对数据广泛存在于医药、生物等领域. 例如, 为了考查某种降压药的疗效, 收集了 n 个高血压患者在服药前后的血压, 分别记为 $(X_1, Y_1), (X_2, Y_2), \cdots, (X_n, Y_n)$. 显然, (X_i, Y_i) 对应同一个患者用药前后的两个血压值, X_i 与 Y_i 不是相互独立的. 同时, $X_1, X_2, \cdots, X_n$ 是来自不同患者的血压, 由于体质差异, 所以 $X_1, X_2, \cdots, X_n$ 不能视为来自同一总体的样本; $Y_1, Y_2, \cdots,$ Y_n 也同样不能视为来自同一总体的样本. 但 $Z_i = X_i - Y_i (i = 1, 2, \cdots, n)$ 消除了个体体质的影响, 仅与药物有关. 因此, 可将 $Z_i = X_i - Y_i (i = 1, 2, \cdots, n)$ 视为来自某个正态总体 $Z \sim N(\mu, \sigma^2)$ 的一个样本. 于是降压药是否有效, 转化为检验如下假设.

$$H_0: \mu \leqslant 0, \quad H_1: \mu > 0. \tag{8.2.20}$$

这种根据成对数据 (X_i, Y_i) 之差 $Z_i = X_i - Y_i (i = 1, 2, \cdots, n)$, 考查这些差的均值与 0 有无显著差异的检验称为**成对数据检验**. 成对数据检验中通常把这些数据之差 $Z_i = X_i - Y_i (i = 1, 2, \cdots, n)$ 看成来自总体 $Z \sim N(\mu, \sigma^2)$ 的一个样本.

类似于单正态总体均值的检验, 这里也分成右边检验、左边检验与双边检验. 后两种检验为

左边检验　$H_0: \mu \geqslant 0, \quad H_1: \mu < 0;$ (8.2.21)

双边检验　$H_0: \mu = 0, \quad H_1: \mu \neq 0.$ (8.2.22)

由于 σ^2 未知, 因此采用 t 检验法, 检验统计量为

$$T = \frac{\overline{Z}}{S/\sqrt{n}}, \tag{8.2.23}$$

其中

$$\overline{Z} = \frac{1}{n} \sum_{i=1}^{n} Z_i, \quad S^2 = \frac{1}{n-1} \sum_{i=1}^{n} (Z_i - \overline{Z})^2.$$

在显著性水平 α 下, 各检验的拒绝域分别为:

右边检验　$W = \{t \geqslant t_\alpha(n-1)\};$

左边检验　$W = \{t \leqslant -t_\alpha(n-1)\};$

双边检验　$W = \{|t| \geqslant t_{\alpha/2}(n-1)\}.$

例 8.9　有两台光谱仪用来测量材料中某种金属的含量. 为鉴定它们的测量结果有无显著的差异, 制备了 9 件试块 (它们的成分、金属含量、均匀性等各不相同), 现在分别用这两台仪器对每一试块测量一次, 得到 9 对数据如表 8.4 所示:

表 8.4　两台仪器测量的金属含量

x_i	0.20	0.30	0.40	0.50	0.60	0.70	0.80	0.90	1.00
y_i	0.10	0.21	0.52	0.32	0.78	0.59	0.68	0.77	0.89
$z_i = x_i - y_i$	0.10	0.09	-0.12	0.18	-0.18	0.11	0.12	0.13	0.11

问两台仪器的测量结果是否有显著差异? 显著性水平 $\alpha = 0.01$.

解　依题意, 这是一个成对数据的检验问题. 两种仪器的测量结果之差如表 8.4 中第三行所示. 要检验的假设为

$$H_0: \mu = 0, \quad H_1: \mu \neq 0.$$

检验统计量为

$$T = \frac{\overline{Z}}{S/\sqrt{n}},$$

由 $\alpha = 0.01$，查附表 4 得 $t_{\alpha/2}(n-1) = t_{0.005}(8) = 3.3554$，得拒绝域为

$$W = \{|t| \geq t_{\alpha/2}(n-1)\} = \{|t| \geq 3.3554\}.$$

由样本，有 $n = 9$，$\bar{z} = 0.06$，$s \approx 0.1227$，

计算检验统计量的观测值为 $t = \dfrac{\bar{z}}{s/\sqrt{n}} = \dfrac{0.06}{0.1227/\sqrt{9}} \approx 1.467$，

因为 $|t| < t_{0.005}(8)$，样本未落入拒绝域，所以在显著性水平 $\alpha = 0.01$ 下可以接受 H_0．即可以认为两台仪器的测量结果没有显著差异．

8.3 假设检验与置信区间的关系

假设检验和区间估计是统计推断中非常重要的两个方法，两者看似不同，实际上有着非常密切的联系．下面以正态总体均值的假设检验和区间估计为例，建立假设检验与置信区间的对偶关系．

设 $X_1, X_2, \cdots, X_n$ 是来自服从正态分布 $N(\mu, \sigma^2)$ 的总体的一个样本，则双边检验为

$$H_0: \mu = \mu_0, \quad H_1: \mu \neq \mu_0.$$

在显著性水平 α 下，拒绝域为

$$\left| \frac{\bar{x} - \mu_0}{s/\sqrt{n}} \right| \geq t_{\alpha/2}(n-1),$$

从而检验的接受域为

$$\left| \frac{\bar{x} - \mu_0}{s/\sqrt{n}} \right| < t_{\alpha/2}(n-1),$$

即当 $\bar{x} - \dfrac{s}{\sqrt{n}} t_{\alpha/2}(n-1) < \mu_0 < \bar{x} + \dfrac{s}{\sqrt{n}} t_{\alpha/2}(n-1)$ 成立时，接受原假设 H_0，于是

$$P\left\{ \bar{X} - \frac{S}{\sqrt{n}} t_{\alpha/2}(n-1) < \mu_0 < \bar{X} + \frac{S}{\sqrt{n}} t_{\alpha/2}(n-1) \right\} = 1 - \alpha.$$

注意 μ_0 的任意性，所以区间

$$\left(\bar{X} - \frac{S}{\sqrt{n}} t_{\alpha/2}(n-1), \bar{X} + \frac{S}{\sqrt{n}} t_{\alpha/2}(n-1) \right)$$

就是均值 μ 的置信水平为 $1 - \alpha$ 的置信区间，这个结论与 (7.3.7) 式是完全一致的．

类似地，由单边检验能得到相应参数的置信上限和置信下限．

所以，由参数在显著性水平 α 下的假设检验，可以得到该参数的置信水平为 $1 - \alpha$ 的置信区间．反之，由参数的置信区间也可以得到该参数的假设检验的拒绝域．

假设检验与置信区间的这种关系称为对偶关系．

8.4 非参数假设检验

前面讨论的各种统计假设的检验方法，均假设总体服从正态分布，然后对分布参数进行检验．但在许多实际问题中，往往无法预知总体服从什么分布，需要根据样本来检验关于总

体分布的各种假设，这就是分布的假设检验问题. 数理统计中把不依赖于分布的假设检验方法称为**非参数假设检验方法**. 本节将介绍两个重要的非参数假设检验方法：拟合优度 χ^2 检验法和列联表的独立性检验法.

8.4.1 拟合优度 χ^2 检验

设总体 X 的分布函数为 $F(x)$，但未知，$F_0(x)$ 为某个完全已知或者类型已知，但可能含有若干未知参数的分布函数. 需检验

$$H_0: F(x) = F_0(x), \ H_1: F(x) \neq F_0(x). \tag{8.4.1}$$

统计上，称这种关于分布的假设检验为**拟合优度检验**. 根据 $F_0(x)$ 的不同类型产生了不同的检验方法，本节将介绍皮尔逊 χ^2 检验法，也称为**拟合优度 χ^2 检验法**.

拟合优度 χ^2 检验法的基本实现方法如下.

首先，根据总体 X 的取值范围，将 x 轴（或某个区间）分成 k 个两两互不相交的区间 $I_j = (a_{j-1}, a_j] \ (j = 1, 2, \cdots, k)$.

其次，当 H_0 为真时，可以求出 X 落入区间 $I_j = (a_{j-1}, a_j]$ 的概率为

$$p_j = F_0(a_j) - F_0(a_{j-1}).$$

设 $X_1, X_2, \cdots, X_n$ 是来自总体 X 的一个样本，$x_1, x_2, \cdots, x_n$ 为其样本观测值. 以 n_j 表示样本观测值落在 I_j 内的个数，则 $\dfrac{n_j}{n}$ 为样本点落入 I_j 的频率.

由大数定律，若 H_0 为真，当样本量 n 充分大（一般要求 $n \geq 50$）时，$\dfrac{n_j}{n}$ 与 p_j 的差异不应太大，所以 $(\dfrac{n_j}{n} - p_j)^2$ 也不应太大. 由此，皮尔逊构造了统计量

$$\chi^2 = \sum_{j=1}^{k} \frac{n}{p_j} \left(\frac{n_j}{n} - p_j \right)^2 = \sum_{j=1}^{k} \frac{(n_j - np_j)^2}{np_j} \tag{8.4.2}$$

作为检验的检验统计量. 该统计量称为**皮尔逊 χ^2 统计量**，并称 np_j 为 X 落在 I_j 内的理论频数；而称 n_j 为总体 X 落在 I_j 内的经验频数.

当 $F_0(x)$ 中包含未知参数时，首先利用样本求出未知参数的最大似然估计值，以估计值作为参数值，求出 p_i 的估计值 $\hat{p}_i$，然后构造检验统计量为

$$\chi^2 = \sum_{j=1}^{k} \frac{(n_j - n\hat{p}_j)^2}{n\hat{p}_j}. \tag{8.4.3}$$

关于上述统计量的分布，皮尔逊证明了如下定理.

定理 8.1 若 n 充分大（$n \geq 50$），则当 H_0 为真时，有

(1) $\chi^2 = \sum\limits_{i=1}^{k} \dfrac{(n_i - np_i)^2}{np_i} \overset{\text{近似}}{\sim} \chi^2(k-1)$；

(2) $\chi^2 = \sum\limits_{i=1}^{k} \dfrac{(n_i - n\hat{p}_i)^2}{n\hat{p}_i} \overset{\text{近似}}{\sim} \chi^2(k-r-1)$，

其中，r 为 $F_0(x)$ 中含有的未知参数的个数.

根据定理 8.1，在给定的显著性水平 α 下，H_0 的拒绝域为

$$\chi^2 \geq \chi_\alpha^2(k-r-1).$$

拟合优度 χ^2 检验法应用非常广泛，可以用来检验总体服从任何已知分布的假设. 但由于

其所用的检验统计量渐近服从 χ^2 分布，因此使用时一般要求样本容量达到 50 以上，并且满足 $n\hat{p}_j \geq 5(j = 1, 2, \cdots, k)$，否则应合并组，以达到要求.

例 8.10 1965 年 1 月 1 日至 1971 年 2 月 9 日共 2231 天中，全世界记录到震级 4 级及以上的地震共计 162 次，地震数据统计表 8.5 所示.

表 8.5 地震数据统计

两次地震间隔天数	0 ~ 4	5 ~ 9	10 ~ 14	15 ~ 19	20 ~ 24	25 ~ 29	30 ~ 34	35 ~ 39	40 以上
出现的频数	50	31	26	17	10	8	6	6	8

试检验相继两次地震间隔的天数是否服从指数分布（$\alpha = 0.05$）？

解 由题意知，需检验的假设为

$$H_0: f(x) = f_0(x) = \begin{cases} \lambda e^{-\lambda x}, & x > 0, \\ 0, & x \leq 0. \end{cases} \qquad H_1: f(x) \neq f_0(x).$$

λ 未知，用最大似然估计法得到 λ 的估计值为 $\hat{\lambda} = \dfrac{1}{\bar{x}} = \dfrac{162}{2231} = 0.07261$.

先把区间 $[0, +\infty)$ 分为 9 个互不重叠的小区间，即

$$I_1 = [0, 4.5), I_2 = [4.5, 9.5), \cdots, I_9 = [39.5, +\infty).$$

若 H_0 为真，X 的分布函数的估计为

$$\hat{F}(x) = \begin{cases} 1 - e^{-0.07261x}, & x > 0, \\ 0, & \text{其他.} \end{cases}$$

由此可以得到概率的估计值 $\hat{p}_j = P(a_j \leq X < a_{j+1})$.

地震数据的拟合优度检验计算过程如表 8.6 所示.

由条件知 $k = 8, r = 1, \alpha = 0.05$，查附表 3 得 $\chi^2_\alpha(k - r - 1) = \chi^2_{0.05}(6) = 12.592$，所以拒绝域为 $\chi^2 \geq 12.592$.

计算检验统计量的观测值得，$\chi^2 = 1.5631$.

表 8.6 地震数据的拟合优度检验计算过程

I_j	n_j	$\hat{p}_j$	$n\hat{p}_j$	$\dfrac{(n_j - n\hat{p}_j)^2}{n\hat{p}_j}$
$I_1: 0 \leq x < 4.5$	50	0.2788	45.1656	0.5175
$I_2: 4.5 \leq x < 9.5$	31	0.2196	35.5752	0.5884
$I_3: 9.5 \leq x < 14.5$	26	0.1527	24.7374	0.0644
$I_4: 14.5 \leq x < 19.5$	17	0.1062	17.2044	0.0024
$I_5: 19.5 \leq x < 24.5$	10	0.0739	11.9718	0.3248
$I_6: 24.5 \leq x < 29.5$	8	0.0514	8.3268	0.0126
$I_7: 29.5 \leq x < 34.5$	6	0.0358	5.7996	0.0069
$I_8: 34.5 \leq x < 39.5$	6	0.0248	4.0176 ⎱ 13.2192	0.0461
$I_9: 39.5 \leq x < \infty$	8	0.0568	9.2016 ⎰	

因为 $\chi^2 < 12.592$，样本没有落入拒绝域，故在显著性水平 $\alpha = 0.05$ 下可以接受 H_0，即可

以认为总体服从指数分布.

8.4.2 列联表的独立性检验

实际生活中,经常会研究两个或两个以上指标之间的独立性问题. 例如,在社会调查中,调查人员怀疑不同性别人群对某种提案会有不同的反应,于是他们根据被调查者的性别和对这项提案的态度进行分类统计,问题转化为检验假设:

H_0:公民对提案的态度与性别是相互独立的;

H_1:公民对提案的态度与性别不是相互独立的.

再如,患高血压与患冠心病是否相互独立? 某种环境条件是否与某种疾病的发生有关? 等等. 本节将介绍二维总体(X,Y)的独立性检验方法.

设二维总体(X,Y)的联合分布函数为$F(x,y)$,关于X,Y的边缘分布函数依次为$F_X(x)$,$F_Y(y)$,需检验的假设为

$$H_0: F(x,y) = F_X(x)F_Y(y), \quad H_1: F(x,y) \neq F_X(x)F_Y(y).$$

将X的取值分为r个互不相容的类:$A_1, A_2, \cdots, A_r$. 将Y的取值分为c个互不相容的类:$B_1, B_2, \cdots, B_c$. 设$(X_1, Y_1), (X_2, Y_2), \cdots, (X_n, Y_n)$为来自总体$(X,Y)$的一个样本,相应的样本观测值为$(x_1, y_1), (x_2, y_2), \cdots, (x_n, y_n)$. 记$n_{ij}$表示$X \in A_i$且$Y \in B_j$的样本个数,并把数据$n_{ij}$列成一张$r$行$c$列的二维表格,统计上称这样的表格为$r \times c$列联表(见表8.7),并记

$$n_{i.} = \sum_{j=1}^{c} n_{ij}, i = 1, 2, \cdots, r; \quad n_{.j} = \sum_{i=1}^{r} n_{ij}, j = 1, 2, \cdots, c.$$

列联表分析在应用统计中,特别是在医学、生物学及社会科学中有着广泛的应用.

表 8.7　$r \times c$ 列联表

A_i	B_j				$n_{i.}$
	B_1	B_2	$\cdots$	B_c	
A_1	n_{11}	n_{12}	$\cdots$	n_{1c}	$n_{1.}$
A_2	n_{21}	n_{22}	$\cdots$	n_{2c}	$n_{2.}$
$\vdots$	$\vdots$	$\vdots$		$\vdots$	$\vdots$
A_r	n_{r1}	n_{r2}	$\cdots$	n_{rc}	$n_{r.}$
$n_{.j}$	$n_{.1}$	$n_{.2}$	$\cdots$	$n_{.c}$	n

例 8.11 为了研究患冠心病与患高血压是否有关,研究人员调查了520人的血压和冠心病情况,发现84人患有冠心病,且在冠心病患者中,有48人患高血压;在无冠心病人群中,发现88例高血压患者. 将统计数据列成表格,表8.8所示就是高血压和冠心病的2×2列联表.

表 8.8　高血压和冠心病的 **2 × 2** 列联表

	患高血压	无高血压	总计
患冠心病	48	36	84
无冠心病	88	348	436
总计	136	384	520

列联表分析的基本目的是考查各属性之间有无关联,即判别两属性是否独立.

下面介绍具体的检验方法.

记 $p_{ij} = P(X \in A_i, Y \in B_j)$，$p_{i\cdot} = P(X \in A_i)$，$p_{\cdot j} = P(Y \in B_j)$（$i = 1, 2, \cdots, r; j = 1, 2, \cdots, c$）.

显然，$p_{i\cdot} = \sum\limits_{j=1}^{c} p_{ij}$，$p_{\cdot j} = \sum\limits_{i=1}^{r} p_{ij}$. 列成表格得表 8.9 所示的二维离散分布表.

表 8.9　二维离散分布表

A_i	B_j				$p_{i\cdot}$
	B_1	B_2	$\cdots$	B_c	
A_1	p_{11}	p_{12}	$\cdots$	p_{1c}	$p_{1\cdot}$
A_2	p_{21}	p_{22}	$\cdots$	p_{2c}	$p_{2\cdot}$
$\vdots$	$\vdots$	$\vdots$		$\vdots$	$\vdots$
A_r	p_{r1}	p_{r2}	$\cdots$	p_{rc}	$p_{r\cdot}$
$p_{\cdot j}$	$p_{\cdot 1}$	$p_{\cdot 2}$	$\cdots$	$p_{\cdot c}$	1

"X 和 Y 相互独立"的假设可以表述为：

H_0：$p_{ij} = p_{i\cdot} \cdot p_{\cdot j}$，对任意的 $i = 1, 2, \cdots, r$；$j = 1, 2, \cdots, c$，均为真；

H_1：$p_{ij} \neq p_{i\cdot} \cdot p_{\cdot j}$，至少对某组 (i, j) 为真.

由定理 8.1 知，如果 $p_{i\cdot}$，$p_{\cdot j}$ 已知，则在 H_0 为真时，统计量

$$\chi^2 = \sum_{i=1}^{r} \sum_{j=1}^{c} \frac{(n_{ij} - np_{i\cdot} \cdot p_{\cdot j})^2}{np_{i\cdot} \cdot p_{\cdot j}}$$

当 n 很大时近似服从自由度为 $rc - 1$ 的 χ^2 分布.

如果 $p_{i\cdot}$，$p_{\cdot j}$ 未知，则用最大似然估计值 $\hat{p}_{i\cdot}$ 和 $\hat{p}_{\cdot j}$ 分别来代替 $p_{i\cdot}$ 和 $p_{\cdot j}$. 计算可得 $p_{i\cdot}$ 及 $p_{\cdot j}$ 的最大似然估计值分别为

$$\hat{p}_{i\cdot} = \frac{n_{i\cdot}}{n}, \ i = 1, 2, \cdots, r; \ \hat{p}_{\cdot j} = \frac{n_{\cdot j}}{n}, \ j = 1, 2, \cdots, c.$$

由定理 8.1 知，当 H_0 为真时，对充分大的 n，统计量

$$\chi^2 = \sum_{i=1}^{r} \sum_{j=1}^{c} \frac{\left(n_{ij} - \dfrac{n_{i\cdot} \cdot n_{\cdot j}}{n}\right)^2}{\dfrac{n_{i\cdot} \cdot n_{\cdot j}}{n}}$$

近似服从自由度为 $(r-1)(c-1)$ 的 χ^2 分布.

于是，对于给定的显著性水平 $\alpha (0 < \alpha < 1)$，检验的拒绝域为

$$W = \left\{ \chi^2 = \sum_{i=1}^{r} \sum_{j=1}^{c} \frac{\left(n_{ij} - \dfrac{n_{i\cdot} \cdot n_{\cdot j}}{n}\right)^2}{\dfrac{n_{i\cdot} \cdot n_{\cdot j}}{n}} \geqslant \chi_{\alpha}^2((r-1)(c-1)) \right\}.$$

例 8.12（续例 8.11）　在显著性水平 $\alpha = 0.05$ 下，判断患冠心病与患高血压是否有关?

解　要检验

$$H_0：患冠心病与患高血压是相互独立的，$$

$$H_1：患冠心病与患高血压不是相互独立的.$$

检验统计量为

$$\chi^2 = \sum_{i=1}^{2} \sum_{j=1}^{2} \frac{(n_{ij} - \frac{n_{i.} \cdot n_{.j}}{n})^2}{\frac{n_{i.} \cdot n_{.j}}{n}}.$$

由题意知，$r = s = 2$，$n = 520$，所以在 H_0 为真时，有

$$\chi^2 = \sum_{i=1}^{2} \sum_{j=1}^{2} \frac{(n_{ij} - \frac{n_{i.} \cdot n_{.j}}{n})^2}{\frac{n_{i.} \cdot n_{.j}}{n}} \text{ 近似地服从 } \chi^2(1).$$

在显著性水平 α 下，检验的拒绝域为 $W = \{\chi^2 \geqslant \chi^2_\alpha(1)\}$.

将 $n = 520$，$n_{11} = 48$，$n_{12} = 36$，$n_{21} = 88$，$n_{22} = 348$，$n_{1.} = 84$，$n_{2.} = 436$，$n_{.1} = 136$，$n_{.2} = 384$ 代入，计算得

$$\chi^2 = \frac{(48 - \frac{84 \times 136}{520})^2}{\frac{84 \times 136}{520}} + \frac{(36 - \frac{84 \times 384}{520})^2}{\frac{84 \times 384}{520}} + \frac{(88 - \frac{436 \times 136}{520})^2}{\frac{436 \times 136}{520}} + \frac{(348 - \frac{436 \times 384}{520})^2}{\frac{436 \times 384}{520}}$$

$$\approx 30.84 + 10.92 + 5.94 + 2.10 = 49.8$$

$\alpha = 0.05$，查附表 4 得，$\chi^2_{0.05}(1) = 3.843$.

由于 $49.8 > 3.841$，样本落入拒绝域，因此拒绝原假设，即认为患冠心病和患高血压不是相互独立的，两者之间存在密切关系.

习　题

1. 设某批矿砂的 5 个样品的镍含量(单位：%)，经测定为

$$3.25 \quad 3.27 \quad 3.24 \quad 3.26 \quad 3.24.$$

并假定测定值总体服从正态分布，但参数均未知. 问在 $\alpha = 0.01$ 下能否认为这批矿砂的镍含量的均值为 3.25.

2. 设工程上要求某种元件的平均使用寿命(单位：h) 不得低于 1000h，生产者从一批这种元件中随机地抽取 25 件，测得平均寿命为 950h. 已知该种元件寿命服从标准差为 $\sigma = 100$h 的正态分布. 试在显著性水平 $\alpha = 0.05$ 下判定这批元件是否合格？

3. 某地某年高考后随机抽得 15 名男生、12 名女生的物理考试成绩如下.

男生：49　48　47　53　51　43　39　57　56　46　42　44　55　44　40.

女生：46　40　47　51　43　36　43　38　48　54　48　34.

这 27 名学生的成绩能说明这个地区男女生的物理考试成绩不相上下吗？（显著性水平 $\alpha = 0.05$)

4. 随机地选取 8 个人，分别测量他们在早晨起床时和晚上就寝时的身高(单位：cm)，得到以下的数据.

序号	1	2	3	4	5	6	7	8
早晨(x_i)	172	168	180	181	160	163	165	177
晚上(y_i)	172	167	177	179	159	161	166	175

设备对数据的差 D_i 是来自服从正态分布 $N(\mu_D, \sigma_D^2)$ 的总体的样本, μ_D, σ_D^2 均未知. 问在显著性水平 $\alpha = 0.05$ 下能否认为早晨的身高比晚上的身高要高?

5. 下表分别给出马克·吐温的 8 篇小品文以及斯诺特格拉斯的 10 篇小品文中由 3 个字母组成的单字的比例

马克·吐温	0.225 0.262 0.217 0.240 0.230 0.229 0.235 0.217
斯诺特格拉斯	0.209 0.205 0.196 0.210 0.202 0.207 0.224 0.223 0.220 0.201

设两组数据分别来自两个正态总体, 且两总体方差相等, 但参数未知. 两样本相互独立. 问在显著性水平 $\alpha = 0.05$ 下两位作家所写的小品文中由 3 个字母组成的单字的比例是否有显著的差异?

6. 设某种导线, 要求其电阻(单位: Ω) 的标准差不得超过 0.005Ω. 今在生产的一批导线中取样品 9 根, 测得 $s = 0.007\Omega$. 并假定总体服从正态分布, 参数均未知. 问在显著性水平 $\alpha = 0.05$ 下能否认为这批导线的标准差显著偏大?

7. 测得两批电子元件的样品的电阻(单位: Ω) 为

A 批(x)	0.140 0.138 0.143 0.143 0.144 0.137
B 批(y)	0.135 0.140 0.142 0.136 0.138 0.140

设这两批元件的电阻总体分别服从正态分布 $N(\mu_1, \sigma_1^2)$ 和 $N(\mu_2, \sigma_2^2)$, $\mu_1, \mu_2, \sigma_1^2, \sigma_2^2$ 均未知, 且两样本独立.

(1) 试在显著性水平 $\alpha = 0.05$ 下检验假设 $H_0: \sigma_1^2 = \sigma_2^2$, $H_1: \sigma_1^2 \neq \sigma_2^2$.

(2) 试在显著性水平 $\alpha = 0.05$ 下检验假设 $H_0': \mu_1 = \mu_2$, $H_1': \mu_1 \neq \mu_2$.

8. 有两台机器生产金属部件. 分别在两台机器所生产的部件中各取一容量为 $n_1 = 60, n_2 = 40$ 的样本, 测得部件重量(单位: kg) 的样本方差分别为 $s_1^2 = 15.46, s_2^2 = 9.66$. 设两总体分别服从正态分布 $N(\mu_1, \sigma_1^2)$ 和 $N(\mu_2, \sigma_2^2)$, $\mu_1, \mu_2, \sigma_1^2, \sigma_2^2$ 均未知, 且两样本独立. 试在显著性水平 $\alpha = 0.05$ 下检验假设 $H_0: \sigma_1^2 \leq \sigma_2^2$, $H_1: \sigma_1^2 > \sigma_2^2$.

9. 从某锌矿的东、西两支矿脉中, 各抽取样本容量分别为 9 与 8 的样本进行测试, 得样本含锌量的平均值及样本方差如下.

东支: $n_1 = 9, \bar{x} = 0.230, s_1^2 = 0.1337$.

西支: $n_2 = 8, \bar{y} = 0.0269, s_2^2 = 0.1736$.

若东、西两支矿脉的含锌量都服从正态分布, 问东、西两支矿脉含锌量的平均值是否可以看作一样的($\alpha = 0.05$)?

10. 1936 年瑞典研究人员在研究家庭小孩数与家庭收入关系时, 调查了 25263 个家庭, 其数据(收入单位: 千瑞典克朗) 总结为下列 5×4 列联表. 试判断每个家庭小孩数和家庭的收入是否无关($\alpha = 0.005$).

小孩数	收入				
	0 ~ 1	1 ~ 2	2 ~ 3	3 以上	合计
0	2161	3577	2184	1636	9558
1	2755	5081	2222	1052	11110
2	936	1753	640	306	3635
3	225	419	96	38	778
4	39	98	31	14	182
合计	6116	10928	5173	3046	25263

第9章 随机过程引论

在概率论中，为了描述随机现象，我们定义了一个或有限多个随机变量. 虽然在第5章极限理论部分讨论过随机变量序列，但在那里通常假定所涉及的随机变量是相互独立的. 有很多实际问题，需要研究随时间演变的随机现象，涉及研究无穷多个(一族)彼此有一定关联的随机变量，这就是随机过程. 本章首先引入随机过程的概念，然后介绍随机过程的统计描述方法，最后讨论几类实际生活中十分有用的随机过程.

9.1 随机过程的概念

随机过程理论是概率论的继续与发展，被认为是概率论的"运动学"部分，即它的研究对象是随时间演变的随机现象. 一方面，对事物变化的全过程进行观察，得到的结果是关于时间 t 的函数；另一方面，对事物的变化过程独立地、重复地进行多次观察，得到的结果可能是不相同的，且每次观察之前无法预知会出现哪个结果，也就是说，事物变化的过程不能用一个或几个时间 t 的确定函数来描述.

例如，在电子元件或器件中，由于内部微观粒子(如自由电子)的随机热骚动所引起的端电压，物理学上称为**热噪声电压**. 它在任一确定时刻 t 的值是一个随机变量，不妨记为 $X(t)$. 显然，不同时刻对应不同的随机变量，因此当时间在某个区间，如 $[0, +\infty)$ 上变化时，热噪声电压表现为一族随机变量，记为 $\{X(t), t \in [0, +\infty)\}$.

为了掌握热噪声电压随时间变化的规律，我们可以通过某种装置对元件(或器件)两端的热噪声电压进行长时间的测量，并把结果自动记录下来，作为依次试验结果，这样就得到了一个以时间 t 为自变量、电压为因变量的电压—时间函数，记为 $x_1(t), t \geq 0$，如图9.1所示. 这个函数相当于概率论中一次试验的结果(即一个样本点)，它在实验前是不可能预先确知的，只有通

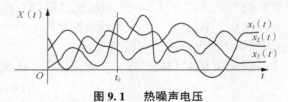

图 9.1 热噪声电压

过测量才能得到. 若在相同的条件下再独立地进行一次测量，则又可得到一个电压—时间函数 $x_2(t), t \geq 0$. 一般来说，$x_2(t)$ 与 $x_1(t)$ 是不同的. 事实上，由于热骚动的随机性，即使在条件相同的情况下，每次测量都将产生不同的电压—时间函数. 这样，一次次不断地、独立地重复测量就可以得到一族电压—时间函数 $\{x_n(t), n = 1, 2, \cdots; t \geq 0\}$. 这族函数相当于概率论中全体样本点的集合，即样本空间 S，它从另一个角度刻画了热噪声电压.

由此例可以看出，我们可以从横向和纵向两个不同的角度刻画随机过程，下面，以热噪声电压为背景，给出随机过程的数学定义以及相关概念.

定义 9.1 设 $S = \{e\}$ 为某随机试验 E 的样本空间，T 为一给定的参数集合. 如果对任意确定的 $t \in T$，均存在一个定义在 S 上的随机变量 $X(t, e)$ 与之对应，则称随机变量族 $\{X(t, e), t \in T\}$ 为一**随机过程**(stochastic process)，简记为 $\{X(t), t \in T\}$.

其中，T 称为**参数集**(parameter set)，通常把参数 t 看成时间，这正是称为"过程"的原因. 当然 t 可以是别的量，例如序号、距离等. 另外，t 也可以是向量，例如 t 是 R^3 中的点，

$X(t)$ 表示 t 点的风速. 当参数 t 为向量时, 也称随机过程为随机场. 本书仅限于讨论 $T \subset (-\infty, +\infty)$, 并把 $t \in T$ 称为时间. 特别, 若 $T = \{1, 2, \cdots, n\}$, 则 $\{X(t), t \in T\}$ 就是 n 维随机变量 $(X_1, X_2, \cdots, X_n)$; 若 $T = \{1, 2, \cdots, n, \cdots\}$, 则 $\{X(t), t \in T\}$ 就是随机变量序列 $\{X_n, n \geq 1\}$. 因此随机过程实际上是从有限维随机变量到可数无穷多个随机变量, 再到不可数无穷多个随机变量的推广.

由定义, 上述热噪声电压可以用随机过程 $\{X(t), t \geq 0\}$ 表示. 再看两个例子.

例 9.1（伯努利过程）　考虑抛掷一颗骰子的试验. 设 X_n 表示第 $n (n = 1, 2, \cdots)$ 次抛掷出的点数. 当 $n = 1, 2, \cdots$ 的不同值时, X_n 为不同的随机变量, 即 $\{X_n, n \geq 1\}$ 构成一个随机过程, 称之为**伯努利过程**.

例 9.2（计数过程）　考虑某服务窗口到达的顾客数量. 以 $N(t)$ 表示在时间间隔 $[0, t]$ 内到达窗口的人数. 则 $\{N(t), t \geq 0\}$ 为一随机过程, 称为**计数过程**.

由上述讨论可见, 随机过程 $X(t, e)$ 本质上是关于 $t \in T, e \in S$ 的二元映射. 所以通常采用讨论热噪声电压的类似方法, 即分别固定参数 t 和样本点 e 的取值, 来研究随机过程的统计规律.

定义 9.2　设 $\{X(t), t \in T\}$ 是一个随机过程, 对每个固定的时刻 t_0, $X(t_0) = X(t_0, e)$ 为一个定义在样本空间 S 上的随机变量, 称为随机过程 $\{X(t), t \in T\}$ 在时刻 t_0 的**状态**（**state**）. 且该过程所有可能取的状态全体称为**状态空间**（**state space**）, 记为 I.

另一方面, 对随机过程做一次实验, 得到一个确定的样本点, 即可得到一个自变量为时间 t 的函数, 这就是样本函数, 定义如下.

定义 9.3　设 $\{X(t), t \in T\}$ 是一个随机过程, 对每个固定的样本点 e_0, $X(t, e_0)$ 是仅依赖于时刻 $t (t \in T)$ 不再具有随机性的普通函数, 称为随机过程 $\{X(t), t \in T\}$ 的**样本函数**（**sample function**）, 通常记为 $x(t)$, 以避免与随机过程的记号 $X(t)$ 相混淆, 其图像称为随机过程的**样本曲线**（或**轨道**）.

当同时固定时刻 t 和样本点 e 的取值时, 不妨取 $t = t_0$, $e = e_0$, 则 $X(t_0, e_0)$ 为一确定的实数, 设为 x_0, 即 $X(t_0) = x_0$ 指随机过程 $\{X(t), t \in T\}$ 在 t_0 时刻处于状态 x_0.

例 9.1 中, $\{X_n, n \geq 1\}$ 的状态空间为 $I = \{1, 2, 3, 4, 5, 6\}$, $X_2 = 3$ 指过程在 2 时刻处于状态 3, 即第 2 次抛掷出的点数是 3.

例 9.3（随机切换过程）　利用抛掷一枚硬币的随机实验定义

$$X(t) = \begin{cases} \cos \pi t, & \text{出现 } H, \\ 2t, & \text{出现 } T. \end{cases}$$

则随机过程 $\{X(t), t \in (-\infty, +\infty)\}$ 只有两个样本函数, 分别是 $\cos \pi t$ 和 $2t$, 状态空间 $I = (-\infty, +\infty)$.

例 9.4（随机相位正弦波）　设 $X(t) = a \cos(\omega_0 t + \Theta)$, $-\infty < t < +\infty$, 其中 $a > 0, \omega_0$ 为任意常数, Θ 是服从区间 $(0, 2\pi)$ 上的均匀分布随机变量. 则随机过程 $\{X(t), t \in (-\infty, +\infty)\}$ 存在无数个样本函数, 状态空间 $I = [-a, +a]$. 图 9.2 为 $a = 1$, Θ 分别取值 $0, 3\pi/2$ 和 π 时的三条样本函数曲线.

随机过程也可以进行分类. 其分类方式可以根据其在任一时刻 t 的状态 $X(t)$ 是连续型随机变量或离散型随机变量而分为**连续型随机过程**和**离散型随机过程**. 上面例 9.1 和例 9.2 为离散型随机过程, 例 9.3 和例 9.4 为连续型随机过程. 也可以根

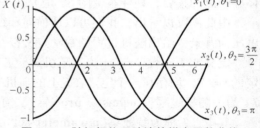

图 9.2　随机相位正弦波的样本函数曲线

据参数集 T 进行分类. 当 T 是区间时, 称 $\{X(t),t \in T\}$ 为**连续参数随机过程**. 当 T 为离散集合时, 称 $\{X(t),t \in T\}$ 为**离散参数随机过程**, 也称为**随机序列**或**时间序列**, 一般用 $\{X_n,n = 0, \pm 1, \pm 2, \cdots\}$ 等表示. 若随机序列的状态空间也是离散的, 则称为**离散参数链**. 上面例 9.1 为离散参数链, 例 9.2 ~ 例 9.4 均为连续参数随机过程.

除了按参数集 T 与状态空间 I 是否连续对随机过程进行分类外, 还可以根据过程的概率特征对随机过程进行分类, 如独立增量过程、马尔可夫过程、平稳过程等.

当然也可以按照随机过程的维数分为一维随机过程和多维随机过程, 按状态的取值是否为实数分为实随机过程和复随机过程, 本书仅讨论一维实随机过程, 简称为随机过程.

9.2　随机过程的统计描述

在概率论中, 我们用随机变量的分布刻画它的统计特性. 9.1 节已指出, 随机过程是一族随机变量, 因此也可以利用研究随机变量的方法来描述随机过程的统计特性.

9.2.1　随机过程的有限维分布

设 $\{X(t),t \in T\}$ 为一随机过程, 对任意固定的 $t \in T$, 随机变量 $X(t)$ 的分布函数一般与 t 有关, 记为

$$F(x;t) = P\{X(t) \leqslant x\}, \ x \in \mathbf{R}.$$

称 $F(x;t)$ 为随机过程 $\{X(t),t \in T\}$ 的**一维分布函数** (**one-dimensional distribution function**), 并称 $\{F(x;t),t \in T\}$ 为随机过程的**一维分布函数族**.

一维分布函数刻画了随机过程在每个孤立时刻的统计特性, 为了描述随机过程在不同时刻状态之间的统计联系, 考虑任意 n 个 $(n = 2,3,\cdots)$, 不同时刻 $t_1,t_2,\cdots,t_n \in T$, 对应的 n 维随机变量 $(X(t_1),X(t_2),\cdots,X(t_n))$ 的分布函数, 记为

$$F(x_1,x_2,\cdots,x_n;t_1,t_2,\cdots,t_n) = P\{X(t_1) \leqslant x_1,X(t_2) \leqslant x_2,\cdots,X(t_n) \leqslant x_n\}, x_1,x_2,\cdots,x_n \in \mathbf{R}.$$

并称 $F(x_1,x_2,\cdots,x_n;t_1,t_2,\cdots,t_n)$ 为随机过程 $\{X(t),t \in T\}$ 的 **n 维分布函数**(**n-dimensional distribution function**).

对每个固定的 n, 称 $\{F(x_1,x_2,\cdots,x_n;t_1,t_2,\cdots,t_n),t_i \in T,i = 1,2,\cdots,n\}$ 为随机过程 $\{X(t), t \in T\}$ 的 **n 维分布函数族**.

并称 $n(n = 1,2,\cdots,)$ 维分布函数的全体

$$F = \{F(x_1,x_2,\cdots,x_n;t_1,t_2,\cdots,t_n),x_i \in \mathbf{R},t_i \in T,i = 1,2,\cdots,n,n = 1,2,\cdots\}$$

为随机过程 $\{X(t),t \in T\}$ 的**有限维分布函数族**(**limited dimensional distribution function of family**).

如果 $F(x_1,x_2,\cdots,x_n;t_1,t_2,\cdots,t_n)$ 关于 $x_1,x_2,\cdots,x_n$ 的 n 阶混合偏导数存在, 则称

$$f(x_1,x_2,\cdots,x_n;t_1,t_2,\cdots,t_n) = \frac{\partial^n F(x_1,x_2,\cdots,x_n;t_1,t_2,\cdots,t_n)}{\partial x_1 \cdots \partial x_n}$$

为随机过程 $\{X(t),t \in T\}$ 的 **n 维概率密度函数**(**n-dimensional probability density function**).

例 9.5　设 $X(t) = A\cos t$, $-\infty < t < +\infty$, 其中 A 是随机变量, 其概率分布为

$$P(A = 1) = \frac{1}{3}, P(A = 2) = \frac{2}{3}.$$

试求:

(1) $X(0)$ 的概率分布以及一维分布函数 $F(x;0)$;

（2）$(X(0), X(\pi))$ 的分布律.

解　（1）依题意，$X(0) = A\cos 0 = A$，$X(0)$ 的分布律为

$$P\{X(0) = 1\} = \frac{1}{3}, P\{X(0) = 2\} = \frac{2}{3}.$$

从而，得 $\{X(t), t \in (-\infty, +\infty)\}$ 的一维分布函数为

$$F(x;0) = \begin{cases} 0, & x < 1, \\ \dfrac{1}{3}, & 1 \leqslant x < 2, \\ 1, & x \geqslant 2. \end{cases}$$

（2）依题意，$X(0) = A, X(\pi) = \cos\pi = -A$，$X(0)$ 的可能取值为 $1, 2$；$X(\pi)$ 的可能取值为 $-1, -2$. 且

$$P\{X(0) = 1, X(\pi) = -1\} = P(A = 1, -A = -1) = P(A = 1) = \frac{1}{3},$$
$$P\{X(0) = 1, X(\pi) = -2\} = P(\varnothing) = 0,$$
$$P\{X(0) = 2, X(\pi) = -1\} = P(\varnothing) = 0,$$
$$P\{X(0) = 2, X(\pi) = -2\} = P(A = 2) = \frac{2}{3}.$$

综上得，$(X(0), X(\pi))$ 的分布律为

$X(0)$	$X(\pi)$	
	-1	-2
1	$\dfrac{1}{3}$	0
2	0	$\dfrac{2}{3}$

例 9.6　设 $X(t) = A + Bt, -\infty < t < +\infty$，其中 A 和 B 相互独立且均服从正态分布 $N(0,1)$. 试求出随机过程 $\{X(t), t \in (-\infty, +\infty)\}$：

（1）一维分布及其一维概率密度函数 $f(x;t)$；

（2）二维分布.

解　（1）对任意实数 t，$X(t) = A + Bt$ 是相互独立的正态变量 A 和 B 的线性组合，由正态分布的性质，$X(t)$ 仍服从正态分布. 且

$$E[X(t)] = E[A + Bt] = E(A) + tE(B) = 0,$$
$$D[X(t)] = D[A + Bt] = D(A) + t^2 D(B) = 1 + t^2,$$

所以 $X(t) \sim N(0, 1 + t^2)$，其概率密度函数为

$$f(x;t) = \frac{1}{\sqrt{2\pi(1 + t^2)}} e^{-\frac{x^2}{2(1+t^2)}}, \quad x \in \mathbf{R}.$$

（2）首先，A 和 B 相互独立且服从正态分布，所以 (A, B) 服从二维正态分布. 其次，对任意的 $t_1, t_2 \in \mathbf{R}$，$X(t_1) = A + Bt_1, X(t_2) = A + Bt_2$ 均为 A 和 B 的线性组合，由多元正态分布性质，$(X(t_1), X(t_2))$ 服从二维正态分布. 且

$$E[X(t_i)] = 0, D[X(t_i)] = 1 + t_i^2, i = 1, 2,$$
$$\mathrm{Cov}(X(t_1), X(t_2)) = \mathrm{Cov}(A + Bt_1, A + Bt_2)$$
$$= D(A) + (t_1 + t_2)\mathrm{Cov}(A, B) + t_1 t_2 D(B) = 1 + t_1 t_2.$$

即 $(X(t_1),X(t_2))$ 的均值向量为 $\mathbf{0} = \begin{pmatrix} 0 \\ 0 \end{pmatrix}$，协方差矩阵为 $\mathbf{C} = \begin{pmatrix} 1+t_1^2 & 1+t_1 t_2 \\ 1+t_1 t_2 & 1+t_2^2 \end{pmatrix}$，

从而，$(X(t_1),X(t_2)) \sim N(\mathbf{0}, \mathbf{C})$，其中 $t_1, t_2 \in \mathbf{R}$.

根据有限维分布函数的定义，随机过程的有限维分布函数不仅描述了随机过程在某一时刻状态的统计特性，而且完全确定了任意有限个不同时刻的状态之间的相互关系. 进一步，容易验证，随机过程的有限维分布函数族 F 具有以下性质.

（1）对称性

设 $i_1, i_2, \cdots, i_n$ 是 $1,2,\cdots,n$ 的任一排列，则

$$F(x_1,\cdots,x_n;t_1,\cdots,t_n) = F(x_{i_1},\cdots,x_{i_n};t_{i_1},\cdots,t_{i_n}).$$

（2）相容性

设 $m < n \in \mathbf{N}$，则

$$F(x_1,x_2,\cdots,x_m,+\infty,\cdots,+\infty;t_1,t_2,\cdots,t_m,t_{m+1},\cdots,t_n) = F(x_1,x_2,\cdots,x_m;t_1,t_2,\cdots,t_m).$$

并且，**科尔莫戈罗夫**（**Kolmogorov**）证明了以下结论：设参数集 T 给定，若分布函数族 F 具有上述对称性和相容性，则必存在一个随机过程 $\{X(t), t \in T\}$，它的有限维分布函数族是 F.

这一结论说明，随机过程的有限维分布函数族完全地确定了随机过程的统计特性.

9.2.2 随机过程的数字特征

虽然随机过程的有限维分布函数族可以完整地描述随机过程的统计特性，但在实际应用中，根据观察往往只能得到随机过程的部分资料，用它去确定有限维分布函数是困难的甚至是不可能的. 另外，对于一大类随机过程，可以根据某一样本函数估计出随机过程的重要统计性质. 因此，类似对随机变量的研究，下面引入随机过程的几个常用数字特征. 它们可以由随机变量的数字特征导出，但是一般不再是常数值，而是一个确定的时间函数.

1. 均值函数

给定随机过程 $\{X(t), t \in T\}$，对任意固定的 $t \in T$，若随机变量 $X(t)$ 的均值 $E[X(t)]$ 存在，则一般与 t 有关，记为 $\mu_X(t)$，即

$$\mu_X(t) = E[X(t)],$$

并称 $\mu_X(t)$ 为随机过程 $\{X(t), t \in T\}$ 的**均值函数**（**average function**）.

由定义，均值函数 $\mu_X(t)$ 是随机过程 $\{X(t), t \in T\}$ 的所有样本函数在时刻 t 处函数值的平均值，通常称这种平均为**统计平均**（**statistical average**），或**集平均**（**ensemble average**）. 它刻画了随机过程 $\{X(t), t \in T\}$ 在时刻 t 的摆动中心，如图 9.3 所示.

显然，均值函数 $\mu_X(t), t \in T$ 是一个普通的实值函数.

2. 相关函数

给定随机过程 $\{X(t), t \in T\}$，对任意固定的 $t \in T$，若随机变量 $X(t)$ 的方差 $D[X(t)]$ 和二阶原点矩 $E[X^2(t)]$ 存在，则依次记为 $D_X(t)$ 和 $\psi_X^2(t)$，即

$$D_X(t) = D[X(t)],$$

$$\psi_X^2(t) = E[X^2(t)],$$

并称 $D_X(t)$ 和 $\psi_X^2(t)$ 分别为随机过程 $\{X(t), t \in T\}$ 的**方差函数**（**Variance function**）和**均方值函数**（**mean square value function**）.

同时，称 $\sigma_X(t) = \sqrt{D_X(t)}$ 为该随机过程的**均方差函数**（**Mean square error function**），它描述了随机过程诸样本函数在时刻 t 关于均值函数 $\mu_X(t)$ 的平均偏离程度，如图 9.3 所示. $\sigma_X(t)$ 也是一个关于参数 t 的普通的实值函数.

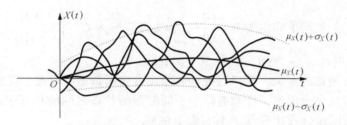

图 9.3　随机过程的均值函数

对任意 $t_1, t_2 \in T$，若随机变量 $X(t_1)$ 与 $X(t_2)$ 的二阶混合原点矩存在，记作 $R_X(t_1, t_2)$，即
$$R_X(t_1, t_2) = E[X(t_1)X(t_2)],$$
并称 $R_X(t_1, t_2)$ 为随机过程 $\{X(t), t \in T\}$ 的**自相关函数**（**correlation function**），简称为**相关函数**.

类似地，对任意 $t_1, t_2 \in T$，若随机变量 $X(t_1)$ 和 $X(t_2)$ 之间的协方差存在，记作 $C_X(t_1, t_2)$，即
$$C_X(t_1, t_2) = \mathrm{Cov}(X(t_1), X(t_2)),$$
并称 $C_X(t_1, t_2)$ 为随机过程 $\{X(t), t \in T\}$ 的**协方差函数**（**covariance function**）.

协方差函数 $C_X(t_1, t_2)$ 反映了随机过程 $\{X(t), t \in T\}$ 在任意两个不同时刻 t_1 和 t_2 所处状态之间的线性相依关系.

由数字特征的性质，不难得到随机过程 $\{X(t), t \in T\}$ 的数字特征函数之间具有如下关系.

(1) $C_X(t_1, t_2) = R_X(t_1, t_2) - \mu_X(t_1)\mu_X(t_2)$. 　　　　　　　　　　　(9.2.1)

(2) $D_X(t) = C_X(t, t) = R_X(t, t) - [\mu_X(t)]^2$. 　　　　　　　　　　　(9.2.2)

(3) $\psi_X^2(t) = R_X(t, t)$. 　　　　　　　　　　　　　　　　　　　　(9.2.3)

可见，均值函数 $\mu_X(t)$ 和相关函数 $R_X(t_1, t_2)$ 是最主要的两个数字特征. 其他数字特征函数可以由这两个结果计算完成. 同时，均值函数称为随机过程的一阶矩，均方值函数称为随机过程的二阶矩，方差函数、协方差函数和相关函数则为随机过程的几个不同形式的二阶矩.

从理论的角度来看，仅仅研究一、二阶矩不能代替对整个随机过程的研究，但是由于它们确实刻画了随机过程的主要统计特性，而且比有限维分布函数族易于观测及计算，因而对实际问题而言，它们常常能够起到重要作用.

例 9.7（续例 9.4）　求随机相位正弦波的均值函数、相关函数、协方差函数和方差函数.

解　由题设，Θ 的概率密度函数为
$$f(\theta) = \begin{cases} \dfrac{1}{2\pi}, & 0 < \theta < 2\pi, \\ 0, & \text{其他}. \end{cases}$$

均值函数
$$\begin{aligned} \mu_X(t) &= E[X(t)] = E[a\cos(\omega_0 t + \Theta)] \\ &= \int_0^{2\pi} a\cos(\omega_0 t + \theta) \cdot \frac{1}{2\pi}\mathrm{d}\theta = 0, \ t \in (-\infty, +\infty). \end{aligned}$$

相关函数
$$\begin{aligned} R_X(t_1, t_2) &= E[X(t_1)X(t_2)] \\ &= E[a^2\cos(\omega_0 t_1 + \Theta)\cos(\omega_0 t_2 + \Theta)] \\ &= \int_0^{2\pi} a^2\cos(\omega_0 t_1 + \theta)\cos(\omega_0 t_2 + \theta) \cdot \frac{1}{2\pi}\mathrm{d}\theta \\ &= \frac{a^2}{2}\cos(\omega_0(t_2 - t_1)), \ t_1, t_2 \in (-\infty, +\infty). \end{aligned}$$

协方差函数

$$C_X(t_1, t_2) = R_X(t_1, t_2) - \mu_X(t_1)\mu_X(t_2) = \frac{a^2}{2}\cos(\omega_0(t_2 - t_1)), \ t_1, t_2 \in (-\infty, +\infty).$$

方差函数

$$D_X(t) = C_X(t, t) = \frac{a^2}{2}, \ t \in (-\infty, +\infty).$$

例 9.8(续例 9.5) 设 $X(t) = A\cos t, -\infty < t < +\infty$，其中 A 是随机变量，其概率分布为 $P(A = 1) = \frac{1}{3}, P(A = 2) = \frac{2}{3}$. 求随机过程 $\{X(t), t \in (-\infty, +\infty)\}$ 的均值函数、相关函数和协方差函数.

解 由 $E(A) = 1 \times \frac{1}{3} + 2 \times \frac{2}{3} = \frac{5}{3}$，以及

$E(A^2) = 1 \times \frac{1}{3} + 2^2 \times \frac{2}{3} = 3$，可得

均值函数

$$\mu_X(t) = E[X(t)] = E(A\cos t) = \cos t \cdot E(A) = \frac{5}{3}\cos t, \ t \in (-\infty, +\infty).$$

相关函数

$$R_X(t_1, t_2) = E[X(t_1)X(t_2)] = E(A\cos t_1 A\cos t_2)$$
$$= \cos t_1 \cos t_2 \cdot E(A^2) = 3\cos t_1 \cos t_2, \ t_1, t_2 \in (-\infty, +\infty).$$

协方差函数

$$C_X(t_1, t_2) = R_X(t_1, t_2) - \mu_X(t_1)\mu_X(t_2)$$
$$= 3\cos t_1 \cos t_2 - \frac{5}{3}\cos t_1 \cdot \frac{5}{3}\cos t_2 = \frac{2}{9}\cos t_1 \cos t_2, \ t_1, t_2 \in (-\infty, +\infty).$$

9.3 几种重要的随机过程

9.3.1 二阶矩过程

定义 9.4 设 $\{X(t), t \in T\}$ 是一随机过程，若对每个 $t \in T$，过程的均方值都存在，则称该过程为**二阶矩过程**.

例如，例 9.7 和例 9.8 的随机过程均为二阶矩过程. 后面我们还将学习几个重要的二阶矩过程.

从二阶矩过程的均值函数和相关函数出发研究随机过程的性质而得到的理论通常称为随机过程的**相关理论**.

9.3.2 正态过程

定义 9.5 设 $\{X(t), t \in T\}$ 是一随机过程，若对任意的正整数 n 和任意 n 个不同时刻 t_1，$t_2, \cdots, t_n \in T$，随机变量 $(X(t_1), X(t_2), \cdots, X(t_n))$ 服从 n 维正态分布，则称 $\{X(t), t \in T\}$ 为**正态过程**或**高斯（Gauss）过程**.

显然，正态过程 $\{X(t), t \in T\}$ 是二阶矩过程，且任意有限维分布由它的均值函数和协方差

函数完全确定. 事实上，若记

$$\boldsymbol{x} = \begin{pmatrix} x_1 \\ x_2 \\ \vdots \\ x_n \end{pmatrix}, \boldsymbol{\mu} = \begin{pmatrix} \mu_X(t_1) \\ \mu_X(t_2) \\ \vdots \\ \mu_X(t_n) \end{pmatrix}, \boldsymbol{C} = \begin{pmatrix} C_X(t_1,t_1) & C_X(t_1,t_2) & \cdots & C_X(t_1,t_n) \\ C_X(t_2,t_1) & C_X(t_2,t_2) & \cdots & C_X(t_2,t_n) \\ \vdots & \vdots & \vdots & \vdots \\ C_X(t_n,t_1) & C_X(t_n,t_2) & \cdots & C_X(t_n,t_n) \end{pmatrix},$$

则 $(X(t_1),X(t_2),\cdots,X(t_n))$ 的概率密度函数为

$$f(x_1,x_2,\cdots,x_n;t_1,t_2,\cdots,t_n) = \frac{1}{(2\pi)^{n/2}|\boldsymbol{C}|^{1/2}} \cdot \exp\left[-\frac{1}{2}(\boldsymbol{x}-\boldsymbol{\mu})^{\mathrm{T}}\boldsymbol{C}^{-1}(\boldsymbol{x}-\boldsymbol{\mu})\right].$$

我们知道，类似正态随机变量，正态过程在随机过程中也有着重要地位，尤其在通信技术领域，正态过程有着广泛的应用.

例 9.9　设 $X(t) = Y\cos(\theta t) + Z\sin(\theta t)$，$-\infty < t < +\infty$，其中 θ 是任意常数，Y 和 Z 是相互独立且都服从正态分布 $N(0,\sigma^2)$ 的随机变量. 试证明 $\{X(t),t \in (-\infty,+\infty)\}$ 是正态过程.

证明　由 Y 和 Z 相互独立且都服从正态分布知，(Y,Z) 服从二维正态分布.

且对任意 n 个不同时刻 $t_1,t_2,\cdots,t_n \in (-\infty,+\infty)$，

$$X(t_i) = Y\cos(\theta t_i) + Z\sin(\theta t_i)\ (\ i = 1,2,\cdots,n,n = 1,2,\cdots.\ )$$

均为 Y 和 Z 的线性组合，由多元正态分布的性质，$(X(t_1),X(t_2),\cdots,X(t_n))$ 为 n 维正态随机变量. 所以，$\{X(t),t \in (-\infty,+\infty)\}$ 是一正态过程.

9.3.3　独立增量过程

定义 9.6　设 $\{X(t),t \geqslant 0\}$ 为一个随机过程. 若对任意的整数 $n > 2$ 和任意给定的 $0 \leqslant t_1 < t_2 < \cdots < t_n$，随机变量

$$X(t_2) - X(t_1),X(t_3) - X(t_2),\cdots,X(t_n) - X(t_{n-1})$$

相互独立，则称 $\{X(t),t \geqslant 0\}$ 为**独立增量过程**（**independent incremental process**）或**可加过程**（**add process**）. 并称 $X(t_2) - X(t_1)$ 为随机过程在区间 $(t_1,t_2]$ 上的状态增量.

独立增量过程的特点是：过程在任意一个时间间隔上状态的改变，不影响任意与它不相重叠的时间间隔上状态的改变，如图 9.4 所示. 直观地说，这一过程具有"**在互不重叠的时间区间上，状态的增量相互独立**"这一特征. 实际中，如服务系统在某段时间间隔内服务的"顾客"数、某 112 电话总机在某段时间间隔内收到的"呼叫"次数等均可用独立增量过程来描述，因为在不相重叠的时间间隔内，"顾客"数和"呼叫"数均是相互独立的.

图 9.4　独立增量过程的直观意义

若对任意的 $t \geqslant 0,\tau > 0$，增量 $X(t+\tau) - X(t)$ 的概率分布与 t 无关，则称 $\{X(t),t \geqslant 0\}$ 为**平稳增量过程**（增量具有平稳性）或**齐次增量过程**. 兼有独立增量和平稳增量的随机过程称为**平稳独立增量过程**.

例 9.10　考虑某种设备一直使用到损坏为止，然后换上同类型的设备. 设 $N(t)$ 为时间区间 $[0,t]$ 内更换的设备数，则随机过程 $\{N(t),t \geqslant 0\}$，对任意 $0 \leqslant t_1 < t_2 < \cdots < t_n$，随机变量

$$N(t_1),N(t_2) - N(t_1),\cdots,N(t_n) - N(t_{n-1})$$

分别表示在时间段 $(0,t_1],(t_1,t_2],\cdots,(t_{n-1},t_n]$ 更换的设备数，由实际意义知，它们是相互独立的，且对于任意的 $t \geqslant 0,\tau > 0$，增量 $N(t+\tau) - N(t)$ 的分布仅依赖于时间间隔 τ，与 t 的取

值无关. 因此, $\{N(t),t\geq 0\}$ 是平稳独立增量过程.

令 $Y(t)=X(t)-X(0)$, 则由定义不难验证: $\{X(t),t\geq 0\}$ 为独立增量过程等价于 $\{Y(t),t\geq 0\}$ 为独立增量过程, 这里 $Y(0)=0$. 基于此结论, 往往假定独立增量过程 $\{X(t),t\geq 0\}$ 满足 $X(0)=0$. 而且可以证明:

在 $X(0)=0$ 的条件下, 独立增量过程的任意有限维分布函数由其增量的分布完全确定. 并且, 协方差函数与方差函数之间存在下列关系.

定理 9.1 设 $\{X(t),t\geq 0\}$ 为独立增量过程, 且 $X(0)=0$, 方差函数为 $D_X(t)$. 则对任意 $t_1,t_2\geq 0$, 有

$$C_X(t_1,t_2)=D_X[\min(t_1,t_2)]. \tag{9.3.1}$$

证明 令 $Y(t)=X(t)-\mu_X(t),t\geq 0$. 则 $\{Y(t),t\geq 0\}$ 也是独立增量过程, 且 $Y(0)=0$, $E[Y(t)]=0$, $E[Y^2(t)]=D_X(t)$.

当 $0\leq t_1\leq t_2$ 时, 有

$$\begin{aligned}
C_X(t_1,t_2)&=E\{[X(t_1)-\mu_X(t_1)][X(t_2)-\mu_X(t_2)]\}\\
&=E[Y(t_1)Y(t_2)]\\
&=E\{[Y(t_1)-Y(0)][Y(t_2)-Y(t_1)]\}+E[Y^2(t_1)]\\
&=E[Y(t_1)-Y(0)]E[Y(t_2)-Y(t_1)]+D[X(t_1)]\\
&=D[X(t_1)].
\end{aligned}$$

类似, 当 $0\leq t_2<t_1$ 时, 有 $C_X(t_1,t_2)=D[X(t_2)]$.

于是, $C_X(t_1,t_2)=D[X(\min(t_1,t_2))]=D_X[\min(t_1,t_2)]$.

人们最早在物理现象中观察到的独立增量过程是泊松过程和维纳过程, 下面详细讨论这两个特殊的随机过程.

9.3.4 泊松过程

泊松过程是一类直观意义明确的参数连续状态离散的随机过程, 被广泛应用于公共服务、生物学、医学等领域. 一般地, 考虑一个来到某"服务点"等待服务的"顾客流", 数字通信中某段时间内发生的误码次数等均可用泊松过程来模拟. 当赋予"服务点"和"顾客流"不同的意义时, 便可得到不同的泊松过程. 本节着重介绍泊松过程的定义、数字特征以及相关的分布特征.

首先介绍比泊松过程更直观、更广泛的一类过程 —— 计数过程.

1. 计数过程

定义 9.7 设 $X(t),t\geq 0$ 表示在时间区间 $(0,t]$ 内某事件 A 发生的次数, 则称 $\{X(t),t\geq 0\}$ 为**计数过程**(counting process).

由定义知, 在时间区间 $(s,t]$ 内事件 A 发生的次数可表示为 $X(t)-X(s)$, 即过程在 $(s,t]$ 上的增量. 计数过程是参数连续、状态离散的随机过程, 每个样本函数是一个阶梯函数, 且在事件 A 发生的每个时刻点 $t_i(i=1,2,\cdots)$ 上产生单位为"1"的跳跃, 如图 9.5 所示, 图中 $t_1,t_2,\cdots$ 是事件 A 依次出现的时刻.

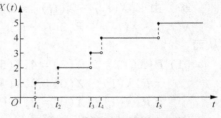

图 9.5 计数过程的样本函数

2. 泊松过程的定义与统计特性

定义 9.8 如果计数过程 $\{X(t),t\geq 0\}$ 满足如下条件:

(1) $X(0)=0$;

(2) $\{X(t),t\geq 0\}$ 是独立增量过程;

(3) 对任意的 $t_2 > t_1 \geqslant 0$,
$$X(t_2) - X(t_1) \sim P(\lambda(t_2 - t_1)),\ \text{其中常数}\ \lambda > 0. \tag{9.3.2}$$
即
$$P\{X(t_2) - X(t_1) = k\} = \frac{(\lambda(t_2 - t_1))^k}{k!} e^{-\lambda(t_2 - t_1)},\ k = 0,1,2,\cdots,$$
则称 $\{X(t), t \geqslant 0\}$ 是参数(或强度)为 λ 的**泊松过程**.

由 (9.3.2) 式知, 泊松过程是一个平稳的独立增量过程, 且结合条件(1)和条件(3), 对任意 $t > 0$, 有
$$X(t) = X(t) - X(0) \sim P(\lambda t),$$
从而, 利用泊松分布的数字特征, 可得
$$\mu_X(t) = \lambda t, D_X(t) = \lambda t. \tag{9.3.3}$$

可见, $\lambda = \dfrac{E[X(t)]}{t}$, 即泊松过程的参数 λ 表示单位时间内事件 A 发生的平均次数, 因此工程上称 λ 为泊松过程的**强度**.

再结合 (9.3.1) 式和 (9.3.3) 式, 立得泊松过程 $\{X(t), t \geqslant 0\}$ 的协方差函数
$$C_X(t_1, t_2) = \lambda \min(t_1, t_2), \tag{9.3.4}$$
以及相关函数
$$R_X(t_1, t_2) = \lambda^2 t_1 t_2 + \lambda \min(t_1, t_2). \tag{9.3.5}$$

从定义 9.8 可知, 为了判断一个计数过程 $\{X(t), t \geqslant 0\}$ 是泊松过程, 必须检验它同时满足条件(1) ~ 条件(3). 其中, 条件(1)说明事件 A 的计数是从 $t = 0$ 开始的; 条件(2)通常可通过过程的实际意义进行判定; 条件(3)是泊松过程名字的来源, 然而此条件的检验往往比较困难. 为了方便判断, 这里不加证明地给出泊松过程的另一个等价定义.

定义 9.9　如果计数过程 $\{X(t), t \geqslant 0\}$ 满足如下条件:

(1) $X(0) = 0$;

(2) $\{X(t), t \geqslant 0\}$ 是独立增量过程;

(3) 对任意的 $t \geqslant 0$ 及充分小的 $\tau > 0$, 有
$$P\{X(t + \tau) - X(t) = 1\} = \lambda \tau + o(\tau),\ \text{且}$$
$$P\{X(t + \tau) - X(t) \geqslant 2\} = o(\tau),\ \text{其中常数}\ \lambda > 0.$$
则称 $\{X(t), t \geqslant 0\}$ 是参数(或强度)为 λ 的**泊松过程**.

例 9.11　设 $\{X(t), t \geqslant 0\}$ 是一泊松过程, 且对任意 $t_2 > t_1 \geqslant 0$, 有 $E[X(t_2) - X(t_1)] = 2(t_2 - t_1)$. 试求:

(1) $P\{X(1) = 2, X(3) = 4, X(5) = 5\}$;

(2) $P\{X(3) = 4 \mid X(1) = 2\}$.

解　由 $E[X(t_2) - X(t_1)] = 2(t_2 - t_1)$, 可知 $\lambda = 2$. 于是, 对任意 $t_2 > t_1 \geqslant 0$, 有 $X(t_2) - X(t_1) \sim P(2(t_2 - t_1))$. 且 $X(1) - X(0), X(3) - X(1), X(5) - X(3)$ 相互独立, 从而

(1) $P\{X(1) = 2, X(3) = 4, X(5) = 5\}$
$= P\{X(1) - X(0) = 2, X(3) - X(1) = 2, X(5) - X(3) = 1\}$
$= P\{X(1) - X(0) = 2\} \cdot P\{X(3) - X(1) = 2\} \cdot P\{X(5) - X(3) = 1\}$
$= \dfrac{2^2}{2!} e^{-2} \cdot \dfrac{(2 \times 2)^2}{2!} e^{-2 \times 2} \cdot \dfrac{(2 \times 2)^1}{1!} e^{-2 \times 2} = 64 e^{-10}.$

(2) $P\{X(3) = 4 \mid X(1) = 2\} = P\{X(3) - X(1) = 2 \mid X(1) - X(0) = 2\}$
$= P\{X(3) - X(1) = 2\} = \dfrac{(2 \times 2)^2}{2!} e^{-2 \times 2} = 8 e^{-4}.$

3. 泊松过程的等待时间与时间间隔的分布

若用泊松过程来描述服务系统中接受服务的顾客数，往往还会考虑顾客接受服务的等待时间以及顾客的等待时间间隔等的分布规律.

设 $\{X(t), t \geq 0\}$ 是一泊松过程，$X(t)$ 表示时间 $(0, t]$ 内事件 A 发生（顾客到达）的次数，记 $W_1, W_2, \cdots$ 分别表示事件 A 第 1 次，第 2 次，$\cdots$ 发生的时刻，$T_n (n \geq 1)$ 表示事件 A 从第 $n-1$ 次发生到第 n 次发生的时间间隔，如图 9.6 所示.

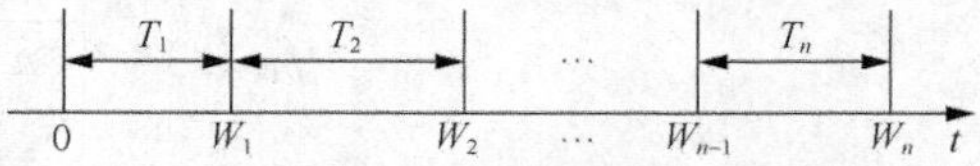

通常，称 W_n 为第 n 次事件 A 发生的时刻或第 n 次事件 A 发生的等待时间，T_n 为第 n 个等待时间间隔，它们都是随机变量，下面利用泊松过程中事件 A 发生的概率性质，来研究 W_n 和 T_n 的概率分布.

图 9.6　等待时间和时间间隔示意图

定理 9.2　设 $\{X(t), t \geq 0\}$ 是参数为 λ 的泊松过程，$\{T_n, n \geq 1\}$ 是此过程对应的等待时间间隔序列，则随机变量 $T_1, T_2, \cdots, T_n, \cdots$ 相互独立且均服从参数为 λ 的指数分布.

证明　首先，由泊松过程是平稳独立增量过程，事件 A 在相邻两次发生的时间间隔是相互独立的，即 $T_1, T_2, \cdots, T_n, \cdots$ 相互独立.

其次，考虑 T_1 的概率分布.

显然，当 $t < 0$ 时，$F_{T_1}(t) = P\{T_1 \leq t\} = 0$.

当 $t \geq 0$ 时，事件 $\{T_1 > t\}$ 发生当且仅当 $(0, t]$ 内事件 A 没有发生，所以

$$F_{T_1}(t) = P\{T_1 \leq t\} = 1 - P\{T_1 > t\} = 1 - P\{X(t) = 0\} = 1 - \mathrm{e}^{-\lambda t}.$$

即

$$F_{T_1}(t) = P\{T_1 \leq t\} = 1 - P\{T_1 > t\} = \begin{cases} 1 - \mathrm{e}^{-\lambda t}, & t \geq 0, \\ 0, & t < 0. \end{cases}$$

T_1 服从参数为 λ 的指数分布.

再次，考虑 T_2 的概率分布.

当 $t < 0$ 时，$F_{T_2}(t) = P\{T_2 \leq t\} = 0$.

当 $t \geq 0$ 时，对任意 $s \geq 0$，由 T_1 与 T_2 相互独立，知

$$\begin{aligned} F_{T_2}(t) &= P\{T_2 \leq t\} = 1 - P\{T_2 > t\} = 1 - P\{T_2 > t \mid T_1 = s\} \\ &= 1 - P\{(s, s+t] \text{ 内事件 } A \text{ 没有发生} \mid T_1 = s\} \\ &= 1 - P\{(s, s+t] \text{ 内事件 } A \text{ 没有发生}\} \\ &= 1 - P\{X(t+s) - X(s) = 0\} \\ &= 1 - \mathrm{e}^{-\lambda t}. \end{aligned}$$

即

$$F_{T_2}(t) = \begin{cases} 1 - \mathrm{e}^{-\lambda t}, & t \geq 0, \\ 0, & t < 0. \end{cases}$$

故 T_2 也服从参数为 λ 的指数分布.

最后，考虑 $T_n (n \geq 2)$ 的概率分布.

类似前两种情形，当 $t < 0$ 时，$F_{T_n}(t) = P\{T_n \leq t\} = 0$.

当 $t \geq 0$ 时，对任意的 $n \geq 2$ 和 $s_1, s_2, \cdots, s_{n-1} \geq 0$，由于 $T_1, T_2, \cdots, T_n$ 相互独立，有

$$\begin{aligned} F_{T_n}(t) &= P\{T_n \leq t\} = 1 - P\{T_n > t\} = 1 - P\{T_n > t \mid T_1 = s_1, \cdots, T_{n-1} = s_{n-1}\} \\ &= 1 - P\{X(t + s_1 + \cdots + s_{n-1}) - X(s_1 + s_2 + \cdots + s_{n-1}) = 0\} \\ &= 1 - \mathrm{e}^{-\lambda t}. \end{aligned}$$

即

$$F_{T_n}(t) = \begin{cases} 1 - \lambda \mathrm{e}^{-\lambda t}, & t \geq 0, \\ 0, & t < 0. \end{cases}$$

因此，T_n 服从参数为 λ 的指数分布.

综上讨论，等待时间间隔 $T_1, T_2, \cdots, T_n, \cdots$ 相互独立且均服从参数为 λ 的指数分布.

定理 9.3 设 $\{X(t), t \geq 0\}$ 是参数为 λ 的泊松过程，$\{W_n, n \geq 1\}$ 是与此过程对应的等待时间序列，则 $W_n(n \geq 1)$ 服从参数为 n 与 λ 的 Γ 分布，其概率密度函数为

$$f_{W_n}(t) = \begin{cases} \dfrac{(\lambda t)^{n-1}}{(n-1)!} \cdot \lambda e^{-\lambda t}, & t \geq 0, \\ 0, & t < 0. \end{cases} \tag{9.3.6}$$

证明 首先，当 $t \leq 0$ 时，显然有 $F_{W_n}(t) = P\{W_n \leq t\} = 0$，所以 $f_{W_n}(t) = 0$.

当 $t > 0$ 时，注意到第 n 个事件在时刻 t 或之前发生当且仅当到时刻 t 已发生的事件数至少是 n，即事件 $\{W_n \leq t\}$ 发生当且仅当事件 $\{X(t) \geq n\}$ 发生，因此

$$F_{W_n}(t) = P\{W_n \leq t\} = P\{X(t) \geq n\} = \sum_{j=n}^{\infty} P\{X(t) = j\} = \sum_{j=n}^{\infty} e^{-\lambda t} \cdot \frac{(\lambda t)^j}{j!},$$

于是

$$f_{W_n}(t) = -\sum_{j=n}^{\infty} \lambda e^{-\lambda t} \cdot \frac{(\lambda t)^j}{j!} + \sum_{j=n}^{\infty} \lambda e^{-\lambda t} \cdot \frac{(\lambda t)^{j-1}}{(j-1)!} = \frac{(\lambda t)^{n-1}}{(n-1)!} \cdot \lambda e^{-\lambda t}.$$

综上得，$W_n(n \geq 1)$ 的概率密度函数为

$$f_{W_n}(t) = \begin{cases} \dfrac{(\lambda t)^{n-1}}{(n-1)!} \cdot \lambda e^{-\lambda t}, & t \geq 0, \\ 0, & t < 0. \end{cases}$$

特别，当 $n = 1$ 时，

$$f_{W_1}(t) = \begin{cases} \lambda e^{-\lambda t}, & t \geq 0, \\ 0, & t < 0. \end{cases}$$

即事件 A 首次出现的等待时间 W_1 与 T_1 具有相同的分布，也服从参数为 λ 的指数分布.

又由于 $W_n = T_1 + T_2 + \cdots + T_n$，且由定理 9.2 知，$T_1, T_2, \cdots, T_n$ 相互独立且均服从参数为 λ 的指数分布. 因此，结合定理 9.3，Γ 分布可以视为 n 个相互独立且具有相同指数分布的随机变量之和.

9.3.5 维纳过程

1. 物理背景

1827 年英国植物学家罗伯特·布朗（Robert Brown）在花粉颗粒的水溶液中观察到花粉不停地进行无规则运动. 进一步的试验证实，除花粉颗粒外，其他悬浮于流体中的微粒，如悬浮在空气中的尘埃，也表现出类似的运动，后人把这种微粒的运动称为**布朗运动**（**Brownian motion**）.

维纳过程常用来描述布朗运动，它是随机噪声的数学模型. 假设以 $W(t)$ 表示微粒从时刻 $t = 0$ 到时刻 $t > 0$ 的位移的横坐标，（同样也可以讨论纵坐标）且设 $W(0) = 0$. 根据爱因斯坦（Einstein）1905 年提出的理论，微粒的这种运动完全由不规则分子随机撞击而引起，在不相重叠的时间区间上碰撞次数与大小是相互独立的，故在不相重叠的时间间隔内，微粒的位移 $W(t)$ 是相互独立的，并且在任一时间区间 $(s, t]$ 内产生的位移 $W(t) - W(s)$ 可看作许多微小位移之和，根据中心极限定理，可以假定 $W(t) - W(s)$ 服从正态分布，再加上液面处于平衡状态，可理解为具有平稳的独立增量. 综上所述，引入维纳过程的定义.

2. 维纳过程的定义与统计特性

定义 9.10 若随机过程 $\{W(t), t \geq 0\}$ 满足下列三个条件：

（1）$W(0) = 0$;

（2）$\{W(t), t \geq 0\}$ 是独立增量过程;

(3) 对任意 $t_2 > t_1 \geqslant 0$,

$$W(t_2) - W(t_1) \sim N(0, \sigma^2(t_2 - t_1)), \quad \text{其中参数 } \sigma^2 > 0. \tag{9.3.7}$$

则称 $\{W(t), t \geqslant 0\}$ 是参数为 σ^2 的**维纳过程**（**Wiener process**）.

图 9.7 为维纳过程的样本函数曲线示意图.

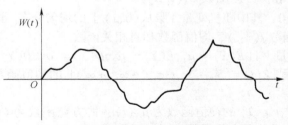

图 9.7　　维纳过程的样本函数曲线

由 (9.3.7) 式可知, 维纳过程是平稳的独立增量过程, 且对任意 $t > 0$,

$$W(t) = W(t) - W(0) \sim N(0, \sigma^2 t),$$

根据正态分布的均值和方差, 可得

$$\mu_W(t) = 0, D_W(t) = \sigma^2 t. \tag{9.3.8}$$

再次利用 (9.3.1) 式, 即得维纳过程 $\{W(t), t \geqslant 0\}$ 的协方差函数和相关函数为

$$C_W(t_1, t_2) = R_W(t_1, t_2) = \sigma^2 \min(t_1, t_2), \quad t_1, t_2 \geqslant 0. \tag{9.3.9}$$

例 9.12　　设 $X(t) = \mathrm{e}^{-t} W(\mathrm{e}^{2t})$, 其中 $\{W(t), t \geqslant 0\}$ 是参数为 σ^2 的维纳过程, 求出 $\{X(t), t \geqslant 0\}$ 的均值函数和协方差函数.

解　　$\{W(t), t \geqslant 0\}$ 是参数为 σ^2 的维纳过程, 其均值函数和协方差函数分别为

$$\mu_W(t) = 0, C_W(t_1, t_2) = \sigma^2 \min(t_1, t_2).$$

从而, 由均值和协方差的运算性质, 可得 $\{X(t), t \geqslant 0\}$ 的均值函数

$$\mu_X(t) = E[X(t)] = E[\mathrm{e}^{-t} W(\mathrm{e}^{2t})] = \mathrm{e}^{-t} E[W(\mathrm{e}^{2t})] = 0$$

协方差函数

$$\begin{aligned}
C_X(t_1, t_2) &= \mathrm{Cov}(X(t_1), X(t_2)) = \mathrm{Cov}(\mathrm{e}^{-t_1} W(\mathrm{e}^{t_1}), \mathrm{e}^{-t_2} W(\mathrm{e}^{t_2})) \\
&= \mathrm{e}^{-t_1 - t_2} \mathrm{Cov}(W(\mathrm{e}^{2t_1}), W(\mathrm{e}^{2t_2})) = \mathrm{e}^{-t_1 - t_2} \cdot C_W(\mathrm{e}^{2t_1}, \mathrm{e}^{2t_2}) \\
&= \mathrm{e}^{-t_1 - t_2} \cdot \sigma^2 \min(\mathrm{e}^{2t_1}, \mathrm{e}^{2t_2}) = \sigma^2 \mathrm{e}^{-|t_2 - t_1|}.
\end{aligned}$$

习　　题

1. 设 $X(t) = A\cos t, -\infty < t < +\infty$, 其中, 随机变量 A 的概率分布为

$$P(A = 1) = P(A = 2) = P(A = 3) = \frac{1}{3}.$$

试求随机过程 $\{X(t), t \in (-\infty, +\infty)\}$ 的一维分布函数 $F\left(x; \dfrac{\pi}{4}\right)$ 和 $F\left(x; \dfrac{\pi}{2}\right)$.

2. 设 $X(t) = At, -\infty < t < +\infty$, 其中随机变量 A 服从参数为 $p(0 < p < 1)$ 的 $(0-1)$ 分布. 试求随机过程 $\{X(t), t \in (-\infty, +\infty)\}$ 的

(1) $X(-1)$ 与 $X(1)$ 的概率分布;

(2) $X(-1)$ 与 $X(1)$ 的联合分布律;

(3) 均值函数 $\mu_X(t)$ 和协方差函数 $C_X(t_1, t_2)$.

3. 设 $X(t) = A\cos\omega t,\ -\infty < t < +\infty$，其中 ω 为常数，随机变量 $A \sim N(0,1)$. 试求出随机过程 $\{X(t), t \in (-\infty, +\infty)\}$ 的

(1) 一维概率密度函数 $f\left(x; \dfrac{\pi}{3\omega}\right)$；

(2) 均值函数 $\mu_X(t)$ 和协方差函数 $C_X(t_1, t_2)$.

4. 设 $X(t) = \mathrm{e}^{-At}, t \geqslant 0$，其中随机变量 A 服从 $(0,1)$ 上的均匀分布. 试求出随机过程 $\{X(t), t \geqslant 0\}$ 的一维概率密度函数 $f(x; t)$、均值函数和自相关函数.

5. 设 X 与 Y 是随机变量，且 $E(X) = \mu_1, E(Y) = \mu_2, D(X) = \sigma_1^2, D(Y) = \sigma_2^2$，$X$ 与 Y 之间的相关系数为 ρ，试求随机过程 $\{Z(t) = X + Yt, t \in (-\infty, +\infty)\}$ 的均值函数 $\mu_Z(t)$ 和协方差函数 $C_Z(t_1, t_2)$.

6. 设随机过程 $\{X(t), t \in T\}$ 的均值函数为 $\mu_X(t)$，协方差函数为 $C_X(t_1, t_2)$. 定义 $Y(t) = X(t) + \varphi(t)$，其中 $\varphi(t)$ 是普通实值函数.

(1) 证明随机过程 $\{Y(t), t \in T\}$ 是二阶矩过程；

(2) 试用 $\mu_X(t)$ 和 $C_X(t_1, t_2)$ 表示 $\{Y(t), t \in T\}$ 的均值函数和协方差函数.

7. 假设随机过程 $\{X(t), t \in T\}$ 的自相关函数为 $R_X(t_1, t_2)$，a 为常数，令

$$Y(t) = X(t + a) - X(t).$$

(1) 证明随机过程 $\{Y(t), t \in T\}$ 是二阶矩过程；

(2) 试用 $R_X(t_1, t_2)$ 表示随机过程 $\{Y(t), t \in T\}$ 的相关函数.

8. 设 $X(t) = A\cos\omega t + B\sin\omega t,\ -\infty < t < +\infty$，其中 ω 为实常数，A, B 是相互独立且服从相同正态分布 $N(\mu, \sigma^2)$ 的随机变量.

(1) 证明随机过程 $\{X(t), t \in (-\infty, +\infty)\}$ 是正态过程；

(2) 试求随机过程 $\{X(t), t \in (-\infty, +\infty)\}$ 的均值函数和协方差函数.

9. 设随机过程 $\{X(t), t \geqslant 0\}$ 为一独立增量过程，且 $X(0) = 0, \{X(t), t \geqslant 0\}$ 的方差函数为 $F(t)$. 证明 $\{X(t), t \geqslant 0\}$ 的协方差函数为 $C_X(s, t) = F[\min(s, t)]$.

10. 某电话总机平均每 2 分钟接到 1 次呼叫，以 $N(t)$ 表示时间区间 $(0, t]$ 内接到的呼叫次数. 设 $\{N(t), t \geqslant 0\}$ 是一泊松过程，试求：

(1) 1 小时内接到的平均呼叫次数；

(2) 1 小时内恰好接到 30 次呼叫的概率.

11. 设 $\{X(t), t \geqslant 0\}$ 为一泊松过程，且对任意 $t_2 > t_1 \geqslant 0, E[X(t_2) - X(t_1)] = 3(t_2 - t_1)$. 试求：

(1) $P\{X(1) = 2, X(4) = 6, X(6) = 7\}$；

(2) $P\{X(4) = 6 \mid X(1) = 2\}$.

12. 设 $\{X(t), t \geqslant 0\}$ 为一参数为 λ 的泊松过程，证明：对于 $s < t$，有

$$P\{X(s) = k \mid X(t) = n\} = \mathrm{C}_n^k \left(\frac{s}{t}\right)^k \left(1 - \frac{s}{t}\right)^{n-k}.$$

13. 设 $\{X_1(t), t \geqslant 0\}$ 和 $\{X_2(t), t \geqslant 0\}$ 是两个强度分别为 λ_1 和 λ_2 的泊松过程，且相互独立，定义 $X(t) = X_1(t) + X_2(t), Y(t) = X_1(t) - X_2(t)$. 证明

(1) $\{X(t), t \geqslant 0\}$ 是强度为 $\lambda_1 + \lambda_2$ 的泊松过程；

(2) $\{Y(t), t \geqslant 0\}$ 不是泊松过程.

14. 设 $X(t) = At + W(t), t \geqslant 0$，其中 $\{W(t), t \geqslant 0\}$ 是参数为 σ^2 的维纳过程，A 是与 $W(t)$ 相互独立的随机变量，且 $A \sim N(m, \sigma^2)$. 求随机过程 $\{X(t), t \geqslant 0\}$ 的均值函数、相关函数和协方差函数.

15. 设 $\{W(t), t \geqslant 0\}$ 是维纳过程，对任意 $t_2 > t_1 \geqslant 0$，有

$$D[W(t_2) - W(t_1)] = \sigma^2(t_2 - t_1).$$

(1) 写出该过程的一维概率密度函数 $f(x; t)$.

(2) 若 $\sigma = 1$，求 $P\{W(4) > 1\}$.

第10章 马尔可夫链

马尔可夫过程得名于俄国数学家马尔可夫(Markov)1906 年的研究，之后马尔可夫及许多著名学者建立了这套重要的数学理论. 至今，马尔可夫过程已广泛应用于自然科学、工程技术与经济管理等各个领域.

马尔可夫链是马尔可夫过程中最基本的构成部分和经典内容，本章主要对它进行详细讨论.

10.1 马尔可夫链的基本概念

10.1.1 马尔可夫链的定义

定义 10.1 设随机过程 $\{X(t), t \in T\}$ 的状态空间为 I，如果对任意 $n+1(n \geq 2)$ 个时刻 $t_1 < t_2 < \cdots < t_n < t_{n+1} \in T$，和状态 $x_1, x_2, \cdots, x_n, x_{n+1} \in I$，有

$$P\{X(t_{n+1}) \leq x_{n+1} \mid X(t_n) = x_n, \cdots, X(t_2) = x_2, X(t_1) = x_1\}$$
$$= P\{X(t_{n+1}) \leq x_{n+1} \mid X(t_n) = x_n\} \tag{10.1.1}$$

则称该过程为**马尔可夫过程(Markov process)**，并称随机过程 $\{X(t), t \in T\}$ 具有**马尔可夫性**，简称为**马氏性**.

换个表示方式，给定任意时刻 t_n，若 A 表示由过程在 t_n 时刻之前的状态确定的事件，B 表示由过程在 t_n 时刻之后的状态确定的事件，则马尔可夫性等价于

$$P\{B \mid X(t_n) = x_n, A\} = P\{B \mid X(t_n) = x_n\}. \tag{10.1.2}$$

若将时刻 t_n 看作"现在"，时刻 $t(t > t_n)$ 看作"将来"，则马氏性可以直观理解为：在已知"现在"的条件下，随机过程的"将来"与"过去"是相互独立的. 因此，马氏性也称为**无后效性**，或无记忆性.

离散参数和离散取值的马尔可夫过程称为马尔可夫链，简称为马氏链.

为方便起见，不妨设马氏链的参数集为非负整数，记为 $T = \{0, 1, 2, \cdots\}$，状态空间为有限或无限可数集，记为 $I = \{0, \pm 1, \pm 2, \cdots\}$ 或其子集，n 时刻马氏链所处的状态 $X(n)$ 简记为 X_n，$\{X_n = i\}$ 表示链在时刻 n 处于状态 i. 则可用概率分布定义马尔可夫链如下.

定义 10.2 设随机序列 $\{X_n, n \geq 0\}$ 的状态空间为 $I = \{0, \pm 1, \pm 2, \cdots\}$，如果对任意整数 $n > 0, m \geq 0$ 及状态 $i_0, i_1, \cdots, i_{m-1}, i, j \in I$，有

$$P\{X_{m+n} = j \mid X_m = i, X_{m-1} = i_{m-1}, \cdots, X_1 = i_1, X_0 = i_0\}$$
$$= P\{X_{m+n} = j \mid X_m = i\}. \tag{10.1.3}$$

则称 $\{X_n, n \geq 0\}$ 为**马尔可夫链(Markov chain)**.

10.1.2 马尔可夫链的转移概率

(10.1.3) 式右端的条件概率刻画了马氏链"现在"如何影响"将来"，怎么确定这个条件概率，是马氏链理论和应用中的重要问题之一.

定义 10.3 设 $\{X_n, n \geq 0\}$ 为马氏链，其状态空间为 I. 对任意整数 $n > 0, m \geq 0$ 及状态 $i, j \in I$，称条件概率 $P\{X_{m+n} = j \mid X_m = i\}$ 为马氏链 $\{X_n, n \geq 0\}$ 在时刻 m 处于状态 i 的条件下，经过

n 步转移到状态 j 的 n **步转移概率**(n – stage transition probability），记为 $p_{ij}(m, m+n)$. 当这一概率与 m 无关时，称该马氏链具有平稳转移概率，并记为 $p_{ij}(n)$，即

$$p_{ij}(n) = P\{X_{m+n} = j \mid X_m = i\}. \tag{10.1.4}$$

同时称此链是**齐次的**或**时齐的**. 本章主要讨论齐次马氏链，通常将"齐次"两字省略，简称马氏链.

当马氏链的状态空间为有限集时，称其为有限链，否则称为无限链.

由于链在时刻 m 从任何一个状态 i 出发，到达时刻 $m+n$ 必然转移到状态空间 I 中的某一个状态 j，所以对任意的 $i, j \in I$，转移概率 $p_{ij}(n)$ 具有如下性质：

$$p_{ij}(n) \geq 0, \ \text{且} \ \sum_{j \in I} p_{ij}(n) = 1. \tag{10.1.5}$$

由转移概率 $p_{ij}(n)$ 组成的矩阵 $(p_{ij}(n))$ 称为 n 步**转移概率矩阵**（transition probability matrix），记为 $\boldsymbol{P}(n)$. 即

$$\boldsymbol{P}(n) = (p_{ij}(n)).$$

显然，有限链的转移概率矩阵为有限阶矩阵，其阶数与链的状态个数相同；无限链的转移概率矩阵为无限阶矩阵.

且由 (10.1.5) 式可见，转移概率矩阵的元素均非负，每行元素之和等于 1.

特别，将一步转移概率 $p_{ij}(1)$，简记为 p_{ij}，即

$$p_{ij} = p_{ij}(1) = P\{X_{m+1} = j \mid X_m = i\}. \tag{10.1.6}$$

一步转移概率矩阵 $\boldsymbol{P}(1) = (p_{ij})$，简记为 $\boldsymbol{P}$.

例如，若齐次马氏链 $\{X_n, n \geq 0\}$ 的状态空间为 $I = \{0, 1, 2, \cdots\}$，则链的一步转移概率矩阵可写为

$$\boldsymbol{P} = (p_{ij}) = \begin{array}{c} \\ 0 \\ 1 \\ \vdots \\ i \\ \vdots \end{array} \begin{pmatrix} \begin{array}{ccccc} 0 & 1 & \cdots & j & \\ p_{00} & p_{01} & \cdots & p_{0j} & \cdots \\ p_{10} & p_{11} & \cdots & p_{1j} & \cdots \\ \vdots & \vdots & \vdots & \vdots & \vdots \\ p_{i0} & p_{i1} & \cdots & p_{ij} & \cdots \\ \vdots & \vdots & \vdots & \vdots & \vdots \end{array} \end{pmatrix}. \tag{10.1.7}$$

在上述矩阵的左侧和正上方分别标出 X_m 和 X_{m+1} 的各个状态值，是为了清楚显示 p_{ij} 是由初始时刻的状态 i 转移到状态 j 的概率. 当然，可以省略标出这些状态.

例 10.1（0 – 1 传输系统） 图 10.1 为只传输数字 0 和 1 的多级串联传输系统. 设每一级的传真率（输入和输出的数字相同的概率称为传真率，相反情况称为误码率）为 $p(0 < p < 1)$，误码率为 $q = 1 - p$，且一个单位时间传输一级. 设 X_0 表示第一级的输入数字，X_n 表示第 n 级的输出数字. 则 $\{X_n, n \geq 0\}$ 为一状态空间 $I = \{0, 1\}$ 的随机序列，且每一级的输出只与输入有关，所以 $\{X_n, n \geq 0\}$ 是一马氏链. 根据传输规律，它的一步转移概率和一步转移概率矩阵分别为

$$p_{ij} = P\{X_{n+1} = j \mid X_n = i\} = \begin{cases} p, & j = i, \\ q, & j \neq i. \end{cases} \quad i = 0, 1.$$

和

$$\boldsymbol{P} = \begin{pmatrix} p & q \\ q & p \end{pmatrix}.$$

可见，$\{X_n, n \geq 0\}$ 是一个有限的齐次马氏链.

图 10.1 串联传输系统

例10.2(一维自由随机游动) 设一个质点在直线上的整数点0, ±1, ±2,…处随机游动. 其游动规律为：当时刻 n 处于位置 i 时，时刻 $n+1$ 分别以概率 p 和 $q=1-p$ 向右及向左移动一步.

以 $X_n=i$ 表示时刻 n 质点处于位置 i. 则 $\{X_n, n \geq 0\}$ 为一马氏链，状态空间 $I=\{0, ±1, ±2,…\}$.

且根据游动规则，$\{X_n, n \geq 0\}$ 的一步转移概率为

$$p_{ij} = P\{X_{n+1}=j \mid X_n=i\} = \begin{cases} p, & j=i+1, \\ q, & j=i-1, \\ 0, & \text{其他}, \end{cases} \quad i=0, ±1, ±2,….$$

此链是一个无限的齐次马氏链.

实际中，还可以通过改变质点游动的规则，产生带有一定约束的随机游动.

例10.3(有限制的一维随机游动) 设一质点在直线上5个点0,1,2,3,4之间随机游动. 其游动规则为：若当前时刻处于位置1，或2，或3，则下一时刻均以1/3的概率向左移动一步，以2/3的概率向右移动一步；若当前时刻处于位置0，则下一时刻以概率1返回位置1；若当前时刻处于位置4，则下一时刻以概率1停留在该位置.

以 $X_n=j$ 表示时刻 n 质点处于位置 j，$j=0,1,2,3,4$. 则 $\{X_n, n \geq 0\}$ 的状态空间 $I=\{0,1,2,3,4\}$. 其中状态0是反射状态，即质点一旦到达这一状态后，必然被反射回去，故也称此状态为反射壁；状态4是吸收状态，即质点一旦到达这种状态后就被吸收了，不再游动，故也称此状态为吸收壁.

根据游动规则，马氏链 $\{X_n, n \geq 0\}$ 的一步转移概率矩阵为

$$P = \begin{pmatrix} 0 & 1 & 0 & 0 & 0 \\ \dfrac{1}{3} & 0 & \dfrac{2}{3} & 0 & 0 \\ 0 & \dfrac{1}{3} & 0 & \dfrac{2}{3} & 0 \\ 0 & 0 & \dfrac{1}{3} & 0 & \dfrac{2}{3} \\ 0 & 0 & 0 & 0 & 1 \end{pmatrix}.$$

可见，$\{X_n, n \geq 0\}$ 也是一个有限的齐次马氏链.

图10.2形象地表示了该链的状态转移规律.

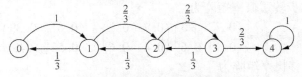

图 10.2 随机游动的状态转移图

例10.4 设某质点在如图10.3的路线图上游动. 当两个节点相通时，质点在下一时刻将游动到临近一点，且游到任何一个临近点的概率是相同的.

若以 X_n 表示时刻 n 质点所处的节点位置，则 $\{X_n, n \geq 0\}$ 的状态空间 $I=\{1,2,3,4\}$，且链的一步转移概率矩阵为

$$P = \begin{pmatrix} 0 & \dfrac{1}{2} & \dfrac{1}{2} & 0 \\ \dfrac{1}{2} & 0 & \dfrac{1}{2} & 0 \\ \dfrac{1}{3} & \dfrac{1}{3} & 0 & \dfrac{1}{3} \\ 0 & 0 & 1 & 0 \end{pmatrix}.$$

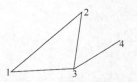

图 10.3 质点游动的路线图

可见，$\{X_n, n \geqslant 0\}$ 也是一个有限齐次马氏链.

下面定理建立了多步转移概率与一步转移概率的关系.

定理 10.1   设 $\{X_n, n \geqslant 0\}$ 为一齐次马氏链，状态空间为 I. 则对任意正整数 m, n 和 $i, j \in I$, 有

$$p_{ij}(m + n) = \sum_{r \in I} p_{ir}(m) p_{rj}(n). \tag{10.1.8}$$

(10.1.8) 式称为**切普曼 – 科尔莫戈罗夫**（**Chapman – Kolmogorov**）**方程**，简称 **C – K 方程**.

证明   利用全概率公式及马尔可夫性，有

$$p_{ij}(m + n) = P\{X_{m+n} = j \mid X_0 = i\} = \sum_{r \in I} P\{X_{m+n} = j, X_m = r \mid X_0 = i\}$$

$$= \sum_{r \in I} P\{X_m = r \mid X_0 = i\} \cdot P\{X_{m+n} = j \mid X_0 = i, X_m = r\}$$

$$= \sum_{r \in I} p_{ir}(m) \cdot p_{rj}(n).$$

C – K 方程写成矩阵的形式，即得

$$\boldsymbol{P}(m + n) = \boldsymbol{P}(m)\boldsymbol{P}(n). \tag{10.1.9}$$

进一步，有递推关系式

$$\boldsymbol{P}(n) = \boldsymbol{P}^n. \tag{10.1.10}$$

可见，齐次马氏链的多步转移概率完全由它的一步转移概率所决定. 因此，一步转移概率是马氏链的最基本要素，它完全确定了马氏链的状态转移的统计规律.

例 10.5（天气预报问题）   假定明天是否有雨仅与今天的天气有关，而与过去的天气无关. 并设今天有雨的情况下明天有雨的概率为 α, 今天无雨的情况下明天有雨的概率为 β. 若以 0 表示有雨的天气，1 表示无雨的天气，X_n 表示第 n 天的天气状态. 则 $\{X_n, n \geqslant 0\}$ 为一齐次马氏链，状态空间 $I = \{0, 1\}$, 一步转移概率矩阵

$$\boldsymbol{P} = \begin{pmatrix} \alpha & 1 - \alpha \\ \beta & 1 - \beta \end{pmatrix}.$$

进一步，设 $\alpha = 0.7, \beta = 0.4$, 则一步转移概率矩阵为

$$\boldsymbol{P} = \begin{pmatrix} 0.7 & 0.3 \\ 0.4 & 0.6 \end{pmatrix}.$$

由 C – K 方程，两步转移概率矩阵为

$$\boldsymbol{P}(2) = \boldsymbol{P}^2 = \begin{pmatrix} 0.7 & 0.3 \\ 0.4 & 0.6 \end{pmatrix}\begin{pmatrix} 0.7 & 0.3 \\ 0.4 & 0.6 \end{pmatrix} = \begin{pmatrix} 0.61 & 0.39 \\ 0.52 & 048 \end{pmatrix}.$$

继续可得，四步转移概率矩阵为

$$\boldsymbol{P}(4) = \boldsymbol{P}^2(2) = \begin{pmatrix} 0.61 & 0.39 \\ 0.52 & 0.48 \end{pmatrix}\begin{pmatrix} 0.61 & 0.39 \\ 0.52 & 0.48 \end{pmatrix} = \begin{pmatrix} 0.5749 & 0.4251 \\ 0.5668 & 0.4332 \end{pmatrix}.$$

由此可见，今天有雨的情况下第五天无雨的概率为 $p_{01}(4) = 0.4251$, 今天无雨的情况下第五天无雨的概率则为 $p_{11}(4) = 0.4332$ 等.

例 10.6   设 $\{X_n, n \geqslant 0\}$ 是一齐次马氏链，其状态空间 $I = \{0, 1, 2\}$, 一步转移概率矩阵

$$\boldsymbol{P} = \begin{pmatrix} \dfrac{1}{2} & \dfrac{1}{4} & \dfrac{1}{4} \\[2mm] \dfrac{2}{3} & 0 & \dfrac{1}{3} \\[2mm] \dfrac{2}{5} & 0 & \dfrac{3}{5} \end{pmatrix}.$$

试求：(1) $P\{X_1 = 0, X_2 = 2 \mid X_0 = 2\}$; (2) $P\{X_{n+2} = 2 \mid X_n = 1\}$.

解 （1）由乘法公式和马氏性，有

$$P\{X_1 = 0, X_2 = 2 \mid X_0 = 2\} = P\{X_1 = 0 \mid X_0 = 2\} \cdot P\{X_2 = 2 \mid X_1 = 0\}$$

$$= p_{20} \cdot p_{02} = \frac{2}{5} \times \frac{1}{4} = \frac{1}{10}.$$

（2）由 C - K 方程，有

$$P\{X_{n+2} = 2 \mid X_n = 1\} = p_{12}(2) = p_{10} \cdot p_{02} + p_{11} \cdot p_{12} + p_{12} \cdot p_{22}$$

$$= \frac{2}{3} \times \frac{1}{4} + 0 \times \frac{1}{3} + \frac{1}{3} \times \frac{3}{5} = \frac{11}{30}.$$

例 10.7（续例 10.1）　设 X_n 表示第 n 级的输出数字，则 $\{X_n, n \geq 0\}$ 为一齐次马氏链，且状态空间 $I = \{0, 1\}$，其一步转移概率矩阵为

$$P = \begin{pmatrix} p & q \\ q & p \end{pmatrix}.$$

（1）求出 $\{X_n, n \geq 0\}$ 的 n 步转移概率矩阵 $P(n)$；

（2）设 $p = 0.9$，求系统经过三级传输后的传真率和误码率.

解　（1）由 C - K 方程，$P(n) = P^n$.

为了方便地求解 $P(n) = P^n$，先将矩阵 P 对角化.

由特征方程　　　　　　　　　　　　　$|P - \lambda E| = 0$,

解得 P 的两个相异特征值分别为 $\lambda_1 = 1$ 和 $\lambda_2 = p - q$,

以及特征值 $\lambda_1 = 1$ 和 $\lambda_2 = p - q$ 对应的特征向量依次为

$$e_1 = \begin{pmatrix} \dfrac{1}{\sqrt{2}} \\ \dfrac{1}{\sqrt{2}} \end{pmatrix}, \quad e_2 = \begin{pmatrix} -\dfrac{1}{\sqrt{2}} \\ \dfrac{1}{\sqrt{2}} \end{pmatrix}.$$

令　　　$H = [e_1, e_2] = \begin{pmatrix} \dfrac{1}{\sqrt{2}} & -\dfrac{1}{\sqrt{2}} \\ \dfrac{1}{\sqrt{2}} & \dfrac{1}{\sqrt{2}} \end{pmatrix}, \quad \Lambda = \begin{pmatrix} 1 & 0 \\ 0 & p - q \end{pmatrix}.$

则　　　　　　　　　　　　　$P = H \Lambda H^{-1},$

从而

$$P(n) = P^n = H \Lambda^n H^{-1} = \begin{pmatrix} \dfrac{1}{2} + \dfrac{1}{2}(p - q)^n & \dfrac{1}{2} - \dfrac{1}{2}(p - q)^n \\ \dfrac{1}{2} - \dfrac{1}{2}(p - q)^n & \dfrac{1}{2} + \dfrac{1}{2}(p - q)^n \end{pmatrix}.$$

（2）由（1）可知，当 $p = 0.9$ 时，系统经过三级传输后的传真率和误码率分别为

$$p_{00}(3) = p_{11}(3) = \frac{1}{2} + \frac{1}{2}(0.9 - 0.1)^3 = 0.756;$$

$$p_{01}(3) = p_{10}(3) = \frac{1}{2} - \frac{1}{2}(0.9 - 0.1)^3 = 0.244.$$

例 10.8　甲乙两人进行某种比赛，设每局比赛中甲胜的概率为 p，乙胜的概率为 q，平局的概率为 $r(p + q + r = 1)$. 且每局比赛后，胜者得 1 分，负者得 -1 分，平局则不记分. 当两人中有一人得到 2 分时比赛结束. 以 $X_n, n \geq 1$ 表示比赛至第 n 局时甲获得的分数，则 $\{X_n, n \geq 1\}$ 为一齐次马氏链.

（1）求二步转移概率矩阵 $\boldsymbol{P}(2)$；

（2）求在甲获得 1 分的情况下，最多再赛 2 局就可以结束比赛的概率.

解　（1）$\{X_n, n \geq 1\}$ 的状态空间 $I = \{-2, -1, 0, 1, 2\}$，且一步转移矩阵为

$$\boldsymbol{P} = \begin{pmatrix} 1 & 0 & 0 & 0 & 0 \\ q & r & p & 0 & 0 \\ 0 & q & r & p & 0 \\ 0 & 0 & q & r & p \\ 0 & 0 & 0 & 0 & 1 \end{pmatrix}.$$

由 C – K 方程，得

$$\boldsymbol{P}(2) = \boldsymbol{P} \cdot \boldsymbol{P} = \begin{pmatrix} 1 & 0 & 0 & 0 & 0 \\ q + rq & r^2 + pq & 2pr & p^2 & 0 \\ q^2 & 2rq & r^2 + 2pq & 2pr & p^2 \\ 0 & q^2 & 2rq & r^2 + pq & p + pr \\ 0 & 0 & 0 & 0 & 1 \end{pmatrix}.$$

（2）在甲获得 1 分的情况下，最多再赛 2 局就结束比赛，意味着甲最终获胜. 于是，所求概率为

$$p_{12}(2) = p + pr = p(1 + r).$$

10.1.3　马尔可夫链的有限维分布

设 $\{X_n, n \geq 0\}$ 为一马氏链，$\boldsymbol{P}(n)$ 为链的 n 步转移概率矩阵. 我们来研究它的有限维分布. 先看在任一时刻 $n(n \geq 1)$ 的一维分布

$$p_j(n) = P\{X_n = j\}, \quad j \in I.$$

显然，作为概率分布 $p_j(n) \geq 0$，且 $\sum_{j \in I} p_j(n) = 1$.

由全概率公式，有

$$P\{X_n = j\} = \sum_{i \in I} P\{X_0 = i\} \cdot P\{X_n = j \mid X_0 = i\} = \sum_{i \in I} p_i(0) \cdot p_{ij}(n).$$

即得

$$P\{X_n = j\} = \sum_{i \in I} p_i(0) p_{ij}(n). \tag{10.1.11}$$

一维分布也可表示成行向量

$$\vec{p}(n) = (p_1(n), p_2(n), \cdots, p_j(n), \cdots)$$

利用矩阵乘积，（10.1.11）式可写成矩阵的形式

$$\vec{p}(n) = \vec{p}(0)\boldsymbol{P}(n) \tag{10.1.12}$$

并称

$$p_j(0) = P\{X_0 = j\}, \quad j \in I.$$

为马氏链 $\{X_n, n \geq 0\}$ 的**初始分布**（**initial distribution**），写成行向量的形式，即

$$\vec{p}(0) = (p_1(0), p_2(0), \cdots, p_j(0), \cdots).$$

这一结果表明，马氏链在任一时刻 n 的一维分布由初始分布和转移概率唯一确定.

进一步，对任意 $k(k \geq 2)$ 个时刻 $0 \leq n_1 < n_2 < \cdots < n_k$ 及任意 k 个状态 $i_1, i_2, \cdots, i_k \in I$，马氏链的 k 维分布为

$$P\{X_{n_1} = i_1, X_{n_2} = i_2, \cdots, X_{n_k} = i_k\}$$
$$= P\{X_{n_1} = i_1\} \cdot P\{X_{n_2} = i_2 \mid X_{n_1} = i_1\} \cdot \cdots \cdot P\{X_{n_k} = i_k \mid X_{n_1} = i_1, X_{n_2} = i_2, \cdots, X_{n_{k-1}} = i_{k-1}\}$$
$$= P\{X_{n_1} = i_1\} \cdot P\{X_{n_2} = i_2 \mid X_{n_1} = i_1\} \cdot \cdots \cdot P\{X_{n_k} = i_k \mid X_{n_{k-1}} = i_{k-1}\}$$

$$= p_{i_1}(n_1)p_{i_1i_2}(n_2 - n_1) \cdot \cdots \cdot p_{i_{k-1}i_k}(n_k - n_{k-1}). \tag{10.1.13}$$

或由(10.1.11)式,

$$\boldsymbol{p}_{i_1}(n_1) = P\{X_{n_1} = i_1\} = \sum_{i \in I} p_i(0)p_{ii_1}(n_1),$$

(10.1.13)式也可表示为

$$P\{X_{n_1} = i_1, X_{n_2} = i_2, \cdots, X_{n_k} = i_k\}$$
$$= \sum_{i \in I} p_i(0) \cdot p_{ii_1}(t_1)p_{i_1i_2}(n_2 - n_1) \cdot \cdots \cdot p_{i_{k-1}i_k}(n_k - n_{k-1}). \tag{10.1.14}$$

由此可见, 齐次马氏链的任意有限维分布同样完全地由其初始分布和转移概率所确定. 利用 C – K 方程知, 齐次马氏链的初始分布和一步转移概率完整描述了此马氏链的统计特性.

例 10.9 设 $\{X_n, n \geq 0\}$ 是具有三个状态 0,1,2 的马氏链, 一步转移概率矩阵为

$$\boldsymbol{P} = \begin{pmatrix} \dfrac{3}{4} & \dfrac{1}{4} & 0 \\[2mm] \dfrac{1}{4} & \dfrac{1}{2} & \dfrac{1}{4} \\[2mm] 0 & \dfrac{3}{4} & \dfrac{1}{4} \end{pmatrix},$$

且初始分布为 $p_j(0) = P\{X_0 = j\} = \dfrac{1}{3}$, $j = 0, 1, 2$. 试求:

(1) $P\{X_2 = 1\}$; (2) $P\{X_0 = 0, X_2 = 1\}$; (3) $P\{X_1 = 1, X_3 = 1, X_4 = 2\}$.

解 (1) 由 C – K 方程, 有

$$\boldsymbol{P}(2) = \boldsymbol{P}^2 = \begin{pmatrix} \dfrac{5}{8} & \dfrac{5}{16} & \dfrac{1}{16} \\[2mm] \dfrac{5}{16} & \dfrac{1}{2} & \dfrac{3}{16} \\[2mm] \dfrac{3}{16} & \dfrac{9}{16} & \dfrac{1}{4} \end{pmatrix}.$$

可见, $p_{01}(2) = \dfrac{5}{16}$, $p_{11}(2) = \dfrac{1}{2}$, $p_{21}(2) = \dfrac{9}{16}$, 于是

$$P\{X_2 = 1\} = p_1(2) = \sum_{j=0}^{2} p_j(0) \cdot p_{j1}(2) = \dfrac{1}{3} \times \left(\dfrac{5}{16} + \dfrac{1}{2} + \dfrac{9}{16}\right) = \dfrac{11}{24}.$$

(2) 由(1)知, $p_{01}(2) = \dfrac{5}{16}$, 利用乘法公式, 得

$$P\{X_0 = 0, X_2 = 1\} = P\{X_0 = 0\} \cdot P\{X_2 = 1 \mid X_0 = 0\}$$
$$= p_0(0)p_{01}(2) = \dfrac{1}{3} \times \dfrac{5}{16} = \dfrac{5}{48}$$

(3) 首先, 由(10.1.11)式, 可得

$$P\{X_1 = 1\} = p_1(1) = \sum_{j=0}^{2} p_j(0) \cdot p_{j1} = \dfrac{1}{3} \times \left(\dfrac{1}{4} + \dfrac{1}{2} + \dfrac{3}{4}\right) = \dfrac{1}{2},$$

其次, 由(1)知, $p_{11}(2) = \dfrac{1}{2}$, 又因为 $p_{12} = \dfrac{1}{4}$.

从而, 利用(10.1.13)式, 得

$$P\{X_1 = 1, X_3 = 1, X_4 = 2\} = p_1(1) \cdot p_{11}(2) \cdot p_{12} = \dfrac{1}{2} \times \dfrac{1}{2} \times \dfrac{1}{4} = \dfrac{1}{16}.$$

10.2　马氏链的遍历性与极限分布

本节我们来讨论当步长 n 趋向于无穷大时转移概率 $p_{ij}(n)$ 的变化趋势. 如果 $\lim\limits_{n\to+\infty} p_{ij}(n)$ 存在且不依赖于 i, 则表明: 对于固定的状态 j, 不论马氏链从哪个状态出发, 经过长时间的转移, 到达状态 j 的概率都是相同的, 这就是马氏链的遍历性. 下面对这一性质进行详细研究.

10.2.1　遍历性的定义

定义 10.4　设齐次马氏链 $\{X_n, n \geq 0\}$ 的状态空间 $I = \{0, 1, 2, \cdots\}$, n 步转移概率矩阵为 $\boldsymbol{P}(n)$. 若对任意状态 $i, j \in I$, 存在不依赖于 i 的常数 π_j, 使得

$$\lim_{n\to+\infty} p_{ij}(n) = \pi_j, \tag{10.2.1}$$

则称此链具有**遍历性**(ergodicity). 又若 $\sum\limits_{j\in I} \pi_j = 1$, 那么称 $\boldsymbol{\pi} = (\pi_0, \pi_1, \cdots)$ 为该马氏链的**极限分布**(limit distribution).

例 10.10(续例 10.7)　判断此链是否具有遍历性.

解　由例 10.7, $\boldsymbol{P} = \begin{pmatrix} p & q \\ q & p \end{pmatrix}$, $\boldsymbol{P}(n) = \begin{pmatrix} \dfrac{1}{2} + \dfrac{1}{2}(p-q)^n & \dfrac{1}{2} - \dfrac{1}{2}(p-q)^n \\ \dfrac{1}{2} - \dfrac{1}{2}(p-q)^n & \dfrac{1}{2} + \dfrac{1}{2}(p-q)^n \end{pmatrix}$,

将 $q = 1 - p$ 代入, 得

$$\boldsymbol{P}(n) = \begin{pmatrix} \dfrac{1}{2} + \dfrac{1}{2}(2p-1)^n & \dfrac{1}{2} - \dfrac{1}{2}(2p-1)^n \\ \dfrac{1}{2} - \dfrac{1}{2}(2p-1)^n & \dfrac{1}{2} + \dfrac{1}{2}(2p-1)^n \end{pmatrix}.$$

由于 $0 < p < 1$, $\lim\limits_{n\to+\infty}(2p-1)^n = 0$, 从而

当 $j = 0$ 时, $\lim\limits_{n\to+\infty} p_{00}(n) = \lim\limits_{n\to+\infty} p_{10}(n) = \dfrac{1}{2} = \pi_0$,

当 $j = 1$ 时, $\lim\limits_{n\to+\infty} p_{01}(n) = \lim\limits_{n\to+\infty} p_{11}(n) = \dfrac{1}{2} = \pi_1$,

且均与 i 无关, 所以此链是遍历的.

同时满足 $\pi_0 + \pi_1 = 1$, 可见, $\boldsymbol{\pi} = \left(\dfrac{1}{2}, \dfrac{1}{2}\right)$ 为链的极限分布.

例 10.11　设马氏链 $\{X_n, n \geq 0\}$ 的状态空间 $I = \{0, 1, 2\}$, 一步转移概率矩阵为

$$\boldsymbol{P} = \begin{pmatrix} 0 & 1 & 0 \\ \dfrac{1}{2} & 0 & \dfrac{1}{2} \\ 0 & 1 & 0 \end{pmatrix}.$$

判断此链是否具有遍历性.

解　首先, 求出 n 步转移概率矩阵. 由 C - K 方程, 有

$$P(2) = P^2 = \begin{pmatrix} 0 & 1 & 0 \\ \frac{1}{2} & 0 & \frac{1}{2} \\ 0 & 1 & 0 \end{pmatrix} \begin{pmatrix} 0 & 1 & 0 \\ \frac{1}{2} & 0 & \frac{1}{2} \\ 0 & 1 & 0 \end{pmatrix} = \begin{pmatrix} \frac{1}{2} & 0 & \frac{1}{2} \\ 0 & 1 & 0 \\ \frac{1}{2} & 0 & \frac{1}{2} \end{pmatrix},$$

$$P(3) = P \cdot P(2) = \begin{pmatrix} 0 & 1 & 0 \\ \frac{1}{2} & 0 & \frac{1}{2} \\ 0 & 1 & 0 \end{pmatrix} \begin{pmatrix} \frac{1}{2} & 0 & \frac{1}{2} \\ 0 & 1 & 0 \\ \frac{1}{2} & 0 & \frac{1}{2} \end{pmatrix} = \begin{pmatrix} 0 & 1 & 0 \\ \frac{1}{2} & 0 & \frac{1}{2} \\ 0 & 1 & 0 \end{pmatrix},$$

归纳可得

$$P(2n + 1) = P = \begin{pmatrix} 0 & 1 & 0 \\ \frac{1}{2} & 0 & \frac{1}{2} \\ 0 & 1 & 0 \end{pmatrix}, \quad P(2n) = P(2) = \begin{pmatrix} \frac{1}{2} & 0 & \frac{1}{2} \\ 0 & 1 & 0 \\ \frac{1}{2} & 0 & \frac{1}{2} \end{pmatrix}.$$

因此，$\lim\limits_{n \to +\infty} p_{ij}(n)$（$i, j = 1, 2, 3$）不存在，马氏链 $\{X_n, n \geq 0\}$ 不具有遍历性.

由上述两个例题可见，判断一个马氏链是否具有遍历性，首先要根据 C - K 方程求出 P^n，从而得到 n 步转移概率矩阵 $P(n)$. 但由代数知识，P^n 的计算并非易事，尤其当 P 的阶数较大时. 为此，产生了关于马氏链存在遍历性的条件以及极限分布的求解方法的研究，有关这方面的理论已经圆满解决，相关定理统称为遍历性定理. 篇幅所限，下面仅就有限链的遍历性给出一个充分条件.

10.2.2　有限马氏链具有遍历性的充分条件

定理 10.2　设马氏链 $\{X_n, n \geq 0\}$ 的状态空间 $I = \{1, 2, \cdots, N\}$，一步转移概率矩阵为 P. 若存在正整数 m，使得

$$p_{ij}(m) > 0, \quad i, j = 1, 2, \cdots, N. \tag{10.2.2}$$

则 $\{X_n, n \geq 0\}$ 是遍历的，且极限分布 $\boldsymbol{\pi} = (\pi_1, \pi_2, \cdots, \pi_N)$ 是线性方程组

$$\boldsymbol{\pi} = \boldsymbol{\pi} P, \quad 即 \ \pi_j = \sum_{i=1}^{N} \pi_i p_{ij}, \ j = 1, 2, \cdots, N. \tag{10.2.3}$$

满足条件

$$\sum_{j=1}^{N} \pi_j = 1. \tag{10.2.4}$$

的唯一非负解.

证明略.

由定理 10.2，对有限马氏链，只要找到正整数 m，使得 m 步转移概率矩阵无零元，则可判断链具有遍历性；并且极限分布转化为解线性方程组，这一结论给实际工作带来极大方便，有着广泛的应用.

例 10.12(续例 10.10)　用定理 10.2 判断此链是遍历的，并求出极限分布.

解　一步转移概率矩阵 $P = \begin{pmatrix} p & q \\ q & p \end{pmatrix}$（$0 < p < 1$）. 显然

取 $m = 1$，则对任意的 $i, j = 0, 1$，有 $p_{ij} > 0$，由定理 10.2，该链是遍历的.

设极限分布为 $\pi = (\pi_0, \pi_1)$，解线性方程组

$$\pi = \pi P, \pi_0 + \pi_1 = 1.$$

即

$$\begin{cases} \pi_0 = p\pi_0 + q\pi_1 \\ \pi_1 = q\pi_0 + p\pi_1, \\ \pi_0 + \pi_1 = 1 \end{cases}$$

得 $\pi_0 = \dfrac{1}{2}$，$\pi_1 = \dfrac{1}{2}$.

所以链的极限分布为 $\pi = \left(\dfrac{1}{2}, \dfrac{1}{2} \right)$.

与例 10.10 的结果完全一致.

例 10.13 设马氏链 $\{X_n, n \geqslant 0\}$ 的状态空间 $I = \{1, 2, 3\}$，且一步转移概率矩阵为

$$P = \begin{pmatrix} q & p & 0 \\ q & 0 & p \\ 0 & q & p \end{pmatrix},$$

其中，$p > 0, q > 0, p + q = 1$. 问此链是否遍历？若遍历，求出极限分布.

解 当 $m = 1$ 时，即一步转移概率矩阵中有零元，不满足定理的条件. 继续考虑 $m = 2$，由 C – K 方程，

$$P(2) = P^2 = \begin{pmatrix} q^2 + pq & pq & p^2 \\ q^2 & 2pq & p^2 \\ q^2 & pq & pq + p^2 \end{pmatrix},$$

其元素均大于 0，即当 $m = 2$ 时，对任意的 $i, j \in \{1, 2, 3\}$，有 $p_{ij}(2) > 0$. 由定理 10.2 可知，此链具有遍历性.

设其极限分布为 $\pi = (\pi_1, \pi_2, \pi_3)$，解线性方程组

$$\pi = \pi P, \quad \pi_1 + \pi_2 + \pi_3 = 1.$$

即

$$\begin{cases} \pi_1 = \pi_1 q + \pi_2 q \\ \pi_2 = \pi_1 p + \pi_3 q \\ \pi_3 = \pi_2 p + \pi_3 p, \\ \pi_1 + \pi_2 + \pi_3 = 1 \end{cases}$$

可得，当 $p = q$ 时，$\pi_1 = \pi_2 = \pi_3 = \dfrac{1}{3}$，这时的极限分布称为等概率分布.

当 $p \neq q$ 时，

$$\pi_j = \frac{1 - \dfrac{p}{q}}{1 - \left(\dfrac{p}{q} \right)^3} \left(\dfrac{p}{q} \right)^{j-1}, \quad j = 1, 2, 3.$$

10.2.3 平稳分布

在定理 10.2 的条件下，马氏链 $\{X_n, n \geqslant 0\}$ 经过足够长的时间（步长 n 充分大）转移后，将到达平稳（或平衡）状态，即链在 n 时刻之后处于任意状态 j 的概率 $p_j(m) (m > n)$ 将不再随时间而变化，这就是平稳分布的意义.

定义 10.5 设马氏链 $\{X_n, n \geqslant 0\}$ 的状态空间为 I，一步转移概率矩阵为 $\boldsymbol{P}$，如果存在概率分布 $\boldsymbol{\pi} = \{\pi_j, j \in I\}$，满足

$$\boldsymbol{\pi} = \boldsymbol{\pi}\boldsymbol{P}, \tag{10.2.5}$$

或对任意 $j \in I$，有

$$\pi_j = \sum_{i \in I} \pi_i p_{ij}, \tag{10.2.6}$$

则称 $\boldsymbol{\pi} = \{\pi_j, j \in I\}$ 为马氏链 $\{X_n, n \geqslant 0\}$ 的**平稳分布**(**stationary distribution**).

平稳分布也称为马氏链的**不变分布**(**invariant distribution**). 因为，对于一个平稳分布 $\boldsymbol{\pi} = \{\pi_j, j \in I\}$，由 $(10.2.5)$ 式，有

$$\boldsymbol{\pi} = \boldsymbol{\pi}\boldsymbol{P} = (\boldsymbol{\pi}\boldsymbol{P})\boldsymbol{P} = \boldsymbol{\pi}\boldsymbol{P}^2 = \boldsymbol{\pi}\boldsymbol{P}(2) = \cdots = \boldsymbol{\pi}\boldsymbol{P}^n = \boldsymbol{\pi}\boldsymbol{P}(n)$$

即一维分布 $\boldsymbol{\pi}$ 经过 n 步转移后不变，这也是称 $\boldsymbol{\pi}$ 为平稳分布(不变分布) 的原因.

定理 10.3 设马氏链 $\{X_n, n \geqslant 0\}$ 的状态空间为 I，一步转移概率矩阵为 $\boldsymbol{P}$. 若链的初始分布 $\vec{p}(0)$ 为平稳分布，则一维分布 $\vec{p}(n) = \vec{p}(0)$，也是平稳分布.

证明 由 $\vec{p}(0)$ 为平稳分布知，$\vec{p}(0) = \vec{p}(0)\boldsymbol{P}$，所以，对任意的 $n \geqslant 1$，有 $\vec{p}(n) = \vec{p}(0) \cdot \boldsymbol{P}(n) = \vec{p}(0) \cdot \boldsymbol{P}\boldsymbol{P}(n-1) = \vec{p}(0)\boldsymbol{P} \cdot \boldsymbol{P}(n-1) = \vec{p}(0) \cdot \boldsymbol{P}(n-1) = \cdots = \vec{p}(0)$. 从而，一维分布 $\vec{p}(n)$ 也是平稳分布.

由此可见，在定理 10.2 的条件下，马氏链的极限分布就是平稳分布，且是唯一的. 基于此，由定理 10.2 求出的极限分布也称为平稳分布. 再由定理 10.3，若以 $\boldsymbol{\pi}$ 作为链的初始分布，即 $\vec{p}(0) = \boldsymbol{\pi}$，则该链一维分布永远与 $\boldsymbol{\pi}$ 一致，即 $\vec{p}(n) = \boldsymbol{\pi}$.

例 10.14 设某厂商品的销售状态(按一个月计)可分为三个状态：滞销(用 1 表示)，正常(用 2 表示)和畅销(用 3 表示). 若经过对历史资料的整理分析，其销售状态的变化(从本月到下月)与初始时刻无关，p_{ij} 表示从销售状态 i 经过一个月后转为销售状态 j 的转移概率，且一步转移概率矩阵为

$$\boldsymbol{P} = \begin{pmatrix} \dfrac{1}{2} & \dfrac{1}{2} & 0 \\[2mm] \dfrac{1}{3} & \dfrac{1}{9} & \dfrac{5}{9} \\[2mm] \dfrac{1}{6} & \dfrac{2}{3} & \dfrac{1}{6} \end{pmatrix}.$$

试对经过长时间后的销售状况进行分析.

解 记 X_n 表示第 n 个月的销售状态，则 $\{X_n, n \geqslant 0\}$ 为齐次马氏链，且状态空间 $I = \{1, 2, 3\}$. 由 C - K 方程，二步转移概率矩阵为

$$\boldsymbol{P}(2) = \boldsymbol{P}^2 = \begin{pmatrix} \dfrac{5}{12} & \dfrac{11}{36} & \dfrac{5}{18} \\[2mm] \dfrac{8}{27} & \dfrac{89}{162} & \dfrac{25}{162} \\[2mm] \dfrac{1}{3} & \dfrac{29}{108} & \dfrac{43}{108} \end{pmatrix}.$$

可见，对任意的 $i, j \in I$，有 $p_{ij}(2) > 0$，由定理 10.2，此链是遍历的.

设极限分布为 $\boldsymbol{\pi} = (\pi_1, \pi_2, \pi_3)$，解线性方程组

$$\boldsymbol{\pi} = \boldsymbol{\pi}\boldsymbol{P}, \pi_1 + \pi_2 + \pi_3 = 1.$$

即

$$
\begin{cases}
\pi_1 = \dfrac{1}{2}\pi_1 + \dfrac{1}{3}\pi_2 + \dfrac{1}{6}\pi_3 \\[2mm]
\pi_2 = \dfrac{1}{2}\pi_1 + \dfrac{1}{9}\pi_2 + \dfrac{2}{3}\pi_3 \\[2mm]
\pi_3 = 0\pi_1 + \dfrac{5}{9}\pi_2 + \dfrac{1}{6}\pi_3 \\[2mm]
\pi_1 + \pi_2 + \pi_3 = 1
\end{cases},
$$

得
$$
\pi_1 = \frac{8}{23},\ \pi_2 = \frac{9}{23},\ \pi_3 = \frac{6}{23}.
$$

可见，经过相当长的时间后，销售状态趋于稳定，且销售正常的可能性最大，畅销的可能性最小.

习　题

1. 考虑直线上带有完全反射壁的随机游动：设 $p > 0, q > 0, r > 0$，且 $p + q + r = 1$，质点只能处于 1，2，3，4，5 这五个点之一. 当质点处于 2，3，4 时，下一时刻保留在原来位置的概率为 r，右移一格的概率为 p，左移一格的概率为 q. 当质点在 1 位置时，下一时刻必定转移到 2 位置；当质点在 5 位置时，下一时刻必定转移到 4 位置. 记 X_n 表示第 n 时刻质点的位置. 试说明 $\{X_n, n \geq 0\}$ 是一马氏链，并写出链的一步转移概率矩阵.

2. 设 $X_0 = 1, X_1, X_2, \cdots, X_n \cdots$ 是相互独立且都以概率 $p(0 < p < 1)$ 取值 1，以概率 $q = 1 - p$ 取值 0 的随机变量序列，令 $S_n = \sum_{k=0}^{n} X_k$. 试说明 $\{S_n, n > 0\}$ 构成一马氏链，并写出链的状态空间和一步转移概率矩阵.

3. 独立重复地投掷一颗均匀的骰子，以 X_n 表示前 n 次掷出的最小点数.

（1）写出链 $\{X_n, n \geq 1\}$ 的状态空间和一步转移概率矩阵；$\{X_n, n \geq 1\}$ 是否为齐次马氏链？

（2）求出 $P\{X_{n+1} = 3, X_{n+2} = 3 \mid X_n = 3\}$.

4. 设一台计算机经常出现故障，每天观察一次计算机运行状态，"1" 表示正常，"2" 表示故障，记 X_n 表示计算机第 n 天的运行状态，则 $\{X_n, n \geq 1\}$ 为一齐次马氏链. 已知转移概率 $p_{11} = 0.8$，$p_{12} = 0.2$，$p_{21} = 0.4$，$p_{22} = 0.6$，若第一天运行正常，试求连续四天计算机运行正常的概率以及第二天运行不正常而第三天第四天运行正常的概率.

5. 设马氏链 $\{X_n, n \geq 0\}$ 的状态空间 $I = \{1,2,3\}$，一步转移概率矩阵为

$$
\boldsymbol{P} = \begin{pmatrix}
\dfrac{1}{4} & \dfrac{3}{4} & 0 \\[2mm]
\dfrac{1}{3} & \dfrac{1}{3} & \dfrac{1}{3} \\[2mm]
0 & \dfrac{1}{4} & \dfrac{3}{4}
\end{pmatrix},
$$

初始分布为 $p_1(0) = \dfrac{1}{4}, p_2(0) = \dfrac{1}{2}, p_3(0) = \dfrac{1}{4}$，试求：（1）$P\{X_{n+2} = 2 \mid X_n = 1\}$；

（2）$P\{X_1 = 2, X_2 = 2 \mid X_0 = 1\}$；（3）$P\{X_0 = 1, X_1 = 2, X_2 = 2\}$.

6. 设马氏链 $\{X_n, n \geq 0\}$ 的状态空间 $I = \{0,1,2\}$，一步转移概率矩阵为

$$P = \begin{bmatrix} \dfrac{1}{2} & \dfrac{1}{2} & 0 \\ \dfrac{1}{3} & \dfrac{1}{3} & \dfrac{1}{3} \\ 0 & \dfrac{3}{4} & \dfrac{1}{4} \end{bmatrix},$$

初始分布为 $p_j(0) = \dfrac{1}{3}$，$j = 0,1,2$.

试求：（1）$P\{X_0 = 0, X_2 = 1\}$；（2）$P\{X_2 = 0\}$.

7. 设马氏链 $\{X_n, n \geq 0\}$ 的状态空间 $I = \{0,1\}$，n 步转移概率矩阵为

$$P(n) = \begin{pmatrix} 1 & C_n \\ D_n & \dfrac{1}{2^n} \end{pmatrix}.$$

（1）求 C_n 和 D_n.

（2）此链是否具有遍历性？若遍历，求出极限分布.

8. 设具有三状态 0，1，2 的质点的一维随机游动，$X(n)$ 表示质点在 n 时刻所处的位置，则 $\{X_n, n \geq 0\}$ 是齐次马氏链. 已知该链的一步转移概率矩阵

$$P = \begin{pmatrix} q & p & 0 \\ q & 0 & p \\ 0 & q & p \end{pmatrix}.$$

（1）求质点从状态 1 经二步、三步转移到状态 1 的概率；

（2）此链是否遍历？若遍历，求出极限分布.

9. 设马氏链 $\{X_n, n \geq 0\}$ 的一步转移概率矩阵为

$$P = \begin{pmatrix} \dfrac{2}{3} & \dfrac{1}{3} \\ \dfrac{1}{3} & \dfrac{2}{3} \end{pmatrix}.$$

试用定义和定理两种方法证明此链是遍历的.

10. 设马氏链的一步转移概率矩阵为

$$P = \begin{pmatrix} \dfrac{1}{2} & \dfrac{1}{2} & 0 \\ \dfrac{1}{2} & \dfrac{1}{2} & 0 \\ 0 & 0 & 1 \end{pmatrix},$$

试证明此链不是遍历的.

11. 设马氏链 $\{X_n, n \geq 0\}$ 的状态空间 $I = \{0,1,2\}$，一步转移概率矩阵为

$$P = \begin{pmatrix} \dfrac{1}{2} & \dfrac{1}{3} & \dfrac{1}{6} \\ \dfrac{1}{3} & \dfrac{2}{3} & 0 \\ 0 & \dfrac{1}{2} & \dfrac{1}{2} \end{pmatrix},$$

此链是否遍历？若遍历，求其极限分布.

12. 设同类型产品装在甲、乙两个盒内，甲盒内有 8 件一等品 (用 1 表示) 和 2 件二等品 (用 2 表示)，乙盒内有 6 件一等品和 4 件二等品. 作有放回的随机抽查，每次抽查一个，第一次在甲盒内取，若取到一等品，则第二次继续在甲盒内取；若取到二等品，则第二次在乙盒内取. 以 X_n 表示第 n 次取到产品的等级数，则 $\{X_n, n \geqslant 1\}$ 是一齐次马氏链.

(1) 写出状态空间和转移概率矩阵.

(2) 恰好第 3，5，8 次取到一等品的概率是多少？

(3) 求出马氏链 $\{X_n, n \geqslant 1\}$ 的平稳分布.

13. 将 2 个红球 4 个白球任意地放入甲、乙两个盒子中，每个盒子中放 3 个，现从每个盒子中各取一球，交换后放回盒中，以 X_n 表示经过 n 次交换后甲盒子中的红球数，则 $\{X_n, n \geqslant 0\}$ 是一齐次马尔可夫链，试求：

(1) 一步转移概率矩阵；(2) $\lim\limits_{n \to \infty} p_{ij}(n)$，$j = 0, 1, 2$.

14. 根据市场调查，R 型 (以状态 1 表示) 洗衣液占有 35% 的市场，H 型 (以状态 2 表示) 洗衣液占有 30% 的市场，其他型号 (以状态 3 表示) 洗衣液占有 35% 的市场，一个季度后，顾客的转移概率矩阵为

$$P = \begin{pmatrix} 0.90 & 0.02 & 0.08 \\ 0.04 & 0.87 & 0.09 \\ 0.15 & 0.12 & 0.73 \end{pmatrix}.$$

试求：(1) 顾客经过两个季度，由 H 型洗衣液转移到其他型号洗衣液的概率；(2) 经过长时间后各种洗衣液的市场占有比例是否会趋于稳定？若稳定，求出稳定时各型号洗衣液的市场占有率？

第 11 章 平稳随机过程

实际中，有这样一类随机过程，其统计特性不随时间的推移而变化，这就是本章要学习的平稳随机过程.

平稳随机过程在无线电电子技术、通信、自动控制、机械制造、建筑工程、天文学、生物学以及经济学、管理科学等领域均有着广泛的应用. 本章主要介绍平稳随机过程（以下简称平稳过程）的一些基本知识，包括平稳过程的概念、相关函数的性质、平稳过程的谱分析和各态历经性等等.

11.1 平稳过程的概念及其相关函数

11.1.1 平稳过程的概念

在随机过程理论中，有两种不同意义的平稳性，下面分别介绍.

定义 11.1 设 $\{X(t), t \in T\}$ 是一随机过程，若对任意 $n \geq 1$，任意 n 个时刻 $t_1, t_2, \cdots, t_n \in T$ 和任意 τ，当 $t_1 + \tau, t_2 + \tau, \cdots, t_n + \tau \in T$ 时，有

$$(X(t_1), X(t_2), \cdots, X(t_n)) \stackrel{d}{=} (X(t_1 + \tau), X(t_2 + \tau), \cdots, X(t_n + \tau)).$$

则称随机过程 $\{X(t), t \in T\}$ 具有**严平稳性**，并称此过程为**严平稳随机过程**（**Strictly stationary processes**），简称为**严平稳过程**，也称为**狭义平稳过程**或**强平稳过程**.

这里符号 "$\stackrel{d}{=}$" 表示左右两端的随机变量具有相同的概率分布. 该定义表明：严平稳随机过程的有限维分布不随时间的推移而发生变化.

实际问题中，通过确定过程的有限维分布，并用它来判定随机过程的平稳性，一般是很难办到的. 如果根据实际意义可以判定环境和主要条件都不随时间的推移而变化，则可以认为该过程是平稳的. 例如，一个在比较稳定状态下工作的接收机，其输出的噪声电压可以认为是平稳过程.

如果严平稳过程是二阶矩过程，那么，该过程的均值函数和相关函数都存在. 并且，对 t，$t + \tau \in T$，由于 $X(t) \stackrel{d}{=} X(t + \tau)$，$(X(0), X(\tau)) \stackrel{d}{=} (X(t), X(t + \tau))$，从而，$E[X(t)] = E[X(t + \tau)]$，$R_X(t, t + \tau) = E[X(t)X(t + \tau)] = E[X(0)X(\tau)]$，即

均值函数 $\mu_X(t) = E[X(t)]$ 为常数；

相关函数 $R_X(t, t + \tau) = E[X(t)X(t + \tau)]$ 只依赖于 τ，与 t 的取值无关.

换言之，如果严平稳过程的二阶矩存在，则过程的一、二阶矩均不随时间的推移而改变. 由此产生了另一种含义的平稳性.

定义 11.2 设 $\{X(t), t \in T\}$ 为二阶矩过程，且对任意 $t, t + \tau \in T$，有

（1）$\mu_X(t) = E[X(t)]$ 为常数；

（2）$R_X(t, t + \tau) = E[X(t)X(t + \tau)]$ 仅依赖于 τ，与 t 无关.

则称 $\{X(t), t \in T\}$ 具有**宽平稳性**，并称 $\{X(t), t \in T\}$ 为**宽平稳随机过程**（**Wide stationary processes**），简称为**宽平稳过程**，也称为**广义平稳过程**或**弱平稳过程**.

本书中，常用 μ_X 和 $R_X(\tau)$ 分别表示平稳过程的均值和相关函数.

　　由两个定义，可粗略地说，平稳性是随机过程的统计特性对参数的移动不变性，严平稳性要求所有有限维分布都具有移动不变性；宽平稳性则要求一、二阶矩具有移动不变性.

　　一般地，严平稳过程不一定是宽平稳过程，这是因为严平稳的定义只涉及有限维分布，并不要求一、二阶矩存在. 当然，对二阶矩过程，严平稳过程必为宽平稳过程. 反之，宽平稳过程也不一定是严平稳过程，因为均值函数和相关函数具有的移动不变性无法确定过程的有限维分布随时间的推移如何改变.

　　下面讨论的平稳过程若无特别说明均指宽平稳过程. 看几个例子.

　　例 11.1（白噪声序列）　设 $\{X_n, n = 0, \pm 1, \pm 2, \cdots\}$ 是互不相关的随机变量序列，且 $E(X_n) = 0, D(X_n) = \sigma^2$，试讨论 $\{X_n, n = 0, \pm 1, \pm 2, \cdots\}$ 的平稳性.

　　解　由题设，对任意 $n, \tau = 0, \pm 1, \pm 2, \cdots$，

$$E(X_n) = 0 \text{ 为常数}.$$

$$R_X(n, n + \tau) = E(X_n X_{n+\tau}) = \begin{cases} \sigma^2, & \tau = 0, \\ 0, & \tau \neq 0. \end{cases} \text{ 仅依赖于 } \tau，与 n \text{ 无关}.$$

　　所以 $\{X_n, n = 0, \pm 1, \pm 2, \cdots\}$ 是平稳序列.

　　例 11.2（续例 9.7）　设 $X(t) = a\cos(\omega_0 t + \Theta), t \in (-\infty, +\infty)$，其中 $a > 0, \omega_0$ 为常数，Θ 是服从 $(0, 2\pi)$ 上均匀分布的随机变量. 试证明：$\{X(t), t \in (-\infty, +\infty)\}$ 是平稳过程.

　　证明　由例 9.7 知，对任意 $t, \tau \in \mathbf{R}$，

$$\mu_X(t) = E[X(t)] = 0 \text{ 为常数}，且$$

$$R_X(t, t + \tau) = \frac{a^2}{2}\cos(\omega_0 \tau) \text{ 仅依赖于 } \tau，与 t \text{ 无关}.$$

　　因此，$\{X(t), t \in (-\infty, +\infty)\}$ 是平稳过程.

　　例 11.3　设 $s(t)$ 是周期为 T_0 的可积函数，令 $X(t) = s(t + \Theta), t \in (-\infty, +\infty)$，其中 $\Theta \sim U(0, T_0)$. 试讨论 $\{X(t), t \in (-\infty, +\infty)\}$ 的平稳性.

　　解　由题设，Θ 的概率密度函数为

$$f(\theta) = \begin{cases} \dfrac{1}{T_0}, & \theta \in (0, T_0), \\ 0, & \text{其他}. \end{cases}$$

　　于是，对任意 $t, \tau \in \mathbf{R}$，利用周期函数的定积分性质，均值函数

$$\mu_X(t) = E[s(t + \Theta)] = \int_0^{T_0} s(t + \theta) \cdot \frac{1}{T_0} \mathrm{d}\theta = \frac{1}{T_0}\int_t^{T_0 + t} s(\varphi)\mathrm{d}\varphi = \frac{1}{T_0}\int_0^{T_0} s(\varphi)\mathrm{d}\varphi,$$

为与 t 无关的常数. 且相关函数

$$R_X(t, t + \tau) = E[s(t + \Theta)s(t + \tau + \Theta)] = \int_0^{T_0} s(t + \theta)s(t + \tau + \theta) \cdot \frac{1}{T_0}\mathrm{d}\theta$$

$$= \frac{1}{T_0}\int_t^{T_0 + t} s(\varphi)s(\varphi + \tau)\mathrm{d}\varphi = \frac{1}{T_0}\int_0^{T_0} s(\varphi)s(\varphi + \tau)\mathrm{d}\varphi,$$

该积分值仅与 τ 有关，不依赖于 t 的取值.

　　所以，$\{X(t), t \in (-\infty, +\infty)\}$ 是平稳过程.

　　例 11.4（随机振幅正弦波）　设 $X(t) = A\cos\omega_0 t + B\sin\omega_0 t, t \in (-\infty, +\infty)$，其中 ω_0 为常数，A 和 B 是互不相关的随机变量，且 $E(A) = E(B) = 0, D(A) = D(B) = 1$. 验证 $\{X(t), t \in (-\infty, +\infty)\}$ 是平稳过程.

　　证明　由题设，$E(A^2) = E(B^2) = 1$. 从而，对任意 $t, \tau \in \mathbf{R}$，有

$$\mu_X(t) = E(A\cos\omega_0 t + B\sin\omega_0 t) = \cos\omega_0 t \cdot E(A) + \sin\omega_0 t \cdot E(B) = 0,$$

$$R_X(t, t+\tau) = E[(A\cos\omega_0 t + B\sin\omega_0 t) \cdot (A\cos\omega_0(t+\tau) + B\sin\omega_0(t+\tau))]$$

$$= \cos\omega_0 t\cos\omega_0(t+\tau) \cdot E(A^2) + \sin\omega_0 t\sin\omega_0(t+\tau) \cdot E(B^2)$$

$$= \cos\omega_0 t\cos\omega_0(t+\tau) + \sin\omega_0 t\sin\omega_0(t+\tau)$$

$$= \cos\omega_0\tau \text{ 仅依赖于 } \tau, \text{ 与 } t \text{ 的取值无关.}$$

所以，$\{X(t), t \in (-\infty, +\infty)\}$ 是平稳过程.

例 11.5（随机电报信号过程） 设 $X(t) = (-1)^{N(t)}A, t \geq 0$，其中 $\{N(t), t \geq 0\}$ 是强度为 λ 的泊松过程，随机变量 A 的概率分布为 $P(A=-1) = P(A=1) = \dfrac{1}{2}$，且与 $\{N(t), t \geq 0\}$ 相互独立. 证明：$\{X(t), t \geq 0\}$ 是平稳过程.

证明 对任意 $t, t+\tau \geq 0$，

首先，由 $E(A) = (-1) \times \dfrac{1}{2} + 1 \times \dfrac{1}{2} = 0$，及 $E(A^2) = (-1)^2 \times \dfrac{1}{2} + 1^2 \times \dfrac{1}{2} = 1$，得

$$\mu_X(t) = E[(-1)^{N(t)}A] = E[(-1)^{N(t)}] \cdot E(A) = 0,$$

$$R_X(t, t+\tau) = E[(-1)^{N(t)+N(t+\tau)}] \cdot E(A^2) = E[(-1)^{N(t)+N(t+\tau)}],$$

当 $\tau > 0$ 时，$N(t+\tau) - N(t) \sim P(\lambda\tau)$，从而

$$R_X(t, t+\tau) = E[(-1)^{N(t)+N(t+\tau)}] = E[(-1)^{2N(t)} \cdot (-1)^{N(t+\tau)-N(t)}] = E[(-1)^{N(t+\tau)-N(t)}]$$

$$= \sum_{k=0}^{\infty} (-1)^k \cdot \frac{(\lambda\tau)^k}{k!}e^{-\lambda\tau} = e^{-2\lambda\tau}.$$

注意到，当 $\tau < 0$ 时，类似可得

$$R_X(t, t+\tau) = E[(-1)^{N(t)+N(t+\tau)}] = e^{2\lambda\tau}.$$

所以，$R_X(t, t+\tau) = e^{-2\lambda|\tau|}$ 仅与 τ 有关，不依赖于 t. 故 $\{X(t), t \geq 0\}$ 是平稳过程.

11.1.2　平稳过程的相关函数性质

由前面的研究可见，用数字特征来刻画随机过程，比用其有限维分布更为简便实用. 本节给出平稳过程相关函数的几个基本性质.

设 μ_X 和 $R_X(\tau)$ 分别表示平稳过程 $\{X(t), t \in T\}$ 的均值和相关函数，则 $R_X(\tau)$ 具有下列性质.

性质 1 $R_X(0) = E[X^2(t)] = \psi_X^2 \geq 0.$

证明 由定义可直接得到.

由于 $R_X(0)$ 就是平稳过程的均方值，且在物理学中，二阶矩表示转动惯量、功率或能量. 下一节将说明 $R_X(0)$ 就是平稳过程的平均功率.

性质 2 $R_X(\tau)$ 是偶函数，即

$$R_X(\tau) = R_X(-\tau).$$

证明 由相关函数的定义，立得

$$R_X(\tau) = E[X(t)X(t+\tau)] = E[X(t+\tau)X(t)] = R_X(-\tau).$$

依据性质 2，在实际问题中只需计算或测量 $R_X(\tau)$ 在 $\tau \geq 0$ 时的值.

性质 3 $|R_X(\tau)| \leq R_X(0).$

证明 由平稳性，

$$E[X^2(t)] = E[X^2(t+\tau)] = R_X(0), E[X(t)X(t+\tau)] = R_X(\tau).$$

于是，对任意实数 λ，有

$$E[X(t) + \lambda X(t + \tau)]^2 = E[X^2(t)] + 2\lambda E[X(t)X(t + \tau)] + \lambda^2 E[X^2(t + \tau)],$$
$$= R_X(0) + 2\lambda R_X(\tau) + \lambda^2 R_X(0) \geqslant 0.$$

此式表示关于 λ 的一元二次函数非负，所以其判别式

$$\Delta = [2R_X(\tau)]^2 - 4R_X(0)R_X(0) \leqslant 0,$$

即得，$|R_X(\tau)| \leqslant R_X(0)$.

由性质 2 和性质 3 可知，平稳过程的相关函数 $R_X(\tau)$ 是偶函数，且在原点处非负并取得最大值.

关于协方差函数，不难得到类似的结论.

$$|C_X(\tau)| \leqslant C_X(0).$$

性质 4　$R_X(\tau)$ 是非负定的，即对任意实数 $\tau_1, \tau_2, \cdots, \tau_n \in T$ 和任意实值函数 $g(\tau)$，有

$$\sum_{i, j = 1}^{n} R_X(\tau_i - \tau_j)g(\tau_i)g(\tau_j) \geqslant 0.$$

证明　$\displaystyle\sum_{i, j = 1}^{n} R_X(\tau_i - \tau_j)g(\tau_i)g(\tau_j) = \sum_{i, j = 1}^{n} E[X(\tau_i)X(\tau_j)]g(\tau_i)g(\tau_j)$

$$= E\left\{ \sum_{i, j}^{n} [X(\tau_i)X(\tau_j)]g(\tau_i)g(\tau_j) \right\}$$

$$= E\left\{ \left[\sum_{i = 1}^{n} X(\tau_i)g(\tau_i) \right]^2 \right\} \geqslant 0.$$

定义 11.3　设平稳过程 $\{X(t), t \in (-\infty, +\infty)\}$，对任意实数 t，存在正常数 T_0，使得 $X(t) = X(t + T_0)$ 以概率 1 成立，则称该过程为周期是 T_0 的平稳过程.

性质 5　$\{X(t), t \in (-\infty, +\infty)\}$ 是周期为 T_0 的平稳过程的充要条件是其相关函数 $R_X(\tau)$ 也是周期为 T_0 的周期函数.

证明　必要性

由过程的周期性，$X(t + \tau + T_0) = X(t + \tau)$ 以概率 1 成立，于是

$$R_X(\tau + T_0) = E[X(t)X(t + \tau + T_0)] = E[X(t)X(t + \tau)] = R_X(\tau).$$

所以，$R_X(\tau)$ 是周期为 T_0 的周期函数.

充分性，由平稳性以及 $R_X(T_0) = R_X(0)$，有

$$D[X(t + T_0) - X(t)] = E\{[X(t + T_0) - X(t)]^2\} - \{E[X(t + T_0) - X(t)]\}^2$$
$$= E[X^2(t + T_0)] + E[X^2(t)] - 2E[X(t)X(t + T_0)] - 0$$
$$= R_X(0) + R_X(0) - 2R_X(T_0)$$
$$= 2R_X(0) - 2R_X(0)$$
$$= 0.$$

再利用方差的性质，可得

$$X(t + T_0) - X(t) = E[X(t + T_0) - X(t)] = 0 \text{ 以概率 1 成立},$$

所以 $X(t + T_0) = X(t)$ 以概率 1 成立，

即 $\{X(t), t \in (-\infty, +\infty)\}$ 是周期为 T_0 的平稳过程.

实际中各种非周期性的噪声和干扰，由物理意义，当 $|\tau|$ 充分大时，$X(t)$ 与 $X(t + \tau)$ 之间相关性会减弱，两者可以认为互不相关或相互独立，此时可以证明相关函数与均值具有如下性质.

性质 6　设平稳过程 $\{X(t), t \in (-\infty, +\infty)\}$，当 $|\tau|$ 充分大时，状态 $X(t)$ 与 $X(t + \tau)$ 互不相关，则有

$$\lim_{|\tau| \to \infty} R_X(\tau) = \mu_X^2.$$

证明 $\lim\limits_{|\tau| \to \infty} R_X(\tau) = \lim\limits_{|\tau| \to \infty} E[X(t)X(t+\tau)] = \lim\limits_{|\tau| \to \infty} E[X(t)]E[X(t+\tau)] = \mu_X^2.$

例 11.6 设平稳过程 $\{X(t), t \in (-\infty, +\infty)\}$，当 $|\tau|$ 充分大时，状态 $X(t)$ 与 $X(t+\tau)$ 互不相关，且其相关函数为

$$R_X(\tau) = 25 + \frac{4}{1 + 6\tau^2}.$$

求 $\{X(t), t \in (-\infty, +\infty)\}$ 的均值 μ_X.

解 由性质 6

$$\mu_X^2 = \lim\limits_{|\tau| \to \infty} R_X(\tau) = 25,$$

解得

$$\mu_X = \pm 5.$$

11.2 平稳过程的功率谱密度

本节我们来讨论如何运用傅里叶变换这一有效的数学工具来确定平稳过程的频率结构——功率谱密度.

11.2.1 谱密度的概念

谱密度的概念来自无线电技术，在物理学中它表示功率谱密度. 下面利用频谱分析方法讨论平稳过程的功率谱密度. 首先，简要介绍确定性信号函数的能谱密度及功率谱密度，然后推广出平稳过程的功率谱密度的概念.

1. 确定性信号函数的功率谱密度

在讨论随机过程的谱分析之前，先对确定性信号的傅里叶变换作一简单回顾. 设 $x(t)(-\infty < t < +\infty)$ 为非周期性的确定性信号函数，且 $x(t)$ 的总能量有限，即

$$\int_{-\infty}^{+\infty} x^2(t)\,dt < +\infty,$$

则 $x(t)$ 的傅里叶变换存在，且为

$$F_x(\omega) = \int_{-\infty}^{+\infty} x(t)\,e^{-i\omega t}\,dt, \tag{11.2.1}$$

并称 $F_x(\omega)$ 为 $x(t)$ 的频谱.

同时，$x(t)$ 是 $F_x(\omega)$ 的傅里叶逆变换，即

$$x(t) = \frac{1}{2\pi}\int_{-\infty}^{+\infty} F_x(\omega)\,e^{i\omega t}\,d\omega, \tag{11.2.2}$$

可见，$x(t)$ 和 $F_x(\omega)$ 是互为唯一确定的，称为傅里叶变换对.

当 $x(t)$ 代表电压时，$F_x(\omega)$ 则表示了电压按频率的分布. 一般地，$F_x(\omega)$ 是复值函数，其共轭函数为 $F_x^*(\omega) = F_x(-\omega)$.

由 (11.2.1) 式和 (11.2.2) 式，可以进一步得到

$$\int_{-\infty}^{+\infty} x^2(t)\,dt = \frac{1}{2\pi}\int_{-\infty}^{+\infty} |F_x(\omega)|^2\,d\omega. \tag{11.2.3}$$

(11.2.3) 式称为信号 $x(t)$ 的**帕塞瓦尔 (Parseval) 等式**. 若 $x(t)$ 表示电压，由于等式左端表示 $x(t)$ 在 $(-\infty, +\infty)$ 上的总能量，因此，等式右端的被积函数 $|F_x(\omega)|^2$ 表示信号 $x(t)$ 的总能量按频率分布的情况，称为 $x(t)$ 的**能量谱密度**. 故上述帕塞瓦尔等式又称为**总能量的谱表示式**.

但是，在实际中，有很多信号的总能量是无限的，如周期信号函数. 这时，人们通常转而研究 $x(t)$ 在 $(-\infty, +\infty)$ 上的**平均功率**，定义为

$$\lim_{T \to \infty} \frac{1}{2T} \int_{-T}^{+T} x^2(t) \, dt,$$

这个平均功率常常是有限的. 下面来考虑平均功率的谱表示式.

首先，对给定的函数 $x(t)$，构造一个截尾函数

$$x_T(t) = \begin{cases} x(t), & |t| \leq T, \\ 0, & |t| > T. \end{cases}$$

则函数 $x_T(t)$ 在 $(-\infty, +\infty)$ 上的总能量有限，所以存在傅里叶变换，记为

$$F_x(\omega, T) = \int_{-\infty}^{+\infty} x_T(t) e^{-i\omega t} \, dt = \int_{-T}^{+T} x(t) e^{-i\omega t} \, dt,$$

并且 $F_x(\omega, T)$ 的傅里叶逆变换为

$$x_T(t) = \frac{1}{2\pi} \int_{-\infty}^{+\infty} F_x(\omega, T) e^{i\omega t} \, d\omega,$$

注意到，$\int_{-\infty}^{+\infty} x_T^2(t) \, dt = \int_{-T}^{+T} x^2(t) \, dt < +\infty$，所以成立帕塞瓦尔等式：

$$\int_{-T}^{+T} x^2(t) \, dt = \frac{1}{2\pi} \int_{-\infty}^{+\infty} |F_x(\omega, T)|^2 \, d\omega,$$

将上式两边同时除以 $2T$，再令 $T \to +\infty$，得

$$\lim_{T \to +\infty} \frac{1}{2T} \int_{-T}^{+T} x^2(t) \, dt = \frac{1}{2\pi} \int_{-\infty}^{+\infty} \lim_{T \to +\infty} \frac{1}{2T} |F_x(\omega, T)|^2 \, d\omega. \tag{11.2.4}$$

记右端的被积函数为 $S_x(\omega)$，即

$$S_x(\omega) = \lim_{T \to +\infty} \frac{1}{2T} |F_x(\omega, T)|^2, \tag{11.2.5}$$

则，(11.2.4) 式可表示为

$$\lim_{T \to +\infty} \frac{1}{2T} \int_{-T}^{+T} x^2(t) \, dt = \frac{1}{2\pi} \int_{-\infty}^{+\infty} S_x(\omega) \, d\omega \tag{11.2.6}$$

类似能量谱密度，由于等式左端为 $x(t)$ 在 $(-\infty, +\infty)$ 上的平均功率，所以 (11.2.6) 式为 $x(t)$ 在 $(-\infty, +\infty)$ 上**平均功率的谱表示式**. 相应地，称 $S_x(\omega)$ 为 $x(t)$ 的**平均功率谱密度**，简称为**功率谱密度**.

2. 平稳过程的功率谱密度

把上面讨论 $x(t)$ 在 $(-\infty, +\infty)$ 上的平均功率的谱表示方法推广到平稳过程 $\{X(t), t \in (-\infty, +\infty)\}$ 中，立得

$$\frac{1}{2T} \int_{-T}^{+T} X^2(t) \, dt = \frac{1}{2\pi} \int_{-\infty}^{+\infty} \frac{1}{2T} \cdot |F_X(\omega, T)|^2 \, d\omega,$$

其中，$F_X(\omega, T) = \int_{-T}^{+T} X(t) e^{-i\omega t} \, dt$.

但需注意，上述积分均指均方积分（有关均方积分的概念和性质，参阅本章 11.4 节），结果为随机变量，所以在等式两端分别求数学期望，并令 $T \to +\infty$，从而有

$$\lim_{T \to +\infty} E\left[\frac{1}{2T} \int_{-T}^{+T} X^2(t) \, dt \right] = \frac{1}{2\pi} \int_{-\infty}^{+\infty} \lim_{T \to +\infty} \frac{1}{2T} E\left[|F_X(\omega, T)|^2 \right] d\omega, \tag{11.2.7}$$

等式左端表示平稳随机过程 $\{X(t), t \in (-\infty, +\infty)\}$ 的**平均功率**（**Average power**）.

类似 (11.2.5) 式，若记 (11.2.7) 式右端的被积函数为

$$S_X(\omega) = \lim_{T \to +\infty} \frac{1}{2T} E[\,|F_X(\omega, T)|^2\,], \tag{11.2.8}$$

则称 $S_X(\omega)$ 为平稳过程 $\{X(t), t \in (-\infty, +\infty)\}$ 的**功率谱密度**(**power spectral density**).

根据均方积分的性质，并注意到 $E[X^2(t)] = R_X(0) = \psi_X^2$，平稳过程的平均功率为

$$\lim_{T \to +\infty} E\left[\frac{1}{2T} \int_{-T}^{+T} X^2(t) \mathrm{d}t\right] = \lim_{T \to +\infty} \left[\frac{1}{2T} \int_{-T}^{+T} E[X^2(t)] \mathrm{d}t\right] = R_X(0) = \psi_X^2, \tag{11.2.9}$$

再由(11.2.7)式，得平均功率为

$$R_X(0) = \frac{1}{2\pi} \int_{-\infty}^{+\infty} S_X(\omega) \mathrm{d}\omega. \tag{11.2.10}$$

这就是平稳过程 $\{X(t), t \in (-\infty, +\infty)\}$ 的**平均功率的谱表示式**.

由此可见，平稳过程的平均功率等于该过程的 $R_X(0)$ (或均方值 ψ_X^2)，也等于它的功率谱密度在频域上的积分.

可以看出，功率谱密度 $S_X(\omega)$ 是从频率角度描述 $\{X(t), t \in (-\infty, +\infty)\}$ 的统计规律的最主要数字特征，它给出了平稳过程 $\{X(t), t \in (-\infty, +\infty)\}$ 的平均功率关于频率的分布.

由于平稳过程的总能量无限，能谱密度不存在，所以平稳过程理论中的"谱密度"总是指功率谱密度，本书后面将平稳过程的功率谱密度简称为谱密度.

所以，不难得到，平稳过程 $\{X(t), t \in T\}$ 在有限区间 (ω_1, ω_2) 上的平均功率可表示式为

$$R_X(0) = \frac{1}{2\pi} \int_{\omega_1}^{\omega_2} S_X(\omega) \mathrm{d}\omega.$$

例 11.7　设 $X(t) = a\cos(\omega_0 t + \Theta)$，$-\infty < t < +\infty$，其中 $a > 0, \omega_0$ 为常数，Θ 是在 $(0, 2\pi)$ 上服从均匀分布的随机变量. 求随机过程 $\{X(t), t \in (-\infty, +\infty)\}$ 的平均功率.

解　由例 11.2，$\{X(t), t \in (-\infty, +\infty)\}$ 是平稳过程，且相关函数

$$R_X(\tau) = \frac{a^2}{2} \cos\omega_0\tau.$$

从而，$\{X(t), t \in (-\infty, +\infty)\}$ 的平均功率为

$$R_X(0) = \frac{a^2}{2}.$$

11.2.2　谱密度的性质

设平稳过程 $\{X(t), t \in (-\infty, +\infty)\}$ 的相关函数为 $R_X(\tau)$，且 $\int_{-\infty}^{+\infty} |R_X(\tau)| \mathrm{d}\tau < +\infty$. 谱密度为 $S_X(\omega)$，则有以下性质成立.

性质 1　谱密度 $S_X(\omega)$ 是关于 ω 的实的、非负的偶函数.

证明　注意到，(11.2.8)式中

$$|F_X(\omega, T)|^2 = F_X(\omega, T) F_X(-\omega, T),$$

是 ω 的实的非负偶函数，立得性质 1 成立.

性质 2　谱密度 $S_X(\omega)$ 和相关函数 $R_X(\tau)$ 构成傅里叶变换对，即

$$\begin{cases} S_X(\omega) = \displaystyle\int_{-\infty}^{+\infty} R_X(\tau) \mathrm{e}^{-i\omega\tau} \mathrm{d}\tau \\ R_X(\tau) = \dfrac{1}{2\pi} \displaystyle\int_{-\infty}^{+\infty} S_X(\omega) \mathrm{e}^{i\omega\tau} \mathrm{d}\omega \end{cases} \tag{11.2.11}$$

称此式为**维纳 - 辛钦**(**Wiener - Khinchin**) 公式.

证明　需要运用二重积分的积分变换，超过部分专业的学习范围，这里省略.

由于 $R_X(\tau)$ 和 $S_X(\omega)$ 都是偶函数，利用欧拉(Euler) 公式

$$\mathrm{e}^{i\omega\tau} = \cos\omega\tau + i\sin\omega\tau,$$

维纳 – 辛钦公式也可写成如下形式

$$\begin{cases} S_X(\omega) = 2\int_0^\infty R_X(\tau)\cos\omega\tau\,\mathrm{d}\tau \\ R_X(\tau) = \dfrac{1}{\pi}\int_0^\infty S_X(\omega)\cos\omega\tau\,\mathrm{d}\omega \end{cases}. \tag{11.2.12}$$

维纳 – 辛钦公式又称为平稳过程相关函数的谱表示式，它们揭示了从时间和频率两个不同角度分析平稳过程 $\{X(t), t\in(-\infty, +\infty)\}$ 的统计规律性之间的联系. 若从相关函数角度来分析平稳过程，则称为"时域分析法"，若从谱密度方面进行分析，则称为"频域分析法". 在应用时可以根据实际条件灵活选择两者之一.

平稳过程的相关函数与谱密度构成傅里叶变换对，它们之间的换算方法一般有两种. 其一，利用傅里叶变换手册，结合傅里叶变换的性质，通过查表完成. 表 11.1 列出了几个最常用的相关函数以及对应的谱密度. 其二，直接计算积分((11.2.11) 式或(11.2.12) 式)，这可能会涉及复函数的积分，在一定条件下，可以利用留数定理来进行计算.

表 11.1　常见的相关函数与对应的谱密度

序号	相关函数 $R_x(\tau)$	谱密度 $S_x(\omega)$
1	$\mathrm{e}^{-a\lvert\tau\rvert}$（其中常数 $a>0$）	$\dfrac{2a}{a^2+\omega^2}$
2	$\mathrm{e}^{-a\lvert\tau\rvert}\cdot\cos\omega_0\tau$（其中常数 $a>0$）	$\dfrac{a}{a^2+(\omega+\omega_0)^2}+\dfrac{a}{a^2+(\omega-\omega_0)^2}$
3	1	$2\pi\delta(\omega)$
4	$\delta(\tau)$	1
5	$\cos\omega_0\tau$	$\pi[\delta(\omega+\omega_0)+\delta(\omega-\omega_0)]$
6	$R_x(\tau)=\begin{cases}\dfrac{\omega_0}{\pi}, & \tau=0, \\ \dfrac{\sin\omega_0\tau}{\pi\tau}, & \tau\neq 0.\end{cases}$	$S_x(\omega)=\begin{cases}1, & \lvert\omega\rvert<\omega_0, \\ 0, & \text{其他}.\end{cases}$
7	$R_x(\tau)=\begin{cases}1-\dfrac{\lvert\tau\rvert}{T}, & \lvert\tau\rvert\leqslant T, \\ 0, & \text{其他}.\end{cases}$	$\dfrac{4}{T\omega^2}\sin^2\dfrac{T\omega}{2}$

表 11.1 中出现 $R_X(\tau)$ 或 $S_X(\omega)$ 是 δ 函数，故下面简单介绍 δ 函数及其(广义)傅里叶变换.

定义 11.4　若 $\delta(x-x_0)$ 满足条件

$$(1)\ \delta(x-x_0)=\begin{cases}0, & x\neq x_0, \\ +\infty, & x=x_0.\end{cases} \qquad (2)\ \int_{-\infty}^{+\infty}\delta(x-x_0)\,\mathrm{d}x=1. \tag{11.2.13}$$

则称 $\delta(x-x_0)$ 是在 $x=x_0$ 的 **δ 函数**.

上述定义最初是由著名的物理学家狄拉克(Dirac) 引入的，因而这种函数也称为**狄拉克函数**. δ 函数不是通常意义下的函数，因为按照古典积分理论，定义中的两个条件是彼此矛盾的，不存在一个普通的实值函数能同时满足这些条件. 事实上，δ 函数是一种广义函数，由于有关广义函数的数学理论超过本课程的大纲，故这里不予展开，仅介绍 δ 函数的一条重要性质.

设函数 $f(x)$ 在 $(-\infty, +\infty)$ 上可积, 且在 $x = x_0$ 处连续, 则有

$$\int_{-\infty}^{+\infty} f(x)\delta(x - x_0)\,\mathrm{d}x = f(x_0). \tag{11.2.14}$$

这一性质称为 δ 函数的**筛选性质**.

根据筛选性质, 不难得到 δ 函数的傅里叶变换为

$$\int_{-\infty}^{+\infty} \delta(\tau)\mathrm{e}^{-i\omega\tau}\,\mathrm{d}\tau = \mathrm{e}^{-i\omega\tau}\big|_{\tau=0} = 1, \tag{11.2.15}$$

相应地, 单位函数的傅里叶逆变换

$$\frac{1}{2\pi}\int_{-\infty}^{+\infty} 1 \cdot \mathrm{e}^{i\omega\tau}\,\mathrm{d}\omega = \delta(\tau), \tag{11.2.16}$$

亦即, 时域上的 $\delta(\tau)$ 与频域上的单位函数 1 构成一对(广义)傅里叶变换, 所以当平稳过程的相关函数 $R_X(\tau) = \delta(\tau)$ 时, 谱密度 $S_X(\omega) = 1$. 基于这一结论, 工程上, 常称 $\delta(x)$ 为**单位脉冲函数**.

同理, 由筛选性质, 可得

$$\frac{1}{2\pi}\int_{-\infty}^{+\infty} \delta(\omega)\mathrm{e}^{i\omega\tau}\,\mathrm{d}\omega = \frac{1}{2\pi}\mathrm{e}^{i\omega\tau}\big|_{\omega=0} = \frac{1}{2\pi}. \tag{11.2.17}$$

于是

$$\frac{1}{2\pi}\int_{-\infty}^{+\infty} 2\pi \cdot \delta(\omega)\mathrm{e}^{i\omega\tau}\,\mathrm{d}\omega = 1,$$

相应地, 逆变换为

$$\int_{-\infty}^{+\infty} 1 \cdot \mathrm{e}^{-i\omega\tau}\,\mathrm{d}\tau = 2\pi\delta(\omega) \tag{11.2.18}$$

这表明, 时域上的单位函数 1 与频域上的脉冲函数 $2\pi\delta(\omega)$ 构成一对(广义)傅里叶变换. 即当平稳过程的相关函数 $R_X(\tau) = 1$ 时, 谱密度 $S_X(\omega) = 2\pi\delta(\omega)$.

由此可见, δ 函数的意义下, 就可以对很多常见函数, 如常数函数, 单位阶跃函数, 正弦函数和余弦函数进行(广义)傅里叶变换或(广义)傅里叶逆变换, 尽管它们并不满足绝对可积的条件. 表 11.1 的第 5 栏给出了余弦函数的(广义)傅里叶变换结果.

例 11.8 已知平稳过程 $\{X(t), t \in (-\infty, +\infty)\}$ 的功率谱密度为

$$S_X(\omega) = \frac{1}{\omega^4 + 5\omega^2 + 4},$$

求平稳过程 $\{X(t), t \in (-\infty, +\infty)\}$ 的相关函数 $R_X(\tau)$ 和平均功率.

解 首先, 将 $S_X(\omega)$ 分解成部分分式之和, 得

$$S_X(\omega) = \frac{1}{\omega^4 + 5\omega^2 + 4} = \frac{1}{3}\left(\frac{1}{\omega^2 + 1} - \frac{1}{\omega^2 + 4}\right),$$

其次, 利用傅里叶变换公式(查表 11.1 的第 1 栏),

$$\frac{1}{2\pi}\int_{-\infty}^{+\infty} \frac{1}{\omega^2 + 1}\mathrm{e}^{i\omega\tau}\,\mathrm{d}\omega = \frac{1}{2}\mathrm{e}^{-|\tau|}, \quad \frac{1}{2\pi}\int_{-\infty}^{+\infty} \frac{1}{\omega^2 + 4}\mathrm{e}^{i\omega\tau}\,\mathrm{d}\omega = \frac{1}{4}\mathrm{e}^{-2|\tau|}.$$

从而, 由维纳 – 辛钦公式, 运用傅里叶变换的线性性质, 相关函数

$$R_X(\tau) = \frac{1}{2\pi}\int_{-\infty}^{+\infty} S_X(\omega)\mathrm{e}^{i\omega\tau}\,\mathrm{d}\omega = \frac{1}{2\pi}\int_{-\infty}^{+\infty} \frac{1}{\omega^4 + 5\omega^2 + 4}\mathrm{e}^{i\omega\tau}\,\mathrm{d}\omega,$$

$$= \frac{1}{2\pi}\int_{-\infty}^{+\infty} \frac{1}{3}\left(\frac{1}{\omega^2 + 1} - \frac{1}{\omega^2 + 4}\right)\mathrm{e}^{i\omega\tau}\,\mathrm{d}\omega = \frac{1}{3}\left[\frac{1}{2\pi}\int_{-\infty}^{+\infty} \frac{1}{\omega^2 + 1}\mathrm{e}^{i\omega\tau}\,\mathrm{d}\omega - \frac{1}{2\pi}\int_{-\infty}^{+\infty} \frac{1}{\omega^2 + 4}\mathrm{e}^{i\omega\tau}\,\mathrm{d}\omega\right]$$

$$= \frac{1}{3} \cdot \left(\frac{1}{2}\mathrm{e}^{-|\tau|} - \frac{1}{4}\mathrm{e}^{-2|\tau|}\right) = \frac{1}{6}\mathrm{e}^{-|\tau|} - \frac{1}{12}\mathrm{e}^{-2|\tau|}.$$

最后，得平均功率为 $R_X(0) = \dfrac{1}{12}$.

形如本例中的谱密度称为有理谱密度，其一般形式为

$$S_X(\omega) = S_0 \frac{\omega^{2n} + a_{2n-2}\omega^{2n-2} + \cdots + a_2\omega^2 + a_0}{\omega^{2m} + b_{2m-2}\omega^{2n-2} + \cdots + b_2\omega^2 + b_0}$$

式中 $S_0 > 0$. $a_{2n-2}, a_{2n-4}, \cdots, a_2, a_0$ 以及 $b_{2m-2}, b_{2m-4}, \cdots, b_2, b_0$ 均为实数，且 $m > n$，分子、分母没有相同的零点，分母没有实零点. 有理谱密度是实际实用中最常见的一类谱密度，其相关函数均可采用本例的方法求解.

例 11.9　已知平稳过程的相关函数为 $R_X(\tau) = \mathrm{e}^{-2|\tau|}\cos\tau$，求它的谱密度 $S_X(\omega)$.

解　由维纳 - 辛钦公式及傅里叶变换公式（见表 11.1 的第 2 栏），谱密度为

$$S_X(\omega) = \int_{-\infty}^{+\infty} R_X(\tau)\mathrm{e}^{-i\omega\tau}\mathrm{d}\tau = \int_{-\infty}^{+\infty} \mathrm{e}^{-2|\tau|}\cos\tau \cdot \mathrm{e}^{-i\omega\tau}\mathrm{d}\tau = \frac{2}{4 + (\omega+1)^2} + \frac{2}{4 + (\omega-1)^2}.$$

例 11.10（续例 11.2）　求随机相位正弦波 $\{X(t), t \in (-\infty, +\infty)\}$ 的谱密度 $S_X(\omega)$.

解　由例 11.2 知，$\{X(t), t \in (-\infty, +\infty)\}$ 是一平稳过程，且相关函数为

$$R_X(\tau) = \frac{a^2}{2}\cos\omega_0\tau,$$

由维纳 - 辛钦公式，以及傅里叶变换公式（见表 11.1 第 5 栏），得谱密度

$$S_X(\omega) = \int_{-\infty}^{+\infty} R_X(\tau)\mathrm{e}^{-i\omega\tau}\mathrm{d}\tau = \frac{a^2}{2} \cdot \int_{-\infty}^{+\infty} \cos\omega_0\tau\mathrm{e}^{-i\omega\tau}\mathrm{d}\tau$$

$$= \frac{\pi a^2}{2}[\delta(\omega+\omega_0) + \delta(\omega-\omega_0)].$$

例 11.11　设平稳过程 $\{X(t), -\infty < t < +\infty\}$ 的谱密度为

$$S_X(\omega) = S_0 > 0, \quad -\infty < \omega < +\infty.$$

求其相关函数 $R_X(\tau)$.

解　由维纳 - 辛钦公式，相关函数为

$$R_X(\tau) = \frac{1}{2\pi}\int_{-\infty}^{+\infty} S_X(\omega)\mathrm{e}^{i\omega\tau}\mathrm{d}\omega = \frac{1}{2\pi}\int_{-\infty}^{+\infty} S_0\mathrm{e}^{i\omega\tau}\mathrm{d}\omega = S_0\delta(\tau).$$

通常把均值为零且谱密度为常数的平稳过程称为**白噪声过程**（**white noise process**），简称为**白噪声**. 其谱密度类似于白光的功率谱在各个频率上均匀分布，故有"白"噪声之称.

并且由其相关函数可见，对任意的 $s \neq t$，利用 δ 函数的定义，

$$E[X(s)X(t)] = R_X(s-t) = S_0\delta(s-t) = 0,$$

这表明，任意两个不同时刻 s, t，$X(s)$ 与 $X(t)$ 是不相关的.

例 11.12（低通白噪声）　设平稳过程 $\{X(t), -\infty < t < +\infty\}$ 的谱密度为

$$S_X(\omega) = \begin{cases} \sigma^2, & |\omega| \leqslant \omega_0, \\ 0, & |\omega| > \omega_0. \end{cases}$$

求此过程的相关函数 $R_X(\tau)$.

解　由维纳 - 辛钦公式，直接计算定积分可得，相关函数为

$$R_X(\tau) = \frac{1}{2\pi}\int_{-\infty}^{+\infty} S_X(\omega)\mathrm{e}^{i\omega\tau}\mathrm{d}\omega = \frac{1}{2\pi}\int_{-\omega_0}^{+\omega_0} \sigma^2\mathrm{e}^{i\omega\tau}\mathrm{d}\omega = \frac{1}{2\pi}\int_{-\omega_0}^{+\omega_0} \sigma^2\cos\omega\tau\mathrm{d}\omega = \begin{cases} \dfrac{\omega_0\sigma^2}{\pi}, & \tau = 0, \\ \dfrac{\sigma^2\sin\omega_0\tau}{\pi\tau}, & \tau \neq 0. \end{cases}$$

11.3 平稳过程的各态历经性

11.3.1 各态历经性的概念

设 $\{X(t), t \in T\}$ 是一平稳过程，它的两个数字特征：均值 μ_X 和相关函数 $R_X(\tau)$ 通常是未知的。如何通过实验得到它们的估计呢？利用点估计的思想，可以进行 n 次独立重复实验，得到 n 个样本函数 $x_1(t), x_2(t), \cdots, x_n(t)$。对某个固定的 t_0，

$$\mu_X \approx \frac{1}{n} \sum_{i=1}^{n} x_i(t_0),$$

$$R_X(\tau) \approx \frac{1}{n} \sum_{i=1}^{n} x_i(t_0) x_i(t_0 + \tau).$$

为此，需要做 n 次实验，而且为了保证精确度 n 应充分大。这在实际应用中是非常困难的，甚至是不可能的。由于平稳过程的统计特性不随时间的推移而改变，我们能否只利用一个样本函数去估计 μ_X 和 $R_X(\tau)$ 呢？

回顾大数定律：若 $\{X_n, n = 1, 2, \cdots\}$ 是相互独立的随机变量序列，且 $E(X_n) = \mu, D(X_n) = \sigma^2$，则

$$\frac{1}{n} \sum_{i=1}^{n} X_i \xrightarrow{P} \mu.$$

如果将随机序列 $\{X_n, n = 1, 2, \cdots\}$ 视为具有离散参数的随机过程，则 $\frac{1}{n} \sum_{i=1}^{n} X_i$ 代表随机过程按 n 个时刻的样本求出的平均值，并称为时间平均。右边 μ 是过程在任意时刻的统计平均。大数定律表明，随机序列 $\{X_n, n = 1, 2, \cdots\}$ 的时间平均依概率收敛于它的统计平均。于是，当 n 充分大时，我们有很大的把握认为下式成立

$$\frac{1}{n} \sum_{i=1}^{n} x_i \approx \mu.$$

其中，$x_1, x_2, \cdots, x_n$ 是对随机序列 $\{X_n, n = 1, 2, \cdots\}$ 作一次试验后，所得的前 n 个观测值。换言之，利用随机序列 $\{X_n, n = 1, 2, \cdots\}$ 的一次试验后的结果 $x_1, x_2, \cdots, x_n$，按照观测值的先后顺序求平均，即可用来估计该序列的统计平均 μ。

把上述思想推广到一般平稳过程 $\{X(t), t \in T\}$，便产生了各态历经性的概念。

定义 11.5 设 $\{X(t), t \in (-\infty, +\infty)\}$ 是平稳过程，若以下极限存在

$$\langle X(t) \rangle = \lim_{T \to +\infty} \frac{1}{2T} \int_{-T}^{+T} X(t) \, \mathrm{d}t, \tag{11.3.1}$$

则称 $\langle X(t) \rangle$ 为 $\{X(t), t \in (-\infty, +\infty)\}$ 的**时间均值**(time average)。

又若对固定的实数 τ，以下极限存在

$$\langle X(t) X(t + \tau) \rangle = \lim_{T \to \infty} \frac{1}{2T} \int_{-T}^{+T} X(t) X(t + \tau) \, \mathrm{d}t, \tag{11.3.2}$$

则称 $\langle X(t) X(t + \tau) \rangle$ 为该过程的**时间相关函数**(time auto - correlation function)。

需要指出，定义中的极限和积分分别指均方极限和均方积分，具体可参阅本章 11.4 节，我们可以沿用高等数学中的方法求极限和积分。可见，平稳过程的时间均值以及时间相关函数均为随机变量。

例 11. 13(续例 11. 2)　求随机相位正弦波 $\{X(t) = a\cos(\omega_0 t + \Theta), -\infty < t < +\infty\}$ 的时间均值 $\langle X(t) \rangle$ 和时间相关函数 $\langle X(t)X(t + \tau) \rangle$.

解
$$\langle X(t) \rangle = \lim_{T \to +\infty} \frac{1}{2T} \int_{-T}^{+T} a\cos(\omega_0 t + \Theta) \, \mathrm{d}t$$
$$= \lim_{T \to +\infty} \frac{a}{2T} \frac{\sin(\omega_0 T + \Theta) - \sin(-\omega_0 T + \Theta)}{\omega_0}$$
$$= \lim_{T \to +\infty} \frac{a\sin\omega_0 T\cos\Theta}{\omega_0 T} = 0,$$

$$\langle X(t)X(t + \tau) \rangle = \lim_{T \to +\infty} \frac{1}{2T} \int_{-T}^{+T} a^2 \cos(\omega_0 t + \Theta)\cos(\omega_0 t + \omega_0 \tau + \Theta) \, \mathrm{d}t$$
$$= \lim_{T \to +\infty} \frac{a^2}{2T} \int_{-T}^{+T} \frac{1}{2} \big[\cos\omega_0 \tau - \cos(2\omega_0 t + \omega_0 \tau + 2\Theta) \big] \mathrm{d}t$$
$$= \frac{a^2}{2}\cos\omega_0 \tau.$$

由例 9.7 可知，对任意实数 $t, t + \tau$，

$$\mu_X = 0, R_X(\tau) = \frac{a^2}{2}\cos\omega_0 \tau.$$

结果表明，对于随机相位正弦波，用时间平均与集平均分别计算的均值和相关函数是相等的. 其实，这一特性并不是随机相位正弦波所独有，下面引入一般概念.

定义 11. 6　设 $\{X(t), t \in (-\infty, +\infty)\}$ 是一平稳过程，

（1）若

$$\langle X(t) \rangle = E[X(t)] = \mu_X, \tag{11.3.3}$$

以概率 1 成立，则称 $\{X(t), t \in (-\infty, +\infty)\}$ 的**均值具有各态历经性**(**average with ergodic property**).

（2）若对任意实数 τ，

$$\langle X(t)X(t + \tau) \rangle = E[X(t)X(t + \tau)] = R_X(\tau) \tag{11.3.4}$$

以概率 1 成立，则称 $\{X(t), t \in (-\infty, +\infty)\}$ 的**相关函数具有各态历经性**(**auto - correlation function with ergodic property**). 特别，当 $\tau = 0$ 时，称均方值具有各态历经性.

（3）如果 $\{X(t), t \in (-\infty, +\infty)\}$ 的均值和相关函数都具有各态历经性，则称该过程是**各态历经过程**(**ergodic process**)，或称过程是**各态历经的**(遍历的).

由定义，随机相位正弦波具有各态历经性.

关于各态历经性，需要注意两点. 第一，定义中"以概率 1 成立"是对平稳过程 $\{X(t), -\infty < t < +\infty\}$ 的所有样本函数而言的. 第二，如果 $\{X(t), -\infty < t < +\infty\}$ 是各态历经过程，则 $E[X(t)]$ 和 $E[X(t)X(t + \tau)]$ 必定与 t 无关，即各态历经过程必是平稳过程. 所以讨论一个随机过程的各态历经性，首先要研究其具有平稳性. 当然，并不是任意一个平稳过程都具有各态历经性.

例 11. 14　设 $X(t) = A, t \in (-\infty, +\infty)$，其中 A 的概率分布为 $P(A = i) = \frac{1}{3}$，$i = 1, 2, 3$. 试讨论随机过程 $\{X(t), t \in (-\infty, +\infty)\}$ 的各态历经性.

解　首先，由 A 的概率分布，可计算

$$E(A) = 1 \times \frac{1}{3} + 2 \times \frac{1}{3} + 3 \times \frac{1}{3} = 2, E(A^2) = 1^2 \times \frac{1}{3} + 2^2 \times \frac{1}{3} + 3^2 \times \frac{1}{3} = \frac{14}{3}.$$

从而，对任意实数 $t, t + \tau$，

$$\mu_X(t) = E[X(t)] = E[A] = 2, R_X(t, t + \tau) = E[X(t)X(t + \tau)] = E[A^2] = \frac{14}{3}.$$

因此，$\{X(t),t \in (-\infty,+\infty)\}$ 是平稳过程.

其次，可计算得

$$\langle X(t)\rangle = \lim_{T\to\infty}\frac{1}{2T}\int_{-T}^{+T}X(t)\mathrm{d}t = \lim_{T\to\infty}\frac{1}{2T}\int_{-T}^{+T}A\mathrm{d}t = A,$$

$$\langle X(t)X(t+\tau)\rangle = \lim_{T\to\infty}\frac{1}{2T}\int_{-T}^{+T}X(t)X(t+\tau)\mathrm{d}t = \lim_{T\to\infty}\frac{1}{2T}\int_{-T}^{+T}A^2\mathrm{d}t = A^2,$$

由于 $P(A=2)=1$ 和 $P(A^2=\dfrac{14}{3})=1$ 均不成立，故 $\{X(t),t \in (-\infty,+\infty)\}$ 的均值和相关函数都不具有各态历经性.

平稳过程在什么条件下才具有各态历经性呢？下面定理回答了这个问题，由于定理的证明用到多重积分的积分变换，超过部分专业的学习范围，这里略去.

11.3.2 各态历经定理

定理 11.1(均值的各态历经定理) 平稳过程 $\{X(t),t \in (-\infty,+\infty)\}$ 的均值具有各态历经性的充要条件为

$$\lim_{T\to+\infty}\frac{1}{T}\int_0^{2T}\left(1-\frac{\tau}{2T}\right)[R_X(\tau)-\mu_X^2]\mathrm{d}\tau = 0 \tag{11.3.5}$$

例 11.15(续例 11.4) 设 $X(t) = A\cos\omega_0 t + B\sin\omega_0 t, -\infty < t < +\infty$，其中 ω_0 为常数，A 和 B 是不相关的两个随机变量，且 $E(A)=E(B)=0, D(A)=D(B)=1$. 试研究随机过程 $\{X(t),t \in (-\infty,+\infty)\}$ 均值的各态历经性.

解 由例 11.4 知，$\{X(t),t \in (-\infty,+\infty)\}$ 是平稳过程，且

$$\mu_X = 0, R_X(\tau) = \cos\omega_0\tau.$$

又因为

$$\begin{aligned}
\lim_{T\to+\infty}\frac{1}{T}\int_0^{2T}\left(1-\frac{\tau}{2T}\right)[R_X(\tau)-\mu_X^2]\mathrm{d}\tau &= \lim_{T\to+\infty}\frac{1}{T}\int_0^{2T}\left(1-\frac{\tau}{2T}\right)\cdot\cos\omega_0\tau\mathrm{d}\tau \\
&= \lim_{T\to+\infty}\frac{1}{T}\cdot\frac{1}{\omega_0}\int_0^{2T}\left(1-\frac{\tau}{2T}\right)\mathrm{d}\sin\omega_0\tau \\
&= \lim_{T\to+\infty}\frac{1}{T}\cdot\frac{1-\cos 2\omega_0 T}{2\omega_0^2 T} = 0.
\end{aligned}$$

(11.3.5) 式成立，所以 $\{X(t),t \in (-\infty,+\infty)\}$ 的均值具有各态历经性.

推论 11.1 对平稳过程 $\{X(t),t \in (-\infty,+\infty)\}$，若 $\lim\limits_{|\tau|\to\infty}R_X(\tau)=\mu_X^2$，即 $\lim\limits_{|\tau|\mapsto\infty}C_X(\tau)=0$，则该过程的均值具有各态历经性.

证明略.

这个推论给出了平稳过程均值具有各态历经性的一个充分条件. 它说明，当时间间隔 τ 无限增大时，$X(t)$ 与 $X(t+\tau)$ 趋于不相关的平稳过程，则均值具有各态历经性. 例如，

例 11.5 中随机电报信号过程，由 $\mu_X=0, R_X(\tau)=\mathrm{e}^{-2\lambda|\tau|}$，知

$$\lim_{|\tau|\to\infty}R_X(\tau) = \lim_{|\tau|\mapsto\infty}\mathrm{e}^{-2\lambda|\tau|} = 0.$$

利用推论 11.1，可判断 $\{X(t),t \in (-\infty,+\infty)\}$ 的均值具有各态历经性.

当然，推论成立的前提条件是当 $|\tau|\to+\infty$ 时，$\lim\limits_{|\tau|\to\infty}R_X(\tau)$ 存在，否则没有意义. 如上例 11.15 中，$R_X(\tau)=\cos(\omega_0\tau)$，显然，$\lim\limits_{|\tau|\mapsto\infty}R_X(\tau)$ 不存在，所以不能用此推论进行判断. 事实上，例 11.15 已经用定理证明了该过程的均值具有各态历经性.

定理 11.2(相关函数的各态历经定理)　平稳过程 $\{X(t),t \in (-\infty,+\infty)\}$ 的相关函数 $R_X(\tau)$ 具有各态历经性的充要条件为

$$\lim_{T \to +\infty} \frac{1}{T} \int_0^{2T} \left(1 - \frac{\tau_1}{2T}\right) [B(\tau_1) - R_X^2(\tau)] \mathrm{d}\tau_1 = 0, \tag{11.3.6}$$

其中,

$$B(\tau_1) = E[X(t)X(t+\tau)X(t+\tau_1)X(t+\tau+\tau_1)]. \tag{11.3.7}$$

证明　将定理 11.1 中的 $X(t)$ 换成 $X(t)X(t+\tau)$ 即可.

在实际应用中, 通常只考虑时间为 $0 \leqslant t < +\infty$ 的平稳过程 $\{X(t),t \geqslant 0\}$, 此时, 用 " $\frac{1}{T} \int_0^T$ " 替换时间平均和时间相关函数定义中的 " $\frac{1}{2T} \int_{-T}^{+T}$ ", 并用 "T" 替换定义 11.5 以及定理 11.1 和定理 11.2 中出现的 "$2T$", 其余保持不变, 即可得到平稳过程 $\{X(t),t \geqslant 0\}$ 的各态历经性的定义和判定定理. 当然, 对平稳时间序列 $\{X_n,n=0,1,2,\cdots\}$, 也有类似的结论, 读者可以自行写出.

各态历经性的重要价值在于: 只要平稳过程 $\{X(t),t \in [0,+\infty)\}$ 是各态历经的, 那么就可以利用从一次实验得到的样本函数 $x(t)$ 来确定该过程的均值和相关函数, 即

$$\lim_{T \to \infty} \frac{1}{T} \int_0^T x(t) \mathrm{d}t = \mu_X \tag{11.3.8}$$

$$\lim_{T \to \infty} \frac{1}{T} \int_0^T x(t)x(t+\tau) \mathrm{d}t = R_X(\tau) \tag{11.3.9}$$

这正是本节开始提出的问题.

如果事件记录 $x(t)$ 只在时间区间 $[0,T]$ 上给出, 则(11.3.8) 式和(11.3.9) 式有如下无偏估计式

$$\mu_X \approx \hat{\mu}_X = \frac{1}{T} \int_0^T x(t) \mathrm{d}t$$

$$R_X(\tau) \approx \hat{R}_X(\tau) = \frac{1}{T-\tau} \int_0^{T-\tau} x(t)x(t+\tau) \mathrm{d}t = \frac{1}{T-\tau} \int_\tau^T x(t)x(t-\tau) \mathrm{d}t, \ 0 \leqslant \tau < T.$$

在实际中, 当遇到 $x(t)$ 的表达式是未知时, 可以首先通过模拟方法或数值计算方法对其进行估计.

最后指出, 在实际问题中各态历经定理的充要条件是很难验证的, 因为条件中出现的 $R_X(\tau),\mu_X$ 和 $B(\tau_1)$ 等都是未知的. 工程上对各态历经性概念往往采取先用后由实践来检验的办法. 具体做法: 事先假定所研究的平稳过程具有各态历经性, 并从这个假设出发, 对相关资料进行分析处理, 检验所得的结论是否与实际相符. 如果不符, 则要修改假设, 另作处理.

11.4　均方极限和均方积分

定义 11.7　设有随机序列 $\{X_n,n=1,2,\cdots\}$ 和随机变量 X, 且 $E(X_n^2) < +\infty$, $(n=1,2,\cdots)$, $E(X^2) < +\infty$, 若有

$$\lim_{n \to \infty} E[(X_n - X)^2] = 0,$$

则称 $\{X_n,n=1,2,\cdots\}$ **均方收敛(convergence in mean square)** 于 X, X 是 $\{X_n\}$ 当 $n \to +\infty$ 时的**均方极限(mean square limit)**, 记为 $\underset{n \to \infty}{\mathrm{l.i.m}} X_n = X$.

式中 l.i.m 代表均方意义下的极限(limit in mean).

类似可以定义随机过程 $\{X(t),t \in T\}$ 的均方极限 $\underset{t \to t_0}{\text{l. i. m}} X(t) = X$. 这里关于随机过程的极限都在均方意义下理解，为简便，本书中仍记为 $\underset{t \to t_0}{\lim} X(t) = X$.

定义 11.8　设 $\{X(t),a \leqslant t \leqslant b\}$ 为一随机过程，将区间 $[a,b]$ 任意划分成 n 个子区间：$a = t_0 < t_1 < \cdots < t_n = b$，记 $\Delta t_i = t_i - t_{i-1}(i = 1,2,\cdots,n)$，$\Delta = \underset{1 \leqslant i \leqslant n}{\max} \{\Delta t_i\}$，作和式

$$\sum_{i=1}^{n} X(\xi_i) \Delta t_i,$$

其中，$\xi_i \in [t_{i-1},t_i]$ 为任意选取的一点 $(i = 1,2,\cdots,n)$. 若均方极限

$$\lim_{\Delta \to 0} \sum_{i=1}^{n} X(\xi_i) \Delta t_i,$$

存在，且与子区间的分法以及 ξ_i 的取法无关，则称随机过程 $\{X(t),a \leqslant t \leqslant b\}$ 在区间 $[a,b]$ 上**均方可积**（**integrable in mean square**），并称此极限为该过程在区间 $[a,b]$ 上的**均方积分**（**mean square integral**），仍记为 $\int_a^b X(t)\,\mathrm{d}t$，即

$$\int_a^b X(t)\,\mathrm{d}t = \lim_{\Delta \to 0} \sum_{i=1}^{n} X(\xi_i) \Delta t_i.$$

可以证明：若 $\int_a^b \int_a^b R_X(s,t)\,\mathrm{d}s\mathrm{d}t$ 存在，则 $\{X(t),a \leqslant t \leqslant b\}$ 在 $[a,b]$ 上均方可积，并且均方积分具有以下性质：

$(1)\, E\left[\int_a^b X(t)\,\mathrm{d}t\right] = \int_a^b E[X(t)]\,\mathrm{d}t.$

$(2)\, E\left[\left(\int_a^b X(t)\,\mathrm{d}t\right)^2\right] = \int_a^b \int_a^b R_X(s,t)\,\mathrm{d}s\mathrm{d}t.$

习　　题

1. 设 $X(t) = At$，$-\infty < t < +\infty$，其中 A 是非零随机变量，且 $E(A^2) = \sigma^2 > 0$，试讨论随机过程 $\{X(t),t \in (-\infty,+\infty)\}$ 的平稳性.

2. 设 $X(t) = \sin At$，其中随机变量 $A \sim U(0,2\pi)$. 试证明

$(1)\, \{X(n),n = 1,2,\cdots\}$ 是平稳序列；

$(2)\, \{X(t),t \in (-\infty,+\infty)\}$ 不是平稳过程.

3. 设 $X(n) = \sin 2\pi An$，$n = 1,2,\cdots$，其中 A 为随机变量，且 $A \sim U(0,1)$. 试讨论序列 $\{X(n),n = 1,2,\cdots\}$ 的平稳性.

4. 设 $Y(t) = A\sin(\omega t + \Theta)$，$-\infty < t < +\infty$，其中 ω 为常数，A 与 Θ 是相互独立的随机变量，且 $A \sim N(0,1)$，$\Theta \sim U(0,2\pi)$. 试问 $\{Y(t),t \in (-\infty,+\infty)\}$ 是否为平稳过程？

5. 设平稳过程 $\{X(t), -\infty < t < +\infty\}$ 的相关函数为 $R_X(\tau)$. 证明：

$$P\{|X(t+\tau) - X(t)| \geqslant a\} \leqslant 2[R_X(0) - R_X(\tau)]/a^2.$$

6. 设平稳过程 $\{X(t), -\infty < t < +\infty\}$ 的谱密度为

$$S_X(\omega) = \frac{\omega^2 + 4}{\omega^4 + 10\omega^2 + 9},$$

求 $\{X(t), -\infty < t < +\infty\}$ 的相关函数和平均功率.

7. 设平稳过程 $\{X(t), -\infty < t < +\infty\}$ 的相关函数为
$$R_X(\tau) = 4e^{-|\tau|}\cos\pi\tau + \cos3\pi\tau.$$
求 $\{X(t), -\infty < t < +\infty\}$ 的谱密度 $S_X(\omega)$.

8. 设 $X(t) = A\cos\omega_0 t + B\sin\omega_0 t$, $-\infty < t < +\infty$, ω_0 为常数, A, B 为相互独立的随机变量, 且都服从正态分布 $N(0, \sigma^2)$.

(1) 证明 $\{X(t), -\infty < t < +\infty\}$ 为平稳过程;

(2) 求出 $\{X(t), -\infty < t < +\infty\}$ 的平均功率和谱密度 $S_X(\omega)$.

9. 设 $\{X(t), -\infty < t < +\infty\}$ 是平稳过程, 而 $Y(t) = X(t) + X(t - T)$, T 是给定常数. 试证:

(1) $\{Y(t), -\infty < t < +\infty\}$ 为平稳过程;

(2) $\{Y(t), -\infty < t < +\infty\}$ 的谱密度 $S_Y(\omega) = 2S_X(\omega)(1 + \cos\omega T)$.

10. 设平稳过程 $\{X(t), -\infty < t < +\infty\}$ 的谱密度为
$$S_X(\omega) = \begin{cases} 8\delta(\omega) + 20\left(1 - \dfrac{|\omega|}{10}\right), & |\omega| \leqslant 10, \\ 0, & |\omega| > 10. \end{cases}$$
求该过程的相关函数.

11. 设随机过程 $Y(t) = X(t)\cos(\omega_0 t + \Theta)$, $-\infty < t < +\infty$, 其中 $\{X(t), -\infty < t < +\infty\}$ 是平稳过程, Θ 是在区间 $(0, 2\pi)$ 上服从均匀分布的随机变量, ω_0 为常数, 且 $X(t)$ 与 Θ 相互独立, 记 $\{X(t), -\infty < t < +\infty\}$ 的相关函数为 $R_X(\tau)$, 谱密度为 $S_X(\omega)$. 试证:

(1) $\{Y(t), -\infty < t < +\infty\}$ 是平稳过程, 且相关函数为 $R_Y(\tau) = \dfrac{1}{2}R_X(\tau)\cos\omega_0\tau$;

(2) $\{Y(t), -\infty < t < +\infty\}$ 的谱密度为 $S_Y(\omega) = \dfrac{1}{4}[S_X(\omega + \omega_0) + S_X(\omega - \omega_0)]$.

12. 设 $X(t) = A$, $-\infty < t < +\infty$, 其中 A 为随机变量, 且 $A \sim N(0, \sigma^2)$. 试讨论随机过程 $\{X(t), -\infty < t < +\infty\}$ 的各态历经性.

13. 设 $X(t) = A\cos(\omega_0 t + \Theta)$, $-\infty < t < +\infty$, 其中 ω_0 为常数, A 与 Θ 是相互独立的随机变量, 且 $E(A) = D(A) = 1$, $\Theta \sim U(0, 2\pi)$.

(1) 证明 $\{X(t), -\infty < t < +\infty\}$ 为平稳过程;

(2) 研究 $\{X(t), -\infty < t < +\infty\}$ 的各态历经性.

14. 证明第 8 题中随机过程 $\{X(t), -\infty < t < +\infty\}$ 的均值具有各态历经性.

15. 设 $\{X(t), -\infty < t < +\infty\}$ 是平稳过程, $Y(t) = aX(t) + b$, 其中 $a \neq 0$, b 是常数. 证明:

(1) $\{Y(t), -\infty < t < +\infty\}$ 是平稳过程;

(2) $\{Y(t), -\infty < t < +\infty\}$ 的均值具有各态历经性的充要条件是 $\{X(t), -\infty < t < +\infty\}$ 的均值具有各态历经性.

16. 设 $Y(t) = \cos(Xt + \Theta)$, $-\infty < t < +\infty$, X 与 Θ 是相互独立的随机变量, 且 X 的概率密度函数 $f_X(x) = \dfrac{1}{\pi(1 + x^2)}$, $\Theta \sim U(0, 2\pi)$.

(1) 证明 $\{Y(t), -\infty < t < +\infty\}$ 是平稳过程;

(2) 研究 $\{Y(t), -\infty < t < +\infty\}$ 的各态历经性.

17. 试研究随机电报信号过程 $\{X(t) = (-1)^{N(t)}A, t \geqslant 0\}$ 均值的各态历经性. 其中, $\{N(t), t \geqslant 0\}$ 是强度为 λ 的泊松过程, 随机变量 A 的概率分布为

$P(A = -1) = P(A = 1) = \dfrac{1}{2}$, 且与 $\{N(t), t \geqslant 0\}$ 相互独立.

附录 A　重要分布表

附表 1　泊松分布表

$$P(X \leqslant x) = \sum_{k=0}^{x} \frac{\lambda^k e^{-\lambda}}{k!}$$

x	λ								
	0.1	0.2	0.3	0.4	0.5	0.6	0.7	0.8	0.9
0	0.9048	0.8187	0.7408	0.6730	0.6065	0.5488	0.4966	0.4493	0.4066
1	0.9953	0.9825	0.9631	0.9384	0.9098	0.8781	0.8442	0.8088	0.7725
2	0.9998	0.9989	0.9964	0.9921	0.9856	0.9769	0.9659	0.9526	0.9371
3	1.0000	0.9999	0.9997	0.9992	0.9982	0.9966	0.9942	0.9909	0.9865
4		1.0000	1.0000	0.9999	0.9998	0.9996	0.9992	0.9986	0.9977
5				1.0000	1.0000	1.0000	0.9999	0.9998	0.9997
6							1.0000	1.0000	1.0000

x	λ								
	1.0	1.5	2.0	2.5	3.0	3.5	4.0	4.5	5.0
0	0.3679	0.2231	0.1353	0.0821	0.0498	0.0302	0.0183	0.0111	0.0067
1	0.7358	0.5578	0.4060	0.2873	0.1991	0.1359	0.0916	0.0611	0.0404
2	0.9197	0.8088	0.6767	0.5438	0.4232	0.3208	0.2381	0.1736	0.1247
3	0.9810	0.9344	0.8571	0.7576	0.6472	0.5366	0.4335	0.3423	0.2650
4	0.9963	0.9814	0.9473	0.8912	0.8153	0.7254	0.6288	0.5321	0.4405
5	0.9994	0.9955	0.9834	0.9580	0.9161	0.8576	0.7851	0.7029	0.6160
6	0.9999	0.9991	0.9955	0.9858	0.9665	0.9347	0.8893	0.8311	0.7622
7	1.0000	0.9998	0.9989	0.9958	0.9881	0.9733	0.9489	0.9134	0.8666
8		1.0000	0.9998	0.9989	0.9962	0.9901	0.9786	0.9597	0.9319
9			1.0000	0.9997	0.9989	0.9967	0.9919	0.9829	0.9682
10				0.9999	0.9997	0.9990	0.9972	0.9933	0.9863
11				1.0000	0.9999	0.9997	0.9991	0.9976	0.9945
12					1.0000	0.9999	0.9997	0.9992	0.9980

x	λ								
	5.5	6.0	6.5	7.0	7.5	8.0	8.5	9.0	9.5
0	0.0041	0.0025	0.0015	0.0009	0.0006	0.0003	0.0002	0.0001	0.0001
1	0.0266	0.0174	0.0113	0.0073	0.0047	0.0030	0.0019	0.0012	0.0008
2	0.0884	0.0620	0.0430	0.0296	0.0203	0.0138	0.0093	0.0062	0.0042
3	0.2017	0.1512	0.1118	0.0818	0.0591	0.0424	0.0301	0.0212	0.0149
4	0.3575	0.2851	0.2237	0.1730	0.1321	0.0996	0.0744	0.0550	0.0403
5	0.5289	0.4457	0.3690	0.3007	0.2414	0.1912	0.1496	0.1157	0.0885
6	0.6860	0.6063	0.5265	0.4497	0.3782	0.3134	0.2562	0.2068	0.1649
7	0.8095	0.7440	0.6728	0.5987	0.5246	0.4530	0.3856	0.3239	0.2687

x	λ								
	5.5	6.0	6.5	7.0	7.5	8.0	8.5	9.0	9.5
8	0.8944	0.8472	0.7916	0.7291	0.6620	0.5925	0.5231	0.4557	0.3918
9	0.9462	0.9161	0.8774	0.8305	0.7764	0.7166	0.6530	0.5874	0.5218
10	0.9747	0.9574	0.9332	0.9015	0.8622	0.8159	0.7634	0.7060	0.6453
11	0.9890	0.9799	0.9661	0.9466	0.9208	0.8881	0.8487	0.8030	0.7520
12	0.9955	0.9912	0.9840	0.9730	0.9573	0.9362	0.9091	0.8758	0.8364
13	0.9983	0.9964	0.9929	0.9872	0.9784	0.9658	0.9486	0.9261	0.8981
14	0.9994	0.9986	0.9988	0.9943	0.9897	0.9827	0.9726	0.9585	0.9400
15	0.9998	0.9995	0.9996	0.9976	0.9954	0.9918	0.9862	0.9780	0.9665
16	0.9999	0.9998	0.9998	0.9990	0.9980	0.9963	0.9934	0.9889	0.9823
17	1.0000	0.9999	0.9999	0.9996	0.9992	0.9984	0.9970	0.9947	0.9911
18		1.0000	1.0000	0.9999	0.9997	0.9994	0.9987	0.9976	0.9957
19			0.9970	1.0000	0.9999	0.9997	0.9995	0.9989	0.9980
20					1.0000	0.9999	0.9998	0.9996	0.9991

x	λ								
	10.0	11.0	12.0	13.0	14.0	15.0	16.0	17.0	18.0
0	0.0000	0.0000	0.0000						
1	0.0005	0.0002	0.0001	0.0000	0.0000				
2	0.0028	0.0012	0.0005	0.0002	0.0001	0.0000	0.0000		
3	0.0103	0.0049	0.0023	0.0010	0.0005	0.0002	0.0001	0.0000	0.0000
4	0.0293	0.0151	0.0076	0.0037	0.0018	0.0009	0.0004	0.0002	0.0001
5	0.0671	0.0375	0.0203	0.0107	0.0055	0.0028	0.0014	0.0007	0.0003
6	0.1301	0.0786	0.0458	0.0259	0.0142	0.0076	0.0040	0.0021	0.0010
7	0.2202	0.1432	0.0895	0.0540	0.0316	0.0180	0.0100	0.0054	0.0029
8	0.3328	0.2320	0.1550	0.0998	0.0621	0.0374	0.0220	0.0126	0.0071
9	0.4579	0.3405	0.2424	0.1658	0.1094	0.0699	0.0433	0.0261	0.0154
10	0.5830	0.4599	0.3472	0.2517	0.1757	0.1185	0.0774	0.0491	0.0304
11	0.6968	0.5793	0.4616	0.3532	0.2600	0.1848	0.1270	0.0847	0.0549
12	0.7916	0.6887	0.5760	0.4631	0.3585	0.2676	0.1931	0.1350	0.0917
13	0.8645	0.7813	0.6815	0.5730	0.4644	0.3632	0.2745	0.2009	0.1426
14	0.9165	0.8540	0.7720	0.6751	0.5704	0.4657	0.3675	0.2808	0.2081
15	0.9513	0.9074	0.8444	0.7636	0.6694	0.5681	0.4667	0.3715	0.2867
16	0.9730	0.9441	0.8987	0.8355	0.7559	0.6641	0.5660	0.4677	0.3750
17	0.9857	0.9678	0.9370	0.8905	0.8272	0.7489	0.6593	0.5640	0.4686
18	0.9928	0.9823	0.9626	0.9302	0.8826	0.8195	0.7423	0.6550	0.5622
19	0.9965	0.9907	0.9787	0.9573	0.9235	0.8752	0.8122	0.7363	0.6509
20	0.9984	0.9953	0.9884	0.9750	0.9521	0.9170	0.8682	0.8055	0.7307
21	0.9993	0.9977	0.9939	0.9859	0.9712	0.9469	0.9108	0.8615	0.7991
22	0.9997	0.9990	0.9970	0.9924	0.9833	0.9673	0.9418	0.9047	0.8551
23	0.9999	0.9995	0.9985	0.9960	0.9907	0.9805	0.9633	0.9367	0.8989
24	1.0000	0.9998	0.9993	0.9980	0.9950	0.9888	0.9777	0.9594	0.9317
25		0.9999	0.9997	0.9990	0.9974	0.9938	0.9869	0.9748	0.9554
26		1.0000	0.9999	0.9995	0.9987	0.9967	0.9925	0.9848	0.9718
27			0.9999	0.9998	0.9994	0.9983	0.9959	0.9912	0.9827
28			1.0000	0.9999	0.9997	0.9991	0.9978	0.9950	0.9897
29				1.0000	0.9999	0.9996	0.9989	0.9973	0.9941
30					0.9999	0.9998	0.9994	0.9986	0.9967
31					1.0000	0.9999	0.9997	0.9993	0.9982
32						1.0000	0.9999	0.9996	0.9990
33							0.9999	0.9998	0.9995
34							1.0000	0.9999	0.9998
35								1.0000	0.9999
36									0.9999
37									1.0000

附表2　标准正态分布表

$$\Phi(x) = \frac{1}{\sqrt{2\pi}} \int_{-\infty}^{x} e^{-\frac{t^2}{2}} dt$$

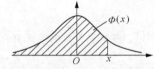

x	0.00	0.01	0.02	0.03	0.04	0.05	0.06	0.07	0.08	0.09
0.0	0.5000	0.5040	0.5080	0.5120	0.5160	0.5199	0.5239	0.5279	0.5319	0.5359
0.1	0.5398	0.5438	0.5478	0.5517	0.5557	0.5596	0.5636	0.5675	0.5714	0.5753
0.2	0.5793	0.5832	0.5871	0.5910	0.5948	0.5987	0.6026	0.6064	0.6103	0.6141
0.3	0.6179	0.6217	0.6255	0.6293	0.6331	0.6368	0.6406	0.6443	0.6480	0.6517
0.4	0.6554	0.6591	0.6628	0.6664	0.6700	0.6736	0.6772	0.6808	0.6844	0.6879
0.5	0.6915	0.6950	0.6985	0.7019	0.7054	0.7088	0.7123	0.7157	0.7190	0.7224
0.6	0.7257	0.7291	0.7324	0.7357	0.7389	0.7422	0.7454	0.7486	0.7517	0.7549
0.7	0.7580	0.7611	0.7642	0.7673	0.7704	0.7734	0.7764	0.7794	0.7823	0.7852
0.8	0.7881	0.7910	0.7939	0.7967	0.7995	0.8023	0.8051	0.8078	0.8106	0.8133
0.9	0.8159	0.8186	0.8212	0.8238	0.8264	0.8289	0.8315	0.8340	0.8365	0.8389
1.0	0.8413	0.8438	0.8461	0.8485	0.8508	0.8531	0.8554	0.8577	0.8599	0.8621
1.1	0.8943	0.8665	0.8686	0.8708	0.8729	0.8749	0.8770	0.8790	0.8810	0.8830
1.2	0.8849	0.8869	0.8888	0.8907	0.8925	0.8944	0.8962	0.8980	0.8997	0.9015
1.3	0.9032	0.9049	0.9066	0.9082	0.9099	0.9115	0.9131	0.9147	0.9162	0.9177
1.4	0.9192	0.9207	0.9222	0.9236	0.9251	0.9265	0.9278	0.9292	0.9306	0.9319
1.5	0.9332	0.9345	0.9357	0.9370	0.9382	0.9394	0.9406	0.9418	0.9429	0.9441
1.6	0.9452	0.9463	0.9474	0.9484	0.9495	0.9505	0.9515	0.9525	0.9535	0.9545
1.7	0.9554	0.9564	0.9573	0.9582	0.9591	0.9599	0.9608	0.9616	0.9625	0.9633
1.8	0.9641	0.9649	0.9656	0.9664	0.9671	0.9878	0.9686	0.9693	0.9699	0.9706
1.9	0.9713	0.9719	0.9726	0.9732	0.9738	0.9744	0.9750	0.9756	0.9761	0.9767
2.0	0.9772	0.9778	0.9783	0.9788	0.9793	0.9798	0.9803	0.9808	0.9812	0.9817
2.1	0.9821	0.9826	0.9830	0.9834	0.9838	0.9842	0.9846	0.9850	0.9854	0.9857
2.2	0.9861	0.9864	0.9868	0.9871	0.9875	0.9878	0.9881	0.9884	0.9887	0.9890
2.3	0.9893	0.9896	0.9898	0.9901	0.9904	0.9906	0.9909	0.9911	0.9913	0.9916
2.4	0.9918	0.9920	0.9922	0.9925	0.9927	0.9929	0.9931	0.9932	0.9934	0.9936
2.5	0.9938	0.9940	0.9941	0.9943	0.9945	0.9946	0.9948	0.9949	0.9951	0.9952
2.6	0.9953	0.9955	0.9956	0.9957	0.9959	0.9960	0.9961	0.9962	0.9963	0.9964
2.7	0.9965	0.9966	0.9967	0.9968	0.9969	0.9970	0.9971	0.9972	0.9973	0.9974
2.8	0.9974	0.9975	0.9976	0.9977	0.9977	0.9978	0.9979	0.9979	0.9980	0.9981
2.9	0.9981	0.9982	0.9982	0.9983	0.9984	0.9984	0.9985	0.9985	0.9986	0.9986
3.0	0.9987	0.9987	0.9987	0.9988	0.9988	0.9989	0.9989	0.9989	0.9990	0.9990
3.1	0.9990	0.9991	0.9991	0.9991	0.9992	0.9992	0.9992	0.9992	0.9993	0.9993
3.2	0.9993	0.9993	0.9994	0.9994	0.9994	0.9994	0.9994	0.9995	0.9995	0.9995
3.3	0.9995	0.9995	0.9995	0.9996	0.9996	0.9996	0.9996	0.9996	0.9996	0.9997
3.4	0.9997	0.9997	0.9997	0.9997	0.9997	0.9997	0.9997	0.9997	0.9997	0.9998

附表 3　χ^2 分布表

$$P\{\chi^2(n) > \chi^2_\alpha(n)\} = \alpha$$

n	α									
	0.995	0.99	0.975	0.95	0.90	0.10	0.05	0.025	0.01	0.005
1	0.000	0.000	0.001	0.004	0.016	2.706	3.843	5.025	6.637	7.882
2	0.010	0.020	0.051	0.103	0.211	4.605	5.992	7.378	9.210	10.597
3	0.072	0.115	0.216	0.352	0.584	6.251	7.815	9.348	11.344	12.837
4	0.207	0.297	0.484	0.711	1.064	7.779	9.488	11.143	13.277	14.860
5	0.412	0.554	0.831	1.145	1.610	9.236	11.070	12.832	15.085	16.748
6	0.676	0.872	1.237	1.635	2.204	10.645	12.592	14.440	16.812	18.548
7	0.989	1.239	1.690	2.167	2.833	12.017	14.067	16.012	18.474	20.276
8	1.344	1.646	2.180	2.733	3.490	13.362	15.507	17.534	20.090	21.954
9	1.735	2.088	2.700	3.325	4.168	14.684	16.919	19.022	21.665	23.587
10	2.156	2.558	3.247	3.940	4.865	15.987	18.307	20.483	23.209	25.188
11	2.603	3.053	3.816	4.575	5.578	17.275	19.675	21.920	24.724	26.755
12	3.074	3.571	4.404	5.226	6.304	18.549	21.026	23.337	26.217	28.300
13	3.565	4.107	5.009	5.892	7.041	19.812	22.362	24.735	27.687	29.817
14	4.075	4.660	5.629	6.571	7.790	21.064	23.685	26.119	29.141	31.319
15	4.600	5.229	6.262	7.261	8.547	22.307	24.996	27.488	30.577	32.799
16	5.142	5.812	6.908	7.962	9.312	23.542	26.296	28.845	32.000	34.267
17	5.697	6.407	7.564	8.682	10.085	24.769	27.587	30.190	33.408	35.716
18	6.265	7.015	8.231	9.390	10.865	25.989	28.869	31.526	34.805	37.156
19	6.843	7.632	8.906	10.117	11.651	27.203	30.143	32.852	36.190	38.580
20	7.434	8.260	9.591	10.851	12.443	28.412	31.410	34.170	37.566	39.997
21	8.033	8.897	10.283	11.591	13.240	29.615	32.670	35.478	38.930	41.399
22	8.643	9.542	10.982	12.338	14.042	30.813	33.924	36.781	40.289	42.796
23	9.260	10.195	11.688	13.090	14.848	32.007	35.172	38.075	41.637	44.179
24	9.886	10.856	12.401	13.848	15.659	33.196	36.415	39.364	42.980	45.558
25	10.519	11.523	13.120	14.611	16.473	34.381	37.652	40.646	44.313	46.925
26	11.160	12.198	13.844	15.379	17.292	35.563	38.885	41.923	45.642	48.290
27	11.807	12.878	14.573	16.151	18.114	36.741	40.113	43.194	46.962	49.642
28	12.461	13.565	15.308	16.928	18.939	37.916	41.337	44.461	48.278	50.993
29	13.120	14.256	16.147	17.708	19.768	39.087	42.557	45.772	49.586	52.333
30	13.787	14.954	16.791	18.493	20.599	40.256	43.773	46.979	50.892	53.672
31	14.457	15.655	17.538	19.280	21.433	41.422	44.985	48.231	52.190	55.000
32	15.134	16.362	18.291	20.072	22.271	42.585	46.194	49.480	53.486	56.328
33	15.814	17.073	19.046	20.866	23.110	43.745	47.400	50.724	54.774	57.646
34	16.501	17.789	19.806	21.664	23.952	44.903	48.602	51.966	56.061	58.964
35	17.191	18.508	20.569	22.465	24.796	46.059	49.802	53.203	57.340	60.272
36	17.887	19.233	21.336	23.269	25.643	47.212	50.998	54.437	58.619	61.581
37	18.584	19.960	22.105	24.075	26.492	48.363	52.192	55.667	59.891	62.880
38	19.289	20.691	22.878	24.884	27.343	49.513	53.384	56.896	61.162	64.181
39	19.994	21.425	23.654	25.695	28.196	50.660	54.572	58.119	62.426	65.473
40	20.706	22.164	24.433	26.509	29.050	51.805	55.758	59.342	63.691	66.766

当 $n > 40$ 时，$\chi^2_\alpha(n) \approx \dfrac{1}{2}(z_\alpha + \sqrt{2n-1})^2$.

附表 4　t 分布表

$$P\{t(n) > t_\alpha(n)\} = \alpha$$

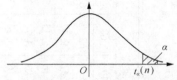

n	α						
	0.20	0.15	0.10	0.05	0.025	0.01	0.005
1	1.376	1.963	3.0777	6.3138	12.7062	31.8207	63.6574
2	1.061	1.386	1.8856	2.9200	4.3027	6.9646	9.9248
3	0.978	1.250	1.6377	2.3534	3.1824	4.5407	5.8409
4	0.941	1.190	1.5332	2.1318	2.7764	3.7469	4.6041
5	0.920	1.156	1.4759	2.0150	2.5706	3.3649	4.0322
6	0.906	1.134	1.4398	1.9432	2.4469	3.1427	3.7074
7	0.896	1.119	1.4149	1.8946	2.3646	2.9980	3.4995
8	0.889	1.108	1.3968	1.8595	2.3060	2.8965	3.3554
9	0.883	1.100	1.3830	1.8331	2.2622	2.8214	3.2498
10	0.879	1.093	1.3722	1.8125	2.2281	2.7638	3.1693
11	0.876	1.088	1.3634	1.7959	2.2010	2.7181	3.1058
12	0.873	1.083	1.3562	1.7823	2.1788	2.6810	3.0545
13	0.870	1.079	1.3502	1.7709	2.1604	2.6503	3.0123
14	0.868	1.076	1.3450	1.7613	2.1448	2.6245	2.9768
15	0.866	1.074	1.3406	1.7531	2.1315	2.6025	2.9467
16	0.865	1.071	1.3368	1.7459	2.1199	2.5835	2.9208
17	0.863	1.069	1.3334	1.7396	2.1098	2.5669	2.8982
18	0.862	1.067	1.3304	1.7341	2.1009	2.5524	2.8784
19	0.861	1.066	1.3277	1.7291	2.0930	2.5395	2.8609
20	0.860	1.064	1.3253	1.7247	2.0860	2.5280	2.8453
21	0.859	1.063	1.3232	1.7207	2.0796	2.5177	2.8314
22	0.858	1.061	1.3212	1.7171	2.0739	2.5083	2.8188
23	0.858	1.060	1.3195	1.7139	2.0687	2.4999	2.8073
24	0.857	1.059	1.3178	1.7109	2.0639	2.4922	2.7969
25	0.856	1.058	1.3163	1.7081	2.0595	2.4851	2.7874
26	0.856	1.058	1.3150	1.7056	2.0555	2.4786	2.7787
27	0.855	1.057	1.3137	1.7033	2.0518	2.4727	2.7707
28	0.855	1.056	1.3125	1.7011	2.0484	2.4671	2.7633
29	0.854	1.055	1.3114	1.6991	2.0452	2.4620	2.7564
30	0.854	1.055	1.3104	1.6973	2.0423	2.4573	2.7500
31	0.8535	1.0541	1.3095	1.6955	2.0395	2.4528	2.7440
32	0.8531	1.0536	1.3086	1.6939	2.0369	2.4487	2.7385
33	0.8527	1.0531	1.3077	1.6924	2.0345	2.4448	2.7333
34	0.8524	1.0526	1.3070	1.6909	2.0322	2.4411	2.7284
35	0.8521	1.0521	1.3062	1.6896	2.0301	2.4377	2.7238
36	0.8518	1.0516	1.3055	1.6883	2.0281	2.4345	2.7195
37	0.8515	1.0512	1.3049	1.6871	2.0262	2.4314	2.7154
38	0.8512	1.0508	1.3042	1.6860	2.0244	2.4286	2.7116
39	0.8510	1.0504	1.3036	1.6849	2.0227	2.4258	2.7079
40	0.8507	1.0501	1.3031	1.6839	2.0211	2.4233	2.7045
41	0.8505	1.0498	1.3025	1.6829	2.0195	2.4208	2.7012
42	0.8503	1.0494	1.3020	1.6820	2.0181	2.4185	2.6981
43	0.8501	1.0491	1.3016	1.6811	2.0167	2.4163	2.6951
44	0.8499	1.0488	1.3011	1.6802	2.0154	2.4141	2.6923
45	0.8497	1.0485	1.3006	1.6794	2.0141	2.4121	2.6896

附表 5 F 分布表

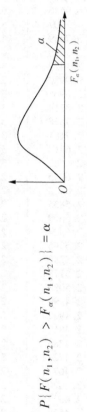

$$P\{F(n_1,n_2) > F_\alpha(n_1,n_2)\} = \alpha$$

$$(\alpha = 0.10)$$

n_2 \\ n_1	1	2	3	4	5	6	7	8	9	10	12	15	20	24	30	40	60	120	∞
1	39.86	49.50	53.59	55.83	57.24	58.20	58.91	59.44	59.86	60.19	60.71	61.22	61.74	62.00	62.26	62.53	62.79	63.06	63.33
2	8.53	9.00	9.16	9.24	9.29	9.33	9.35	9.37	9.38	9.39	9.41	9.42	9.44	9.45	9.46	9.47	9.47	9.48	9.49
3	5.54	5.46	5.39	5.34	5.31	5.28	5.27	5.25	5.24	5.23	5.22	5.20	5.18	5.18	5.17	5.16	5.15	5.14	5.13
4	4.54	4.32	4.19	4.11	4.05	4.01	3.98	3.95	3.94	3.92	3.90	3.87	3.84	3.83	3.82	3.80	3.79	3.78	3.76
5	4.06	3.78	3.62	3.52	3.45	3.40	3.37	3.34	3.32	3.30	3.27	3.24	3.21	3.19	3.17	3.16	3.14	3.12	3.10
6	3.78	3.46	3.29	3.18	3.11	3.05	3.01	2.98	2.96	2.94	2.90	2.87	2.84	2.82	2.80	2.78	2.76	2.74	2.72
7	3.59	3.26	3.07	2.96	2.88	2.83	2.78	2.75	2.72	2.70	2.67	2.63	2.59	2.58	2.56	2.54	2.51	2.49	2.47
8	3.46	3.11	2.92	2.81	2.73	2.67	2.62	2.59	2.56	2.54	2.50	2.46	2.42	2.40	2.38	2.36	2.34	2.32	2.29
9	3.36	3.01	2.81	2.69	2.61	2.55	2.51	2.47	2.44	2.42	2.38	2.34	2.30	2.28	2.25	2.23	2.21	2.18	2.16
10	3.29	2.92	2.73	2.61	2.52	2.46	2.41	2.38	2.35	2.32	2.28	2.24	2.20	2.18	2.16	2.13	2.11	2.08	2.06
11	3.23	2.86	2.66	2.54	2.45	2.39	2.34	2.30	2.27	2.25	2.21	2.17	2.12	2.10	2.08	1.05	2.03	2.00	1.97
12	3.18	2.81	2.61	2.48	2.39	2.33	2.28	2.24	2.21	2.19	2.15	2.10	2.06	2.04	2.01	1.99	1.96	1.93	1.90
13	3.14	2.76	2.56	2.43	2.35	2.28	2.23	2.20	2.16	2.14	2.10	2.05	2.01	1.98	1.96	1.93	1.90	1.88	1.85
14	3.10	2.73	2.52	2.39	2.31	2.24	2.19	2.15	2.12	2.10	2.05	2.01	1.96	1.94	1.91	1.89	1.86	1.83	1.80
15	3.07	2.70	2.49	2.36	2.27	2.21	2.16	2.12	2.09	2.06	2.02	1.97	1.92	1.90	1.87	1.85	1.82	1.79	1.76
16	3.05	2.67	2.46	2.33	2.24	2.18	2.13	2.09	2.06	2.03	1.99	1.94	1.89	1.87	1.84	1.81	1.78	1.75	1.72
17	3.03	2.64	2.44	2.31	2.22	2.15	2.10	2.06	2.03	2.00	1.96	1.91	1.86	1.84	1.81	1.78	1.75	1.72	1.69
18	3.01	2.62	2.42	2.29	2.20	2.13	2.08	2.04	2.00	1.98	1.93	1.89	1.84	1.81	1.78	1.75	1.72	1.69	1.66
19	2.99	2.61	2.40	2.27	2.18	2.11	2.06	2.02	1.98	1.96	1.91	1.86	1.81	1.79	1.76	1.73	1.70	1.67	1.63

续表

（$\alpha = 0.10$）

n_2	\multicolumn{19}{c}{n_1}
	1	2	3	4	5	6	7	8	9	10	12	15	20	24	30	40	60	120	∞
20	2.97	2.59	2.38	2.25	2.16	2.09	2.04	2.00	1.96	1.94	1.89	1.84	1.79	1.77	1.74	1.71	1.68	1.64	1.61
21	2.96	2.57	2.36	2.23	2.14	2.08	2.02	1.98	1.95	1.92	1.87	1.83	1.78	1.75	1.72	1.69	1.66	1.62	1.59
22	2.95	2.56	2.35	2.22	2.13	2.06	2.01	1.97	1.93	1.90	1.86	1.81	1.76	1.73	1.70	1.67	1.64	1.60	1.57
23	2.94	2.55	2.34	2.21	2.11	2.05	1.99	1.95	1.92	1.89	1.84	1.80	1.74	1.72	1.69	1.66	1.62	1.59	1.55
24	2.93	2.54	2.33	2.19	2.10	2.04	1.98	1.94	1.91	1.88	1.83	1.78	1.73	1.70	1.67	1.64	1.61	1.57	1.53
25	2.92	2.53	2.32	2.18	2.09	2.02	1.97	1.93	1.89	1.87	1.82	1.77	1.72	1.69	1.66	1.63	1.59	1.56	1.52
26	2.91	2.52	2.31	2.17	2.08	2.01	1.96	1.92	1.88	1.86	1.81	1.76	1.71	1.68	1.65	1.61	1.58	1.54	1.50
27	2.90	2.51	2.30	2.17	2.07	2.00	1.95	1.91	1.87	1.85	1.80	1.75	1.70	1.67	1.64	1.60	1.57	1.53	1.49
28	2.89	2.50	2.29	2.16	2.06	2.00	1.94	1.90	1.87	1.84	1.79	1.74	1.69	1.66	1.63	1.59	1.56	1.52	1.48
29	2.89	2.50	2.28	2.15	2.06	1.99	1.93	1.89	1.86	1.83	1.78	1.73	1.68	1.65	1.62	1.58	1.55	1.51	1.47
30	2.88	2.49	2.28	2.14	2.05	1.98	1.93	1.88	1.85	1.82	1.77	1.72	1.67	1.64	1.61	1.57	1.54	1.50	1.46
40	2.84	2.44	2.23	2.09	2.00	1.93	1.87	1.83	1.79	1.76	1.71	1.66	1.61	1.57	1.54	1.51	1.47	1.42	1.38
60	2.79	2.39	2.18	2.04	1.95	1.87	1.82	1.77	1.74	1.71	1.66	1.60	1.54	1.51	1.48	1.44	1.40	1.35	1.29
120	2.75	2.35	2.13	1.99	1.90	1.82	1.77	1.72	1.68	1.65	1.60	1.55	1.48	1.45	1.41	1.37	1.32	1.26	1.19
∞	2.71	2.30	2.08	1.94	1.85	1.77	1.72	1.67	1.63	1.60	1.55	1.49	1.42	1.38	1.34	1.30	1.24	1.17	1.00

续表

（$\alpha = 0.05$）

n_2	\multicolumn{19}{c}{n_1}
	1	2	3	4	5	6	7	8	9	10	12	15	20	24	30	40	60	120	∞
1	161	200	216	225	230	234	237	239	241	242	244	246	248	249	250	251	252	253	254
2	18.5	19.0	19.2	19.2	19.3	19.3	19.4	19.4	19.4	19.4	19.4	19.4	19.4	19.5	19.5	19.5	19.5	19.5	19.5
3	10.1	9.55	9.28	9.12	9.01	8.94	8.89	8.85	8.81	8.79	8.74	8.70	8.66	8.64	8.62	8.59	8.57	8.55	8.53
4	7.71	6.94	6.59	6.39	6.26	6.16	6.09	6.04	6.00	5.96	5.91	5.86	5.80	5.77	5.75	5.72	5.69	5.66	5.63
5	6.61	5.79	5.41	5.19	5.05	4.95	4.88	4.82	4.77	4.74	4.68	4.62	4.56	4.53	4.50	4.46	4.43	4.40	4.36
6	5.99	5.14	4.76	4.53	4.39	4.28	4.21	4.15	4.10	4.06	4.00	3.94	3.87	3.84	3.81	3.77	3.74	3.70	3.67
7	5.59	4.74	4.35	4.12	3.97	3.87	3.79	3.73	3.68	3.64	3.57	3.51	3.44	3.41	3.38	3.34	3.30	3.27	3.23
8	5.32	4.46	4.07	3.84	3.69	3.58	3.50	3.44	3.39	3.35	3.28	3.22	3.15	3.12	3.08	3.04	3.01	2.97	2.93

续表

n_2	1	2	3	4	5	6	7	8	9	10	12	15	20	24	30	40	60	120	∞
9	5.12	4.26	3.86	3.63	3.48	3.37	3.29	3.23	3.18	3.14	3.07	3.01	2.94	2.90	2.86	2.83	2.79	2.75	2.71
10	4.96	4.10	3.71	3.48	3.33	3.22	3.14	3.07	3.02	2.98	2.91	2.85	2.77	2.74	2.70	2.66	2.62	2.58	2.54
11	4.84	3.98	3.59	3.36	3.20	3.09	3.01	2.95	2.90	2.85	2.79	2.72	2.65	2.61	2.57	2.53	2.49	2.45	2.40
12	4.75	3.89	3.49	3.26	3.11	3.00	2.91	2.85	2.80	2.75	2.69	2.62	2.54	2.51	2.47	2.43	2.38	2.34	2.30
13	4.67	3.81	3.41	3.18	3.03	2.92	2.83	2.77	2.71	2.67	2.60	2.53	2.46	2.42	2.38	2.34	2.30	2.25	2.21
14	4.60	3.74	3.34	3.11	2.96	2.85	2.76	2.70	2.65	2.60	2.53	2.46	2.39	2.35	2.31	2.27	2.22	2.18	2.13
15	4.54	3.68	3.29	3.06	2.90	2.79	2.71	2.64	2.59	2.54	2.48	2.40	2.33	2.29	2.25	2.20	2.16	2.11	2.07
16	4.49	3.63	3.24	3.01	2.85	2.74	2.66	2.59	2.54	2.49	2.42	2.35	2.28	2.24	2.19	2.15	2.11	2.06	2.01
17	4.45	3.59	3.20	2.96	2.81	2.70	2.61	2.55	2.49	2.45	2.38	2.31	2.23	2.19	2.15	2.10	2.06	2.01	1.96
18	4.41	3.55	3.16	2.93	2.77	2.66	2.58	2.51	2.46	2.41	2.34	2.27	2.19	2.15	2.11	2.06	2.02	1.97	1.92
19	4.38	3.52	3.13	2.90	2.74	2.63	2.54	2.48	2.42	2.38	2.31	2.23	2.16	2.11	2.07	2.03	1.98	1.93	1.88
20	4.35	3.49	3.10	2.87	2.71	2.60	2.51	2.45	2.39	2.35	2.28	2.20	2.12	2.08	2.04	1.99	1.95	1.90	1.84
21	4.32	3.47	3.07	2.84	2.68	2.57	2.49	2.42	2.37	2.32	2.25	2.18	2.10	2.05	2.01	1.96	1.92	1.87	1.81
22	4.30	3.44	3.05	2.82	2.66	2.55	2.46	2.40	2.34	2.30	2.23	2.15	2.07	2.03	1.98	1.94	1.89	1.84	1.78
23	4.28	3.42	3.03	2.80	2.64	2.53	2.44	2.37	2.32	2.27	2.20	2.13	2.05	2.01	1.96	1.91	1.86	1.81	1.76
24	4.26	3.40	3.01	2.78	2.62	2.51	2.42	2.36	2.30	2.25	2.18	2.11	2.03	1.98	1.94	1.89	1.84	1.79	1.73
25	4.24	3.39	2.99	2.76	2.60	2.49	2.40	2.34	2.28	2.24	2.16	2.09	2.01	1.96	1.92	1.87	1.82	1.77	1.71
26	4.23	3.37	2.98	2.74	2.59	2.47	2.39	2.32	2.27	2.22	2.15	2.07	1.99	1.95	1.90	1.85	1.80	1.75	1.69
27	4.21	3.35	2.96	2.73	2.57	2.46	2.37	2.31	2.25	2.20	2.13	2.06	1.97	1.93	1.88	1.84	1.79	1.73	1.67
28	4.20	3.34	2.95	2.71	2.56	2.45	2.36	2.29	2.24	2.19	2.12	2.04	1.96	1.91	1.87	1.82	1.77	1.71	1.65
29	4.18	3.33	2.93	2.70	2.55	2.43	2.35	2.28	2.22	2.18	2.10	2.03	1.94	1.90	1.85	1.81	1.75	1.70	1.64
30	4.17	3.32	2.92	2.69	2.53	2.42	2.33	2.27	2.21	2.16	2.09	2.01	1.93	1.89	1.84	1.79	1.74	1.68	1.62
40	4.08	3.23	2.84	2.61	2.45	2.34	2.25	2.18	2.12	2.08	2.00	1.92	1.84	1.79	1.74	1.69	1.64	1.58	1.51
60	4.00	3.15	2.76	2.53	2.37	2.25	2.17	2.10	2.04	1.99	1.92	1.84	1.75	1.70	1.65	1.59	1.53	1.47	1.39
120	3.92	3.07	2.68	2.45	2.29	2.17	2.09	2.02	1.96	1.91	1.83	1.75	1.66	1.61	1.55	1.50	1.43	1.35	1.25
∞	3.84	3.00	2.60	2.37	2.21	2.10	2.01	1.94	1.88	1.83	1.75	1.67	1.57	1.52	1.46	1.39	1.32	1.22	1.00

续表

$(\alpha = 0.025)$

n_2	\ n_1 = 1	2	3	4	5	6	7	8	9	10	12	15	20	24	30	40	60	120	∞
1	648	800	864	900	922	937	948	957	963	969	977	985	993	997	1000	1010	1010	1010	1020
2	38.5	39.0	39.2	39.2	39.3	39.3	39.4	39.4	39.4	39.4	39.4	39.4	39.4	39.5	39.5	39.5	39.5	39.5	39.5
3	17.4	16.0	15.4	15.1	14.9	14.7	14.6	14.5	14.5	14.4	14.3	14.3	14.2	14.1	14.1	14.0	14.0	13.9	13.9
4	12.2	10.6	9.98	9.60	9.36	9.20	9.07	8.98	8.90	8.84	8.75	8.66	8.56	8.51	8.46	8.41	8.36	8.31	8.26
5	10.0	8.43	7.76	7.39	7.15	6.98	6.85	6.76	6.68	6.62	6.52	6.43	6.33	6.28	6.23	6.18	6.12	6.07	6.02
6	8.81	7.26	6.60	6.23	5.99	5.82	5.70	5.60	5.52	5.46	5.37	5.27	5.17	5.12	5.07	5.01	4.96	4.90	4.85
7	8.07	6.54	5.89	5.52	5.29	5.12	4.99	4.90	4.82	4.76	4.67	4.57	4.47	4.42	4.36	4.31	4.25	4.20	4.14
8	7.57	6.06	5.42	5.05	4.82	4.65	4.53	4.43	4.36	4.30	4.20	4.10	4.00	3.95	3.89	3.84	3.78	3.73	3.67
9	7.21	5.71	5.08	4.72	4.48	4.32	4.20	4.10	4.03	3.96	3.87	3.77	3.67	3.61	3.56	3.51	3.45	3.39	3.33
10	6.94	5.46	4.83	4.47	4.24	4.07	3.95	3.85	3.78	3.72	3.62	3.52	3.42	3.37	3.31	3.26	3.20	3.14	3.08
11	6.72	5.26	4.63	4.28	4.04	3.88	3.76	3.66	3.59	3.53	3.43	3.33	3.23	3.17	3.12	3.06	3.00	2.94	2.88
12	6.55	5.10	4.47	4.12	3.89	3.73	3.61	3.51	3.44	3.37	3.28	3.18	3.07	3.02	2.96	2.91	2.85	2.79	2.72
13	6.41	4.97	4.35	4.00	3.77	3.60	3.48	3.39	3.31	3.25	3.15	3.05	2.95	2.89	2.84	2.78	2.72	2.66	2.60
14	6.30	4.86	4.24	3.89	3.66	3.50	3.38	3.29	3.21	3.15	3.05	2.95	2.84	2.79	2.73	2.67	2.61	2.55	2.49
15	6.20	4.77	4.15	3.80	3.58	3.41	3.29	3.20	3.12	3.06	2.96	2.86	2.76	2.70	2.64	2.59	2.52	2.46	2.40
16	6.12	4.69	4.08	3.73	3.50	3.34	3.22	3.12	3.05	2.99	2.89	2.79	2.68	2.63	2.57	2.51	2.45	2.38	2.32
17	6.04	4.62	4.01	3.66	3.44	3.28	3.16	3.06	2.98	2.92	2.82	2.72	2.62	2.56	2.50	2.44	2.38	2.32	2.25
18	5.98	4.56	3.95	3.61	3.38	3.22	3.10	3.01	2.93	2.87	2.77	2.67	2.56	2.50	2.44	2.38	2.32	2.26	2.19
19	5.92	4.51	3.90	3.56	3.33	3.17	3.05	2.96	2.88	2.82	2.72	2.62	2.51	2.45	2.39	2.33	2.27	2.20	2.13
20	5.87	4.46	3.86	3.51	3.29	3.13	3.01	2.91	2.84	2.77	2.68	2.57	2.46	2.41	2.35	2.29	2.22	2.16	2.09
21	5.83	4.42	3.82	3.48	3.25	3.09	2.97	2.87	2.80	2.73	2.64	2.53	2.42	2.37	2.31	2.25	2.18	2.11	2.04
22	5.79	4.38	3.78	3.44	3.22	3.05	2.93	2.84	2.76	2.70	2.60	2.50	2.39	2.33	2.27	2.21	2.14	2.08	2.00
23	5.75	4.35	3.75	3.41	3.18	3.02	2.90	2.81	2.73	2.67	2.57	2.47	2.36	2.30	2.24	2.18	2.11	2.04	1.97
24	5.72	4.32	3.72	3.38	3.15	2.99	2.87	2.78	2.70	2.64	2.54	2.44	2.33	2.27	2.21	2.15	2.08	2.01	1.94
25	5.69	4.29	3.69	3.35	3.13	2.97	2.85	2.75	2.68	2.61	2.51	2.41	2.30	2.24	2.18	2.12	2.05	1.98	1.91
26	5.66	4.27	3.67	3.33	3.10	2.94	2.82	2.73	2.65	2.59	2.49	2.39	2.28	2.22	2.16	2.09	2.03	1.95	1.88
27	5.63	4.24	3.65	3.31	3.08	2.92	2.80	2.71	2.63	2.57	2.47	2.36	2.25	2.19	2.13	2.07	2.00	1.93	1.85
28	5.61	4.22	3.63	3.29	3.06	2.90	2.78	2.69	2.61	2.55	2.45	2.34	2.23	2.17	2.11	2.05	1.98	1.91	1.83
29	5.59	4.20	3.61	3.27	3.04	2.88	2.76	2.67	2.59	2.53	2.43	2.32	2.21	2.15	2.09	2.03	1.96	1.89	1.81
30	5.57	4.18	3.59	3.25	3.03	2.87	2.75	2.65	2.57	2.51	2.41	2.31	2.20	2.14	2.07	2.01	1.94	1.87	1.79
40	5.42	4.05	3.46	3.13	2.90	2.74	2.62	2.53	2.45	2.39	2.29	2.18	2.07	2.01	1.94	1.88	1.80	1.72	1.64
60	5.29	3.93	3.34	3.01	2.79	2.63	2.51	2.41	2.33	2.27	2.17	2.06	1.94	1.88	1.82	1.74	1.67	1.58	1.48
120	5.15	3.80	3.23	2.89	2.67	2.52	2.39	2.30	2.22	2.16	2.05	1.94	1.82	1.76	1.69	1.61	1.53	1.43	1.31
∞	5.02	3.69	3.12	2.79	2.57	2.41	2.29	2.19	2.11	2.05	1.94	1.83	1.71	1.64	1.57	1.48	1.39	1.27	1.00

续表

（α=0.01）

n_2 \ n_1	1	2	3	4	5	6	7	8	9	10	12	15	20	24	30	40	60	120	∞
1	4052	4999	5404	5624	5764	5859	5928	5981	6022	6056	6107	6157	6209	6234	6260	6286	6313	6340	6366
2	98.50	99.0	99.16	99.25	99.30	99.33	99.36	99.38	99.39	99.40	99.42	99.43	99.45	99.46	99.47	99.48	99.48	99.49	99.50
3	34.12	30.82	29.46	28.71	28.24	27.91	27.67	27.49	27.34	27.23	27.05	26.87	26.69	26.60	26.50	26.41	26.32	26.22	26.13
4	21.20	18.00	16.69	15.98	15.52	15.21	14.98	14.80	14.66	14.55	14.37	14.20	14.02	13.93	13.84	13.75	13.65	13.56	13.46
5	16.26	13.27	12.06	11.39	10.97	10.67	10.46	10.29	10.16	10.05	9.89	9.72	9.55	9.47	9.38	9.29	9.20	9.11	9.02
6	13.75	10.92	9.78	9.15	8.75	8.47	8.26	8.10	7.98	7.87	7.72	7.56	7.40	7.31	7.23	7.14	7.06	6.97	6.88
7	12.25	9.55	8.45	7.85	7.46	7.19	6.99	6.84	6.72	6.62	6.47	6.31	6.16	6.07	5.99	5.91	5.82	5.74	5.65
8	11.26	8.65	7.59	7.01	6.63	6.37	6.18	6.03	5.91	5.81	5.67	5.52	5.36	5.28	5.20	5.12	5.03	4.95	4.86
9	10.56	8.02	6.99	6.42	6.06	5.80	5.61	5.47	5.35	5.26	5.11	4.96	4.81	4.73	4.65	4.57	4.48	4.40	4.31
10	10.04	7.56	6.55	5.99	5.64	5.39	5.20	5.06	4.94	4.85	4.71	4.56	4.41	4.33	4.25	4.17	4.08	4.00	3.91
11	9.65	7.21	6.22	5.67	5.32	5.07	4.89	4.74	4.63	4.54	4.40	4.25	4.10	4.02	3.94	3.86	3.78	3.69	3.60
12	9.33	6.93	5.95	5.41	5.06	4.82	4.64	4.50	4.39	4.30	4.16	4.01	3.86	3.78	3.70	3.62	3.54	3.45	3.36
13	9.07	6.70	5.74	5.21	4.86	4.62	4.44	4.30	4.19	4.10	3.96	3.82	3.66	3.59	3.51	3.43	3.34	3.25	3.17
14	8.86	6.51	5.56	5.04	4.69	4.46	4.28	4.14	4.03	3.94	3.80	3.66	3.51	3.43	3.35	3.27	3.18	3.09	3.00
15	8.68	6.36	5.42	4.89	4.56	4.32	4.14	4.00	3.89	3.80	3.67	3.52	3.37	3.29	3.21	3.13	3.05	2.96	2.87
16	8.53	6.23	5.29	4.77	4.44	4.20	4.03	3.89	3.78	3.69	3.55	3.41	3.26	3.18	3.10	3.02	2.93	2.84	2.75
17	8.40	6.11	5.19	4.67	4.34	4.10	3.93	3.79	3.68	3.59	3.46	3.31	3.16	3.08	3.00	2.92	2.83	2.75	2.65
18	8.29	6.01	5.09	4.58	4.25	4.01	3.84	3.71	3.60	3.51	3.37	3.23	3.08	3.00	2.92	2.84	2.75	2.66	2.57
19	8.18	5.93	5.01	4.50	4.17	3.94	3.77	3.63	3.52	3.43	3.30	3.15	3.00	2.92	2.84	2.76	2.67	2.58	2.49
20	8.10	5.85	4.94	4.43	4.10	3.87	3.70	3.56	3.46	3.37	3.23	3.09	2.94	2.86	2.78	2.69	2.61	2.52	2.42
21	8.02	5.78	4.87	4.37	4.04	3.81	3.64	3.51	3.40	3.31	3.17	3.03	2.88	2.80	2.72	2.64	2.55	2.46	2.36
22	7.95	5.72	4.82	4.31	3.99	3.76	3.59	3.45	3.35	3.26	3.12	2.98	2.83	2.75	2.67	2.58	2.50	2.40	2.31
23	7.88	5.66	4.76	4.26	3.94	3.71	3.54	3.41	3.30	3.21	3.07	2.93	2.78	2.70	2.62	2.54	2.45	2.35	2.26
24	7.82	5.61	4.72	4.22	3.90	3.67	3.50	3.36	3.26	3.17	3.03	2.89	2.74	2.66	2.58	2.49	2.40	2.31	2.21
25	7.77	5.57	4.68	4.18	3.85	3.63	3.46	3.32	3.22	3.13	2.99	2.85	2.70	2.62	2.54	2.45	2.36	2.27	2.17
26	7.72	5.53	4.64	4.14	3.82	3.59	3.42	3.29	3.18	3.09	2.96	2.81	2.66	2.58	2.50	2.42	2.33	2.23	2.13
27	7.68	5.49	4.60	4.11	3.78	3.56	3.39	3.26	3.15	3.06	2.93	2.78	2.63	2.55	2.47	2.38	2.29	2.20	2.10
28	7.64	5.45	4.57	4.07	3.75	3.53	3.36	3.23	3.12	3.03	2.90	2.75	2.60	2.52	2.44	2.35	2.26	2.17	2.06
29	7.60	5.42	4.54	4.04	3.73	3.50	3.33	3.20	3.09	3.00	2.87	2.73	2.57	2.49	2.41	2.33	2.23	2.14	2.03
30	7.56	5.39	4.51	4.02	3.70	3.47	3.30	3.17	3.07	2.98	2.84	2.70	2.55	2.47	2.39	2.30	2.21	2.11	2.01
40	7.31	5.18	4.31	3.83	3.51	3.29	3.12	2.99	2.89	2.80	2.66	2.52	2.37	2.29	2.20	2.11	2.02	1.92	1.80
60	7.08	4.98	4.13	3.65	3.34	3.12	2.95	2.82	2.72	2.63	2.50	2.35	2.20	2.12	2.03	1.94	1.84	1.73	1.60
120	6.85	4.79	3.95	3.48	3.17	2.96	2.79	2.66	2.56	2.47	2.34	2.19	2.03	1.95	1.86	1.76	1.66	1.53	1.38
∞	6.63	4.61	3.78	3.32	3.02	2.80	2.64	2.51	2.41	2.32	2.18	2.04	1.88	1.79	1.70	1.59	1.47	1.32	1.00

附录 B 几种常用的概率分布

分布	参数	分布律或概率密度函数	数学期望	方差
$(0-1)$ 分布	$0 < p < 1$	$P\{X = k\} = p^k(1-p)^{1-k}, k = 0,1$	p	$p(1-p)$
二项分布	$n \geqslant 1,$ $0 < p < 1$	$P\{X = k\} = \binom{n}{k} p^k(1-p)^{n-k},$ $k = 0,1,\cdots,n$	np	$np(1-p)$
负二项分布（巴斯卡分布）	$n \geqslant 1,$ $0 < p < 1$	$P\{X = k\} = \binom{k-1}{r-1} p^r(1-p)^{k-r},$ $k = r,r+1,\cdots$	$\dfrac{r}{p}$	$\dfrac{r(1-p)}{p^2}$
几何分布	$0 < p < 1$	$P\{X = k\} = (1-p)^{k-1}p,$ $k = 1,2,\cdots$	$\dfrac{1}{p}$	$\dfrac{1-p}{p^2}$
超几何分布	N,M,n $(M \leqslant N)$ $(n \leqslant N)$	$P\{X = n\} = \dfrac{\binom{M}{k}\binom{N-M}{n-k}}{\binom{N}{n}},$ k 为整数, $\max\{0,n-N+M\} \leqslant k \leqslant \min\{n,M\}$	$\dfrac{nM}{N}$	$\dfrac{nM}{N}\left(1-\dfrac{M}{N}\right)\left(\dfrac{N-n}{N-1}\right)$
泊松分布	$\lambda > 0$	$P\{X = k\} = \dfrac{\lambda^k \mathrm{e}^{-\lambda}}{k!},$ $k = 0,1,2,\cdots$	λ	λ
均匀分布	$a < b$	$f(x) = \begin{cases} \dfrac{1}{b-a}, & a < x < b, \\ 0, & \text{其他.} \end{cases}$	$\dfrac{a+b}{2}$	$\dfrac{(b-a)^2}{12}$
正态分布	$\mu,$ $\sigma > 0$	$f(x) = \dfrac{1}{\sqrt{2\pi}\,\sigma} \mathrm{e}^{-\frac{(x-\mu)^2}{2\sigma^2}}$	μ	σ^2
Γ 分布	$\alpha > 0,$ $\beta > 0$	$f(x) = \begin{cases} \dfrac{1}{\beta^\alpha \Gamma(\alpha)} x^{\alpha-1} \mathrm{e}^{-\frac{x}{\beta}}, & x > 0, \\ 0, & \text{其他.} \end{cases}$	$\alpha\beta$	$\alpha\beta^2$

续表

分布	参数	分布律或概率密度函数	数学期望	方差
指数分布（负指数分布）	$\lambda > 0$	$f(x) = \begin{cases} \lambda e^{-\lambda x}, & x > 0, \\ 0, & 其他. \end{cases}$	$\dfrac{1}{\lambda}$	$\dfrac{1}{\lambda^2}$
χ^2 分布	$n \geqslant 1$	$f(x) = \begin{cases} \dfrac{1}{2^{\frac{n}{2}}\Gamma(\frac{n}{2})} x^{\frac{n}{2}-1} e^{-\frac{x}{2}}, & x > 0, \\ 0, & 其他. \end{cases}$	n	$2n$
韦布尔分布	$\eta > 0,$ $\beta > 0$	$f(x) = \begin{cases} \dfrac{\beta}{\eta}(\dfrac{x}{\eta})^{\beta-1} e^{-(\frac{x}{\eta})^{\beta}}, & x > 0, \\ 0, & 其他. \end{cases}$	$\eta\Gamma(\dfrac{1}{\beta} + 1)$	$\eta^2\left\{\Gamma(\dfrac{2}{\beta}+1) - [\Gamma(\dfrac{1}{\beta}+1)]^2\right\}$
瑞利分布	$\sigma > 0$	$f(x) = \begin{cases} \dfrac{x}{\sigma^2} e^{-\frac{x^2}{2\sigma^2}}, & x > 0, \\ 0, & 其他. \end{cases}$	$\sqrt{\dfrac{\pi}{2}}\sigma$	$\dfrac{4-\pi}{2}\sigma^2$
β 分布	$\alpha > 0,$ $\beta > 0$	$f(x) = \begin{cases} \dfrac{\Gamma(\alpha+\beta)}{\Gamma(\alpha)\Gamma(\beta)} x^{\alpha-1}(1-x)^{\beta-1}, & 0 < x < 1, \\ 0, & 其他. \end{cases}$	$\dfrac{\alpha}{\alpha+\beta}$	$\dfrac{\alpha\beta}{(\alpha+\beta)^2(\alpha+\beta+1)}$
对数正态分布	$\mu,$ $\sigma > 0$	$f(x) = \begin{cases} \dfrac{1}{\sqrt{2\pi}\sigma x} e^{-\frac{(\ln x - \mu)^2}{2\sigma^2}}, & x > 0, \\ 0, & 其他. \end{cases}$	$e^{\mu+\frac{\sigma^2}{2}}$	$e^{2\mu+\sigma^2}(e^{\sigma^2}-1)$
柯西分布	$a,$ $\lambda > 0$	$f(x) = \dfrac{1}{\pi} \cdot \dfrac{1}{\lambda^2+(x-a)^2}$	不存在	不存在
t 分布	$n \geqslant 1$	$f(x) = \dfrac{\Gamma(\frac{n+1}{2})}{\sqrt{n\pi}\,\Gamma(\frac{n}{2})}(1+\dfrac{x^2}{n})^{-\frac{n+1}{2}}$	$0,$ $n > 1$	$\dfrac{n}{n-2}, n > 2$
F 分布	n_1, n_2	$f(x) = \begin{cases} \dfrac{\Gamma[\frac{(n_1+n_2)}{2}]}{\Gamma(\frac{n_1}{2})\Gamma(\frac{n_2}{2})}(\dfrac{n_1}{n_2})(\dfrac{n_1}{n_2}x)^{\frac{n_1}{2}-1} \\ \quad \times (1+\dfrac{n_1}{n_2}x)^{-\frac{(n_1+n_2)}{2}}, x > 0, \\ 0, 其他. \end{cases}$	$\dfrac{n_2}{n_2-2},$ $n_2 > 2$	$\dfrac{2n_2^2(n_1+n_2-2)}{n_1(n_2-2)^2(n_2-4)},$ $n_2 > 4$

附录 C 2011 年至 2023 年全国硕士研究生入学统一考试真题

一、选择题

1. (2011 年数学一，一(7)；数学三，一(7)) 设 $F_1(x),F_2(x)$ 为两个分布函数，其相应的概率密度函数 $f_1(x),f_2(x)$ 是连续函数，则必为概率密度函数的是(　　).

A. $f_1(x)f_2(x)$ B. $2f_2(x)F_1(x)$

C. $f_1(x)F_2(x)$ D. $f_1(x)F_2(x) + f_2(x)F_1(x)$

2. (2011 年数学一，一(8)) 设随机变量 X 与 Y 相互独立，且 $E(X)$ 与 $E(Y)$ 存在，记 $U = \max(X,Y)$，$V = \min(X,Y)$，则 $E(UV) = ($　　$)$.

A. $E(U)E(V)$ B. $E(X)E(Y)$ C. $E(U)E(Y)$ D. $E(X)E(V)$

3. (2011 年数学三，一(8)) 设总体 X 服从参数为 $\lambda(\lambda > 0)$ 的泊松分布，$X_1,X_2,\cdots,X_n(n \geqslant 2)$ 为来自总体的简单随机样本，记 $T_1 = \dfrac{1}{n}\sum\limits_{i=1}^{n} X_i$，$T_2 = \dfrac{1}{n-1}\sum\limits_{i=1}^{n-1} X_i + \dfrac{1}{n}X_n$，则(　　).

A. $ET_1 > ET_2$，$DT_1 > DT_2$ B. $ET_1 > ET_2$，$DT_1 < DT_2$

C. $ET_1 < ET_2$，$DT_1 > DT_2$ D. $ET_1 < ET_2$，$DT_1 < DT_2$

4. (2012 年数学一，一(7)) 设随机变量 X 与 Y 相互独立，且分别服从参数为 1 和参数为 4 的指数分布，则 $P(X < Y) = ($　　$)$.

A. $\dfrac{1}{5}$ B. $\dfrac{1}{3}$ C. $\dfrac{2}{5}$ D. $\dfrac{4}{5}$

5. (2012 年数学一，一(8)) 将长度为 1m 的木棒随机地截成两段，则两段长度的相关系数为(　　).

A. 1 B. $\dfrac{1}{2}$ C. $-\dfrac{1}{2}$ D. -1

6. (2012 年数学三，一(7)) 设随机变量 X 与 Y 相互独立，且都在 $(0,1)$ 上服从均匀分布，则 $P(X^2 + Y^2 \leqslant 1) = ($　　$)$.

A. $\dfrac{1}{4}$ B. $\dfrac{1}{2}$ C. $\dfrac{\pi}{8}$ D. $\dfrac{\pi}{4}$

7. (2012 年数学三，一(8)) 设 X_1,X_2,X_3,X_4 为来自总体 $N(1,\sigma^2)$ 的简单随机样本，则统计量 $\dfrac{X_1 - X_2}{|X_3 + X_4 - 2|}$ 服从(　　).

A. $N(0,1)$ B. $t(1)$ C. $\chi^2(1)$ D. $F(1,1)$

8. (2013 年数学一，一(7)；数学三，一(7)) 设 X_1,X_2,X_3 是随机变量，且 $X_1 \sim N(0,1)$，$X_2 \sim N(0,2^2)$，$X_3 \sim N(5,3^2)$，$p_i = P(-2 < X_i < 2)(i = 1,2,3)$，则(　　).

A. $P_1 > P_2 > P_3$ B. $P_2 > P_1 > P_3$ C. $P_3 > P_1 > P_2$ D. $P_1 > P_3 > P_2$

9. (2013 年数学一，一(8)) 设随机变量 $X \sim t(n)$，$Y \sim F(1,n)$，给定 $\alpha(0 < \alpha < 0.5)$，常数 c 满足 $P(X > c) = \alpha$，则 $P(Y > c^2) = ($　　$)$.

A. α B. $1 - \alpha$ C. 2α D. $1 - 2\alpha$

10. (2013 年数学三，一(8)) 设随机变量 X 与 Y 相互独立，且 X 与 Y 的概率分布分别为

X	0	1	2	3
P	$\dfrac{1}{2}$	$\dfrac{1}{4}$	$\dfrac{1}{8}$	$\dfrac{1}{8}$

Y	-1	0	1
P	$\dfrac{1}{3}$	$\dfrac{1}{3}$	$\dfrac{1}{3}$

则 $P(X + Y = 2) = ($ 　　$)$.

 A. $\dfrac{1}{12}$ B. $\dfrac{1}{8}$ C. $\dfrac{1}{6}$ D. $\dfrac{1}{2}$

11.（2014 年数学一，一(7)；数学三，一(7)）设随机事件 A 与 B 相互独立，且 $P(B) = 0.5$, $P(A - B) = 0.3$，则 $P(B - A) = ($ 　　$)$.

 A. 0.1 B. 0.2 C. 0.3 D. 0.4

12.（2014 年数学一，一(8)）设连续型随机变量 X_1 与 X_2 相互独立，且方差存在，X_1 与 X_2 的概率密度函数分别为 $f_1(x)$ 与 $f_2(x)$，随机变量 Y_1 的概率密度函数为 $f_{Y_1}(y) = \dfrac{1}{2}[f_1(y) + f_2(y)]$，随机变量 $Y_2 = \dfrac{1}{2}(X_1 + X_2)$，则（　　）.

 A. $E(Y_1) > E(Y_2), D(Y_1) > D(Y_2)$ B. $E(Y_1) = E(Y_2), D(Y_1) = D(Y_2)$

 C. $E(Y_1) = E(Y_2), D(Y_1) < D(Y_2)$ D. $E(Y_1) = E(Y_2), D(Y_1) > D(Y_2)$

13.（2014 年数学三，一(8)）设 X_1, X_2, X_3 为来自服从 $N(0, \sigma^2)$ 的总体的简单随机样本，则统计量 $S = \dfrac{X_1 - X_2}{\sqrt{2}\,|X_3|}$ 服从的分布为（　　）.

 A. $F(1,1)$ B. $F(2,1)$ C. $t(1)$ D. $t(2)$

14.（2015 年数学一，一(7)；数学三，一(7)）设 A 与 B 为任意两个随机事件，则（　　）.

 A. $P(AB) \leqslant P(A)P(B)$ B. $P(AB) \geqslant P(A)P(B)$

 C. $P(AB) \leqslant \dfrac{P(A) + P(B)}{2}$ D. $P(AB) \geqslant \dfrac{P(A) + P(B)}{2}$

15.（2015 年数学一，一(8)）设随机变量 X 与 Y 不相关，且 $E(X) = 2$, $E(Y) = 1$, $D(X) = 3$，则 $E[X(X + Y - 2)] = ($ 　　$)$.

 A. -3 B. 3 C. -5 D. 5

16.（2015 年数学三，一(8)）设总体服从 $B(m, \theta)$，$X_1, X_2, \cdots, X_n$ 为来自该总体的简单随机样本，$\overline{X}$ 为样本均值，则 $E\left[\sum\limits_{i=1}^{n}(X_i - \overline{X})^2\right] = ($ 　　$)$.

 A. $(m-1)n\theta(1-\theta)$ B. $m(n-1)\theta(1-\theta)$

 C. $(m-1)(n-1)\theta(1-\theta)$ D. $mn\theta(1-\theta)$

17.（2016 年数学一，一(7)）设随机变量 $X \sim N(\mu, \sigma^2)$，$\sigma > 0$，记 $p = P(X < \mu + \sigma^2)$ 则（　　）.

 A. p 随着 μ 的增大而增大   B. p 随着 σ 的增大而增大

 C. p 随着 μ 的增大而减小   D. p 随着 σ 的增大而减小

18.（2016 年数学三，一(7)）设 A 与 B 为随机事件，且 $0 < P(B) < 1$，$0 < P(A) < 1$，如果 $P(A\mid B) = 1$，则有（　　）.

 A. $P(\overline{B}\mid \overline{A}) = 1$ B. $P(A\mid \overline{B}) = 0$ C. $P(A \cup B) = 1$ D. $P(B\mid A) = 1$

19.（2016 年数学一，一(8)）随机试验 E 有 3 种两两不相容的结果 A_1, A_2, A_3，且 3 种结果发生的概率均为 $\dfrac{1}{3}$，将试验 E 独立重复做 2 次，X 表示 2 次试验中 A_1 发生的次数，Y 表示 2 次试验中 A_2 发生的次数，则 X 与 Y 的相关系数为（　　）.

 A. $-\dfrac{1}{2}$ B. $-\dfrac{1}{3}$ C. $\dfrac{1}{2}$ D. $\dfrac{1}{3}$

20.（2016 年数学三，一(8)）设随机变量 X 与 Y 相互独立，且 $X \sim N(1,2)$，$Y \sim N(1,4)$，则 $D(XY)$ 为（　　）.

 A. 6 B. 8 C. 14 D. 15

21.（2017 年数学一，一(7)）设 A 与 B 是随机事件，若 $0 < P(A) < 1$，$0 < P(B) < 1$，则 $P(A\mid B) > P(A\mid \overline{B})$ 成立的充分必要条件是（　　）.

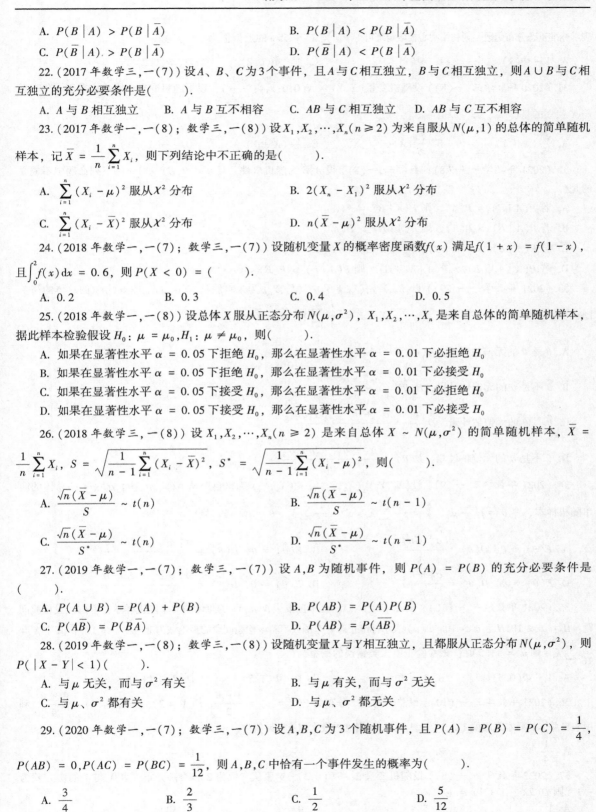

A. $P(B \mid A) > P(B \mid \bar{A})$ B. $P(B \mid A) < P(B \mid \bar{A})$

C. $P(\bar{B} \mid A) > P(B \mid \bar{A})$ D. $P(\bar{B} \mid A) < P(B \mid \bar{A})$

22. (2017 年数学三, 一(7)) 设 A、B、C 为 3 个事件, 且 A 与 C 相互独立, B 与 C 相互独立, 则 $A \cup B$ 与 C 相互独立的充分必要条件是(   ).

A. A 与 B 相互独立   B. A 与 B 互不相容   C. AB 与 C 相互独立   D. AB 与 C 互不相容

23. (2017 年数学一, 一(8); 数学三, 一(8)) 设 $X_1, X_2, \cdots, X_n(n \geq 2)$ 为来自服从 $N(\mu, 1)$ 的总体的简单随机样本, 记 $\bar{X} = \dfrac{1}{n} \sum_{i=1}^{n} X_i$, 则下列结论中不正确的是(   ).

A. $\sum_{i=1}^{n} (X_i - \mu)^2$ 服从 χ^2 分布   B. $2(X_n - X_1)^2$ 服从 χ^2 分布

C. $\sum_{i=1}^{n} (X_i - \bar{X})^2$ 服从 χ^2 分布   D. $n(\bar{X} - \mu)^2$ 服从 χ^2 分布

24. (2018 年数学一, 一(7); 数学三, 一(7)) 设随机变量 X 的概率密度函数 $f(x)$ 满足 $f(1 + x) = f(1 - x)$, 且 $\int_0^2 f(x) \, \mathrm{d}x = 0.6$, 则 $P(X < 0) = ($ $)$.

A. 0.2 B. 0.3 C. 0.4 D. 0.5

25. (2018 年数学一, 一(8)) 设总体 X 服从正态分布 $N(\mu, \sigma^2)$, $X_1, X_2, \cdots, X_n$ 是来自总体的简单随机样本, 据此样本检验假设 $H_0: \mu = \mu_0, H_1: \mu \neq \mu_0$, 则(   ).

A. 如果在显著性水平 $\alpha = 0.05$ 下拒绝 H_0, 那么在显著性水平 $\alpha = 0.01$ 下必拒绝 H_0

B. 如果在显著性水平 $\alpha = 0.05$ 下拒绝 H_0, 那么在显著性水平 $\alpha = 0.01$ 下必接受 H_0

C. 如果在显著性水平 $\alpha = 0.05$ 下接受 H_0, 那么在显著性水平 $\alpha = 0.01$ 下必拒绝 H_0

D. 如果在显著性水平 $\alpha = 0.05$ 下接受 H_0, 那么在显著性水平 $\alpha = 0.01$ 下必接受 H_0

26. (2018 年数学三, 一(8)) 设 $X_1, X_2, \cdots, X_n(n \geq 2)$ 是来自总体 $X \sim N(\mu, \sigma^2)$ 的简单随机样本, $\bar{X} = \dfrac{1}{n} \sum_{i=1}^{n} X_i$, $S = \sqrt{\dfrac{1}{n-1} \sum_{i=1}^{n} (X_i - \bar{X})^2}$, $S^* = \sqrt{\dfrac{1}{n-1} \sum_{i=1}^{n} (X_i - \mu)^2}$, 则(   ).

A. $\dfrac{\sqrt{n}(\bar{X} - \mu)}{S} \sim t(n)$ B. $\dfrac{\sqrt{n}(\bar{X} - \mu)}{S} \sim t(n-1)$

C. $\dfrac{\sqrt{n}(\bar{X} - \mu)}{S^*} \sim t(n)$ D. $\dfrac{\sqrt{n}(\bar{X} - \mu)}{S^*} \sim t(n-1)$

27. (2019 年数学一, 一(7); 数学三, 一(7)) 设 A, B 为随机事件, 则 $P(A) = P(B)$ 的充分必要条件是(   ).

A. $P(A \cup B) = P(A) + P(B)$ B. $P(AB) = P(A)P(B)$

C. $P(A\bar{B}) = P(B\bar{A})$ D. $P(AB) = P(\bar{A}\bar{B})$

28. (2019 年数学一, 一(8); 数学三, 一(8)) 设随机变量 X 与 Y 相互独立, 且都服从正态分布 $N(\mu, \sigma^2)$, 则 $P(|X - Y| < 1)($ $)$.

A. 与 μ 无关, 而与 σ^2 有关   B. 与 μ 有关, 而与 σ^2 无关

C. 与 μ、σ^2 都有关   D. 与 μ、σ^2 都无关

29. (2020 年数学一, 一(7); 数学三, 一(7)) 设 A, B, C 为 3 个随机事件, 且 $P(A) = P(B) = P(C) = \dfrac{1}{4}$, $P(AB) = 0, P(AC) = P(BC) = \dfrac{1}{12}$, 则 A, B, C 中恰有一个事件发生的概率为(   ).

A. $\dfrac{3}{4}$ B. $\dfrac{2}{3}$ C. $\dfrac{1}{2}$ D. $\dfrac{5}{12}$

30. (2020 年数学一, 一(8)) 设 $X_1, X_2, \cdots, X_{100}$ 为来自总体 X 的简单随机样本, 其中 $P(X = 0) = P(X = 1) = \dfrac{1}{2}$, $\Phi(x)$

表示标准正态分布函数, 则利用中心极限定理可得 $P(\sum_{i=1}^{100} X_i \leqslant 55)$ 的近似值为(　　　　).

A. $1 - \Phi(1)$ 　　　　B. $\Phi(1)$ 　　　　C. $1 - \Phi(0.2)$ 　　　　D. $\Phi(0.2)$

31. (2020 年数学三, 一(8)) 设随机变量 $(X,Y) \sim N(0,0;1,4;-\frac{1}{2})$, 以下随机变量中服从标准正态分布且与 X 独立的是(　　　　).

A. $\frac{\sqrt{5}}{5}(X + Y)$ 　　　　B. $\frac{\sqrt{5}}{5}(X - Y)$ 　　　　C. $\frac{\sqrt{3}}{3}(X + Y)$ 　　　　D. $\frac{\sqrt{3}}{3}(X - Y)$

32. (2021 年数学一, 一(8); 数学三, 一(8)) 设 A,B 为随机事件, 且 $0 < P(B) < 1$, 则下列命题中不成立的是(　　　　).

A. 若 $P(A \mid B) = P(A)$, 则 $P(A \mid \bar{B}) = P(A)$

B. 若 $P(A \mid B) > P(A)$, 则 $P(\bar{A} \mid \bar{B}) > P(\bar{A})$

C. 若 $P(A \mid B) > P(A \mid \bar{B})$, 则 $P(A \mid B) > P(A)$

D. 若 $P(A \mid A \cup B) > P(\bar{A} \mid A \cup B)$, 则 $P(A \mid B) > P(B)$

33. (2021 年数学一, 一(9)) 设 $(X_1,Y_1),(X_2,Y_2),\cdots,(X_n,Y_n)$ 为来自服从 $N(\mu_1,\mu_2;\sigma_1^2,\sigma_2^2;\rho)$ 的总体的简单随机样本, 令 $\theta = \mu_1 - \mu_2$, $\bar{X} = \frac{1}{n}\sum_{i=1}^{n}X_i$, $\bar{Y} = \frac{1}{n}\sum_{i=1}^{n}Y_i$, $\hat{\theta} = \bar{X} - \bar{Y}$, 则(　　　　).

A. $\hat{\theta}$ 是 θ 的无偏估计量, $D(\hat{\theta}) = \dfrac{\sigma_1^2 + \sigma_2^2}{n}$

B. $\hat{\theta}$ 不是 θ 的无偏估计量, $D(\hat{\theta}) = \dfrac{\sigma_1^2 + \sigma_2^2}{n}$

C. $\hat{\theta}$ 是 θ 的无偏估计量, $D(\hat{\theta}) = \dfrac{\sigma_1^2 + \sigma_2^2 - 2\rho\sigma_1\sigma_2}{n}$

D. $\hat{\theta}$ 不是 θ 的无偏估计量, $D(\hat{\theta}) = \dfrac{\sigma_1^2 + \sigma_2^2 - 2\rho\sigma_1\sigma_2}{n}$

34. (2021 年数学三, 一(9)) 设 $(X_1,Y_1),(X_2,Y_2),\cdots,(X_n,Y_n)$ 为来自服从 $N(\mu_1,\mu_2;\sigma_1^2,\sigma_2^2;\rho)$ 的总体的简单随机样本, 令 $\theta = \mu_1 - \mu_2$, $\bar{X} = \frac{1}{n}\sum_{i=1}^{n}X_i$, $\bar{Y} = \frac{1}{n}\sum_{i=1}^{n}Y_i$, $\hat{\theta} = \bar{X} - \bar{Y}$, 则(　　　　).

A. $E(\hat{\theta}) = \theta$, $D(\hat{\theta}) = \dfrac{\sigma_1^2 + \sigma_2^2}{n}$ 　　　　B. $E(\hat{\theta}) = \theta$, $D(\hat{\theta}) = \dfrac{\sigma_1^2 + \sigma_2^2 - 2\rho\sigma_1\sigma_2}{n}$

C. $E(\hat{\theta}) \neq \theta$, $D(\hat{\theta}) = \dfrac{\sigma_1^2 + \sigma_2^2}{n}$ 　　　　D. $E(\hat{\theta}) \neq \theta$, $D(\hat{\theta}) = \dfrac{\sigma_1^2 + \sigma_2^2 - 2\rho\sigma_1\sigma_2}{n}$

35. (2021 年数学一, 一(10)) 设 $X_1,X_2,\cdots,X_{16}$ 是来自服从 $N(\mu,4)$ 的总体的简单随机样本, 考虑假设检验问题: $H_0: \mu \leqslant 10, H_1: \mu > 10$. $\Phi(x)$ 表示标准正态分布函数, 若该检验问题的拒绝域为 $W = \{\bar{X} \geqslant 11\}$, 其中 $\bar{X} = \frac{1}{16}\sum_{i=1}^{16}X_i$. 则 $\mu = 11.5$ 时, 该检验犯第二类错误的概率为(　　　　).

A. $1 - \Phi(0.5)$ 　　　　B. $1 - \Phi(1)$ 　　　　C. $1 - \Phi(1.5)$ 　　　　D. $1 - \Phi(2)$

36. (2021 年数学三, 一(10)) 设总体的概率分布为 $P(X = 1) = \dfrac{1 - \theta}{2}$, $P(X = 2) = P(X = 3) = \dfrac{1 + \theta}{4}$. 利用来自总体的样本观测值 1,3,2,2,1,3,1,2, 可得 θ 的最大似然估计值为(　　　　).

A. $\dfrac{1}{4}$ 　　　　B. $\dfrac{3}{8}$ 　　　　C. $\dfrac{1}{2}$ 　　　　D. $\dfrac{5}{8}$

37. (2022 年数学一, 一(8)) 设随机变量 $X \sim U(0,3)$, Y 服从参数为 2 的泊松分布, 且 X 与 Y 的协方差为 -1, 则 $D(2X - Y + 1) = $ (　　　　).

A. 1 　　　　B. 5 　　　　C. 9 　　　　D. 12

38. (2022 年数学三, 一(8)) 设随机变量 $X \sim N(0,4)$, 随机变量 $Y \sim B(3,\frac{1}{3})$, 且 X 与 Y 不相关, 则 $D(X - $

$3Y + 1) = ($ 　　$)$.

 A. 2   B. 4   C. 6   D. 10

39. (2022 年数学一, 一(9)) 设随机变量 $X_1, X_2, \cdots, X_n$ 独立同分布, 且 X_1 的 4 阶矩存在, 设 $\mu_k = E(X_1^k)$ ($k = 1, 2, 3, 4$), 则由切比雪夫不等式, 对任意 $\varepsilon > 0$, 有 $P\left\{\left|\dfrac{1}{n}\sum\limits_{i=1}^{n}X_i^2 - \mu_2\right| \geqslant \varepsilon\right\} \leqslant ($ 　　$)$.

 A. $\dfrac{\mu_4 - \mu_2^2}{n\varepsilon^2}$ B. $\dfrac{\mu_4 - \mu_2^2}{\sqrt{n}\varepsilon^2}$ C. $\dfrac{\mu_2 - \mu_1^2}{n\varepsilon^2}$ D. $\dfrac{\mu_2 - \mu_1^2}{\sqrt{n}\varepsilon^2}$

40. (2022 年数学三, 一(9)) 设随机变量序列 $X_1, X_2, \cdots, X_n, \cdots$ 独立同分布, 且 X_1 的概率密度为 $f(x) = \begin{cases} 1 - |x|, & |x| < 1, \\ 0, & \text{其他}. \end{cases}$, 则当 $n \to \infty$ 时, $\dfrac{1}{n}\sum\limits_{i=1}^{n}X_i^2$ 依概率收敛于(　　).

 A. $\dfrac{1}{8}$ B. $\dfrac{1}{6}$ C. $\dfrac{1}{3}$ D. $\dfrac{1}{2}$

41. (2022 年数学一, 一(10)) 设随机变量 $X \sim N(0,1)$, 在 $X = x$ 条件下, 随机变量 $Y \sim N(x,1)$, 则 X 与 Y 的相关系数为(　　).

 A. $\dfrac{1}{4}$ B. $\dfrac{1}{2}$ C. $\dfrac{\sqrt{3}}{3}$ D. $\dfrac{\sqrt{2}}{2}$

42. (2022 年数学三, 一(10)) 设二维随机变量的概率分布为

X	Y		
	0	1	2
-1	0.1	0.1	b
1	a	0.1	0.1

若事件 $\{\max(X,Y) = 2\}$ 与事件 $\{\min(X,Y) = 1\}$ 相互独立, 则 $\mathrm{Cov}(X,Y) = ($ 　　$)$.

 A. -0.6 B. -0.36 C. 0   D. 0.48

43. (2023 年数学一, 一(8); 数学三, 一(8)) 设随机变量 X 服从参数为 1 的泊松分布, 则 $E(|X - E(X)|) = ($ 　　$)$

 A. $\dfrac{1}{e}$ B. $\dfrac{1}{2}$ C. $\dfrac{2}{e}$ D. 1

44. (2023 年数学三, 一(9); 数学三, 一(9)) 设 $X_1, X_2, \cdots, X_n$ 为来自总体 $X \sim N(\mu_1, \sigma^2)$ 的随机样本, $Y_1, Y_2, \cdots, Y_m$ 为来自总体 $Y \sim N(\mu_2, 2\sigma^2)$ 的随机样本, 且两个样本独立. 记 $\overline{X} = \dfrac{1}{n}\sum\limits_{i=1}^{n}X_i, \overline{Y} = \dfrac{1}{m}\sum\limits_{i=1}^{m}Y_i, S_1^2 = \dfrac{1}{n-1}\sum\limits_{i=1}^{n}(X_i - \overline{X})^2, S_2^2 = \dfrac{1}{m-1}\sum\limits_{i=1}^{m}(Y_i - \overline{Y})^2$. 则有(　　).

 A. $\dfrac{S_1^2}{S_2^2} \sim F(n,m)$ B. $\dfrac{S_1^2}{S_2^2} \sim F(n-1, m-1)$

 C. $\dfrac{2S_1^2}{S_2^2} \sim F(n,m)$ D. $\dfrac{2S_1^2}{S_2^2} \sim F(n-1, m-1)$

45. (2023 年数学一, 一(10); 数学三, 一(10)) 已知总体 X 服从正态分布 $X \sim N(\mu, \sigma^2)$, 其中 $\sigma (\sigma > 0)$ 为未知参数. X_1, X_2 为来自总体 X 的简单随机样本, 记 $\hat{\sigma} = a|X_1 - X_2|$, 若 $E(\hat{\sigma}) = \sigma$, 则 $a = ($ 　　$)$.

 A. $\dfrac{\sqrt{\pi}}{2}$ B. $\dfrac{\sqrt{2\pi}}{2}$ C. $\sqrt{\pi}$ D. $\sqrt{2\pi}$

二、填空题

1. (2011 年数学一, 二(14); 数学三, 二(14)) 设二维随机变量 (X,Y) 服从 $N(\mu,\mu;\sigma^2,\sigma^2;0)$, 则 $E(XY^2) = $ _____.

2. (2012 年数学一, 二(14); 数学三, 二(14)) 设 A、B、C 是随机事件, A 与 C 互不相容, 且 $P(AB) = $

$\dfrac{1}{2}$，$P(C) = \dfrac{1}{3}$，则 $P(AB \mid \overline{C}) = $ _____.

3.（2013 年数学一，二(14)）设随机变量 Y 服从参数为 1 的指数分布，a 为常数且大于 0，则 $P(Y \leqslant a + 1 \mid Y > a) = $ _____.

4.（2013 年数学三，二(14)）设随机变量 X 服从标准正态分布 $N(0,1)$，则 $E(Xe^{2x}) = $ _____.

5.（2014 年数学一，二(14)；数学三，二(14)）设总体 X 的概率密度函数为 $f(x,\theta) = \begin{cases} \dfrac{2x}{3\theta^2}, & \theta < x < 2\theta, \\ 0, & \text{其他}. \end{cases}$

其中 $\theta > 0$，是未知参数. $X_1, X_2, \cdots, X_n$ 为来自总体 X 的简单随机样本，若 $C\sum\limits_{i=1}^{n} X_i^2$ 是 θ^2 的无偏估计量，则 C = _____.

6.（2015 年数学一，二(14)；数学三，二(14)）设二维随机变量 (X,Y) 服从正态分布 $N(1,0;1,1;0)$，则 $P(XY - Y < 0) = $ _____.

7.（2016 年数学一，二(14)）设 $x_1, x_2, \cdots, x_n$ 为来自服从正态分布 $N(\mu, \sigma^2)$ 的总体的简单随机样本，样本均值 $\overline{x} = 9.5$，参数 μ 的置信水平为 0.95 的双侧置信区间的置信上限为 10.8，则 μ 的置信水平为 0.95 的双侧置信区间为 _____.

8.（2016 年数学三，二(14)）设袋中有红、白、黑球各 1 个，从中有放回地取球，每次取 1 个，直到 3 种颜色的球都取到为止，则取球次数恰好为 4 的概率为 _____.

9.（2017 年数学一，二(14)）设随机变量 X 的分布函数为 $F(x) = 0.5\Phi(x) + 0.5\Phi(\dfrac{x-4}{2})$，其中 $\Phi(x)$ 为标准正态分布函数，则 $E(X) = $ _____.

10.（2017 年数学三，二(14)）设随机变量 X 的概率分布为 $P(X = -2) = \dfrac{1}{2}$，$P(X = 1) = a$，$P(X = 3) = b$，$E(X) = 0$，则 $D(X) = $ _____.

11.（2018 年数学一，二(14)）设随机事件 A 与 B 相互独立，A 与 C 相互独立，$BC = \varnothing$. 若 $P(A) = P(B) = \dfrac{1}{2}$，$P(AC \mid AB \cup C) = \dfrac{1}{4}$，则 $P(C) = $ _____.

12.（2018 年数学三，二(14)）设随机事件 A、B、C 相互独立，$P(A) = P(B) = P(C) = \dfrac{1}{2}$. 则 $P(AC \mid A \cup B) = $ _____.

13.（2019 年数学一，二(14)；数学三，二(14)）设随机变量 X 的概率密度函数为 $f(x) = \begin{cases} \dfrac{x}{2}, & 0 < x < 2, \\ 0, & \text{其他}. \end{cases}$ $F(x)$ 为 X 的分布函数，则 $P[F(X) > EX - 1] = $ _____.

14.（2020 年数学一，二(14)）设随机变量 X 在 $[-\dfrac{\pi}{2}, \dfrac{\pi}{2}]$ 上服从均匀分布，$Y = \sin X$，则 $\text{Cov}(X,Y) = $ _____.

15.（2020 年数学三，二(14)）设随机变量 X 的概率分布为 $P(X = k) = \dfrac{1}{2^k}(k = 1,2,3,\cdots)$. Y 表示 X 被 3 除的余数，则 $E(Y) = $ _____.

16.（2021 年数学一，二(16)；数学三，二(16)）甲、乙两盒中各装有 2 个红球和 2 个白球. 先从甲盒中任取一球放入乙盒中，再从乙盒中任取一球. 令 X、Y 分别表示从甲盒和乙盒中取到的红球个数，则 X 和 Y 的相关系数为 _____.

17.（2022 年数学一，二(16)；数学三，二(16)）设 A、B、C 为三个随机事件，A 与 B 互不相容，A 与 C 互不相容，B 与 C 相互独立，且 $P(A) = P(B) = P(C) = \dfrac{1}{3}$，$P(B \cup C \mid A \cup B \cup C) = $ _____.

18. (2023 年数学一, 二(16)) 设随机变量 X 与 Y 相互独立, 且 $X \sim B\left(1, \frac{1}{3}\right)$, $Y \sim B\left(2, \frac{1}{2}\right)$. 则 $P(X = Y) = $ _____.

19. (2023 年数学三, 二(16)) 设随机变量 X 与 Y 相互独立, 且 $X \sim B(1, p)$, $Y \sim B(2, p)$, $0 < p < 1$. 则 $X + Y$ 与 $X - Y$ 的相关系数为_____.

三、解答题

1. (2011 年数学一, 三(22); 数学三, 三(22)) 设 X 与 Y 的概率分布分别为

X	0	1
P	$\frac{1}{3}$	$\frac{2}{3}$

Y	-1	0	1
P	$\frac{1}{3}$	$\frac{1}{3}$	$\frac{1}{3}$

且 $P(X^2 = Y^2) = 1$, 求 (1) (X, Y) 的概率分布; (2) $Z = XY$ 的概率分布; (3) X 与 Y 的相关系数 ρ_{XY}.

2. (2011 年数学一, 三(23)) 设 $X_1, X_2, \cdots, X_n$ 为来自服从正态分布 $N(\mu_0, \sigma^2)$ 的总体的简单随机样本, 其中 μ_0 已知, $\sigma^2 > 0$ 且 σ^2 未知, $\bar{X}$ 和 S^2 分别表示样本均值和样本方差. (1) 求 σ^2 的最大似然估计量 $\hat{\sigma}^2$; (2) 计算 $E(\hat{\sigma}^2)$ 和 $D(\hat{\sigma}^2)$.

3. (2011 年数学三, 三(23)) 设 (X, Y) 在区域 G 上服从均匀分布, G 由 $x - y = 0$, $x + y = 2$ 与 $y = 0$ 围成. (1) 求边缘概率密度函数 $f_X(x)$; (2) 求 $f_{X|Y}(x \mid y)$.

4. (2012 年数学一, 三(22)) 设二维离散型随机变量 (X, Y) 的概率分布为

X	Y		
	0	1	2
0	$\frac{1}{4}$	0	$\frac{1}{4}$
1	0	$\frac{1}{3}$	0
2	$\frac{1}{12}$	0	$\frac{1}{12}$

(1) 求 $P(X = 2Y)$; (2) 求 $\text{Cov}(X - Y, Y)$.

5. (2012 年数学一, 三(23)) 设随机变量 X 与 Y 相互独立, 且分别服从正态分布 $N(\mu, \sigma^2)$ 与 $N(\mu, 2\sigma^2)$, 其中 $\sigma > 0$, 是未知参数. 设 $Z = X - Y$. (1) 求 Z 的概率密度函数 $f(z, \sigma^2)$; (2) 设 $Z_1, Z_2, \cdots, Z_n$ 为来自总体 Z 的简单随机样本, 求 σ^2 的最大似然估计量 $\hat{\sigma}^2$; (3) 证明 $\hat{\sigma}^2$ 是 σ^2 的无偏估计量.

6. (2012 年数学三, 三(22)) 已知随机变量 X, Y 与 XY 的分布律分别为:

X	0	1	2
P	$\frac{1}{2}$	$\frac{1}{3}$	$\frac{1}{6}$

Y	0	1	2
P	$\frac{1}{3}$	$\frac{1}{3}$	$\frac{1}{3}$

XY	0	1	2	4
P	$\frac{7}{12}$	$\frac{1}{3}$	0	$\frac{1}{12}$

求 (1) $P(X = 2Y)$; (2) $\text{Cov}(X - Y, Y)$ 与 ρ_{XY}.

7. (2012 年数学三, 三(23)) 设随机变量 X 与 Y 相互独立, 且都服从参数为 1 的指数分布, 记 $U = \max(X, Y)$, $V = \min(X, Y)$. (1) 求 V 的概率密度函数 $f_V(v)$; (2) 求 $E(U + V)$.

8. (2013 年数学一, 三(22)) 设随机变量 X 的概率密度函数为

$$f(x) = \begin{cases} \dfrac{1}{a} x^2, & 0 < x < 3, \\ 0, & \text{其他}. \end{cases} \qquad 令 \ Y = \begin{cases} 2, & X \leqslant 1, \\ X, & 1 < X < 2, \\ 1, & X \geqslant 2. \end{cases}$$

(1) 求 Y 的分布函数; (2) 求概率 $P(X \leqslant Y)$.

9. (2013 年数学三,三(22)) 设 (X,Y) 是二维随机变量,X 的边缘概率密度函数为

$$f_X(x) = \begin{cases} 3x^2, & 0 < x < 1, \\ 0, & \text{其他}. \end{cases}$$

在给定 $X = x(0 < x < 1)$ 的条件下,Y 的条件概率密度函数为 $f_{Y|X}(y|x) = \begin{cases} \dfrac{3y^2}{x^3}, & 0 < y < x, \\ 0, & \text{其他}. \end{cases}$

(1) 求 (X,Y) 的概率密度函数 $f(x,y)$;(2) 求 Y 的边缘概率密度函数 $f_Y(y)$;(3) 求 $P(X > 2Y)$.

10. (2013 年数学一,三(23);数学三,三(23)) 设总体 X 的概率密度函数为

$$f(x,\theta) = \begin{cases} \dfrac{\theta^2}{x^3} e^{-\frac{\theta}{x}}, & x > 0, \\ 0, & \text{其他}, \end{cases}$$

其中 θ 为未知参数且大于 0,$X_1, X_2, \cdots, X_n$ 为来自总体 X 的简单随机样本. (1) 求 θ 的矩估计量;(2) 求 θ 的最大似然估计量.

11. (2014 年数学一,三(22);数学三,三(22)) 设随机变量 X 的概率分布为 $P(X = 1) = P(X = 2) = \dfrac{1}{2}$. 在给定 $X = i$ 的条件下,随机变量 Y 服从均匀分布 $U(0,i)(i = 1,2)$. (1) 求 Y 的分布函数;(2) 求 $E(Y)$.

12. (2014 年数学一,三(23)) 设总体 X 的分布函数为

$$F(x,\theta) = \begin{cases} 1 - e^{-\frac{x^2}{\theta}}, & x \geq 0, \\ 0, & x < 0. \end{cases}$$

其中 $\theta > 0$ 未知,且 $X_1, X_2, \cdots, X_n$ 为来自总体 X 的简单随机样本.

(1) 求 $E(X)$ 与 $E(X^2)$;(2) 求 θ 的最大似然估计量 $\hat{\theta}_n$;(3) 是否存在实数 α,使得对任何 $\varepsilon > 0$,都有 $\lim_{n \to \infty} P(|\hat{\theta}_n - \alpha| \geq \varepsilon) = 0$?

13. (2014 年数学三,三(23)) 设随机变量 X 与 Y 的概率分布相同,X 的概率分布为 $P(X = 0) = \dfrac{1}{3}$,$P(X = 1) = \dfrac{2}{3}$,且 X 与 Y 的相关系数 $\rho_{XY} = \dfrac{1}{2}$.

(1) 求 (X,Y) 的概率分布;(2) 求 $P(X + Y \leq 1)$.

14. (2015 年数学一,三(22);数学三,三(22)) 设随机变量 X 的概率密度函数为

$$f(x) = \begin{cases} 2^{-x} \ln 2, & x > 0, \\ 0, & x \leq 0. \end{cases}$$

对 X 进行独立重复的观测,直到第 2 个大于 3 的观测值出现时停止,记 Y 为观测次数. (1) 求 Y 的概率分布;(2) 求 $E(Y)$.

15. (2015 年数学一,三(23);数学三,三(23)) 设总体 X 的概率密度函数为

$$f(x,\theta) = \begin{cases} \dfrac{1}{1 - \theta}, & \theta \leq x \leq 1, \\ 0, & \text{其他}. \end{cases}$$

其中 θ 是未知参数,$X_1, X_2, \cdots, X_n$ 为来自该总体的简单随机样本. (1) 求 θ 的矩估计量;(2) 求 θ 的最大似然估计量.

16. (2016 年数学一,三(22);数学三,三(22)) 设二维随机变量 (X,Y) 在 $D = \{(x,y) \mid 0 < x < 1, x^2 < y < \sqrt{x}\}$ 上服从均匀分布,令 $U = \begin{cases} 1, & X \leq Y, \\ 0, & X > Y. \end{cases}$

(1) 写出 (X,Y) 的概率密度函数;(2) 问 X 与 U 是否相互独立? 并说明理由;(3) 求 $Z = U + X$ 的分布函数 $F(z)$.

17. (2016 年数学一, 三 (23)) 设总体 X 的概率密度函数

$$f(x, \theta) = \begin{cases} \dfrac{3x^2}{\theta^3}, & 0 < x < \theta, \\ 0, & \text{其他}. \end{cases}$$

其中 $\theta \in (0, +\infty)$ 为未知参数, X_1, X_2, X_3 为来自总体 X 的简单随机样本, 令 $T = \max(X_1, X_2, X_3)$. (1) 求 T 的概率密度函数; (2) 确定 a, 使得 aT 为 θ 的无偏估计量.

18. (2016 年数学三, 三 (23)) 设总体 X 的概率密度函数

$$f(x, \theta) = \begin{cases} \dfrac{3x^2}{\theta^3}, & 0 < x < \theta, \\ 0, & \text{其他}. \end{cases}$$

其中 $\theta \in (0, +\infty)$ 为未知参数, X_1, X_2, X_3 为来自总体 X 的简单随机样本, 令 $T = \max(X_1, X_2, X_3)$. (1) 求 T 的概率密度函数; (2) a 取何值时, aT 的数学期望为 θ.

19. (2017 年数学一, 三 (22); 数学三, 三 (22)) 设随机变量 X 与 Y 相互独立, 且 X 的概率分布为 $P(X = 0) = P(X = 2) = \dfrac{1}{2}$, Y 的概率密度函数为

$$f(y) = \begin{cases} 2y, & 0 < y < 1, \\ 0, & \text{其他}. \end{cases}$$

(1) 求 $P(Y < EY)$; (2) 求 $Z = X + Y$ 的概率密度函数.

20. (2017 年数学一, 三 (23); 数学三, 三 (23)) 某工程师为了解一台天平的精度, 用该天平对一物体的质量做 n 次测量, 该物体的质量 μ 是已知的. 设 n 次测量结果 $X_1, X_2, \cdots, X_n$ 相互独立且均服从正态分布 $N(\mu, \sigma^2)$, 该工程师 n 次测量的绝对误差 $Z_i = |X_i - \mu| (i = 1, 2, \cdots, n)$. 利用 $Z_1, Z_2, \cdots, Z_n$ 估计 σ.

(1) 求 Z_i 的概率密度函数; (2) 利用一阶矩求 σ 的矩估计量; (3) 求 σ 的最大似然估计量.

21. (2018 年数学一, 三 (22); 数学三, 三 (22)) 设随机变量 X 与 Y 相互独立, X 的概率分布为 $P(X = -1) = P(X = 1) = \dfrac{1}{2}$, Y 服从参数为 λ 的泊松分布, 令 $Z = XY$. (1) 求 $\mathrm{Cov}(X, Z)$; (2) 求 Z 的概率分布.

22. (2018 年数学一, 三 (23); 数学三, 三 (23)) 设总体 X 的概率密度函数为

$$f(x, \sigma) = \dfrac{1}{2\sigma} \mathrm{e}^{-\frac{|x|}{\sigma}} \ (-\infty < x < +\infty),$$

其中 $\sigma \in (0, +\infty)$ 是未知参数, $X_1, X_2, \cdots, X_n$ 为来自总体的简单随机样本, 记 σ 的最大似然估计量为 $\hat{\sigma}$.

(1) 求 $\hat{\sigma}$; (2) 求 $E(\hat{\sigma})$ 和 $D(\hat{\sigma})$.

23. (2019 年数学一, 三 (22); 数学三, 三 (22)) 设随机变量 X 与 Y 相互独立, X 服从参数为 1 的指数分布, Y 的概率分布为 $P(Y = -1) = p, P(Y = 1) = 1 - p (0 < p < 1)$. 令 $Z = XY$. (1) 求 Z 的概率分布; (2) p 为何值时, X 与 Z 不相关? (3) X 与 Z 是否相互独立?

24. (2019 年数学一, 三 (23); 数学三, 三 (23)) 设总体 X 的概率密度函数为

$$f(x) = \begin{cases} \dfrac{A}{\sigma} \mathrm{e}^{-\frac{(x-\mu)^2}{2\sigma^2}}, & x \geqslant \mu, \\ 0, & x < \mu. \end{cases}$$

其中 μ 是已知参数, $\sigma > 0$ 是未知参数, A 是常数, $X_1, X_2, \cdots, X_n$ 为来自总体 X 的简单随机样本. (1) 求常数 A; (2) 求 σ^2 的最大似然估计量.

25. (2020 年数学一, 三 (22)) 设随机变量 X_1, X_2, X_3 相互独立, 其中 X_1 与 X_2 服从标准正态分布, X_3 的概率分布为 $P(X_3 = 0) = P(X_3 = 1) = \dfrac{1}{2}$, $Y = X_3 X_1 + (1 - X_3) X_2$.

(1) 求 (X_1, Y) 的分布函数, 结果用标准正态分布函数 $\Phi(x)$ 表示; (2) 证明随机变量 Y 服从标准正态分布.

26. (2020 年数学三, 三 (22)) 设随机变量 (X, Y) 在 $D = \{(x, y) \mid 0 < y < \sqrt{1 - x^2}\}$ 上服从均匀分布, 且 Z_1

$$= \begin{cases} 1, & X - Y > 0, \\ 0, & X - Y \le 0, \end{cases} \quad Z_2 = \begin{cases} 1, & X + Y > 0, \\ 0, & X + Y \le 0, \end{cases} \quad (1) \; 求 (Z_1, Z_2) \; 的概率分布；\; (2) \; 求 \rho_{Z_1 Z_2}.$$

27.（2020 年数学一，三(23)；数学三，三(23)）设某种元件的使用寿命 T 的分布函数为 $F(t) =$
$$\begin{cases} 1 - \mathrm{e}^{-(\frac{t}{\theta})^m}, & t \ge 0, \\ 0, & t < 0. \end{cases}$$ 其中 θ, m 为参数且大于 0.（1）求概率 $P\{T > t\}$ 与 $P\{T > s + t \mid T > s\}$，其中 $s > 0, t >$
0；（2）任取 n 个这种元件做寿命试验，测得它们的寿命分别为 $t_1, t_2, \cdots, t_n$，若 m 已知，求 θ 的最大似然估计
值 $\hat{\theta}$.

28.（2021 年数学一，三(22)；数学三，三(22)）在区间 $(0, 2)$ 上随机取一点，将该区间分成两段，较短一段
的长度记为 X，较长一段的长度记为 Y，令 $Z = \dfrac{Y}{X}$.

（1）求 X 的概率密度函数；（2）求 Z 的概率密度函数；（3）求 $E\left(\dfrac{X}{Y}\right)$.

29.（2022 年数学一，三(22)；数学三，三(22)）设 $X_1, X_2, \cdots, X_n$ 为来自均值 θ 的指数分布总体的简单随机样
本，$Y_1, Y_2, \cdots, Y_m$ 为来自均值 2θ 的指数分布总体的简单随机样本，且两样本相互独立，其中 $\theta(\theta > 0)$ 为未知参
数. 利用样本 $X_1, X_2, \cdots, X_n, Y_1, Y_2, \cdots, Y_m$ 求 θ 的最大似然估计量为 $\hat{\theta}$，并求 $D(\hat{\theta})$.

30.（2023 年数学一，三(22)）设二维随机变量 (X, Y) 的概率密度函数为
$$f(x, y) = \begin{cases} \dfrac{2}{\pi}(x^2 + y^2), & x^2 + y^2 < 1, \\ 0, & 其他. \end{cases}$$

（1）求 X 和 Y 的协方差；（2）判断 X 和 Y 是否相互独立；（3）求 $Z = X^2 + Y^2$ 的概率密度函数.

31.（2023 年数学三，三(22)）设随机变量 X 的概率密度函数为
$$f(x) = \frac{\mathrm{e}^x}{(1 + \mathrm{e}^x)^2}, \quad -\infty < x < +\infty,$$

令 $Y = \mathrm{e}^X$.（1）求 X 的分布函数；（2）求 Y 的概率密度函数；（3）判断 Y 的数学期望是否存在.

参考答案

一、选择题

1. D.　2. B.　3. D.　4. A.　5. D.　6. D.　7. B.　8. A.　9. C.　10. C.　11. B.

12. D.　13. C.　14. C.　15. D.　16. B.　17. B.　18. A.　19. A.　20. C.　21. A.　22. C.

23. B.　24. A.　25. D.　26. B.　27. C.　28. A.　29. D.　30. B.　31. C.　32. D.　33. C.

34. B.　35. B.　36. A.　37. C.　38. D.　39. A.　40. B.　41. D.　42. B.　43. C.　44. D.

45. A.

二、填空题

1. $\mu(\mu^2 + \sigma^2)$.　2. $\dfrac{3}{4}$.　3. $1 - \mathrm{e}^{-1}$.　4. $2\mathrm{e}^2$.　5. $\dfrac{2}{5n}$.　6. $\dfrac{1}{2}$.　7. $(8.2, 10.8)$.　8. $\dfrac{2}{9}$.

9. 2.　10. $\dfrac{9}{2}$.　11. $\dfrac{1}{4}$.　12. $\dfrac{1}{3}$.　13. $\dfrac{2}{3}$.　14. $\dfrac{2}{\pi}$.　15. $\dfrac{8}{7}$.　16. $\dfrac{1}{5}$.　17. $\dfrac{5}{8}$.

18. $\dfrac{1}{3}$.　19. $-\dfrac{1}{3}$.

三、解答题

1. (1) (X, Y) 的概率分布为

Y	X		
	-1	0	1
0	0	$\dfrac{1}{3}$	0
1	$\dfrac{1}{3}$	0	$\dfrac{1}{3}$

(2) Z 的概率分布为

Z	-1	0	1
P	$\dfrac{1}{3}$	$\dfrac{1}{3}$	$\dfrac{1}{3}$

；(3) $\rho_{XY} = 0$.

2. (1) $\hat{\sigma}^2 = \dfrac{1}{n} \sum\limits_{i=1}^{n} (X_i - \mu_0)^2$；(2) $E(\hat{\sigma}^2) = \sigma^2$, $D(\hat{\sigma}^2) = \dfrac{2\sigma^4}{n}$.

3. (1) $f_X(x) = \begin{cases} x, & 0 < x < 1, \\ 2-x, & 1 < x < 2, \\ 0, & \text{其他}. \end{cases}$　(2) 当 $0 < y < 1$ 时，$f_{X \mid Y}(x \mid y) = \begin{cases} \dfrac{1}{2 - 2y}, & y < x < 2 - y, \\ 0, & \text{其他}. \end{cases}$

4. (1) $P(X = 2Y) = \dfrac{1}{4}$；(2) $\mathrm{Cov}(X - Y, Y) = -\dfrac{2}{3}$.

5. (1) $f(z, \sigma^2) = \dfrac{1}{\sqrt{6\pi}\,\sigma} \mathrm{e}^{-\frac{z^2}{6\sigma^2}}$；(2) $\hat{\sigma}^2 = \dfrac{1}{3n} \sum\limits_{i=1}^{n} Z_i^2$；(3) 略.

6. (1) $P(X = 2Y) = \dfrac{1}{4}$；(2) $\mathrm{Cov}(X - Y, Y) = -\dfrac{2}{3}$, $\rho_{XY} = 0$.

7. (1) $f_V(v) = \begin{cases} 2\mathrm{e}^{-2v}, & v > 0, \\ 0, & v \leqslant 0; \end{cases}$　(2) $E(U + V) = 2$.

8. (1) $F_Y(y) = \begin{cases} 0, & y < 1, \\ \dfrac{y^3 + 18}{27}, & 1 \leqslant y < 2, \\ 1, & y \geqslant 2; \end{cases}$　(2) $P(X \leqslant Y) = \dfrac{8}{27}$.

9. (1) $f(x,y) = \begin{cases} \dfrac{9y^2}{x}, & 0 < x < 1, 0 < y < x, \\ 0, & \text{其他}. \end{cases}$　(2) $f_Y(y) = \begin{cases} -9y^2\ln y, & 0 < y < 1, \\ 0, & \text{其他}. \end{cases}$

　　(3) $P(X > 2Y) = \dfrac{1}{8}$.

10. (1) 矩估计量为 $\hat{\theta} = \overline{X} = \dfrac{1}{n}\sum\limits_{i=1}^{n} X_i$；(2) 最大似然估计量为 $\hat{\theta} = \dfrac{2n}{\sum\limits_{i=1}^{n} \dfrac{1}{X_i}}$.

11. (1) $F_Y(y) = \begin{cases} 1, & y \geqslant 2, \\ \dfrac{2+y}{4}, & 1 \leqslant y < 2, \\ \dfrac{3y}{4}, & 0 \leqslant y < 1, \\ 0, & y < 0. \end{cases}$　(2) $E(Y) = \dfrac{3}{4}$.

12. (1) $E(X) = \dfrac{\sqrt{\pi\theta}}{2}$, $E(X^2) = \theta$；(2) 最大似然估计量 $\hat{\theta}_n = \dfrac{1}{n}\sum\limits_{i=1}^{n} X_i^2$；

　　(3) 存在实数 $\alpha = \theta$，使得对任何 $\varepsilon > 0$，都有 $\lim\limits_{n\to\infty} P\{|\hat{\theta}_n - \theta| \geqslant \varepsilon\} = 0$.

13. (1) (X,Y) 的概率分布为

X	Y	
	0	1
0	$\dfrac{2}{9}$	$\dfrac{1}{9}$
1	$\dfrac{1}{9}$	$\dfrac{5}{9}$

　　(2) $P(X + Y \leqslant 1) = \dfrac{4}{9}$.

14. (1) $P(Y = k) = (k-1)\left(\dfrac{1}{8}\right)^2 \cdot \left(\dfrac{7}{8}\right)^{k-2}$, $k = 2, 3, \cdots$；(2) $E(Y) = 16$.

15. (1) 矩估计量为 $\hat{\theta} = 2\overline{X} - 1 = \dfrac{2}{n}\sum\limits_{i=1}^{n} X_i - 1$；(2) 最大似然估计量为 $\hat{\theta} = \min(X_1, X_2, \cdots, X_n)$.

16. (1) (X,Y) 的概率密度函数为 $f(x,y) = \begin{cases} 3, & 0 < x < 1, x^2 < y < \sqrt{x}, \\ 0, & \text{其他}. \end{cases}$　(2) X 与 U 不相互独立；

　　(3) $F(z) = \begin{cases} 0, & z \leqslant 0, \\ \dfrac{3}{2}z^2 - z^3, & 0 < z \leqslant 1, \\ \dfrac{1}{2} + 2(z-1)^{\frac{3}{2}} - \dfrac{3}{2}(z-1)^2, & 1 < z \leqslant 2, \\ 1, & z > 2. \end{cases}$

17. (1) $f_T(x) = \begin{cases} \dfrac{9x^8}{\theta^9}, & 0 < x < \theta, \\ 0, & \text{其他}. \end{cases}$　(2) $a = \dfrac{10}{9}$.　18. 同 17 题.

19. (1) $P(Y < EY) = \dfrac{4}{9}$；(2) $f_Z(z) = \begin{cases} z, & 0 < z < 1, \\ z - 2, & 2 < z < 3, \\ 0, & \text{其他}. \end{cases}$

20. (1) $f_{Z_i}(z) = \begin{cases} \dfrac{2}{\sqrt{2\pi}\,\sigma} e^{-\frac{z^2}{2\sigma^2}}, & z > 0, \\ 0, & z \leqslant 0. \end{cases}$　(2) 矩估计量为 $\hat{\sigma} = \dfrac{\sqrt{\pi}}{\sqrt{2}\,n}\sum\limits_{i=1}^{n} Z_i$；

(3) 最大似然估计量 $\hat{\sigma} = \sqrt{\dfrac{1}{n}\sum\limits_{i=1}^{n} Z_i^2}$.

21. (1) $\mathrm{Cov}(X,Z) = \lambda$;

(2) Z 的概率分布为

当 $k = 1,2,3,\cdots$ 时 $P(Z = k) = \dfrac{\lambda^k \mathrm{e}^{-\lambda}}{2k!}$,

当 $k = -1,-2,-3,\cdots$ 时 $P(Z = k) = \dfrac{\lambda^{-k} \mathrm{e}^{-\lambda}}{2(-k)!}$,

当 $k = 0$ 时 $P(Z = k) = \mathrm{e}^{-\lambda}$.

22. (1) 最大似然估计量 $\hat{\sigma} = \dfrac{1}{n}\sum\limits_{i=1}^{n} |X_i|$; (2) $E(\hat{\sigma}) = \sigma$, $D(\hat{\sigma}) = \dfrac{\sigma^2}{n}$.

23. (1) $f_Z(z) = \begin{cases} p\mathrm{e}^z, & z \leqslant 0, \\ (1-p)\mathrm{e}^{-z}, & z > 0. \end{cases}$ (2) 当 $p = \dfrac{1}{2}$ 时, $\mathrm{Cov}(X,Z) = 0$, X 与 Z 不相关;

(3) X 与 Z 不相互独立.

24. (1) $A = \sqrt{\dfrac{2}{\pi}}$; (2) 最大似然估计量 $\hat{\sigma}^2 = \dfrac{1}{n}\sum\limits_{i=1}^{n}(X_i - \mu)^2$.

25. (1) $F(x,y) = \begin{cases} \dfrac{1}{2}\Phi(x)\left[\Phi(y) + 1\right], & y \geqslant x, \\ \dfrac{1}{2}\Phi(y)\left[\Phi(x) + 1\right], & y < x. \end{cases}$ (2) 略.

26. (1) (Z_1,Z_2) 的概率分布为

Z_1	Z_2	
	0	1
0	$\dfrac{1}{4}$	$\dfrac{1}{2}$
1	0	$\dfrac{1}{4}$

(2) $\rho_{Z_1 Z_2} = \dfrac{1}{3}$.

27. (1) $P\{T > t\} = 1 - F(t) = \mathrm{e}^{-\left(\frac{t}{\theta}\right)^m}$, $P\{T > s + t \mid T > s\} = \mathrm{e}^{\left(\frac{s}{\theta}\right)^m - \left(\frac{s+t}{\theta}\right)^m}$;

(2) 最大似然估计值为 $\hat{\theta} = \sqrt[m]{\dfrac{1}{n}\sum\limits_{i=1}^{n} t_i^m}$.

28. (1) X 的概率密度函数为 $f_X(x) = \begin{cases} 1, & 0 < x < 1, \\ 0, & 其他. \end{cases}$ (2) $f_Z(z) = \begin{cases} \dfrac{2}{(1+z)^2}, & z > 1, \\ 0, & z \leqslant 1. \end{cases}$

(3) $E\left(\dfrac{X}{Y}\right) = 2\ln 2 - 1$.

29. 最大似然估计值量 $\hat{\theta} = \dfrac{1}{m+n}\left(\sum\limits_{i=1}^{n} X_i + \dfrac{1}{2}\sum\limits_{j=1}^{m} Y_j\right)$; $D(\hat{\theta}) = \dfrac{\theta^2}{m+n}$.

30. (1) $\mathrm{Cov}(X,Y) = 0$; (2) X 和 Y 不相互独立; (3) $f_Z(z) = \begin{cases} 2z, & 0 < z < 1, \\ 0, & 其他. \end{cases}$

31. (1) $F_X(x) = \dfrac{\mathrm{e}^x}{1 + \mathrm{e}^x}$, $-\infty < x < +\infty$; (2) $f_Y(y) = \begin{cases} \dfrac{1}{(1+y)^2}, & y > 0, \\ 0, & 其他. \end{cases}$; (3) Y 的数学期望不存在.

习题参考答案

第1章

1. (1) $S = \{2,3,\cdots,12\}$, $A = \{2,3,4,5\}$, $B = \{7\}$.

  (2) $S = \{(0,2),(1,1),(2,0)\}$, $A = \{(1,1),(2,0)\}$ (注: 圆括号中第一个值表示甲盒中球的个数).

  (3) $S = \{0,1,2,\cdots\}$, $A = \{6,7,8,9,10\}$.

  (4) $S = \{v \mid v \geqslant 0\}$, $A = \{v \mid 60 \leqslant v \leqslant 80\}$.

2. (1), (2), (3), (5) 成立; (4), (6) 不成立.

3. $P(AB) \leqslant P(A) \leqslant P(A \cup B) \leqslant P(A) + P(B)$.

4. C.   5. $\dfrac{1}{2}$.   6. $P(\overline{AB}) = 0.6$.   7. (1) $P(A\overline{B}) = \dfrac{5}{24}$; (2) $P(A\overline{B}) = \dfrac{1}{3}$; (3) $P(A\overline{B}) = 0$.

8. $P(A \cup B) = 0.80$, $P(\overline{AB}) = 0.10$.   9. $\dfrac{1}{15}$.   10. (1) $\dfrac{1}{12}$; (2) $\dfrac{1}{20}$.

11. $P(A) = 0.48$, $P(B) = 0.216$, $P(C) = 0.096$, $P(D) = 0.384$.

12. (1) $\dfrac{25}{49}$; (2) $\dfrac{10}{49}$; (3) $\dfrac{20}{49}$; (4) $\dfrac{5}{7}$.   13. $\dfrac{3}{34}$.   14. (1) $\dfrac{28}{45}$; (2) $\dfrac{1}{45}$; (3) $\dfrac{16}{45}$; (4) $\dfrac{1}{5}$.

15. $\dfrac{1}{18}$.   16. $\dfrac{3}{8}, \dfrac{9}{16}, \dfrac{1}{16}$.   17. $0.3, 0.6$.   18. A.   19. A.

20. (1) $P(A \mid B) = 0$, $P(\overline{A} \mid \overline{B}) = 0.25$; (2) $P(A \mid B) = 0.5$, $P(\overline{A} \mid \overline{B}) = 1$.

21. (1) $P(B \mid A \cup \overline{B}) = \dfrac{1}{4}$; (2) $P(A \cup \overline{B}) = \dfrac{1}{3}$.

22. 0.3223.   23. (1) 2.625%; (2) $\dfrac{1}{21}$.   24. (1) 0.988; (2) 0.8286.

25. (1) $\dfrac{a+c}{a+b+c+d}$; (2) $\dfrac{1}{2}\left(\dfrac{a}{a+b} + \dfrac{c}{c+d}\right)$; (3) $\dfrac{a(1+c) + bc}{(a+b)(1+c+d)}$.

26. (1) 0.4; (2) 0.4856.   27. (1) $\dfrac{7}{24}$; (2) $\dfrac{2}{7}$.   28. 0.5.   29. 证明略.

30. $P(C) = \dfrac{1}{4}$.   31. (1) 0.56; (2) 0.94; (3) 0.38.   32. $\dfrac{2^n b}{a + 2^n b}$.

33. (1) 0.94^n; (2) $C_n^2 \cdot 0.06^2 \cdot 0.94^{n-2}$.   34. $p^2(2-p)^2$.   35. 0.8629.

36. 0.1268.   37. 11 次.   38. 0.104.   39. 0.5953.

第2章

1.

X	-3	1	2
P	$\dfrac{1}{3}$	$\dfrac{1}{2}$	$\dfrac{1}{6}$

$F(x) = \begin{cases} 0, & x < -3, \\ \dfrac{1}{3}, & -3 \leqslant x < 1, \\ \dfrac{5}{6}, & 1 \leqslant x < 2, \\ 1, & x \geqslant 2. \end{cases}$

2. (1)

X	0	1	2	3	4	5
P	$\dfrac{1}{243}$	$\dfrac{10}{243}$	$\dfrac{40}{243}$	$\dfrac{80}{243}$	$\dfrac{80}{243}$	$\dfrac{32}{243}$

(2)

X	3	4
P	$\dfrac{2}{3}$	$\dfrac{1}{3}$

3.

X	0	1	2	3
P	$\dfrac{1}{30}$	$\dfrac{3}{10}$	$\dfrac{1}{2}$	$\dfrac{1}{6}$

4.

X	0	1	2	3
P	$\dfrac{64}{125}$	$\dfrac{48}{125}$	$\dfrac{12}{125}$	$\dfrac{1}{125}$

5. $P(X=k) = \mathrm{C}_{k-1}^{r-1} p^r (1-p)^{k-r}, \ k = r, r+1, \cdots$.

6. $(1)\, a = \mathrm{e}^{-\lambda}$; $(2)\, b = 1$.

7. $(1)\, \dfrac{1}{70}$; (2) 他猜对的概率仅为 3.24×10^{-4}（约为万分之三），按实际推断原理，认为他确有区分能力.

8. $p = \dfrac{1}{2}$, $P(X=2) = \dfrac{n(n-1)}{2^{n+1}}$. 9. $P(X=4) = \dfrac{2}{3}\mathrm{e}^{-2}$.

10. $(1)\,0.0729$; $(2)\,0.99954$; $(3)\,0.40951$. 11. $(1)\,0.1008$; $(2)\,0.9161$.

12. 0.0047. 13. $(1)\,\mathrm{e}^{-\frac{3}{2}}$; $(2)\,1-\mathrm{e}^{-\frac{3}{2}}$. 14. $Y \sim P(\lambda(1-p))$.

15.

X	0	1	2	3
P	$\dfrac{1}{3}$	$\dfrac{2}{9}$	$\dfrac{4}{27}$	$\dfrac{8}{27}$

$$F(x) = \begin{cases} 0, & x < 0, \\ \dfrac{1}{3}, & 0 \leqslant x < 1, \\ \dfrac{5}{9}, & 1 \leqslant x < 2, \\ \dfrac{19}{27}, & 2 \leqslant x < 3, \\ 1, & x \geqslant 3. \end{cases}$$

16.

X	-1	0	1
P	$\dfrac{1}{4}$	$\dfrac{1}{2}$	$\dfrac{1}{4}$

17. $(1)\, P(X<2) = \ln 2$, $P(0 < X \leqslant 3) = 1$, $P(2 < X < \dfrac{5}{2}) = \ln\dfrac{5}{4}$; $(2)\, f_X(x) = \begin{cases} \dfrac{1}{x}, & 1 < x < \mathrm{e}, \\ 0, & \text{其他.} \end{cases}$

18. $(1)\, F(x) = \begin{cases} 0, & x < -1, \\ \dfrac{x}{\pi}\sqrt{1-x^2} + \dfrac{1}{\pi}\arcsin x + \dfrac{1}{2}, & -1 \leqslant x < 1, \\ 1, & x \geqslant 1. \end{cases}$

$(2)\, F(x) = \begin{cases} 0, & x < 0, \\ \dfrac{x^2}{2}, & 0 \leqslant x < 1, \\ -1 + 2x - \dfrac{x^2}{2}, & 1 \leqslant x < 2, \\ 1, & x \geqslant 2. \end{cases}$

19. $(1)\, \dfrac{8}{27}$; $(2)\, \dfrac{4}{9}$. 20. 0.953. 21. $1-\mathrm{e}^{-2}$. 22. $\dfrac{26}{27}$. 23. $(1)\,\mathrm{e}^{-1}$; $(2)\,\mathrm{e}^{-\frac{3}{2}}$.

24. $P(Y=k) = \mathrm{C}_5^k \mathrm{e}^{-2k}(1-\mathrm{e}^{-2})^{5-k}, \ k = 0, 1, 2, \cdots, 5$; $P(Y \geqslant 1) = 0.5167$.

25. $\sum\limits_{k=1}^{\infty} P(X \geqslant k) = 1$. 26. $\dfrac{3}{5}$.

27. $(1)\, P(-4 < X < 10) = 0.9996$, $P(|X| \geqslant 2) = 0.6977$; $(2)\, c = 3$; $(3)\, d$ 至多为 0.43.

28. $a = \dfrac{1}{2}$. 29. $(1)\,0.0481$; $(2)\,0.1197$. 30. 0.6826. 31. 0.095.

32. (1)

Y	0	1	4	9
P	0.2	0.55	0.2	0.05

(2)

Z	e^{-3}	e^{-1}	e	e^3	e^7
P	0.2	0.25	0.2	0.3	0.05

33. $(1) f_Y(y) = \begin{cases} \dfrac{1}{y}, & 1 < y < e, \\ 0, & 其他. \end{cases}$ $(2) f_Z(z) = \begin{cases} \dfrac{1}{2} e^{-\frac{z}{2}}, & z > 0, \\ 0, & z \leq 0. \end{cases}$

34. $(1) f_Y(y) = \begin{cases} \dfrac{1}{y\sqrt{2\pi}} e^{-\frac{(\ln y)^2}{2}}, & y > 0, \\ 0, & y \leq 0. \end{cases}$ $(2) f_Z(z) = \begin{cases} \dfrac{1}{2\sqrt{\pi(z-1)}} e^{-\frac{z-1}{4}}, & z > 1, \\ 0, & z \leq 1. \end{cases}$

$(3) f_W(w) = \begin{cases} \sqrt{\dfrac{2}{\pi}} e^{-\frac{w^2}{2}}, & w > 0, \\ 0, & w \leq 0. \end{cases}$

35. $f_Y(y) = \begin{cases} \dfrac{1}{2\sqrt{y}} e^{-\sqrt{y}}, & y > 0, \\ 0, & y \leq 0. \end{cases}$ 36. $f_Y(y) = \begin{cases} 1, & 0 < y < 1, \\ 0, & 其他. \end{cases}$

37. $f_Y(y) = \begin{cases} \dfrac{2}{\pi\sqrt{1-y^2}}, & 0 < y < 1, \\ 0, & 其他. \end{cases}$ 38. $f_V(v) = \begin{cases} \dfrac{1}{\pi\sqrt{A^2 - v^2}}, & -A < v < A, \\ 0, & 其他. \end{cases}$

39. $f_Y(y) = \begin{cases} \dfrac{3}{8\sqrt{y}}, & 0 < y < 1, \\ \dfrac{1}{8\sqrt{y}}, & 1 \leq y < 4, \\ 0, & 其他. \end{cases}$

第3章

1.（1）放回抽样：

X	Y	
	0	1
0	$\dfrac{25}{64}$	$\dfrac{15}{64}$
1	$\dfrac{15}{64}$	$\dfrac{9}{64}$

X	0	1
P	$\dfrac{5}{8}$	$\dfrac{3}{8}$

Y	0	1
P	$\dfrac{5}{8}$	$\dfrac{3}{8}$

（2）不放回抽样：

X	Y	
	0	1
0	$\dfrac{20}{56}$	$\dfrac{15}{56}$
1	$\dfrac{15}{56}$	$\dfrac{6}{56}$

X	0	1
P	$\dfrac{5}{8}$	$\dfrac{3}{8}$

Y	0	1
P	$\dfrac{5}{8}$	$\dfrac{3}{8}$

2.（1）$P\{X = i, Y = j\} = \dfrac{C_2^i C_2^j C_3^{2-i-j}}{C_7^2}$, $i, j = 0, 1, 2, \ 0 \leq i + j \leq 2$;

（2）

X	0	1	2
P	$\dfrac{10}{21}$	$\dfrac{10}{21}$	$\dfrac{1}{21}$

X	0	1	2
P	$\dfrac{10}{21}$	$\dfrac{10}{21}$	$\dfrac{1}{21}$

（3）$P(X + Y \geq 2) = \dfrac{2}{7}$.

3.（1）$a = 1$; （2）$P(X > 2Y) = \dfrac{7}{27}$.

4. (1) $C = 24.$

(2) $f_X(x) = \begin{cases} 12x^2(1-x), & 0 < x < 1, \\ 0, & \text{其他.} \end{cases}$

$f_Y(y) = \begin{cases} 12y(1-y)^2, & 0 < y < 1, \\ 0, & \text{其他.} \end{cases}$

(3) $P\left(\dfrac{1}{4} < X < \dfrac{1}{2}, Y < \dfrac{1}{2}\right) = \dfrac{67}{256}.$

5. (1) $C = 12.$

(2) $F(x,y) = \begin{cases} (1 - e^{-3x})(1 - e^{-4y}), & x > 0, y > 0, \\ 0, & \text{其他.} \end{cases}$

$F_X(x) = \begin{cases} 1 - e^{-3x}, & x > 0, \\ 0, & x \leqslant 0, \end{cases}$

$F_Y(y) = \begin{cases} 1 - e^{-4y}, & y > 0, \\ 0, & y \leqslant 0; \end{cases}$

(3) $P(0 < X \leqslant 1, 0 < Y \leqslant 2) = (1 - e^{-3})(1 - e^{-8}).$

6. $f_X(x) = \begin{cases} e^{-x}, & x > 0, \\ 0, & x \leqslant 0, \end{cases} \quad f_Y(y) = \begin{cases} ye^{-y}, & y > 0, \\ 0, & y \leqslant 0. \end{cases}$

7. (1) $C = \dfrac{21}{4}$; (2) $f_X(x) = \begin{cases} \dfrac{21}{8}x^2(1 - x^4), & -1 < x < 1, \\ 0, & \text{其他.} \end{cases} \quad f_Y(y) = \begin{cases} \dfrac{7}{2}y^{\frac{5}{2}}, & 0 < y < 1, \\ 0, & \text{其他.} \end{cases}$

8. (1) $X \sim N(0,1), \ Y \sim N(0,1)$; (2) $P(X \leqslant Y) = \dfrac{1}{2}.$

9. $P(X = n) = \dfrac{\lambda^n}{n!}e^{-\lambda}, n = 0, 1, 2, \cdots$; $P(Y = m) = \dfrac{(\lambda p)^m}{m!}e^{-\lambda p}, m = 0, 1, 2, \cdots.$

10. $P(X = 0 \mid Y = 0) = \dfrac{1}{2}, \ P(X = 1 \mid Y = 0) = \dfrac{1}{2}$;

$P(X = 0 \mid Y = 1) = \dfrac{4}{7}, \ P(X = 1 \mid Y = 1) = \dfrac{3}{7}$;

$P(X = 0 \mid Y = 2) = \dfrac{3}{5}, \ P(X = 1 \mid Y = 2) = \dfrac{2}{5}$;

$P(Y = 0 \mid X = 0) = \dfrac{6}{13}, \ P(Y = 1 \mid X = 0) = \dfrac{4}{13}, \ P(Y = 2 \mid X = 0) = \dfrac{3}{13}$;

$P(Y = 0 \mid X = 1) = \dfrac{6}{11}, \ P(Y = 1 \mid X = 1) = \dfrac{3}{11}, \ P(Y = 2 \mid X = 1) = \dfrac{2}{11}.$

11. (1) 当 $-1 < y < 1$ 时, $f_{X \mid Y}(x \mid y) = \begin{cases} \dfrac{1}{1 - |y|}, & |y| < x \leqslant 1, \\ 0, & \text{其他.} \end{cases}$

当 $0 < x < 1$ 时, $f_{Y \mid X}(y \mid x) = \begin{cases} \dfrac{1}{2x}, & |y| < x, \\ 0, & \text{其他.} \end{cases}$

(2) $P\left(Y > \dfrac{1}{2} \mid X > \dfrac{1}{2}\right) = \dfrac{1}{6}.$

12. $f_{X \mid Y}(x \mid y) = \dfrac{1}{\sqrt{2\pi}\sqrt{1 - \rho^2}}e^{-\frac{(x - \rho y)^2}{2(1 - \rho^2)}}, \ f_{Y \mid X}(y \mid x) = \dfrac{1}{\sqrt{2\pi}\sqrt{1 - \rho^2}}e^{-\frac{(y - \rho x)^2}{2(1 - \rho^2)}}.$

13. $P\left(X > \dfrac{1}{2}\right) = \dfrac{47}{64}.$ 14. $p = \dfrac{1}{10}, q = \dfrac{2}{15}.$

15. (1) $f_X(x) = \begin{cases} \dfrac{2}{\pi}\sqrt{1 - x^2}, & |x| \leqslant 1, \\ 0, & \text{其他.} \end{cases} \quad f_Y(y) = \begin{cases} \dfrac{2}{\pi}\sqrt{1 - y^2}, & |y| \leqslant 1, \\ 0, & \text{其他.} \end{cases}$

(2) 随机变量 X 与 Y 不相互独立.

16. (1) (X_1, X_2) 的分布律:

X_1	X_2	
	0	1
0	$\dfrac{1}{2}$	0
1	$\dfrac{1}{6}$	$\dfrac{1}{3}$

(2) 随机变量 X_1 与 X_2 不相互独立.

17. (1)$f(x,y) = \begin{cases} \dfrac{1}{2}\mathrm{e}^{-\frac{y}{2}}, & 0 < x < 1, y > 0, \\ 0, & 其他. \end{cases}$ (2)$1 - \sqrt{2\pi}\left[\Phi(1) - \Phi(0)\right] \approx 0.1445.$

18. $P(X^2 + Y^2 \leqslant 1) = 1 - \mathrm{e}^{-\frac{1}{2}}.$ 19. $\dfrac{1}{48}.$

20. X 与 Y 的联合分布律:

X	Y	
	0	1
0	$p^3 + q^3$	pq
1	pq	pq

21.

Z_1	0	1	2	3
P	0.07	0.37	0.37	0.19

Z_2	0	1	2	3
P	0.15	0.47	0.29	0.09

Z_3	-2	-1	0	1	2
P	0.09	0.07	0.5	0.15	0.19

Z_4	-1	-0.5	0	0.5	1
P	0.07	0.09	0.5	0.19	0.15

Z_5	0.5	1	2
P	0.09	0.72	0.19

22. 证明略. 23. $f_Z(z) = \begin{cases} z\mathrm{e}^{-z}, & z > 0, \\ 0, & z \leqslant 0. \end{cases}$ 24. $f_Z(z) = \begin{cases} 1 - \dfrac{z}{2}, & 0 < z < 2, \\ 0, & 其他. \end{cases}$

25. $f_Z(z) = \begin{cases} 1 - \mathrm{e}^{-z}, & 0 < z < 1, \\ \mathrm{e}^{-z}(\mathrm{e} - 1), & z \geqslant 1, \\ 0, & z \leqslant 0. \end{cases}$

26. $f_Z(z) = \begin{cases} z, & 0 \leqslant z < 1, \\ 2 - z, & 1 \leqslant z \leqslant 2, \\ 0, & 其他. \end{cases}$ 27. $f_Z(z) = \begin{cases} \dfrac{9}{8}z^2, & 0 < z < 1, \\ \dfrac{3}{8}(4 - z^2), & 1 \leqslant z < 2, \\ 0, & z \leqslant 0. \end{cases}$

28. (1)$f_M(z) = \begin{cases} 2z, & 0 < z < 1, \\ 0, & 其他. \end{cases}$ (2)$f_N(z) = \begin{cases} 2(1 - z), & 0 < z < 1, \\ 0, & 其他. \end{cases}$

29. (1)$f_X(x) = \begin{cases} \dfrac{\mathrm{e}^{-x}}{1 - \mathrm{e}^{-1}}, & 0 < x < 1, \\ 0, & 其他. \end{cases}$ $f_Y(y) = \begin{cases} \mathrm{e}^{-y}, & y > 0, \\ 0, & 其他. \end{cases}$

(2)X 与 Y 相互独立;(3)$F_U(u) = \begin{cases} 1 - \mathrm{e}^{-u}, & u \geqslant 1, \\ \dfrac{(1 - \mathrm{e}^{-u})^2}{1 - \mathrm{e}^{-1}}, & 0 \leqslant u < 1, \\ 0, & u < 0. \end{cases}$

30. $f_Z(z) = \begin{cases} z, & 0 < z < 1. \\ z - 2, & 2 < z < 3, \\ 0, & 其他. \end{cases}$

第4章

1. $E(X) = -0.2$, $E(X^2) = 2.8$, $E(3X^2 + 5) = 13.4$.　　2. $E(X) = \dfrac{1}{3}$.

3. $P(X = -1) = 0.4$, $P(X = 0) = 0.1$, $P(X = 1) = 0.5$.　　4. $E(X) = 1500$.

5. $(1)E(X) = 1$; $(2)E(2X) = 2$; $(3)E(e^{-5X}) = \dfrac{1}{6}$.

6. $E(X) = \dfrac{4}{5}$, $E(XY) = \dfrac{1}{2}$, $E(X^2 + Y^2) = \dfrac{16}{15}$.　　7. $(1)E(X_1 + X_2) = \dfrac{3}{4}$; $(2)E(X_1 X_2) = \dfrac{1}{8}$.

8. $(1)a = \sqrt[3]{4}$; $(2)E\left(\dfrac{1}{X^2}\right) = \dfrac{3}{4}$.　　9. $E(Y) = \dfrac{35}{3}$(分钟).　　10. 5.2092 万元.

11. $E(X) = 6$, $D(X) = 4.6$.　　12. $\dfrac{9}{n}$.　　13. $E(S) = 8.67$, $D(S) = 21.42$.

14. $(1)f(x,y) = \begin{cases} 1, & |y| < x, 0 < x < 1, \\ 0, & 其他. \end{cases}$　　$(2)E(Z) = \dfrac{4}{3}$, $D(Z) = \dfrac{7}{18}$.

15. $E(Y^2) = 5$.　　16. $D(Y) = 46$.　　17. $D(|X - Y|) = 1 - \dfrac{2}{\pi}$.　　18. $E(X) = 2$.

19. $(1)Z \sim N(2080, 65^2)$; $(2)0.9798$; $(3)0.1539$.　　20. 证明略.　　21. 证明略.

22. $E(X) = \dfrac{2}{3}$, $\mathrm{Cov}(X, Y) = 0$.

23. $E(X) = \dfrac{7}{6}$, $E(Y) = \dfrac{7}{6}$, $D(X) = \dfrac{11}{36}$, $D(Y) = \dfrac{11}{36}$, $\mathrm{Cov}(X, Y) = -\dfrac{1}{36}$.

24. X 与 $|X|$ 不相关, X 与 $|X|$ 不相互独立.

25. $\mathrm{Cov}(X, Y) = -2$, $\rho_{XY} = -\dfrac{1}{3}$, $\mathrm{Cov}(X - 2Y, X + Y) = -12$.　　26. $\rho_{UV} = \dfrac{a^2 - b^2}{a^2 + b^2}$.

27. $(1)(X_1, X_2)$ 的分布律为

X_1	X_2	
	0	0
0	0.1	0.1
1	0.8	0

$(2)\rho_{X_1 X_2} = -\dfrac{2}{3}$.

28. $E(Z) = \dfrac{1}{3}$, $D(Z) = 3$, $\rho_{XZ} = 0$.

29.

X	Y	
	0	1
0	$\dfrac{2}{9}$	$\dfrac{1}{9}$
1	$\dfrac{1}{9}$	$\dfrac{5}{9}$

$P(X + Y \leqslant 1) = \dfrac{4}{9}$.

30. $E(X + Y + Z) = 1$, $D(X + Y + Z) = 3$.　　31. $\rho_{X_1 X_2} = \dfrac{5}{2\sqrt{13}}$.　　32. $C = \begin{pmatrix} \dfrac{(b - a)^2}{12} & 0 \\ 0 & \dfrac{(d - c)^2}{12} \end{pmatrix}$.

33. 证明略.

第5章

1. $P(|X - Y| \geqslant 6) \leqslant \dfrac{1}{12}$.　　2. $\dfrac{8}{9}$.　　3. C.　　4. 证明略.　　5. 证明略.　　6. $\mu = a_2$, $\sigma^2 = \dfrac{1}{n}(a_4 - a_2^2)$.

7. 0.0062.　　8. $P\left(\sum\limits_{i=1}^{100} X_i \leqslant 55\right) = 0.8413$.　　9. 0.2119.　　10. $(1)0.1802$; $(2)443$.　　11. 0.9525.

12. 25.   13. 1537.   14. (1) $1 - \Phi(7.77) \approx 0$; (2) 0.9952；(3) 0.5.

第 6 章

1. (1) $P(X_1 = k_1, X_2 = k_2, X_3 = k_3) = p^{\sum\limits_{i=1}^{3} k_i}(1-p)^{3-\sum\limits_{i=1}^{3} k_i}$, $k_i = 0,1$, $i = 1,2,3$;

   (2) $X_1 + X_2 + X_3 \sim B(3,p)$; (3) T_3 是统计量，T_1 和 T_2 不是统计量.

2. (1) $\overline{X} = 5, S^2 = 6.5, a_2 = 30.2, b_2 = 5.2$; (2) $F_5(x) = \begin{cases} 0, & x < 2, \\ 0.2, & 2 \leqslant x < 3, \\ 0.4, & 3 \leqslant x < 5, \\ 0.6, & 5 \leqslant x < 7, \\ 0.8, & 7 \leqslant x < 8, \\ 1, & x \geqslant 8. \end{cases}$ 3. 略.

4. (1) $P(X_1 = x_1, \cdots, X_n = x_n) = \dfrac{\lambda^{\sum\limits_{i=1}^{n} x_i}}{x_1! \cdots x_n!} e^{-n\lambda}$, $x_i = 0,1,\cdots, i = 1,\cdots,n$.

   (2) $E(\overline{X}) = \lambda$, $D(\overline{X}) = \dfrac{\lambda}{n}$, $E(S^2) = \lambda$.

5. (1) $f(x_1, \cdots, x_n) = \dfrac{1}{(\sqrt{2\pi})^n \sigma^n} \exp\left[-\dfrac{\sum\limits_{i=1}^{n} (x_i - \mu)^2}{2\sigma^2} \right]$, $x_i \in \mathbf{R}$, $i = 1,\cdots,n$;

   (2) $E(\overline{X}) = \mu, D(\overline{X}) = \dfrac{\sigma^2}{n}$, $E(S^2) = \sigma^2$, $D(S^2) = \dfrac{2\sigma^4}{n-1}$.

6. (1) 0.2628；(2) $P[\max(X_1, X_2, \cdots, X_5) > 15] = 0.2923$；(3) $P[\min(X_1, X_2, \cdots, X_5) < 10] = 0.5785$.

7. (1) $\chi^2(5)$；(2) $t(1)$；(3) $F(1,4)$；(4) $F(1,1)$.   8. (1) $c = \dfrac{1}{4}$；(2) $d = \dfrac{\sqrt{6}}{2}$，自由度为3.

9. $P\left(\sum\limits_{i=1}^{10} X_i^2 < 1.44 \right) \approx 0.9$.   10. $x = z_{(1-\alpha)/2}$；$\Phi(x) = \dfrac{1+\alpha}{2}$.   11. 略.

12. $P(Y > c^2) = 2\alpha$.   13. $E(\overline{X}) = n$, $D(\overline{X}) = \dfrac{n}{8}$, $E(S^2) = 2n$.   14. 0.6826, 0.9973, 略.

15. (1) 439；(2) 200；(3) 略.   16. $k = -0.4382$.   17. (1) $P(S^2 > 6.6656) = 0.05$；(2) $D(S^2) = \dfrac{32}{15}$.

18. 略.   19. $P(|\overline{X} - \overline{Y}| > 0.3) = 0.6744$.

第 7 章

1. $\hat{\theta} = 2\overline{X}$；$D(\hat{\theta}) = \dfrac{\theta^2}{5n}$.   2. 矩估计量 $\hat{\theta} = \dfrac{\overline{X}}{\overline{X} - c}$；最大似然估计量 $\hat{\theta} = \dfrac{n}{\sum\limits_{i=1}^{n} \ln X_i - n\ln c}$.

3. 矩估计量 $\hat{p} = \dfrac{\overline{X}}{k}$；最大似然估计量 $\hat{p} = \dfrac{\overline{X}}{k}$.   4. (1) 矩估计值 $\hat{\theta} = \dfrac{\overline{X}}{3}$；(2) 矩估计值 $\hat{\theta} = \dfrac{5}{24}$.

5. $C = \dfrac{1}{2(n-1)}$.   6. 略.   7. 证明略，$a = \dfrac{n_1}{n_1 + n_2}, b = \dfrac{n_2}{n_1 + n_2}$.   8. (1) 略；(2) $D(\hat{\theta}_1) < D(\hat{\theta}_2)$.

9. (1) $\hat{\theta} = \dfrac{1}{n} \sum\limits_{i=1}^{n} X_i^2$；(2) 是；(3) 是.   10. (1) $\hat{\theta} = \dfrac{1}{n} \sum\limits_{i=1}^{n} X_i = \overline{X}$；(2) 略.

11. (1) 略；(2) $D(T) = \dfrac{2}{n(n-1)}$.

12. (1) 置信区间 $(6.408, 7.192)$；(2) 置信区间 $(6.339, 7.261)$，$(0.164, 1.321)$.

13. (1) 置信区间 $(5.608, 6.392)$，单侧置信上限 6.33；(2) 置信区间 $(5.558, 6.442)$，单侧置信上限 6.356.

14. 置信区间 $(6.8 \times 10^{-6}, 6.5 \times 10^{-5})$.

15. (1) 置信区间 $(-13.027, -8.973)$；(2) 置信区间 $(0.8789, 4.5668)$.

16. 单侧置信下限 -0.0012.   17. 置信区间 $(0.203, 0.255)$.   18. 置信区间 $(14.44, 15.96)$.

第8章

1. 可以认为这批矿砂的镍含量的均值为 3.25%.

2. 拒绝 H_0，即不能认为这批元件是合格的.

3. 可以认为该地区男女生的物理考试成绩不相上下.

4. 可以认为早晨的身高比晚上的身高要高.

5. 可以认为存在显著差异.

6. 可以认为这批导线的标准差显著偏大.

7. (1) 接受 $H_0: \sigma_1^2 = \sigma_2^2$；(2) 接受 $H_0': \mu_1 = \mu_2$.

8. 接受 $H_0: \sigma_1^2 \leqslant \sigma_2^2$.

9. 东、西两支矿脉含锌量的平均值可以看作一样的.

10. 认为家庭小孩数与家庭收入有密切关系.

第9章

1. $F\left(x; \dfrac{\pi}{4}\right) = \begin{cases} 0, & x < \dfrac{\sqrt{2}}{2}, \\ \dfrac{1}{3}, & \dfrac{\sqrt{2}}{2} \leqslant x < \sqrt{2}, \\ \dfrac{2}{3}, & \sqrt{2} \leqslant x < \dfrac{3\sqrt{2}}{2}, \\ 1, & x \geqslant \dfrac{3\sqrt{2}}{2}. \end{cases}$ $\qquad F\left(x; \dfrac{\pi}{2}\right) = \begin{cases} 0, & x < 0, \\ 1, & x \geqslant 0. \end{cases}$

2. (1) $X(-1)$ 的概率分布为 $P\{X(-1) = -1\} = p, P\{X(-1) = 0\} = 1 - p$,

   $X(1)$ 的概率分布为 $P\{X(1) = 1\} = p, P\{X(1) = 0\} = 1 - p$;

   (2) $X(-1)$ 与 $X(1)$ 的联合分布律为

$X(-1)$	$X(1)$	
	0	1
0	$1 - p$	0
-1	0	p

   (3) $\mu_X(t) = pt$, $C_X(t_1, t_2) = p(1 - p)t_1 t_2$.

3. (1) $f\left(x; \dfrac{\pi}{3\omega}\right) = \dfrac{2}{\sqrt{2\pi}} \cdot e^{-2x^2}$；(2) $\mu_X(t) = 0$, $C_X(t_1, t_2) = \cos\omega t_1 \cos\omega t_2$.

4. $f(x; t) = \begin{cases} \dfrac{1}{xt}, & e^{-t} < x < 1, \\ 0, & \text{其他}. \end{cases}$

   $\mu_X(t) = \dfrac{1}{t}(1 - e^{-t})$, $R_X(t_1, t_2) = \dfrac{1}{t_1 + t_2}\left[1 - e^{-(t_1 + t_2)}\right]$.

5. $\mu_Z(t) = \mu_1 + \mu_2 t$, $C_Z(t_1, t_2) = \sigma_1^2 + (t_1 + t_2)\rho\sigma_1\sigma_2 + t_1 t_2 \sigma_2^2$.

6. (1) 略；(2) $\mu_Y(t) = \mu_X(t) + \varphi(t)$, $C_Y(t_1, t_2) = C_X(t_1, t_2)$.

7. (1) 略；(2) $R_X(t_1, t_2) = R_X(t_1 + a, t_2 + a) + R_X(t_1, t_2) - R_X(t_1 + a, t_2) - R_X(t_1, t_2 + a)$.

8. (1) 略；(2) $\mu_X(t) = \mu(\cos\omega t + \sin\omega t)$, $C_X(t_1, t_2) = \sigma^2 \cos\omega(t_1 - t_2)$.

9. 略.   10. (1) 30；(2) $\dfrac{(30)^{30}}{30!}e^{-30}$.   11. (1) $\dfrac{9^5}{8}e^{-18}$；(2) $\dfrac{9^4}{4}e^{-9}$.

12. 略.   13. (1) 略；(2) 略.

14. $\mu_X(t) = mt$, $R_X(t_1, t_2) = t_1 t_2(\sigma^2 + m^2) + \sigma^2 \min(t_1, t_2)$,

   $C_X(t_1, t_2) = \sigma^2(t_1 t_2 + \min(t_1 + t_2))$.

15. (1) $f(x; t) = \dfrac{1}{\sqrt{2\pi t}\,\sigma}e^{-\frac{x^2}{2\sigma^2 t}}$；(2) 0.3085.

第 10 章

1. $\boldsymbol{P} = \begin{pmatrix} 0 & 1 & 0 & 0 & 0 \\ q & r & p & 0 & 0 \\ 0 & q & r & p & 0 \\ 0 & 0 & q & r & p \\ 0 & 0 & 0 & 1 & 0 \end{pmatrix}$ 2. $\boldsymbol{P} = \begin{pmatrix} q & p & 0 & 0 & 0 & \cdots \\ 0 & q & p & 0 & 0 & \cdots \\ 0 & 0 & q & p & 0 & \cdots \\ \cdots & \cdots & \cdots & \cdots & \cdots & \cdots \end{pmatrix}$

3. (1) $\boldsymbol{P} = \begin{pmatrix} 1 & 0 & 0 & 0 & 0 & 0 \\ \frac{1}{6} & \frac{5}{6} & 0 & 0 & 0 & 0 \\ \frac{1}{6} & \frac{1}{6} & \frac{2}{3} & 0 & 0 & 0 \\ \frac{1}{6} & \frac{1}{6} & \frac{1}{6} & \frac{1}{2} & 0 & 0 \\ \frac{1}{6} & \frac{1}{6} & \frac{1}{6} & \frac{1}{6} & \frac{1}{3} & 0 \\ \frac{1}{6} & \frac{1}{6} & \frac{1}{6} & \frac{1}{6} & \frac{1}{6} & \frac{1}{6} \end{pmatrix}$；$\{X_n, n \geq 1\}$ 是齐次马氏链；(2) $\frac{4}{9}$.

4. 0.512, 0.064.   5. (1) $\frac{7}{16}$；(2) $\frac{1}{4}$；(3) $\frac{1}{16}$.   6. (1) $\frac{5}{36}$；(2) $\frac{17}{54}$.

7. (1) $C_n = 0, D_n = 1 - \frac{1}{2^n}$；(2) 具有遍历性；极限分布为 $\pi = (1, 0)$.

8. (1) $p_{11}(2) = 2pq$，$p_{11}(3) = pq$；(2) $\pi_0 = \frac{q^2}{1-pq}$，$\pi_1 = \frac{pq}{1-pq}$，$\pi_2 = \frac{p^2}{1-pq}$.

9. 略.   10. 略.   11. 该链是遍历的，且平稳分布为 $\pi = \left(\frac{6}{17}, \frac{9}{17}, \frac{2}{17} \right)$.

12. (1) $I = \{1, 2\}$，$\boldsymbol{P} = \begin{pmatrix} \frac{4}{5} & \frac{1}{5} \\ \frac{3}{5} & \frac{2}{5} \end{pmatrix}$；(2) 0.4298；(3) $\pi_1 = \frac{3}{4}, \pi_2 = \frac{1}{4}$.

13. (1) $\begin{pmatrix} \frac{1}{3} & \frac{2}{3} & 0 \\ \frac{2}{9} & \frac{5}{9} & \frac{2}{9} \\ 0 & \frac{2}{3} & \frac{1}{3} \end{pmatrix}$；(2) $\frac{1}{5}, \frac{3}{5}, \frac{1}{5}$.

14. (1) 0.1472；(2) 经过长时间后各种洗衣液的市场占有比例会趋于稳定，且 R 型占有 47.18%，H 型占有 29.13%，其他类型占有 23.69%.

第 11 章

1. $\{X(t), t \in (-\infty, +\infty)\}$ 不是平稳过程.   2. (1) 略；(2) 略.   3. $\{X(n), n = 1, 2, \cdots\}$ 是平稳序列.

4. $\{Y(t), t \in R\}$ 是平稳过程.   5. 略.   6. $R_x(\tau) = \frac{1}{48}(9\mathrm{e}^{-|\tau|} + 5\mathrm{e}^{-3|\tau|})$；平均功率为 $\frac{7}{24}$.

7. $S_x(\omega) = 4\left[\frac{1}{1 + (\omega + \pi)^2} + \frac{1}{1 + (\omega - \pi)^2} \right] + \pi[\delta(\omega + 3\pi) + \delta(\omega - 3\pi)]$.

8. (1) 略；(2) 平均功率为 $R_x(0) = \sigma^2$；$S_x(\omega) = \pi\sigma^2[\delta(\omega + \omega_0) + \delta(\omega - \omega_0)]$.

9. (1) 略；(2) 略.   10. $R_x(\tau) = \frac{4}{\pi}\left(1 + \frac{\sin^2 5\pi}{\tau^2}\right)$.   11. (1) 略；(2) 略.

12. $\{X(t), -\infty < t < +\infty\}$ 的均值和相关函数均不具有各态历经性.

13. (1) 略；(2) 均值具有各态历经性，相关函数不具有各态历经性.   14. 略.   15. (1) 略；(2) 略.

16. (1) 略；(2) 均值具有各态历经性，相关函数不具有各态历经性.

17. (提示：用定理 11.1) 均值具有各态历经性.